潜艇原理

主　编　方　斌
副主编　黄昆仑　刘文玺

国防工业出版社

·北京·

图书在版编目(CIP)数据

潜艇原理 / 方斌主编. -- 北京：国防工业出版社, 2024.12. -- ISBN 978-7-118-13513-8

Ⅰ. U674.76

中国国家版本馆 CIP 数据核字第 202413CA57 号

※

*国防工业出版社*出版发行
（北京市海淀区紫竹院南路 23 号　邮政编码 100048）
北京虎彩文化传播有限公司印刷
新华书店经售

*

开本 710×1000　1/16　印张 27¼　字数 514 千字
2024 年 12 月第 1 版第 1 次印刷　印数 1—1300 册　定价 188.00 元

（本书如有印装错误，我社负责调换）

| 国防书店：(010)88540777 | 书店传真：(010)88540776 |
| 发行业务：(010)88540717 | 发行传真：(010)88540762 |

前　言

全书共分九章，在潜艇原理的浮性、稳性、不沉性、快速性、操纵性和耐波性等航行性能基础上，根据现代潜艇的作战使用特点，增加了潜艇隐身性相关的内容，具体如下：

第一章绪论介绍了与潜艇原理相关的潜艇总体情况，对主尺度、型线图和型值表等潜艇原理学习所需的基础知识进行了详细阐述，并简述了潜艇发展历程。

第二至第四章为静力学部分，介绍浮性、稳性、不沉性，即第二章潜艇的浮性、第三章潜艇的稳性（将大角稳性与初稳性内容进行合并）、第四章潜艇的不沉性。针对潜艇的特殊性，较为详细地介绍了浮性中的潜艇浮态及其表示方法、重量和重心位置的计算、贮备浮力和下潜条件、剩余浮力及载荷补偿、均衡计算等。稳性中重点介绍了初稳性的基本条件、平衡稳定的基本原理、变化规律和计算方法、大角稳性的基本概念、潜艇上浮下潜中的稳性变化。

第五至第八章为动力学部分，介绍快速性、操纵性和耐波性，包括第五章潜艇阻力、第六章潜艇推进、第七章潜艇操纵性和第八章潜艇耐波性。在动力学中潜艇阻力和推进部分是机电岗位任职需要掌握的重点内容，增加了泵喷推进器等新型推进方式用以知识更新。而潜艇操纵性相关内容，为适应新装备的发展，作了一定幅度的扩充，增加了 X 舵相关内容。因现役潜艇水面航行时间减少，耐波性问题不再突出，对潜艇耐波性进行较大幅度的缩减。

第九章为潜艇隐身性，是适应现代潜艇作战需求、岗位任职培养需要新增加的内容，介绍振动与噪声的基本概念，探测潜艇的主要手段，潜艇主要隐身技术，并对潜艇隐身技术的发展趋势进行简介。

本书可作为潜艇机电指挥等专业本科学员的教材，也可作为海军潜艇装备论证、监造和修理等领域专业干部的专业书籍，以及潜艇作战指挥、机电管理、航海等部门指挥员参考手册。

本书是在海军工程大学舰船与海洋学院方斌等同志于2015年编写的内部教材《潜艇原理》的基础上，重新编写、整理和校订，由高霄鹏副教授等相关专家进行审阅，并得到了施生达、朱军、彭利坤教授的指导。由于编写中力图使本书能适应多种专业的需要，涵盖潜艇原理的方方面面，所以在内容阐述和选择的深度广度方面难免有不当或错误之处，请读者指正，深表谢意。

编著者
2024 年 6 月

目　　录

第1章　绪论 ··· 1
　1.1　潜艇概述 ··· 1
　1.2　潜艇的主要战术技术指标 ··· 2
　　　1.2.1　主尺度、排水量 ·· 2
　　　1.2.2　下潜深度 ·· 2
　　　1.2.3　作战半径和续航力 ··· 3
　　　1.2.4　航速及其续航力 ·· 4
　1.3　潜艇的分类 ·· 6
　　　1.3.1　按潜艇的用途分类 ··· 6
　　　1.3.2　按潜艇的排水量分类 ·· 8
　　　1.3.3　按潜艇的艇体线型分类 ··· 9
　　　1.3.4　按潜艇的艇体结构形式分类 ······································ 10
　　　1.3.5　按潜艇的动力装置分类 ·· 12
　1.4　潜艇的总布置 ··· 13
　　　1.4.1　鱼雷舱 ·· 14
　　　1.4.2　指挥舱 ·· 17
　　　1.4.3　蓄电池舱 ··· 18
　　　1.4.4　柴油机舱 ··· 19
　　　1.4.5　电机舱 ·· 21
　　　1.4.6　艏端和艉端 ·· 22
　　　1.4.7　上层建筑 ··· 23
　　　1.4.8　指挥台围壳 ·· 24
　　　1.4.9　舷间 ··· 25
　1.5　潜艇型线图 ·· 27
　　　1.5.1　艇体的三个主要平面 ·· 27
　　　1.5.2　三种剖线和三个视图 ·· 29
　　　1.5.3　型线图 ·· 30

潜艇原理

  1.5.4　型值表 ··· 31
1.6　主尺度、艇型系数和吃水标志 ··· 31
  1.6.1　主尺度 ··· 31
  1.6.2　艇型系数 ··· 32
  1.6.3　吃水标志 ··· 35
1.7　潜艇发展简史 ··· 36
  1.7.1　发展缓慢的早期潜艇 ··· 36
  1.7.2　现代潜艇的诞生与发展 ··· 38
  1.7.3　当代潜艇的发展水平 ··· 40
  1.7.4　未来潜艇的发展趋势 ··· 44
1.8　习题及思考题 ··· 45

第2章　潜艇的浮性 ··· 46

2.1　潜艇上浮和下潜原理 ··· 46
  2.1.1　作用在潜艇上的力 ··· 46
  2.1.2　潜艇上的上浮和下潜 ··· 47
2.2　潜艇的浮态及其表示法 ··· 49
  2.2.1　坐标系 ··· 49
  2.2.2　浮态及其表示法 ··· 49
2.3　潜艇的平衡条件 ··· 52
  2.3.1　平衡条件 ··· 52
  2.3.2　水面状态平衡方程 ··· 52
  2.3.3　水下状态平衡方程 ··· 54
2.4　重量和重心位置的计算 ··· 56
  2.4.1　一般公式 ··· 56
  2.4.2　增减载荷时潜艇新的重量重心位置的确定 ··· 58
  2.4.3　移动载荷对潜艇重心位置的改变 ··· 60
2.5　排水量分类与静水力曲线 ··· 61
  2.5.1　潜艇排水量的分类 ··· 61
  2.5.2　静水力曲线(或浮力与初稳度曲线) ··· 62
  2.5.3　排水量和浮心坐标的计算——查静水力曲线法 ··· 63
2.6　潜艇排水量、浮心坐标及水线要素的计算公式 ··· 64
  2.6.1　水线元的计算 ··· 64
  2.6.2　容积元的计算 ··· 67

2.6.3 潜艇固定浮容积及容积中心位置的计算 …………………………… 72
2.7 储备浮力和下潜条件 ………………………………………………… 75
2.7.1 储备浮力 …………………………………………………………… 75
2.7.2 潜艇的潜浮和下潜条件 …………………………………………… 77
2.8 剩余浮力及载荷补偿 ………………………………………………… 80
2.8.1 潜艇的剩余浮力和剩余力矩 ……………………………………… 80
2.8.2 影响剩余浮力变化的因素 ………………………………………… 81
2.8.3 载荷补偿和艇内载荷变化 ………………………………………… 84
2.9 均衡计算 ……………………………………………………………… 86
2.9.1 均衡计算原理、目的和时机 ……………………………………… 86
2.9.2 均衡计算的具体方法 ……………………………………………… 87
2.9.3 均衡计算表中附注栏的意义 ……………………………………… 92
2.10 潜艇定重试验 ………………………………………………………… 92
2.10.1 定重目的 ………………………………………………………… 92
2.10.2 定重试验的一般方法 …………………………………………… 93
2.10.3 定重试验实例 …………………………………………………… 98
2.11 邦戎曲线和浮心稳心函数曲线 ……………………………………… 99
2.11.1 邦戎曲线及用法 ………………………………………………… 100
2.11.2 浮心函数曲线及其用法 ………………………………………… 100
2.11.3 稳心函数曲线及其应用 ………………………………………… 102
2.12 习题及思考题 ………………………………………………………… 103

第3章 潜艇的稳性 ……………………………………………………… 104

3.1 稳性的基本概念 ……………………………………………………… 104
3.1.1 什么是潜艇的稳性 ………………………………………………… 104
3.1.2 横稳性与纵稳性 …………………………………………………… 106
3.1.3 初稳性与大角稳性 ………………………………………………… 106
3.2 平衡稳定条件 ………………………………………………………… 107
3.2.1 等容倾斜 …………………………………………………………… 107
3.2.2 稳定条件 …………………………………………………………… 107
3.3 稳定中心高及其计算 ………………………………………………… 110
3.3.1 稳定中心高及其表示式 …………………………………………… 110
3.3.2 计算稳定中心半径的公式 ………………………………………… 110
3.3.3 关于稳定中心高的说明 …………………………………………… 112

3.4 初稳度的扶正力矩公式 ·· 114
3.4.1 扶正力矩的公式 ·· 114
3.4.2 船形稳度力矩和重量稳度力矩 ··· 115
3.4.3 初稳度的三种表示法 ·· 116

3.5 潜艇水下状态的稳性 ··· 117
3.5.1 潜艇水下稳定平衡条件 ·· 117
3.5.2 水下稳度的计算 ·· 118
3.5.3 潜艇的横倾1°力矩和纵倾1°力矩 ··· 120

3.6 移动小量载荷对潜艇浮态和初稳度的影响 ·· 122
3.6.1 载荷的铅垂移动 ·· 122
3.6.2 载荷的横向水平移动 ·· 123
3.6.3 载荷的纵向水平移动 ·· 124
3.6.4 载荷的任意移动 ·· 126

3.7 增减小量载荷对潜艇浮态和初稳度的影响 ·· 127
3.7.1 不引起横倾和纵倾的载荷增加 ·· 127
3.7.2 任意位置上的载荷增加 ·· 130

3.8 潜艇进坞、搁浅和潜坐海底时初稳度的减小 ···································· 135
3.8.1 潜艇进出坞时压于墩木上的压力及稳度 ···································· 135
3.8.2 潜艇搁浅时的稳度变化 ·· 137
3.8.3 潜艇潜坐海底时的稳性 ·· 139

3.9 自由液面对初稳度的影响 ··· 140
3.9.1 自由液面对初稳度影响的公式 ·· 141
3.9.2 减少自由液面对稳度影响的方法 ·· 144
3.9.3 增加液体载荷时稳定中心高的计算 ·· 145

3.10 潜艇下潜和上浮时的稳度 ··· 150
3.10.1 潜浮稳度曲线图 ·· 151
3.10.2 潜浮稳度的"颈"区 ·· 152

3.11 潜艇倾斜试验 ··· 153
3.11.1 倾斜试验的基本原理 ·· 153
3.11.2 倾斜试验中注意事项 ·· 154

3.12 潜艇的大角稳性 ··· 155
3.12.1 扶正矩及其力臂的表示式 ·· 155
3.12.2 静稳性曲线及其应用 ·· 157
3.12.3 动稳性曲线及其应用 ·· 164

  3.12.4 表示潜艇稳性的特征值 ·· 170
 3.13 习题及思考题 ·· 172

第4章 潜艇的不沉性 ·· 174

 4.1 破损舱的分类和渗透系数 ··· 174
  4.1.1 破损舱的分类 ·· 174
  4.1.2 渗透系数 ·· 175
 4.2 破损舱进水后舰船浮态和稳性的变化 ··································· 175
  4.2.1 增加载荷法与损失浮力法 ··· 175
  4.2.2 破损舱进水后舰船浮态和稳性的变化 ······························ 176
 4.3 可浸长度与许用舱长的计算 ··· 184
  4.3.1 可浸长度的计算 ··· 184
  4.3.2 许用舱长的计算 ··· 187
 4.4 潜艇水面不沉性 ··· 188
  4.4.1 失事潜艇的浮态和稳性的计算 ·· 188
  4.4.2 失事潜艇的扶正 ··· 191
 4.5 潜艇水下抗沉性 ··· 192
  4.5.1 潜艇水下抗沉的基本措施 ·· 193
  4.5.2 潜艇从水下自行上浮的条件 ··· 193
 4.6 习题及思考题 ·· 194

第5章 潜艇阻力 ·· 195

 5.1 基本概念 ··· 195
  5.1.1 相似理论简述 ·· 196
  5.1.2 平面边界层的主要特性 ··· 198
  5.1.3 船波特性 ·· 201
 5.2 阻力的产生原因及组成 ·· 203
  5.2.1 潜艇在水中运动时的受力 ·· 203
  5.2.2 摩擦阻力的产生 ··· 204
  5.2.3 形状阻力的产生 ··· 205
  5.2.4 兴波阻力的产生 ··· 206
  5.2.5 附体阻力的产生 ··· 209
  5.2.6 流水孔阻力的产生 ··· 211
  5.2.7 潜艇所受总阻力的组成 ··· 212

5.2.8　关于附加阻力的说明 ··· 213

5.3　阻力的变化规律 ··· 214

　　5.3.1　摩擦阻力的变化规律 ··· 214

　　5.3.2　形状阻力的变化规律 ··· 217

　　5.3.3　兴波阻力的变化规律 ··· 218

　　5.3.4　附体和流水孔阻力的变化规律 ······························ 221

　　5.3.5　总阻力的变化规律 ·· 221

5.4　阻力的计算 ··· 222

　　5.4.1　船模试验的概念 ··· 222

　　5.4.2　阻力的近似估算法之海军部系数法 ·························· 222

5.5　阻力的影响因素 ·· 225

　　5.5.1　艇形的影响 ·· 225

　　5.5.2　流水孔的影响 ··· 226

　　5.5.3　艇体表面光洁度及"污底"影响 ······························ 227

5.6　习题及思考题 ··· 228

第6章　潜艇推进 ·· 229

6.1　推进器的功用及种类 ··· 229

　　6.1.1　水面舰船用推进器简介 ······································· 229

　　6.1.2　潜艇用推进器 ··· 236

　　6.1.3　潜艇推进器的发展趋势 ······································· 247

6.2　螺旋桨的几何特征及螺旋桨图 ····································· 251

　　6.2.1　螺旋桨各部分名称 ·· 251

　　6.2.2　桨叶的几何构成 ··· 251

　　6.2.3　螺旋桨图及主要几何参数 ···································· 254

6.3　螺旋桨材料、检验与安装 ··· 255

　　6.3.1　螺旋桨的材料 ··· 255

　　6.3.2　螺旋桨的测量与检验 ··· 256

　　6.3.3　螺旋桨的安装 ··· 258

6.4　螺旋桨基本工作原理及特性 ·· 258

　　6.4.1　机翼水动力作用及特性简介 ································· 259

　　6.4.2　螺旋桨运动及水动力分析 ···································· 261

　　6.4.3　螺旋桨推力、转力矩随螺旋桨进速、转速变化的规律 ······ 266

　　6.4.4　螺旋桨敞水性征曲线 ··· 268

6.5 螺旋桨与船体的相互作用 ····· 272
6.5.1 伴流——船体对螺旋桨的影响 ····· 272
6.5.2 推力减额——螺旋桨对船体的影响 ····· 275
6.5.3 舰船功率传递及推进效率的成份 ····· 276
6.5.4 船后螺旋桨性能计算 ····· 278
6.5.5 螺旋桨性能检查图线 ····· 279

6.6 应用螺旋桨性能检查图线作舰艇航速性分析 ····· 282
6.6.1 舰艇航速与螺旋桨转速及主机功率之间关系的确定 ····· 282
6.6.2 舰艇可能达到的最大航速的确定 ····· 287
6.6.3 螺旋桨与主机匹配的概念 ····· 288
6.6.4 舰艇在排水量及浮态改变等状态下的航行特性问题 ····· 288
6.6.5 部份螺旋桨工作时舰艇的航速性问题 ····· 289
6.6.6 舰艇拖带时的航速性问题 ····· 290
6.6.7 潜艇航速性特点 ····· 291

6.7 螺旋桨的空泡现象 ····· 291
6.7.1 桨叶空泡的成因 ····· 292
6.7.2 空泡对螺旋桨水动力性能的影响 ····· 293
6.7.3 空泡对螺旋桨其他性能的影响 ····· 296
6.7.4 螺旋桨空泡的检验 ····· 297
6.7.5 避免或减轻空泡危害的技术措施 ····· 298

6.8 主要几何参数对螺旋桨性能的影响 ····· 300
6.9 习题及思考题 ····· 302

第7章 潜艇操纵性 ····· 304

7.1 概述 ····· 304
7.1.1 操纵性的含义和范围 ····· 304
7.1.2 坐标系和操纵运动主要参数 ····· 305
7.1.3 平面操纵运动情况 ····· 309

7.2 操纵性平面运动方式程式 ····· 314
7.2.1 潜艇操纵运动一般方程 ····· 314
7.2.2 作用于运动潜艇的力 ····· 316
7.2.3 潜艇操纵运动方程式 ····· 331
7.2.4 重心运动轨迹方程式 ····· 336

7.3 潜艇水平面定常回转运动特性 ····· 337

7.3.1 水平回转运动及其特征参数 ………………………………… 338
7.3.2 定常回转直径的确定 …………………………………………… 340
7.3.3 回转过程中的横倾 ……………………………………………… 343

7.4 潜艇垂直面定常直线运动特性 ………………………………… 345
7.4.1 无纵倾等速定深运动 …………………………………………… 346
7.4.2 有纵倾等速定深运动和行进间均衡 …………………………… 348
7.4.3 定常直线潜浮运动及升速率与逆速 …………………………… 353
7.4.4 静载引起的直线潜浮运动 ……………………………………… 358
7.4.5 转向对定深运动的影响 ………………………………………… 360

7.5 潜艇运动稳定性的概念 ………………………………………… 362
7.5.1 运动稳定性的一般概念 ………………………………………… 362
7.5.2 水平面定常运动稳定性的指数 ………………………………… 364
7.5.3 垂直面定常运动稳定性的指数 ………………………………… 370

7.6 潜艇 X 形舵的基本原理 ………………………………………… 372
7.6.1 X 形舵基本特点 ………………………………………………… 372
7.6.2 X 形舵发展概况 ………………………………………………… 374
7.6.3 X 形舵操纵与控制分析 ………………………………………… 375
7.6.4 X 形舵卡舵时的操纵措施 ……………………………………… 376
7.6.5 X 形舵等效舵角转换数学模型 ………………………………… 378

7.7 习题及思考题 …………………………………………………… 378

第 8 章 潜艇耐波性 …………………………………………………… 380

8.1 概述 ……………………………………………………………… 380

8.2 海浪简介 ………………………………………………………… 382
8.2.1 涌浪、规则波 …………………………………………………… 382
8.2.2 风浪、不规则波 ………………………………………………… 384

8.3 潜艇在水面上的横摇 …………………………………………… 388
8.3.1 潜艇在静水面上的横摇 ………………………………………… 388
8.3.2 潜艇在规则波上的横摇 ………………………………………… 391
8.3.3 潜艇在不规则波上的横摇 ……………………………………… 394

8.4 潜艇在水面上的垂荡和纵摇 …………………………………… 396
8.4.1 潜艇在静水面上的垂荡和纵摇 ………………………………… 396
8.4.2 潜艇在波浪中的垂荡和纵摇 …………………………………… 397
8.4.3 垂荡和纵摇相关的动力效应 …………………………………… 399

8.5　潜艇的水下动力效应 ·············· 401
　　　　8.5.1　潜艇的水下摇荡 ·············· 401
　　　　8.5.2　向上作用的吸力 ·············· 401
　　8.6　习题及思考题 ·················· 403

第9章　潜艇隐身性 404

　　9.1　概述 ······················ 404
　　9.2　振动与噪声的基本概念 ············· 405
　　　　9.2.1　机械振动的基本概念 ············ 405
　　　　9.2.2　噪声的基本概念 ·············· 405
　　　　9.2.3　噪声的控制方法 ·············· 407
　　9.3　探测潜艇的主要手段 ·············· 408
　　　　9.3.1　声波 ·················· 408
　　　　9.3.2　电磁波 ················· 410
　　　　9.3.3　尾迹 ·················· 411
　　　　9.3.4　其他物理特性 ·············· 411
　　9.4　潜艇主要隐身技术 ··············· 412
　　　　9.4.1　声隐身 ················· 412
　　　　9.4.2　电磁波隐身 ··············· 414
　　　　9.4.3　尾迹隐身 ················ 415
　　　　9.4.4　其他物理场隐身 ············· 415
　　9.5　潜艇隐身技术的发展趋势 ············ 415
　　　　9.5.1　探测制导技术发展趋势 ··········· 416
　　　　9.5.2　潜艇隐身技术发展趋势 ··········· 416
　　9.6　习题及思考题 ·················· 417

附录 ·························· 418

参考文献 ······················· 419

第1章 绪　　论

1.1　潜艇概述

潜艇是一种既能在水面又能在水下一定深度航行并进行战斗活动的舰艇。

潜艇通过在主压载水舱中注水和排水实现下潜和上浮,在水下航行时,目前主要依靠声纳设备探测它,而声纳设备的有效作用距离有限,因而很难被敌方远距离探测或早期预警。正因如此,潜艇具有良好的隐蔽性和机动性,特别是现代核动力潜艇和采用 AIP(Air Independent Propulsion,不依赖空气推进)系统的潜艇,可在水下长时间航行,其隐蔽性和机动性的特点尤为突出。

作为战斗舰艇,潜艇可以携带鱼雷、水雷、巡航导弹或弹道导弹等武器装备。根据潜艇的主要用途,潜艇可分别携带上述武备中的一种或几种。这些武备威力强大,命中率高,可用于攻击各种战略战术目标,加上它隐蔽性好,机动性强的特点,使潜艇成为一种非常有效的战略和战术武器。

潜艇的主要作用是进行水下战斗活动和战略威慑作用。装备鱼雷、水雷及巡航导弹的潜艇,既可对敌方的潜艇和水面舰艇实施攻击,又可埋伏在敌方的海上航线上,打击商船,破坏敌海上交通线,还可用于突击敌方港口及岸上重要目标。另外,潜艇还可以利用自身的隐蔽性,潜入敌方的港口或防区进行侦察活动。而装备了弹道导弹的潜艇即是一个机动的、隐蔽的弹道导弹基地,由于它的隐蔽性和机动性,一旦核战争爆发,它将可能在第一次核打击中保存下来,对敌进行核反击,因此,通常被称为第二次核打击力量,这样它成为了最具威慑力的战略威慑力量。自第一次世界大战以来的历次大规模战争中,潜艇都发挥了巨大的作用,充分说明潜艇作为一种武器的强大威力和有效性。

潜艇要在水下航行和作战,在具有良好隐蔽性和机动性的同时,也不可避免地存在一些缺点。首先,潜艇在水下虽然难以被敌方探测,但同时其自身的水下探测和通信联络也受到了限制。潜艇在水下主要以声纳作为探测手段,声纳的作用距离短,而且会受到自身噪声的影响,限制了它早期、远距离发现敌舰的能力。潜艇的主要通信设备为无线电台,除长波接收机可在水下一定深度进行通信外,其他电台都无法在水下工作,使潜艇在水下难以与基地、其他舰艇和兵种联络。另外,当潜艇要观测空中目标时,必须浮出水面或在水面附近将雷达天线或潜望镜伸出水面,这就容易暴露自己。潜艇的内部空间狭小,通常存在噪声,生活和工作条件较差。长时间航行时,艇员的体力和精神容易疲惫,影响潜艇的自持力。潜艇在水下时,一旦耐压艇体破损,就很难自行上浮,因此自救能力差也是其弱点之一。

本章主要介绍潜艇的战术技术指标、潜艇的分类、潜艇的总布置、潜艇原理研究的对象,以及潜艇型线图、主尺度、船形系数、吃水标志等后续章节所要用到的知识,并对潜艇发展历史进行简要介绍。

1.2 潜艇的主要战术技术指标

在研究潜艇时,对潜艇的若干战术技术性能规定出一些表示数量概念的指标是必要的。经常用到的主要战术技术指标包括主尺度、排水量、推进功率、航速、续航力、下潜深度、武备、作战半径和自持力等。这些指标体现的是一艘潜艇的主要战术技术性能,也是指挥决策部门借以指挥作战、制定设计任务书和造船部门进行设计建造潜艇的依据。本节将介绍这些指标的含义和内容。

1.2.1 主尺度、排水量

主尺度和排水量是潜艇的基本度量参数和潜艇大小的指标,也是潜艇设计、计算和建造的依据。

潜艇的主尺度包括艇长、艇宽、艇高、吃水等方面的参数,潜艇的排水量与水面舰艇不同,要分为水上排水量和水下排水量两类。主尺度将在第1.6节中详细介绍,排水量将在第2.5节中详细介绍。

1.2.2 下潜深度

下潜深度(包括潜望深度、通气管深度、安全深度、极限深度和工作深度)是指潜艇处于正中状态时耐压船体圆柱段中心线至静水面的垂直距离,它是以潜艇指挥舱的深度计所示深度进行换算的。按下潜的情况,潜艇可以处在潜望深度、通气管深度和处在安全深度与极限深度之间的任一深度上,如图1-1所示。

(1)潜望深度h_p,潜艇在水下潜望镜完全伸出并可对水面或空中进行观察时所处的深度。潜望深度应视潜艇的种类和海况而定,一般在8~11m之间,潜望镜升出海面部分的高度一般不超过0.5m。

(2)通气管深度h_s,潜艇在水下使用通气管装置时所处的深度。通气管深度一般等于或小于潜望深度。

(3)安全深度h_{sf},保证不与水面舰船相碰撞或不易被飞机白昼用目力透视发现的潜艇最小下潜深度。它与海水透明度有关,一般在30m左右。

(4)极限深度h_e,潜艇在整个服役期内正常状态活动时下潜次数受到限制的能下潜的最大深度。潜艇处于无航速状态,超过此深度艇体结构可能发生不能复

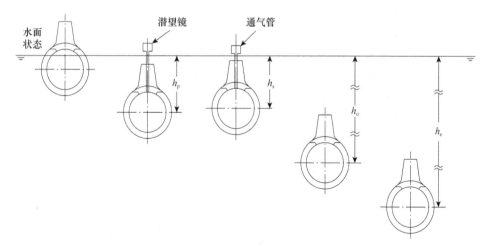

图 1-1 潜艇的各种下潜深度

原的永久变形。处在极限时,一般不允许潜艇处于航行状态。因为潜艇在此深度航行,由于航行中产生纵倾,将发生偶然下潜超过此极限深度,这使潜艇处于危险状态中。现代潜艇的极限下潜深度一般达 300~400m。

(5)工作深度 h_o。潜艇在整个服役期内能长时间航行或停留且下潜次数不受限制的能下潜的最大深度。工作深度一般为极限深度的 70%~90%。潜艇在整个服役期内潜深超过工作深度或达到极限深度的累积潜浮次数要求不大于 500 次。

(6)计算深度 h_e,设计计算耐压艇体强度时的理论深度。为防止潜艇在极限深度上继续过度下潜或由纵倾引起的超深,耐压艇体必须有强度储备,一般为极限深度的 30%~50%,所以计算深度也就是极限深度的 1.3~1.5 倍,这一深度是耐压艇体开始破坏的深度。但是需要注意的是,艇载设备不一定都留有设计余量,当潜艇下潜深度超过极限深度但小于计算深度时,虽然艇体结构尚未被破坏,但艇载设备可能会发生损坏,如管路、泵等,使潜艇失去一定的战斗能力,破坏整个潜艇的安全性。

1.2.3 作战半径和续航力

作战半径是潜艇为执行战斗任务从基地到达活动区域之间的最大距离,以海里(n mile)计,1n mile = 1852m。这一指标是根据潜艇所担负的使命任务来决定的,通常由使用部门按照潜艇作战原则和活动海区来提出。

按照作战半径的大小不同,又可分为这样几种活动海区的潜艇:近海作战的潜艇、中近海作战的潜艇、中海作战的潜艇、中远海作战的潜艇、远海作战的潜艇。

正常装载的潜艇一次出航所能达到的最大航程叫做续航力。在战术上对现有潜艇续航力的使用分配如下：

(1) 30%的续航力作为到达作战地点航渡用，往返共用去续航力的60%；

(2) 30%的续航力作为潜艇在战斗行动海域的消耗；

(3) 10%的续航力作为往返航渡中克服敌人可能的阻挠。

为使战术上的考虑与技术上的考虑一致，应满足如下关系：

$$潜艇的作战半径=续航力\times30\%$$

1.2.4 航速及其续航力

航速是相应于不同的航态下潜艇航行的速度，以"节"（海里/小时，kn）计。潜艇在某一航速下所能持续航行的最大距离即为该航速的续航力。根据不同的航态可分为：水面航速及其续航力、通气管航速及其续航力、水下航速及其续航力。

1. 水面航速及其续航力

潜艇处于水面状态时的各种航速称为水面航速。对于常规动力潜艇，由于燃油装载情况不同，它的最大航速又可分为正常状态和燃油超载状态两种，其相对应的最大航速时的续航力也因此分为正常状态和燃油超载状态两种。

早期的潜艇是以水面活动为主的，只有需要隐蔽时才转入水下航行，因此，水面航速和续航力是当时潜艇的主要战术技术指标。在第二次世界大战前夕所建造的潜艇，水面航速曾达到18kn以上的水平，而水下航速却远低于水面航速。随着反潜能力的提高，雷达和航空兵的应用，潜艇经常在水面活动的可能性已经很小，所以这一项指标已不作为现代潜艇的主要战术性能指标来要求了。

2. 通气管航速及其续航力

常规动力潜艇处于通气管状态时的各种航速称为通气管航速。潜艇在一次装足燃料的情况下，在通气管状态下以某一航速航行所能达到的最大航程称为通气管航速的续航力。

现代潜艇虽然水面活动的机会越来越少，主要以水下活动为主。但是由于常规动力潜艇的蓄电池能源有限，不能长期在水下持续航行。随着科学技术的发展，出现了柴油机水下工作的空气装置——通气管装置。此时，潜艇利用通气管装置从水面吸入空气供舱室通风和柴油机工作用。通气管航速和续航力就成了常规动力潜艇一项非常重要的战术技术指标，主要用于从基地到作战海区的航渡。

为了缩短潜艇从基地到作战海区的航渡时间，就要求通气管航速越高越好。但是由于受通气管升降装置强度的限制，当前各种潜艇的通气管航速一般在8~12kn范围内。

3. 水下航速及其续航力

根据常规动力潜艇的推进电(动)机不同的工况可分成下述两种航行状态：

1) 水下最高航速及其续航力

潜艇在水下状态时,主推进电机发出额定功率所能达到的航速称为水下最高航速。蓄电池一次充满电后,用水下最高航速连续航行所能达到的最大航程即为它的续航力,习惯上用续航时间来表示。

由于常规动力潜艇水下能源有限,一般只在进行鱼雷攻击和躲避敌人攻击时,才使用水下最高航速。按照这样的使用方法,经过敌情资料分析和战术论证、计算,可以确定出所需的水下最高航速和续航时间。目前,常规动力潜艇的水下最高航速在 15~20kn 左右,也有高达 25kn 的,最高航速下的续航时间一般为 30~60min。

核动力潜艇由于能源充足、功率大,它的水下最高航速一般较常规动力潜艇高,可超过 25kn,它的续航时间已大大超过自持力的要求,一次装满核燃料,续航时间可达几年。

2) 水下经济航速及其续航力

水下状态的潜艇,在用经济推进电机低耗电、低噪声航行所能达到的航行速度称为水下经济航速。蓄电池一次充满电后,以水下经济航速连续航行所能达到的最大航程即为它的续航力。

常规动力潜艇为了使蓄电池能源经一次充满电后能工作更长的时间,以便增大水下续航力,引入了水下经济航速。

一般认为潜艇航行所需的推进功率正比于航速的三次方。所以,降低航速可以大大减小所需的推进功率。而蓄电池放电却有这样的特性,蓄电池总电容量一定时,放电电流越大,能输出的总电量越低;反之放电电流越小,能输出的总电量越高,即越接近可用容量的最大限额。因此,低速航行就有可能使潜艇续航力大大增加,这就是潜艇的水下经济航速。

战术上要求用水下经济航速航行时的续航力要大于敌人防潜封锁区的纵深,因为敌人的防潜封锁区的纵深一般是根据潜艇水下最大续航力来定的。敌人在设立防潜封锁区时,总想使其纵深大于潜艇的水下最大续航力,迫使常规动力潜艇不能一次从水下通过,必须中途浮起充电,从而可能被敌发现和攻击。通常防潜区纵深在 300~400n mile 左右,所以潜艇的水下经济航速的续航力也必须保证能一次从水下通过敌封锁区。潜艇通过封锁区的速度一般为 2~4kn,考虑到洋流的影响,速度最好采用 3~5kn。

对于核动力潜艇不存在节省能源的问题,始终可以采用水下高速航行。但是,敌人在防潜区设有许多水声侦听设备来搜索潜艇航行时发出的噪声。因此,潜艇必须用降低航行噪声的办法通过防潜区,这样就必须降低潜艇的水下航速,使螺旋桨噪声减小,此时艇内的机械噪声强度随着推进功率的减小也明显降低,使潜艇总的辐射噪声强度减弱。那么,潜艇航速降低到多少能达到这一目的是必须解决的问题。

海洋中由于波浪、海啸、海洋生物、航行船舶、冰面破裂等造成一定强度的噪声,一般称海洋本身的噪声为自然噪声或海洋背景噪声。如果潜艇在某航速下的辐射噪声强度等于或低于海洋的背景噪声,则由于背景噪声的掩蔽作用,水声侦听设备不易侦听到潜艇的噪声,这时潜艇的航速称为低噪声航速或安静航速。

采取措施降低潜艇噪声从而提高低噪声航速,以便缩短航渡时间,在战术上是很有现实意义的。对核潜艇尤其如此,而常规动力潜艇的经济航速与低噪声航速往往是一致的。

4. 自持力、水下逗留时间

自持力(或称自给力)是指潜艇在海上执行任务时,中途不补充任何储备品的条件下,能在海上逗留的最长时间,以昼夜计。自持力的大小取决于燃油的储备量和其他供应品的数量,此外,还取决于艇员的耐久能力。在潜艇设计时,通常取自持力为60昼夜,据此配备艇员的淡水、食品等消耗品。这大致对应于潜艇连续水下航行情况下,艇员的体能和精神承受能力的极限。

水下逗留时间是潜艇在不更换新鲜空气的条件下,依靠艇内空气再生装置能在水下一次连续航行或停留的最长时间,以小时计。水下逗留的总时间应满足自持力期间潜艇在水下停留时间的总和,包括航渡过程中的水下航行时间、待机机动的水下待机时间和意外情况的水下停留时间。

1.3　潜艇的分类

现将各种类型潜艇按照它们的用途、排水量、艇体线型、结构形式和动力装置型式等内容来进行粗略的分类。

1.3.1　按潜艇的用途分类

1. 战术潜艇

战术潜艇的主要任务:
(1)对敌人大、中型水面舰艇实施战术攻击;
(2)破坏敌人海上交通线,消灭敌运输船;
(3)对敌方港口、岸上基地设施实施战术攻击;
(4)执行侦察、巡逻、布雷等任务。

由于在实施战术攻击时所采用的武备不同,又可将它们分为两种类型的潜艇:鱼雷潜艇和巡航导弹潜艇。

鱼雷潜艇的主要攻击武备是鱼雷。巡航导弹潜艇的主要攻击武备是巡航导弹,但这类潜艇通常也装鱼雷武备,现代潜艇已可利用鱼雷发射管发射巡航导弹,因此,巡航导弹潜艇从外形上看与鱼雷潜艇区别不大。这两种潜艇各有特点。鱼雷潜艇与巡航导弹潜艇相比较,前者由于鱼雷的航程短、航速低,适于对近距离的水面和水中目标进行攻击;而巡航导弹的航程比鱼雷远、航速快,适于对较远距离的海上、空中和陆上目标进行攻击。

2. 战略潜艇

战略潜艇的主要任务是摧毁敌人固定的军事、政治、工业、交通中心等战略目标或设施,通常指的是带核弹头的弹道导弹潜艇,如图1-2所示,因此其具有战略核威慑作用。

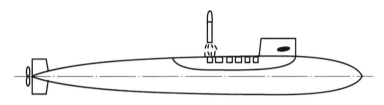

图1-2 弹道导弹潜艇

弹道导弹的战斗部通常为核弹头,其爆炸威力大,有巨大的摧毁力;而潜艇具有隐蔽性、机动性、不易被敌人发现和击中的优点。当潜艇装备有中、远程弹道导弹以后,潜艇就成了弹道导弹在海上的移动发射场,是敌人难以摧毁的弹道导弹发射场;而它又可以在离目标近的距离上发射导弹,这样不仅缩小了导弹弹着点的散布面积,而且敌人也难以防御和拦截。这样,潜艇的战略意义就大为提高,所以通常把携有带核弹头的弹道导弹潜艇称为战略性潜艇。

3. 特种潜艇

除了上述两类用途的潜艇外,我们把执行其他任务的潜艇统称为特种潜艇。目前有以下几种:

1)雷达哨潜艇

雷达哨潜艇的特征是装备有大功率雷达,用来对来袭的敌机进行早期探测,或者为拦击敌机的己方飞机进行引导,在对敌攻击后为己方飞机提供返航标志,也可用它来干扰敌方的无线电通信及雷达工作,如图1-3所示。

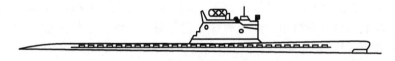

图1-3 雷达哨潜艇

目前潜艇大都是以单艇和水下活动为主,加上装备于水面舰艇和飞机上的大功率雷达设备在技术性能方面已经超过了潜艇的雷达设备,所以在这方面使用雷达哨潜艇的价值不大。

2) 布雷潜艇(或称水雷—鱼雷潜艇)

布雷潜艇是利用设置的专门布雷装置在水面或水下布设水雷。它也装备有鱼雷武器可以对敌舰艇进行鱼雷攻击,但攻击要弱得多。历史上曾出现过专门的布雷潜艇。目前这种专门用途的布雷潜艇已不再制造,而使用鱼雷潜艇的鱼雷发射管来执行这类布放水雷的任务。

3) 运输潜艇

运输潜艇是利用在艇内或上层建筑设置的专门设备来输送液体或固体物资,向海上舰艇补给燃料、武器弹药以及输送部队人员登陆等。由于目前在建造、运行的经济性上,还存在一些问题,以及对这类潜艇的需要还未达到急迫程度,所以至今运输潜艇发展仍较缓慢。

4) 深潜救生艇

深潜救生艇是一种单用途的小型袖珍潜艇,用来对遇难(坐沉海底的)潜艇的艇员实施救生作业。救生时利用深潜救生艇下部的钟形联接器与潜艇的救生平台对接,把艇员营救到深潜救生艇上,然后转运至另一艘潜艇或水面舰艇上去,如图1-4所示。

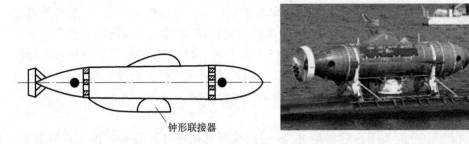

图1-4 深潜救生艇

1.3.2 按潜艇的排水量分类

一般都是按照潜艇排水量的大小分为大、中、小和袖珍等四个艇级的潜艇。

1. 大型潜艇

目前认为大型潜艇的排水量在2500t以上,续航力大于10000n mile,有能力在远离自己基地的敌岸沿海和大洋交通线上进行战斗活动。它的武备储量大,观察通信设备齐全,因此有很强的战斗活动能力。

2. 中型潜艇

排水量在1000~2500t的潜艇列为中型潜艇。中型潜艇的续航力在5000~10000n mile,能到中远海活动。由于受到艇体容积限制,一般情况下武器装备较大型艇弱,观察通信器材不如大型艇齐全,但它有很强的战斗力。

3. 小型潜艇

排水量小于1000t的潜艇为小型潜艇。它的续航力一般小于5000n mile,适宜于在近海、狭窄海域或浅水区活动。它的武器装备较弱,而且通常是没有备用的,所以攻击能力弱。但是小型潜艇的噪声小不易被发现,便于接近敌目标进行攻击;造价低,便于大量建造;战时可采取集群活动的战术弥补单艇攻击威力弱的缺点,故在某些方面有其独到之处。

4. 袖珍潜艇

袖珍潜艇的排水量仅为几十吨,续航力很有限,只能在沿岸浅水区域或在携带袖珍潜艇的母舰附近活动。但是它简单易造、目标小,可以执行一些特殊任务。例如,在潜水近岸、狭窄航道、曲折海湾、大陆架、岛屿间输送少量侦察兵登陆,对敌基地进行侦察,执行对敌基地和停泊场的船舶袭击、爆破等战斗任务。

影响潜艇排水量大小的因素较多,诸如航速、续航力大小,武备的种类和数量的多少,动力装置的形式和艇上各种装备技术先进程度等,所以用排水量大小来划分潜艇并不能反映该艇级潜艇的所有特性,这样的分法只具有大小的相对概念。

1.3.3 按潜艇的艇体线型分类

1. 常规型潜艇

由图1-5中上图可见,它的侧面形状与水面舰船很像,此种线型适宜水面航行。为了降低兴波阻力以提高水面航速,把艏柱做成类似水面船舶的尖削形状。艏部有很大的脊弧,并布置有浮力舱,使潜艇在有风浪的海面能有较好的适航性。早期潜艇是以水面航态为主、水下航态为辅的,所以大部分采用此种线型,又称舰队型潜艇。而这种线型对潜艇的水下快速性是不利的。

随着反潜能力的提高,潜艇逐步转为以水下航态为主。人们开展了潜艇水下高速线型的研究工作。初步改进是取消了艏部脊弧、浮力舱,取消艏柱的前倾角使其变为直艏柱,逐步形成如图1-5中下图所示的现今常采用的常规型潜艇的线型。

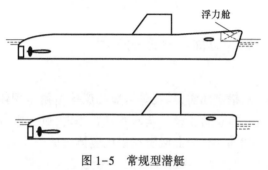

图1-5 常规型潜艇

2. 水滴型潜艇

人们经过一系列的实验证明水下航行阻力小、推进效率最高的线型是艏部圆钝的纺锤型,即水滴型。它的横剖面几乎为圆截面,如图1-6所示。

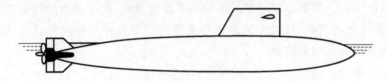

图1-6 水滴型潜艇

早在两千多年前人们已经了解到把水下壳体做成纺锤型的优越性。20世纪初期有的潜艇为了使用有限的电机功率和蓄电池能源获得尽可能高的水下航速,曾经采用过此类线型,但是常规动力潜艇还没有解决柴油机水下工作问题,潜艇大部分时间必须浮出水面,而这种线型的水面航行性能很差,因此,这种线型在一段时间中没有被采用。

第二次世界大战期间,人们已经认识到潜艇水下性能的重要性了。随着工业的发展,尤其是核动力装置在潜艇上的应用,提高潜艇的水下性能又成了主要努力方向,适合水下高速的最佳线型——水滴型,才再次被广泛采用。

3. 过渡型潜艇

考虑到常规动力潜艇受动力装置的限制,它必须经常浮出水面或者在离水面一定深度的通气管状态航行,此时潜艇要受到兴波阻力的影响。为了顾及常规动力潜艇的水面航行性能,又要提高水下快速性能,就出现了过渡线型(图1-7)。这种线型是把常规型的艏部和水滴型的艉部结合起来,航行特性介于两者之前,水面航行能力优于水滴型,而水下航行性能优于常规型。

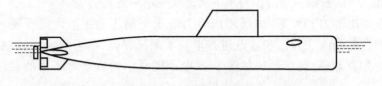

图1-7 过渡型潜艇

1.3.4 按潜艇的艇体结构形式分类

1. 单壳体潜艇

如图1-8所示,从横剖面看,单壳体潜艇的艇体由耐压壳体组成,艇体结构比较简单,潜艇各种用途的液舱和设备全部布置在艇内,舱室内就明显非常狭小,造成艇员的工作和居住条件差,加上液舱在耐压艇体上的一系列开孔及突出体不易使艇体线型光顺,所以这种艇体结构影响了潜艇航速的提高。

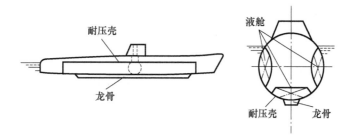

图 1-8　单壳体潜艇

2. 个半壳体潜艇

所谓个半壳体潜艇就是耐压艇体的外面还部分包覆着一层耐压或非耐压的结构，利用两层之间所形成的空间布置潜艇的主要液舱，如图 1-9 所示。

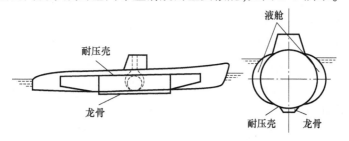

图 1-9　个半壳体潜艇

个半壳体潜艇与单壳体潜艇相比，内部空间得到了改善，外部线型也部分得到了改善。但是由于耐压壳体底部暴露在外面，布置在底部的通海阀门等也易被碰撞损坏发生故障，因此潜艇在坐沉海底时尤需注意，防止损坏这些部件。

3. 双壳体潜艇

双壳体潜艇的耐压艇体外面全部被耐压的或非耐压的外壳所包覆，这样就弥补了个半壳体的缺点，如图 1-10 所示。这层外壳除了在舯部有一段是部分耐压外，其余都是非耐压的轻型结构，称之为轻外壳。在制造时轻外壳易于弯曲加工，容易做到使潜艇的线型趋于光顺，满足流体动力性能方面的要求，轻壳体也起到保护艇体和布置在耐压壳体外设备的作用，提高了潜艇的生命力。

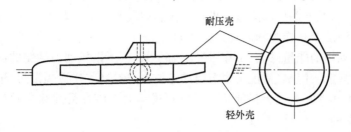

图 1-10　双壳体潜艇

4. 单双壳体混合式潜艇

在此类潜艇上单壳体和双壳体结构式混合应用的,如图 1-11 所示。

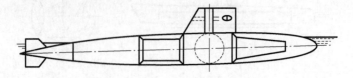

图 1-11 单双壳体混合式潜艇

现代潜艇普遍是从改善水下性能出发,设法减小浸湿表面以提高水下航速。在艇体固定浮容积不变的情况下,满足一定量的储备浮力的要求,使潜艇的水下全排水量尽量小,可以达到减小浸湿表面积的目的。采用单双壳体混合结构就是为了达到这一目的。现在,随着加工工艺水平的提高,也有能力将耐压壳体板材按照线型的要求来进行弯曲,而单壳体潜艇某些缺点可由部分双壳体结构来弥补,所以,目前大型高速潜艇采用此类结构形式的较多。

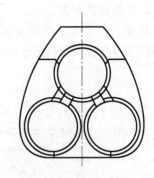

图 1-12 品字形耐压壳体组合

除了上述几种结构形式外,还有多圆柱组合型、球形耐压体组合型等结构形式,但是,目前在战斗潜艇上还未被广泛采用,如图 1-12 所示的品字形耐压壳体组合为俄罗斯"台风"级核潜艇所采用。

1.3.5 按潜艇的动力装置分类

1. 常规动力潜艇

由柴油机、电动机、蓄电池组组成的动力装置称为常规动力装置。此类动力装置在潜艇上的应用已有悠久的历史,在核动力装置出现以前,基本上潜艇都采用此类动力装置,因此将采用此类动力装置的潜艇称为常规动力潜艇,或称柴—电潜艇。

2. 核动力潜艇

简单地说,原子锅炉加蒸汽轮机就是核动力潜艇的动力装置。而柴油机、蓄电池在核动力潜艇上是作为辅助动力应用的。

由于核动力的能量巨大,工作时又不需要氧气,所以核动力潜艇的许多性能优于常规动力潜艇。但是,常规动力潜艇的吨位小、造价低、建造周期短,适于近中海活动,又便于在战时大量装备部队。所以常规动力潜艇在目前和今后相当长时间内,仍是海军的一支重要力量。

除了上述两种典型的动力装置外,还有一些其他类型的动力装置,如氧化氢燃气动力装置、闭式循环的内燃机动力装置等,因为没有得到广泛采用,故不另分类。

1.4 潜艇的总布置

一艘潜艇由成千上万个不同用途的零部件所组成。在潜艇上如何把这么多的零部件合理安排在有限的空间内,协调各部分之间的矛盾达到组成一个统一的整体的目的,这就是总布置所要完成的任务。

总布置的合理与否直接影响着潜艇的各项战术技术性能。具体应从以下几方面考虑:

(1)在保证各项设备必需的空间的前提下力求紧凑,以节省容积,减小潜艇的排水量;

(2)便于操作管理、指挥战斗和维护保养,提供使用上的方便;

(3)照顾到各种设备的特殊要求,给予适宜的环境,使彼此互不妨碍正常工作;

(4)要有较强的生命力;

(5)尽力改善艇员的工作和生活条件。

在布置时总是把潜艇划分为若干舱段,其目的是隔开不同用途的舱室,使工作时互不干扰;缩短耐压艇体的纵向跨度,保证艇体有足够的结构强度;保证破损后的抗沉性和提高潜艇的生命力。划分几个舱段以及如何分布,各型潜艇是不一样的。一般有这样几个舱段:武备舱(鱼雷舱或导弹舱)、指挥舱、动力舱(蓄电池舱、柴油机舱、电机舱或核反应堆舱、主机舱)、辅机舱、居住舱、主要液舱(舷间液舱和体内液舱)、艏端、艉端、上层建筑、指挥台围壳等。由于常规动力潜艇和弹道导弹核潜艇在装备和作用方面有较大的区别,因而总布置也各有明显特征,图1-13和图1-14分别是两种典型潜艇的分舱布置示意图。下面以常规潜艇为例,介绍各部分的布置情况。

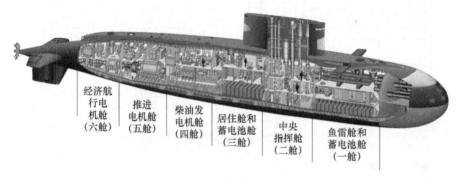

图1-13 常规潜艇总布置示意图

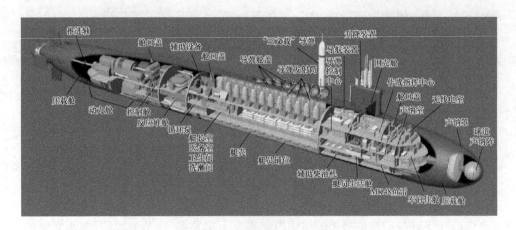

图1-14 核动力弹道导弹潜艇总布置示意图

1.4.1 鱼雷舱

迄今为止,鱼雷仍是潜艇主要的进攻和自卫武器。为了便于进攻,将鱼雷布置在艇首;从自卫角度出发,为了阻止敌舰艇尾随追击,以及增强潜艇尾部的攻击能力,也有在艇尾布置少量鱼雷的。

鱼雷一般存放在潜艇的耐压艇体内,也有将其布置在耐压体外的舷间空间的,这样可以节省内部空间和缩小艇的排水量,其缺点是出航期间无法对鱼雷进行检修、排除故障和保养。

在耐用艇体内用来配置鱼雷发射装置和存放备用鱼雷的舱段就是鱼雷舱。图1-15是艏鱼雷舱布置简图。

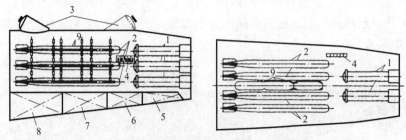

1—鱼雷发射管;2—备用鱼雷;3—鱼雷装载舱口;4—鱼雷发射板;5—环形间隙水舱;
6—纵倾平衡水舱;7—鱼雷补重水舱;8—其他液舱;9—床铺

图1-15 艏鱼雷舱布置简图

1. 鱼雷发射管

鱼雷发射管是存放和发射鱼雷的装备。鱼雷发射管整个长度的大部分伸在耐压体外,只有后面一小段布置在耐压体内,通过杯形连接件固定在耐压体端壁上。

发射管有以下几种布置形式(图1-16)。

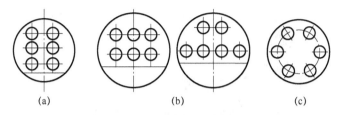

图1-16 鱼雷发射管的布置形式

(1)垂直重叠布置适用于瘦削型艏部。

(2)水平重叠布置适用于肥大型艏部,在艇艏下方可为水声器材提供较大的空间。

(3)环形布置适用于横截面为圆剖面的水滴形艏,可以充分利用艏部空间。环形发射管中间的空间又为水声器材提供了"视野"开阔的良好位置。

鱼雷发射管采用何种布置形式,决定于艇体艏部的线型,另外,很大因素是决定于水声器材在艏部需要占据的空间。有些潜艇因水声基阵体积庞大,几乎占去了艏部的全部有效空间,致使在Ⅰ舱布置鱼雷发射管发射困难,出现了在Ⅱ舱布置发射管的形式,即所谓的"肩部"布置(图1-17)。

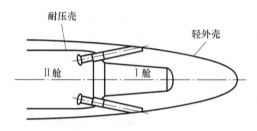

图1-17 发射管"肩部"布置形式

2. 备用鱼雷

备用鱼雷存放在舱内专用的架上,并用夹具固定使其不会左右、前后移动。

备用鱼雷在舱内的布置,力求装填方便、迅速,所以一般将备用鱼雷与发射管对中布置,即鱼雷中心线与发射管中心线在同一直线上。这样的布置也有不利之处,即已装入发射管的鱼雷要拖到舱内来检修就有一定困难,此时需把鱼雷拖出约三分之一的雷长,因此采用备用鱼雷部分与发射管对中、部分不对中的布置办法来相互弥补。

3. 鱼雷装载舱口

鱼雷装载舱口是潜艇在水面状态向艇内装载鱼雷的通道。鱼雷装载舱口可以是艉向开启,也可以是艏向开启,如图1-18所示,这主要取决于上甲板的空间而定。如果上层建筑指挥台围壳的位置比较靠前,后向开启的装载口至指挥台围壳之间的距离小于鱼雷长,那么装载口只能前向开启。鱼雷装载舱口也是艇员从艏舱出入潜艇的通道。

图1-18 从鱼雷发射管装填鱼雷

另外,鱼雷也可以通过鱼雷发射管装载,如图1-18所示,此时一般用艉部压载水舱进水的办法使艇造成一定的艉倾,将艇首最上部发射管前端露出水面一定距离,打开发射管前后盖,通过专用的输送架进行装雷。

4. 鱼雷发射板等主要辅助设备和备品

该舱是发射鱼雷的战斗部位,设有鱼雷发射板、鱼雷齐射选择仪等。按照由指挥舱发来的命令,设定鱼雷射出参数,并进行鱼雷发射,这些动作也可以直接由指挥舱来遥控进行。为了对鱼雷进行充气或充电等,在舱内还备有高压空气或电源设备,还有专门的通风设备可对电动鱼雷的电池舱进行通风。

5. 环形间隙水舱

发射鱼雷前,需把鱼雷和发射管之间的环状间隙充满水,然后再通过阀门与舷外海水相通,打开发射管前盖发射鱼雷。为了避免发射鱼雷时由于这部分水的质量增加而破坏潜艇在水中的平衡,影响射击效果,将这部分水就作为一项移动载荷预先装在专门的液舱——环形间隙水舱中。为防止这部分水在移动过程中,由于纵向位置的改变而造成潜艇过大的纵倾,环形间隙水舱应布置在发射管下方。

6. 纵倾平衡水舱

艏纵倾平衡水舱与艉纵倾平衡水舱一起,用来调节潜艇在水下航态时,浮力不发生变化而产生的纵倾力矩。为使其较小的容积能产生较大的纵倾力矩,纵倾平衡水舱应设置在耐压体内的艏艉端,即离艇重心位置越远越好。

7. 鱼雷补重水舱

为保证潜艇的水下静力平衡,用来补充海水代换备用鱼雷质量而设置的专用水舱为鱼雷补重水舱。为了防止在代换鱼雷时潜艇产生过大的纵倾,鱼雷补重水舱宜设置在备用鱼雷重心的下方,它的容积按备用鱼雷数量而定。

8. 其他液舱

在鱼雷舱内还布置有水雷补重水舱、无泡鱼雷发射水舱、淡水舱、燃油舱和粮食舱等。水雷补重水舱是用来当潜艇改装水雷时,由于水雷比鱼雷重而补偿代换鱼雷、水雷之间的质量差。它应设置在水雷重心下方、紧靠鱼雷补重水舱。

无泡鱼雷发射水舱是当用高压气发射鱼雷时,为了不使空气溢出水面,保持潜艇的隐蔽性,在鱼雷出管之前,使发射气体连同发射管内的一部分海水能流入该舱内。无泡鱼雷发射水舱上部是与鱼雷舱相通的,最后这些高压气经水舱放入舱室内,所以在发射鱼雷过程中会有海水飞溅入舱室,并使舱室增压。为了缩短管路长度,无泡鱼雷发射水舱位于舱室艉部、发射管下方的中线位置。

9. 床铺

鱼雷舱是潜艇中较大的舱室,舱内无大的发热设备,机械噪声也小,较适宜于居住,所以鱼雷舱也常作为居住舱来使用,在走道等空间处布置了可拆吊床供艇员休息。

1.4.2 指挥舱

指挥舱是艇长所在的舱室,是战斗指挥和情报中心,也是操艇中心。指挥员在此分析情况随时向各舱、各战斗岗位下达命令。舱内布置有操纵潜艇航行、指挥潜艇战斗所必需的全部设备,包括各种指示设备、观察通信和导航器材,操艇机械和各种类型的升降装置等。

就现行的战斗指挥秩序和各个设备的作用而言,可以将指挥舱内众多的设备分为以下三个系统为围绕着一个中心加以布置。

战斗指挥系统:由声纳、雷达、潜望镜、射击指挥仪、指挥扬声器等组成。这些设备必须布置在最便于艇长指挥的地方,以便于战斗中准确而及时地向艇长提供情报和执行艇长的命令。

操纵系统:由升降舵、方向舵、潜浮、均衡的操纵部位和离心式疏水泵操纵部位等组成。这些设备是围绕着航海长的指挥部位布置的。

航海保证系统:由海图室、电罗经、计程仪及其他导航设备,或先进的综合导航系统组成。这些设备围绕着航海长的指挥部位布置。

这三个系统又应围绕艇长的指挥位置进行总体布置。图1-19是指挥舱布置示意图,从图中可以看出指挥舱内各系统的大致分布情况。

海图室、声纳、雷达、无线电、设计指挥仪等工作部位相互间应互不影响工作,所以通常是用隔壁把它们隔成各专用舱室。而无线电室、雷达室的位置又应靠近各自天线的升降装置部位。

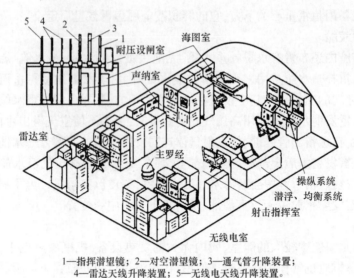

1—指挥潜望镜;2—对空潜望镜;3—通气管升降装置;
4—雷达天线升降装置;5—无线电天线升降装置。

图 1-19 指挥舱布置示意图

1.4.3 蓄电池舱

蓄电池是目前常规动力潜艇水下航行的唯一能源,它的布置主要从生命力的观点出发加以考虑。除了小型潜艇电池数量较少不分组布置外,大、中型潜艇的蓄电池通常分为两组或四组布置在两个舱段内。根据以往作战经验和对蓄电池的使用经验,蓄电池最好布置在与指挥舱相邻的两个舱内,或者是接近艇的中部的前、后两个舱内。蓄电池舱的布置形式有非气密式和气密式两种,如图1-20所示。

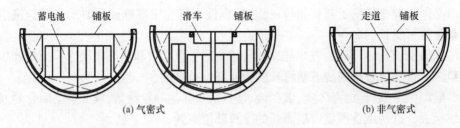

图 1-20 蓄电池舱布置形式

1. 非气密式电池舱

电池舱的上铺板是非气密的,可随时拆起,以便艇员对蓄电池进行检查。这种布置占据容积小,适于小型潜艇上应用。缺点是由于铺板的非气密,蓄电池充放电时产生的热量和有害气体将直接泄漏入上面舱室,对舱室的温度和空气有不良影响;同时,由于铺板的拆卸,给上面舱室的布置也带来一定的困难。

2. 气密式电池舱

电池舱的上铺板是气密式的,铺板上有专门的舱口供艇员出入电池舱进行蓄电池检修。由于提供检修设施的不同,气密电池舱又有滑车式和走道式两种。它的优缺点恰与非气密蓄电池舱相反,走道式与滑车式相比,走道式的舱室空间利用率较低。

大型潜艇可有四组蓄电池,用双层电池舱将其中两组电池布置在同一舱段内,如图 1-21 所示的那样,一般上层为走道式,下层为滑车式。如果舱室高度允许,两层电池舱也可均为滑车式。

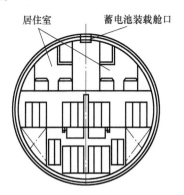

图 1-21 蓄电池舱横剖面简图

在蓄电池舱内还布置有通风管道,蓄电池搅拌系统和蓄电池冷却系统。在蓄电池舱艏艉空间布置有蒸馏水箱或携带蒸馏水袋,用来给电解液补充蒸馏水。为添装蓄电池,在耐压艇体顶部开有蓄电池装载舱口。平时蓄电池装载舱口的盖板用螺钉固紧在围栏上,这样便于装载蓄电池时的拆卸。蓄电池舱铺板以上的空间一般都用作布置居住舱。因为该舱内没有大量的动力机械,环境噪声小,适于艇员休息。

1.4.4 柴油机舱

柴油机舱的布置形式较多,选用不同的传动方式——直接传动或电力传动,不同的推进轴数——单轴、双轴、三轴,柴油机舱的布置形式就不同。这里仅以某一种双轴直接传动方案来介绍柴油机舱的布置。

图 1-22 是两台柴油机并列布置在机舱两舷基座上的。柴油机轴线就是潜艇螺旋桨轴线位置。为要保证潜艇在水面航行时螺旋桨有较佳的推进效率,轴线垂直方向必须在水线以下大于螺旋桨半径的深度上。在水平方向,轴线可有不大于 2°~3°的扩散角,延伸到螺旋桨桨盘处应使桨叶边缘至艇体的距离大于 0.1 倍的螺旋桨直径。

为了便于维护修理,比如要吊出气缸活塞进行检修,柴油机气缸顶端应留有足

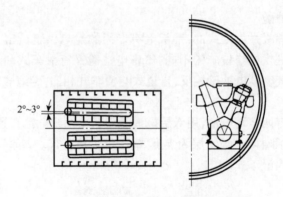

图 1-22　柴油机在机舱内的布置位置

够的空间。两柴油机间留出一定距离的走道。柴油机前端到舱壁的空间可以安放柴油机的辅机设备,后端到后舱壁的距离可以布置轴系连接件等。

图 1-23 是柴油机舱纵剖面(左舷)布置简图。柴油机按上述的原则布置在基座上。柴油机和基座之间设有减振器。舱顶部是一只日用油箱,燃油舱的燃油必须经过日用油箱后再输入柴油机内使用。新鲜空气经废气涡轮增压器增压以后流入各气缸;废气通过排气管进入舱顶部的废气内舌阀,然后由舷外的水上或水下排气口将废气排入水内。

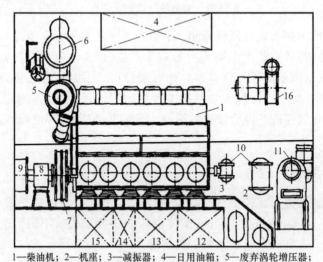

1—柴油机;2—机座;3—减振器;4—日用油箱;5—废弃涡轮增压器;
6—废气内舌阀;7—气涨式离合器;8—空气分配器;9—隔壁填料函;
10—滤器;11—制淡装置;12—循环滑油舱;13—污燃油舱;
14—清润滑油舱;15—柴油机冷却淡水舱;16—通风机。

图 1-23　柴油机舱布置简图(左舷)

柴油机轴与气涨式离合器相联,利用气涨式离合器的结合将柴油机发出的扭矩传递给推进轴。气涨式离合器的压缩空气由空气分配器兼轴承进行分配。推进轴通过隔壁填料函进入电机舱。

柴油机前端铺板下空间布置了柴油机的各种滤器、冷却器及油、水管路等配件。柴油机下部的底舱布置着各种液舱,有循环滑油舱、污燃油舱、清润滑油舱、柴油机冷却淡水舱等。给全船通风用的通风机亦布置在该舱内。它由舷外吸入新鲜空气,经通风管路送入各舱室;从各舱室抽回污浊空气排至柴油机舱内供柴油机工作用。在水下时,通风机只是起到搅拌各舱室空气的作用。舱内还布置了其他许多辅机,如制淡(海水淡化)装置等。

1.4.5 电机舱

电机舱的布置形式也较多,这里仅介绍某一种两台电机双轴直接传动的舱室布置。

图1-24是电机舱(左舷)纵剖面布置简图。由图可见,主推进电机经减振器固定在基座上,它的轴前端与柴油机舱穿过来的轴相连;轴艉端与气涨式离合器相接。气涨式离合器后面部件的一般顺序:空气分配器—气涨式离合器兼皮带轮—推力轴承—尾隔壁填料函等,然后主轴伸出艇外。

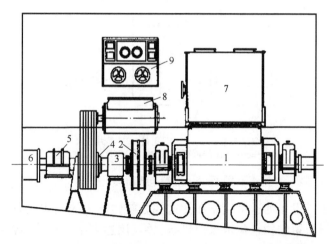

1—主推进电机;2—气涨式离合器;3—空气分配器;4—气涨式离合器兼皮带轮;
5—推力轴承;6—尾隔壁填料函;7—主控制板;8—经济航行电机;
9—经济航行电机自动开关箱。

图1-24 电机舱(左舷)布置简图

主电机的主控制板布置在铺板上。通过主控制板进行主电机不同工况的变换,例如电机调速、电动机工况变成发电机工况的转换、电机作焊机使用等。

在经济航行时使用的经济航行电机通过皮带轮、气涨式离合器的接合来驱动推进轴,此时气涨式离合器是松脱开的。经济航行电机的运转和调速由经济航行电机自动开关箱操作控制。

除了如图1-24所示的几件主要设备外,电机舱也是大部分电气设备集中的场所。布置有低频、中频变流机组,蓄电池串,并联开关,全船灯光电压稳压器,各种电力网络的配电盒等,此处不再一一介绍。

常规潜艇耐压体内的舱室主要是由以上五个部分组成。有的潜艇还专门设有辅机舱,把各种主要辅机,如输水泵、液压泵、空气压缩机、空调机组等布置在该舱内,这样便于管理使用。这些噪声源集中以后,也有利于改善其他舱室的居住和工作环境。

1.4.6 艏端和艉端

1. 艏端

艏端是指耐压艇体艏端壁到潜艇最前端这一段结构。在艏端布置的最主要的设备是水声设备和鱼雷发射管,其次是锚链舱和主压载水舱,如图1-25所示。它的结构形状在很大程度上是按水声设备和鱼雷发射管的布置要求而定的。

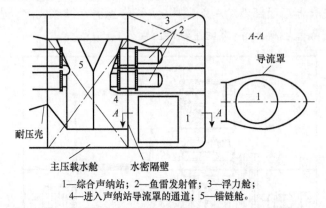

1—综合声纳站;2—鱼雷发射管;3—浮力舱;
4—进入声纳站导流罩的通道;5—锚链舱。

图1-25 艏端布置简图

为了提高水声设备的透声性能和使这部分艇体产生的流体动力噪声尽量小,采用流线型的导流罩结构来包覆水声设备,并且用透声率较高的不锈钢或玻璃钢制作。

在过去某些潜艇的艏端曾设置过浮力舱,用来改善水面航行的耐波性能。但在现代潜艇上,随着水声器材种类的增多和水面航行性能逐渐退居次要地位,浮力舱也已逐步取消,这部分空间被用来布置水声设备的换能器。

为了便于在进坞检修时艇员能进入声纳导流罩内对声纳基阵进行检修,故在水密隔壁的后部设置有通道供艇员出入。

2. 艉端

艉端是指耐压艇体艉端壁到艇体最后端之间这一段结构,如图1-26所示。无论是尖艉或者常规艉,在艉端需要布置的主要设备有方向舵及其传动装置、艉升降舵及其传动装置、水平稳定翼、垂直稳定翼、艉轴和螺旋桨及主压载水舱等。

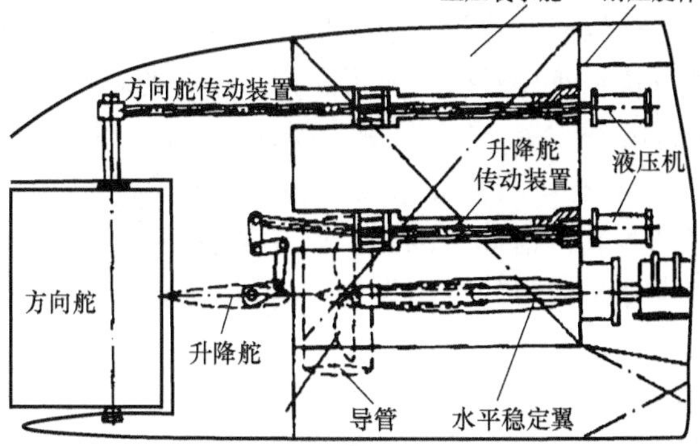

图 1-26 艉端布置简图

1.4.7 上层建筑

潜艇上层建筑的含义区别于水面潜艇,这里习惯上指的是耐压艇体上面的沿着艇体长度方向伸展的透水结构。如图 1-27 所示,上层建筑作为舷间舱壳板向上延伸部分,保护着布置在耐压艇体之外上层的各种设备、装置和管系,它是轻外壳构成完整流线型的一部分,达到降低潜艇水下航行阻力的目的。

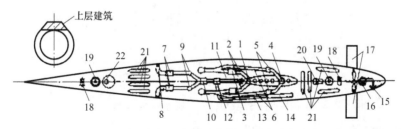

1—水上进气围壁;2—水上进气管;3—水上进气阀;4—通气管装置进气筒;5—通气管装置进气阀;
6—通气管装置空气管路;7—排气外阀;8—水上排气弯管;9—止回操纵阀;10—废气阀;
11—废气管路;12—低压废气阀;13—低压管;14—低压集管;15—锚;16—锚机;
17—艏升降舵;18—系缆卷车;19—信号浮标;20—鱼雷装载舱口;
21—高压空气瓶;22—救生平台。

图 1-27 上层建筑平面布置简图

在上层建筑空间布置的一项重要设备是柴油机的进、排气管系。此外,还有锚、锚机、可收的艏升降舵装置、系缆卷车、导缆钳、升降式带缆桩、可折系泊羊角、可折栏杆、潜艇失事后向水面求救用的信号浮标、鱼雷装载舱口、高压空气瓶,以及带逃生筒的出入舱口和救生平台等。

1.4.8 指挥台围壳

在某些潜艇的指挥舱前上部设置有与舱室相通的耐压指挥室,俗称耐压指挥台。它是该艇在潜望状态航行时操纵航行和指挥作战的总指挥部位。在耐压指挥台内设置有可供观察的潜望镜,还布置有为操纵潜艇航行和指挥作战所必需的设备和通信器材,上下端有舱口可供艇员出入和失事时离艇用。包在耐压指挥台外面的流线型非水密壳体成为指挥台围壳。但在某些潜艇上取消了耐压指挥台,改设仅供艇员出入和应急离艇用的耐压设闸室,习惯上把包在设闸室外面的流线型非水密壳体仍称为指挥台围壳。

在指挥台围壳内主要布置的是水上驾驶室和各种用途的升降装置,如图 1-28 所示。各种用途的升降装置和柴油机水上进气围壁、水下排气管等顺序排列在指挥台围壳内。流线型的指挥台围壳可以减小这些装置的航行阻力。

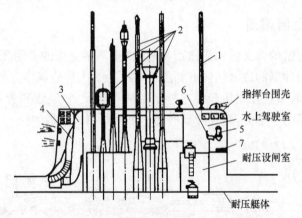

1—鞭状天线;2—各种用途的升降装置;3—水上进气围壁;
4—水下排气管;5—磁罗经;6—操舵杆;7—号笛。

图 1-28 指挥台围壳布置简图

指挥台围壳前部的驾驶室是潜艇在水面航行时艇长指挥航行的地方,内部设有磁罗经、电罗经的分罗经、方位仪、操舵杆、传话筒和号笛等设备。指挥台围壳顶上还有灯光信号、测天六分仪等。

有的潜艇将艏升降舵移至指挥台围壳上,就成了通常所称的围壳舵,这样可以改善艏部的布置空间和改善艏部水声器材工作的环境条件。把艏升降舵改成围壳舵以后,它们于潜艇的水线面以上,最大宽度一般不会超出艇宽,即使超出艇宽也不影响停靠码头,所以是不需收放的。它较艏升降舵减少了一套收推装置,使机构简单不易发生故障。从操纵角度来看,围壳舵的纵向安装位置几乎在艇的动力回转中心上方,力臂短,所以它虽有提供升力的能力,但控制潜艇纵倾的效果远较艏升降舵差。这就出现了需要增大围壳舵板面积或翼展、增大操舵动力的功率、加强该处围壳结构的必要性。

1.4.9 舷间

潜艇耐压壳与外艇体之间的舷侧空间，由纵、横隔壁将其分隔成若干水密隔舱，统称为舷间液舱。根据其用途不同可分为耐压液舱(速潜水舱、浮力调整水舱等)、非耐压液舱(主压载水舱、燃油压载水舱、燃油舱等)，如图1-29所示。

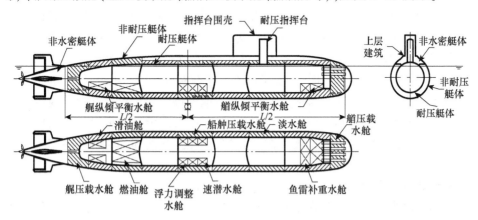

图1-29 舷间液舱布置图

1. 速潜水舱

潜艇在下潜过程中，如果速潜水舱已注水，则产生一负浮力使潜艇加速下潜。速潜水舱的位置在潜艇浮心的去偏前方，这样可使潜艇在应急下潜时有一纵倾角，可加速下潜。为防止潜艇下潜超深发生事故，速潜到一定深度后需立即将速潜水舱中的水吹除。速潜水舱的容积通常是潜艇排水量的1%左右。

2. 浮力调整水舱

浮力调整水舱用于调节因海水密度变化和可变载荷的消耗而产生的重力与浮力的不平衡。在小型潜艇上一般只设一个浮力调整水舱。在大中型潜艇上设有两个浮力调整水舱：一个用来调节因海水密度变化产生的剩余浮力，它的容积按作战海区海水密度的变化范围而定，一般为潜艇排水量的1.5%~2.0%；另一个用来调节因可变载荷之消耗而产生的剩余浮力，它的容积由代换可变载荷所需要的水量来决定。为了在调整过程中不使艇产生过大的纵倾，浮力调整水舱应位于艇的重心附近。浮力调整水舱又分成左右舷对称布置，以便用它来调整潜艇的横倾。

速潜水舱和浮力调整水舱在水下不是与舷外海水直接相通的，所以结构上必须做成耐压的。

3. 主压载水舱

主压载水舱的用途是改变潜艇的排水体积提供储备浮力。当用压缩空气吹除主压载水舱中的水后,潜艇能获得正浮力而上浮至水面;反之,主压载水舱进水消除正浮力而使潜艇进入水下状态。主压载水舱的总容积是按潜艇的储备浮力要求来确定的。

为避免潜艇在下潜、上浮过程中,由于压载水舱的进、排水使浮心位置在纵向变化太大而产生严重纵倾,主压载水舱是沿艇长方向前后均布的。在使用中又将其分成艏、舯、艉三组。

艏、艉组主压载水舱注水时,潜艇就由水面巡航状态进入半潜状态(或称潜势状态),这是潜艇在海上航行时常用的水面航态中的一种。在布置时,艏端主压载水舱的容积要比艉端主压载水舱的容积稍大一些,以利于潜艇的潜浮。

舯组主压载水舱注满水时,潜艇可由半潜状态潜入水中。根据经验,舯组压载水舱的容积为排水量的3%~4%。这些容积应能保证耐压指挥台和上层建筑甲板在排除了这些舱中的水后可以露出水面,并保证在风浪天气里可以打开耐压指挥台的舱口。舯组压载水舱的位置应在潜艇重心附近,并使其排空时略能产生一点艉倾,以利于在潜势状态的航行。

4. 燃油压载水舱

燃油压载水舱是主压载水舱的一部分,只是该水舱可以装载燃油,通过设置的燃油管路将油输入日用油箱。潜艇出航前在燃油压载水舱中加装超载燃油。在航行过程中,通常先使用这部分燃油,然后再按顺序消耗燃油舱的燃油。

5. 燃油舱

双壳体常规动力潜艇,燃油的大部分储存于舷间的燃油舱内,为保证潜艇的生命力,在艇体内部也设置有一定数量的燃油舱。为防止燃油泄漏而影响潜艇的隐蔽性,燃油舱应布置在主压载水舱的下方,燃油舱布置在下部还可使潜艇在消耗燃油过程中艇的重心逐渐下降。由于为防止燃油舱内燃油在消耗时,艇的质量减小而破坏艇的水下静力平衡,所以要用海水来补重,而燃油的密度比海水小。这样的布置可不至因燃油的消耗而使潜艇的稳性降低。

燃油舱的纵向位置是从保证潜艇水面及水下的重心和浮心位置在同一铅垂线上这一条件出发的,例如当潜艇在水下状态时,划分好的油舱位置能够满足水下正浮状态的平衡条件,但当主压载水舱的水被排除而使潜艇上浮到水面状态时,艇的浮心与重心位置不在同一铅垂线上,就破坏了正浮状态的平衡条件,潜艇将产生纵倾。此时就用调整燃油舱的纵向位置即前移或后移来改变潜艇水面的重心纵向位置,使其满足水面正浮状态的平衡条件。经过这种调整后,又会因燃油和海水之间的密度差而破坏潜艇的水下正浮状态。由于燃油和海水之间的密度差较小,由此引起的纵倾力矩可以由调整固体压载的位置来抵消。

主压载水舱和燃油舱在潜航中是与舷外海水相通的,舱内压力和舷外海水压力相等,所以这些液舱是非耐压的。

另外，上述各舷间液舱的容积大小必须满足潜艇水上抗沉性的要求。

6. 压载铁

在舷间及艇体底部还布置有压载铁。压载铁是用来调整潜艇重力和浮力之间的重力平衡的。改变装艇压载铁的数量可以调整潜艇的质量，改变压载铁的纵向、垂向位置可以调整潜艇的重心位置。总的调整目的是使潜艇最后满足静力平衡条件并具有足够的稳性。压载铁的质量约占潜艇排水量的3%～5%。这些数值的压载铁主要包含的可调整内容：设计过程中，按照质量表册装艇的设备、部件、艇体等质量与艇体所能提供的固定浮力之间的差值；建造过程中引起的质量累计误差；设计计算上产生的质量差；作为以后新设备改装用的质量储备。压载铁一般布置在底部龙骨内、主压载水舱内的中下部、舷间透水空间的底部，并用角铁固牢在艇体上。压载铁的实际装艇数和布置位置是要经过实艇试潜定重做最后调整的。

1.5 潜艇型线图

潜艇航海性能的优劣与艇体的尺度和形状有密切的关系，完整地表示潜艇的艇体几何形状和尺度的图是型线图，它是潜艇性能计算、建造放样、数字化建模和解决潜艇使用管理中各种船体问题的根本依据。

1.5.1 艇体的三个主要平面

型线图和工程制图一样采用直角投影的原理和方法，艇体外形也是通过在其三个互相垂直的主要平面的投影来表示的，如图1-30所示。三个投影平面包括基平面、对称面和舯船横剖面。

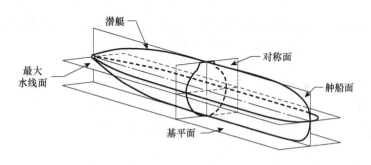

图1-30 三个主投影面

(1) 基平面(也称基面)：通过龙骨中段直线部分的水平面。当龙骨线不水平或为曲线时取切平面。

最大水线面：通过艇体最宽处平行于基面的水平面，将艇体分成上、下两部分。水面舰船则用设计水线面(图1-31)，即通过设计水线处的水平面，将船体分成水下和水上两部分。

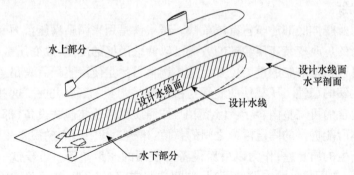

图 1-31　设计水线面

(2)对称面(也称纵舯剖面、中纵剖面)(图 1-32)：与基面垂直,从首至尾通过潜艇正中、将艇体分成左右对称两部分的纵向平面。

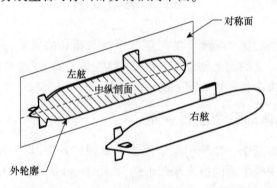

图 1-32　对称面

(3)舯船横剖面(也称舯船肋骨面、中横剖面)(图 1-33)：通过艇体水密长度中点,并与基面、对称面互相垂直的横向平面。

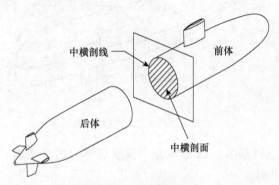

图 1-33　船舯横剖面

1.5.2 三种剖线和三个视图

用最大水线面、对称面和舯船横剖面等三个主要平面与艇体表面相截而得的截面图,如图1-34所示,可以粗略地表示艇体的外形。但由于艇体外形是一个具有双曲率的复杂三维形体,要完整地表示其几何形状还需要更多的平行于主要平面的平面去截割艇体。

1. 三种剖线

纵剖面、纵剖线——平行于对称面的平面叫纵剖面,它和艇体表面的交线称为纵剖线。

水线面、水线——平行于最大水线面的平面叫水线面,它和艇体表面的交线称为水线。

横剖面、横剖线——平行于舯船横剖面的平面称为横剖面(或肋骨面),它和艇体表面的交线叫横剖线,也称肋骨线。

纵剖线、水线和肋骨线等统称为型线。

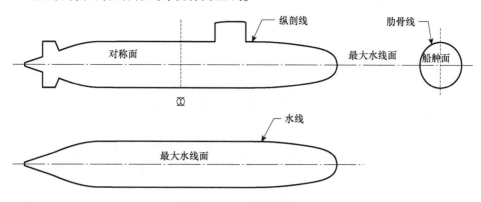

图1-34 三个主要平面

2. 三个视图

侧面图——各组型线在对称面上的投影图称为侧面图。在侧面图上纵剖线投影后仍保持其真实形状,水线和肋骨线投影后成为两组相互垂直的直线,称为侧面图上的格子(线)。根据艇宽的不同,常取2~4个纵剖面,从对称面向两舷侧依次采用罗马数字编号Ⅰ、Ⅱ、Ⅲ、Ⅳ。此外,在侧面图上还画有艇体外廓的投影。

半宽图——各组型线在最大水线面上的投影图称为半宽图。由于艇体左右对称,故只要画出水线的一半就够了。为使水线在半宽图上不至于重叠不清,通常将最大水线面上下水线分画成两个半宽图。水线数目根据艇型而定,一般水线间距为半米左右,自基平面向上依次采用阿拉伯数字编号0、1、2、…。

船体图——各组型线在舯船肋骨面上的投影图称为船体图或横剖面图。由于对称性也只要画出肋骨线的一半就够了。一般习惯都将后半段艇体画在对称面左边,将前半段艇体画在右边。横剖面的数量通常按水密部分长度取 20 等分,得 21 个助骨面(又称理论肋骨面或"站"),自艏向艉依次编号 0、1、2、…20。0～10 号为前体;10～20 号为后体。第 10 号(或第 10 站)肋骨面即是舯船肋骨面(或舯船横剖面)。由于潜艇在水面设计吃水处往外还有艇体,因此常常会在艏艉处增加几站,站间距会适当变小,艏部增加的站号用数字序号加字母 F 表示,艉部用数字序号加字母 A 表示。

与侧面图上的情况类似,水线和肋骨线的投影分别在半宽图和船体图上才保持真实形状,在其他情况各型线的投影为两组相互垂直的直线,组成了半宽图和船体图上的格子。

1.5.3 型线图

型线图是由上述三个视图所组成的图形,如图 1-35 所示。

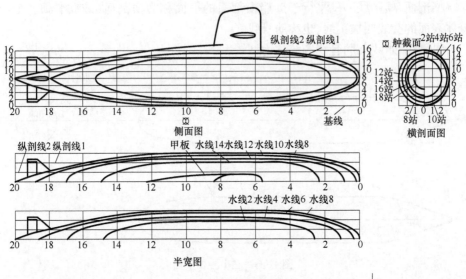

图 1-35 潜艇的型线图

正确绘制的型线图,每条曲线应该既精确又光顺,曲线上的点在三个视图上应当互相对应。型线图可以完整、准确地表示出艇体的外形,因此型线图是众多的船图中要求最高、最精确、最重要的一张图。但应注意型线图表示的艇体外形是不包括外壳板和突出物(如声纳舷侧阵)的船体理论外形(图 1-36)。

此外,潜艇型线图上还要画出耐压艇体在三个视图中的投影,也就是耐压艇体的内表面位置。鱼雷发射管及螺旋桨的位置一般都要在型线图上

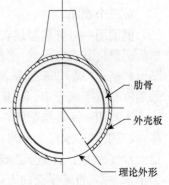

图 1-36 船体的理论外形

画出。

1.5.4 型值表

型值表是艇体表面形状的数字表达,表中给出的型值表示其所在行(站号)、列(水线号)相应肋骨和水线处的艇体表面的实际半宽,以及上甲板边线在各肋骨处的半宽和高度。型值表是潜艇性能计算和建造放样的主要依据。

1.6 主尺度、艇型系数和吃水标志

潜艇外形除了可用型线图完整地表示外,还可用艇体主尺度和艇型系数粗略地表示潜艇的大小和外形的主要特征,并且可用它来近似地估算出潜艇某些航海性能的指标,熟知主尺度将有益于安全、灵活地操管潜艇。

1.6.1 主尺度

潜艇的主尺度通常包括:艇长、艇宽(及回转体直径)、艇高和吃水等,它们可粗略地表示潜艇的大小。

1. 艇长

艇长有总长、水密船体长和巡航水线长度之分。

总长 L_{OA} ——从艏至艉(包括壳板在内)之最大长度,故称最大长度,或简称为艇长(有时记为 L_{max})。

水密船体长 L_{WT} ——艇体最前和最后一个水密舱壁理论线之间的距离。

巡航水线长 L ——巡航状态水线艏艉吃水垂线间长度,即设计水线长。

此外还有耐压船体长 L_{ps},表示艏端耐压舱壁和艉端耐压舱壁肋骨理论线之间的距离。

2. 艇宽

艇宽 B ——艇体最大横剖面两舷型表面各对称点之间的最大距离,即包括壳板在内的艇体最大宽度处的尺寸,故也称最大宽度(常记为 B_{max})。

巡航水线宽 B_{WL} ——巡航水线吃水处的最大宽度。此外还有回转体直径 D,为回转体型表面的理论直径;稳定翼宽,为水平稳定翼左右舷两端点之间的距离。

3. 艇高

舷高 H ——在舯船肋骨处,由基平面到上甲板之间的铅垂距离称为舷高(或型深)。

最大艇高 H_{max} ——由基平面到指挥室围壳或升降装置导流罩型表面顶点之间的垂直距离。

4. 吃水

吃水 T ——在舯船肋骨面处,由基平面与巡航水线之间的铅垂距离。

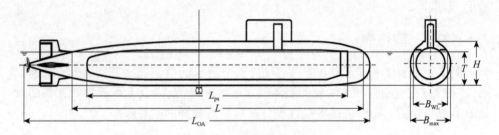

图 1-37 潜艇主要尺寸

1.6.2 艇型系数

艇型系数是用来概略表示船体外形特征的一些比例系数,它们对潜艇的各种航海性有较大影响,经常在一些近似公式中应用。常见的有如下几个:

1. 水线面面积系数

水线面面积系数 C_W 是巡航水线面面积(S 或 A_W)与该面积外切矩形面积之比值(图 1-38),即

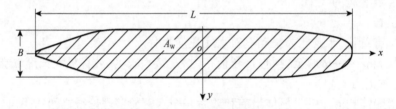

图 1-38 水线面面积系数

$$C_W = \frac{S}{(LB)_{WL}} \tag{1-1}$$

2. 横剖面系数

横剖面系数亦称肋骨面面积系数 C_M,分水上、水下舯船和水上最大、水下最大横剖面系数。如水上舯横剖面系数:表示设计水线面下裸船体舯骨面面积与该面积的外切矩形面积的比值(图 1-39),即

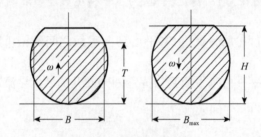

图 1-39 肋骨面面积系数

$$C_{M\uparrow} = \frac{\omega_\uparrow}{BT_{WL}} \tag{1-2}$$

面积系数 C_W、C_M 分别表示水线面、舯船肋骨面的肥瘦程度。

3. 方形系数

方形系数 C_B 是艇体浸水部分体积和该体积的外切平行六面体积之比值(图1-40)。根据潜艇上和水下所处位置不同可分为

水上方形系数

$$C_{B\uparrow} = \frac{V_\uparrow}{(LBT)_{WL}} \tag{1-3}$$

水下方形系数

$$C_{B\downarrow} = \frac{V_\downarrow}{LBH} \tag{1-4}$$

式中　$V_\uparrow$——潜艇水面排水量(巡航排水量)，m^3；

$V_\downarrow$——潜艇水下排水量，m^3。

系数 C_B 的大小说明艇体浸水部分的肥瘦程度。

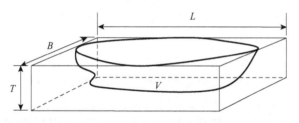

图1-40　方形系数

4. 纵向棱形系数

纵向棱形系数 C_P 分水上和水下状态。如水上纵向棱形系数：表示设计水线面下裸船体体积与该水线面下的最大水线长和最大横剖面型面积 ω_{max} 的乘积(柱体体积)的比值，如图1-41所示，即

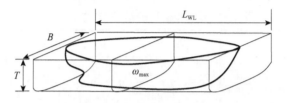

图1-41　纵向棱形系数

$$C_{P\uparrow} = \frac{V_\uparrow}{\omega_{max} L_{WL}} \tag{1-5}$$

C_P 的大小表示潜艇排水体积沿艇长方向的分布情况。

5. 垂向棱形系数

垂向棱形系数 C_{PV} 分水上和水下状态。如水上垂向棱形系数 $C_{PV\uparrow}$,表示设计水线面下裸船体体积与该水线面下的最大水线面型面积和设计吃水的乘积之比值,即

$$C_{PV\uparrow} = \frac{V_\uparrow}{ST} \quad (1-6)$$

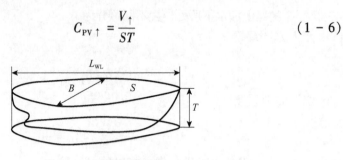

图 1-42 垂向棱形系数

垂向棱形系数 C_{PV} 的大小表示潜艇体积的垂向分布情况。

此外,在航海性能计算中还常用的船型系数有:

(1)舯纵剖面系数——裸船体舯纵剖面(对称面)型面积与艇长和舷高乘积的比值;

(2)水平投影面系数——裸船体水平投影面积与艇长和艇宽乘积的比值;

(3)长宽比 L/B ——艇长与艇宽之比,表示潜艇相对较细长或较粗短。相应的还有长径比 L/D,即艇长与潜艇外型直径的比值;

(4)宽吃水比 B/T ——艇宽与吃水之比,表示潜艇相对较宽浅或较窄深。

在艇体外形上有水滴形线型(纵剖面形似水滴、横剖面呈圆形)、常规型线型(具有楔形艏和扁平型艉)和过渡型线型(通常具有直艏和回转型尖艉,介于水滴形和常规型之间的线型)等三种典型船型,在航海性能上、附体配置上各有特点,可通过后续章节的学习来了解。

据统计,潜艇和一些水面舰船的船型系数较合适的范围见表 1-1 所列。

表 1-1 不同舰种船型系数的合适范围

舰种	C_B	C_W	C_M	L/B	B/T
潜艇	$\frac{0.42 \sim 0.64}{0.44 \sim 0.58}$	$0.64 \sim 0.79$	$0.74 \sim 0.87$	$7 \sim 11$	—
巡洋舰	$0.45 \sim 0.65$	$0.65 \sim 0.72$	$0.76 \sim 0.89$	$8 \sim 11$	$2.6 \sim 3.6$
驱逐舰/护卫舰	$0.40 \sim 0.54$	$0.70 \sim 0.78$	$0.76 \sim 0.86$	$9 \sim 12$	$2.6 \sim 4.2$

（续表）

舰种	C_B	C_W	C_M	L/B	B/T
猎潜艇	0.45~0.50	0.74~0.78	0.75~0.82	7.9~8.5	2.6~3.2
炮艇	0.52~0.64	0.70~0.80	0.80~0.90	6.5~8.0	2.8~3.5
扫雷舰	0.50~0.60	0.68~0.75	0.80~0.88	7.0~8.0	2.8~4.0
鱼雷快艇	0.30~0.40	—	—	5.0~6.50	2.6~4.5

1.6.3 吃水标志

吃水标志是用来确定潜艇吃水的。潜艇吃水有二种：一是由基平面起算的吃水，称之为理论吃水，用来进行浮性、稳性等性能计算，并用 T_B、T、T_s 分别表示潜艇的艏吃水、舯船吃水(常称平均吃水)和艉吃水；二是实艇标志吃水 $T_标$，由艇底最低点(如声纳导流罩下边缘起算的吃水)，用于潜艇航海。如某艇吃水标志如图 1-43 所示。

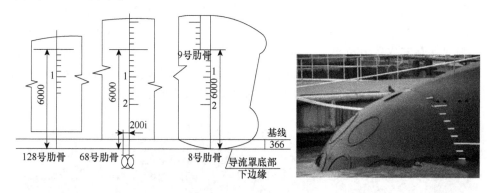

图 1-43　吃水标志

(1) 吃水标志绘于艏(8、9 号肋骨)、舯(68 号肋骨向艏 200mm)、艉(128 肋骨)；

(2) 吃水标志两端间距为 68.4m；

(3) 艏、舯、艉吃水标志中最长一扁条为零号，长度为 1m，自其下边缘向上或向下测量；

(4) 任意两根相邻扁条下边缘间距为 200mm，1，2，…，标数为到零号的距离；

(5) 艏、舯、艉零号吃水下边缘到导流罩下边缘止，垂直距离为 6m；

(6) 导流罩下边缘距基线为 -366mm，计算实际吃水时可取 0.37m。

用吃水标志求潜艇实际吃水时，应求出水线距零号扁条下边缘的矩离。

1.7 潜艇发展简史

1.7.1 发展缓慢的早期潜艇

人类很早以前就梦想着潜入海底,并不断有人进行着各种尝试。最早见于文字记载的潜艇研究者是意大利人伦纳德,他于公元 1500 年提出了"水下航行船体结构"的理论。但是,由于受到科学技术的限制,建造能够真正能在水下航行的潜艇,这一梦想一直难以成真。1578 年,英国人威廉·伯恩出版了一本有关潜艇的著作——《发明》。在他出版的一本著作中对潜艇的原理作出了明确的阐述,这是人类历史上对潜艇原理的第一次系统的描述。在威廉·伯恩出版了他的有关潜艇专著的 40 多年之后,大约在 1620 年,长期旅居英国的荷兰物理学家克尼里斯·德雷布尔(图 1-44)根据威廉·伯恩描述的潜艇原理建造了世界上第一艘具有实用性的潜艇,因此他被冠以"潜艇之父"的称号。克尼里斯·德雷布尔制造的潜艇,被当时的人们称为"隐蔽的鳗鱼",该艇是木质结构,并且外部装有铁制环箍以保证艇体强度。整个艇体的外表面蒙有一层涂油的牛皮,以便达到水密效果,艇内装有羊皮囊作为压载水舱。当潜艇需要下潜时,往羊皮囊内注水;当潜艇从水下上浮时,则把水从羊皮囊中挤出。该艇的下潜深度为 4~4.5m。据目前可以查询到的记载表明,德雷布尔制造的潜艇曾经在英国的泰晤士河中成功地进行过水下航行,但是令人感到十分遗憾的是,德雷布尔制造的潜艇图形却已经遗失。

图 1-44 "潜艇之父"德雷布尔和他的潜艇(1620 年)

潜艇在世界上第一次用于军事行动,发生在美国独立战争期间。1776 年夏,美国独立战争激战正酣,强大的英国皇家海军在纽约港外对美国大陆军实施了封锁。9 月 6 日夜间,正在三桅战舰"鹰"号附近巡逻的快艇突然发现前方有一个像乌龟似的物体在水面上飘荡着远去，水兵们决定追上去看个究竟，便快速驶向那个物体，当快要接近那个物体时，前方一声巨响，火光一闪，水兵们忙将快艇驶回战舰附近，随后，参与封锁的舰只都退到了远离港口的海域。这就是历史上潜艇第一次作为战斗舰艇对敌舰实施的攻击。这次事件的主角是一艘名为"海龟"号的潜艇，它是由美国耶鲁大学的毕业生戴维特·布什内尔设计的。布什内尔的设计精巧合理，参见图1-45，艇体呈倒放的鸡蛋形，漂浮在水面时，露出部分好似乌龟壳，故取名为"海龟"。艇上可乘坐一人，艇内空气可供一人呼吸30min。装备有水平和垂直的手摇螺旋推进器和人力舵，可使艇沿任意方向航行，艇上设有压载水舱和人力泵以实现上浮和下潜，紧急时还可扔掉底部的固体压载保证上浮。"龟"号潜艇由水面船带到敌舰附近，然后利用人力摇动螺旋桨自行航行至敌舰下方，由手钻钻入敌舰底板，放开手钻及与其相连的火药桶，启动火药桶的定时引爆装置，以攻击敌舰并逃离现场。虽然"海龟"号潜艇在水下潜航靠近了"鹰"号快速战舰并准备发起袭击，但是最终没有奏效。

(a) 外观图　　　　　　　　(b) 袭击英国军舰"鹰"号

图1-45　"海龟"号潜艇(1776年)

潜艇历史上第一次在战争中击沉敌舰，发生在1864年美国南北战争中。由霍勒斯·亨莱等人研制的"亨莱"号潜艇，如图1-46所示，使用撑杆鱼雷击沉了敌舰，但由于潜艇距离敌舰只有10m，"亨莱"号被敌舰舷部大洞的水流紧紧吸住无法逃脱，最终同归于尽。

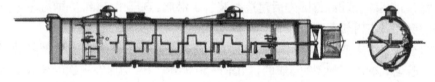

图1-46　"亨莱"号潜艇(1864年)

1.7.2 现代潜艇的诞生与发展

随着蒸汽推进装置和电力推进装置在潜艇上的应用,潜艇发展的步伐进一步加快。19世纪末,现代潜艇终于登上了历史舞台。

爱尔兰籍美国人约翰·霍兰从19世纪70年代开始研制潜艇,先后建造了五艘潜艇,其中"霍兰"2号加装了可帮助上浮和下潜及保持纵向稳定性的升降舵;"潜水者"号应用了蒸汽推进—电力推进组成的双推进系统。1897年,"霍兰"号潜艇诞生了,如图1-47所示。该艇长约15m,采用双推进方式,装有33kW(45hp)的汽油发动机和以蓄电池为动力的电动机,在水面航行时用汽油机推进,时速7n mile,续航力达到了1000n mile;在水下航行时用电动机推进,时速5n mile,续航力50n mile。艇上能容纳5名艇员,装有一具鱼雷发射管,可在水下发射怀特黑德鱼雷,带有3枚鱼雷,另有2门火炮。该艇在水上航行平稳,下潜迅速,机动灵活,综合性能良好,在潜艇发展史上获得了前所未有的成功,被公认为"现代潜艇的鼻祖"。因为,约翰·霍兰被称为"现代潜艇之父",如图1-48所示。

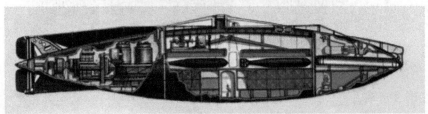

图1-47 "霍兰"号潜艇

与霍兰同时代的另一位卓越的潜艇制造者是美国的西蒙·莱克,他在潜艇发展史上的功绩是造出了第一艘双层壳体的潜艇,如图1-49所示。

美国人建造了"霍兰"和"莱克"这样的优秀潜艇,但美国海军却迟迟不予采用,而法国、英国、俄国、德国先后建造并装备了潜艇,直至1900年美国海军才开始装备潜艇。日本潜艇起步较晚,但很快赶上了世界潜艇的发展步伐。

第一次世界大战中,潜艇作为新生力量发挥了重要作用。其中最著名的战例是由一艘老式德国潜艇U9完成的,如图1-50所示。U9潜艇在一次潜艇编队出击中由于故障而被迫返航,返航中又由于导航出现问题而偏离了航线,1914年9月

第1章 绪论

图1-48 "现代潜艇之父"霍兰和他的潜艇"霍兰"号

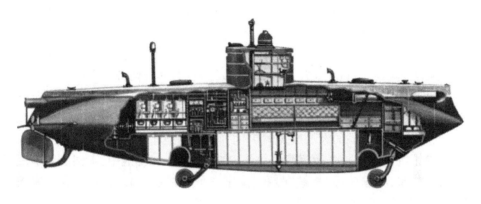

图1-49 西蒙·莱克的潜艇

图1-50 一战中德国U9潜艇

23日清晨,当U9艇浮出水面时,意外地发现不远处有3艘12000t的英国海军巡洋舰"阿布基尔"号、"霍格"号和"克雷西"号正在缓慢地编队航行,U9艇立即靠了过去,随着一声巨响,"阿布基尔"号被一枚鱼雷击中,另两艘战舰以为"阿布基尔"号触到了水雷,毫无警戒地救捞船员,U9再次发射两枚鱼雷,命中"霍格"号,后者迅

39

速下沉。这时"克雷西"号才发现敌方潜艇,并马上开火,U9艇在艇长韦迪根的指挥下,再次调整阵位,用最后一枚鱼雷向"克雷西"号发出了致命一击。短短一个小时,一艘千吨级的潜艇就击沉了三艘万吨级的巡洋舰,造成了1459名官兵阵亡,此战震惊了全世界。

潜艇不但可对大型战舰实施攻击,而且是破坏海上交通线的有效武器。一战期间,各国潜艇共击沉商船5000余艘,总计1400万吨。

在两次世界大战之间,世界各国更加重视潜艇的发展。到第二次世界大战爆发时,各国共拥有潜艇900余艘,其中美国111艘,苏联218艘,英国212艘,法国77艘,意大利115艘,日本62艘,德国57艘。这些潜艇无论在吨位、航速、航程、潜深上,还是在武器装备、水声设备、电子设备以及动力装置上都有了长足的进步。如德国U-XXI型潜艇,排水量1621t/1891t,最高航速可达15.6kn/8.0kn,10kn航速的续航力大15500n mile,水下5.2kn航速的续航力为72h,装有6具鱼雷发射管,可携带17枚鱼雷。

在整个第二次世界大战期间,各国共建造了1600多艘潜艇。这些潜艇取得了击沉各种运输船5000余艘,共计2000余万吨;击沉击伤各型军舰381艘的辉煌战果。其中德国的U型潜艇和"海狼"及"狼群"战术取得的战果最大。第二次世界大战中潜艇击沉商船的吨位占总损失吨位的69.5%,为各兵种首位,美、英、德、意、日五国损失的大型舰船的29.1%是被潜艇击沉的,仅次于航空兵的战绩。潜艇击沉了五国损失驱逐舰的20%,在菲律宾海大海战中,美国潜艇击沉了两艘日本航母,英国航母"勇敢"号和"皇家方舟"号也在第二次世界大战中被德国潜艇击沉。

1.7.3 当代潜艇的发展水平

第二次世界大战后,世界各强国更加重视发展潜艇。1954年底,人类第一艘核动力潜艇"鹦鹉螺"号竣工。它的艇长90m,排水量2800t,最大航速25kn,最大潜深150m。艇上还装备了自导鱼雷。从理论上讲,它可以以最大航速在水下连续航行50天、航程3万n mile而无需添加任何燃料。

世界各国都根据本国的技术和经济状况,发展符合本国国情的核动力潜艇和常规动力潜艇。总体而言,美国和俄罗斯的潜艇技术处于领先地位,英国、法国、德国、瑞典等国的潜艇各有特色,以下为美国、俄罗斯的几种具有代表性的潜艇,从中可以看到目前潜艇已达到的技术水平。

1. 美国

1)"洛杉矶"级攻击型核潜艇(1976年)

长109.7m,宽10.1m,吃水9.9m,水上排水量6930t,水下航速35kn以上,最大潜深450m,艇员133人,加装了消声瓦,其AN/BQQ5综合声纳集成了多种声纳,作用距离高达 100n mile。装备有完善的电子/水声对抗设备、卫星/惯性导航系统、超高频/超低频接收机和拖曳通信天线。它的武器系统为艇体中部的 4 具 533mm 鱼雷发射管,可发射"战斧"巡航导弹、"鱼叉"反舰导弹和 Mk48 重型鱼雷。从第 32 艘"普罗维登斯"号开始,该级艇在首部压载舱装备了 12 具导弹垂直发射装置。可以说"洛杉矶"级具有全面的反潜、反舰和对陆作战能力(图 1-51)。

图 1-51 "洛杉矶"级攻击型核潜艇(1976 年)

2)"海浪"级攻击型潜艇(1989 年)

长 107.6m,宽 12.2m,吃水 10.7m,水上排水量 7568t,潜航排水量 9142t,水上航速 20kn,水下航速 35kn 以上,最大潜深 610m,艇员 133 人。50 具 Mk48 型鱼雷(8 个 660mm 鱼雷发射口),可换成 100 枚水雷,可发射"战斧"巡航导弹和"鱼叉"导弹(图 1-52)。

图 1-52 "海狼"级攻击型潜艇(1989 年)

"海狼"级核动力攻击潜艇,是"洛杉矶"级攻击型核潜艇的继任者,在冷战末期 1989 年开始建造。被认为是当时昂贵的核潜艇,预计单价达到 10 亿美金,同时也被认为是当时最安静的核潜艇。由于冷战结束、删减国防预算和部分的技术问题,造价过于高昂的"海狼级"建造计划被取消,美国海军只批准建造了3艘"海狼"级潜艇了。

3)"弗吉尼亚"级攻击型核潜艇(1999年)

水下排水量7800t,长114.9m,宽10.4m,高9.3m,水下最高航速34kn,下潜深度244m,艇员134名,武备为鱼雷、反潜鱼雷、"鱼叉"反舰导弹携弹量38枚。"弗吉尼亚"级在继承了"海狼"级的技术水平的基础上,进一步发展了静音性能,如图1-53所示。

图1-53 "弗吉尼亚"级攻击型核潜艇(1999年)

4)"俄亥俄"级战略核潜艇(1979年)

长170.7m,宽12.8m,高11.1m,水下排水量18750t,最大潜深400m,最大航速25kn,装1座S8G压水反应堆、2台蒸汽轮机,功率约44130kW(60000hp)。它的艇体中部采用双层壳体,其余占全艇长60%的部分采用单壳体,装备了AN/BQQ5声纳等十余部水声、电子设备。尤其是凭借着极低频通信系统,它在水下300m处也可接收到岸台信号。装载24枚"三叉戟"弹道导弹,该弹射程12000km,携带12枚分导弹头,一种为10万吨当量,另一种为47.5万吨当量(图1-54)。

图1-54 "俄亥俄"级战略核潜艇(1979年)

2. 俄罗斯

1)"基洛"级常规潜艇(1979年)

"基洛"级常规潜艇(代号877,改进型636)为单轴推进双壳体潜艇,水上排水量2325t,水下排水量3076t,长74.3m,宽9.9m,水上吃水6.64m,水上航速10kn,水下最高航速17kn,续航力7kn/6500n mile,艇员52人。武备有18枚鱼雷,包括6具533mm鱼雷发射管,其中2具专用发射线导鱼雷,导弹8发(图1-55)。

图1-55 "基洛"级常规潜艇(1979年)

"基洛"级是苏俄常规动力潜艇中少数使用水滴外形的潜艇,是俄罗斯海军战后第三代、目前主力柴电潜艇。"基洛"级也是目前俄罗斯出口量最大的潜艇等级,以火力强大、噪声小而闻名,是目前世界上柴电动力潜艇中最安静的潜艇之一。

2)"台风"级战略核潜艇(1977年)

世界上最大的潜艇,该艇全长171.5m,宽22.8m,高12.2m,水上航速19kn,水下航速26kn,水上排水量21500t,水下排水量26500t,全艇编制150人。采用2台压水反应堆,2台蒸汽轮机,总功率60000kW(81600hp)。它装载20枚洲际导弹,射程8300km,可携带6~9枚10万吨当量分弹头。该级艇还装有2具533mm和4具650mm鱼雷发射管,可发射反潜导弹以及鱼雷用于自卫(图1-56)。

图1-56 "台风"级战略核潜艇(1977年)

3) "北风之神"级战略核潜艇(2007年)

俄罗斯最新的战略核潜艇,该艇全长170m,宽10m,水下航速30kn,水上排水量14400t,水下排水量17000t,全艇编制107人。采用2座压水反应堆,双轴推进。它装载6座533鱼雷发射管,16座垂直导弹发射筒(图1-57)。

图1-57 "北风之神"级战略核潜艇(2007年)

1.7.4 未来潜艇的发展趋势

潜艇发展至今已经成为一种隐蔽性好、机动性强、威力强大、有效实用的海上武器,是当今乃至未来各海洋大国海军不可或缺的舰艇,在未来战争中和国际战略上都将发挥巨大的作用,因此可以预料世界各海洋大国仍将致力于潜艇技术的发展。预计未来的潜艇将在以下几个方面取得进展。

1. 动力方面

一方面核动力装置将趋向小型化,从而使核潜艇尺度减小,造价降低,但功能不减;另一方面,AIP系统将得到发展,AIP系统意为不依赖艇外大气的推进系统,AIP系统根据其工作原理不同又分为热气机、闭式循环柴油机、燃料电池、闭式循环汽轮机等。1995年,瑞典海军安装热气机系统的"哥特兰"级潜艇首艇服役,开创了潜艇发展史上的新纪元。热气机AIP系统又称斯特林系统,主要由斯特林发动机、发电机、液氧系统、供油系统、冷却系统、工质系统及控制系统等组成。1987年德国采用燃料电池改装了一艘205级潜艇并成功进行了海试,德国将在新一代212级潜艇上正式采用燃料电池AIP系统。AIP技术将发展成熟,输出功率将更大。

2. 探测设备

潜艇在水下主要依赖声纳进行探测,探测能力受到声纳的限制。而基于其他物理场或物理、化学现象的探测设备将是解决这一问题的途径,如探测由舰艇引起的磁场、压力场、热的变化,探测舰艇的尾迹,探测舰艇扰动生物发光等技术及激光探测技术将得到发展。

3. 武器设备

潜艇将可发射各种鱼雷和导弹,战斗指挥系统将更趋智能化,鱼雷将向高速化,自动寻的型发展,弹道导弹将向高精度小型化发展。

4. 新材料

随着材料科学的迅速进步,潜艇可通过采用新材料减小阻力,减小辐射噪声、磁辐射等。

1.8 习题及思考题

1. 潜艇的主要优势和不足有哪些?在作战使用中如何发挥潜艇的优势和避免不足?
2. 潜艇的主要战术技术指标有哪些?按照重要性如何排列?
3. 潜艇的分类方式有哪几种?请列出一种书中未描述的分类方式,并按照这种分类方式尝试对潜艇进行分类。
4. 请查阅最新资料,给出潜艇总布置中本书未列出的新舱室类型。
5. 给出潜艇型线图中三种剖线和三个视图的特点,并分析其与机械制图中的视图表示方式的联系与区别。
6. 如何认识潜艇型值表的作用?
7. 船型系数中最难理解的是哪个?简要论述自己的理解。
8. 潜艇发展历程中的推动力量有哪些?起到了怎样的作用?
9. 对潜艇未来的发展趋势简要论述自己的认识,描述一下自己心中未来潜艇的样子。

第2章 潜艇的浮性

潜艇在一定载重情况下按一定状态浮于水面和水下的能力叫做浮性。浮性是潜艇最基本的航海性能,也是其他各种航海性能得以存在和发挥的基础。浮性研究的是静浮潜艇在重力和浮力作用下的平衡和补偿问题。

潜艇在水面状态的浮性具有与水面舰船相同的规律性,但是,在下潜、上浮过程中以及水下状态时,其浮性具有独特的规律性。

本章介绍了潜艇上浮和下潜的原理、潜艇的浮态及其表示方法;对潜艇的受力和正浮、横倾、纵倾及任意状态的平衡条件进行分析;介绍了潜艇排水量的分类方法、静水力曲线的意义,引入了储备浮力和剩余浮力的概念;导出了潜艇重量、重心、浮力和浮心的计算方法;对潜艇特有的下潜条件、载荷补偿方法、均衡计算和定重试验进行了分析;最后介绍了邦戎曲线和浮心稳心函数曲线。

2.1 潜艇上浮和下潜原理

2.1.1 作用在潜艇上的力

静止处于水面或水下状态的潜艇(图2-1),将受到以下两种力的作用:

1. 重力

潜艇的重力是组成潜艇的全部载荷质量所引起的重力的总和,这些载荷包括艇体、动力装置、武器装备、燃料、油水、食品、艇员等。潜艇的重力用 W 表示,单位为牛顿(N)。在工程上,为表示方便,通常用潜艇的质量来表示,称为潜艇的重量,用符号 P 表示,单位为吨(t)。重力与重量两者相差一个重力加速度 g,即 $W = Pg$。

重力作用于潜艇的重心 G 处,方向铅垂向下(即垂直于水线 WL 或海平面)。组成潜艇的全部载荷的合重心就是潜艇的重心 G。重心 G 在艇上的位置可用 (x_g, y_g, z_g) 三个坐标来表示,单位为米(m),其中:

x_g 表示重心 G 距舯船肋骨面的距离,是 G 在 x 轴上的坐标;

y_g 表示重心 G 距对称面的距离,是 G 在 y 轴上的坐标;

z_g 表示重心 G 距基平面的距离,是 G 在 z 轴上的坐标。

例如,某艇水面巡航状态时,质量 $P = 1319.36$t,重心位置为:$G(x_g = 0.76$m, $y_g = 0.00$m, $z_g = 3.00$m)。

2. 浮力

潜艇的浮力为 F，单位为牛顿(N)，方向铅垂向上，浮力作用点称为浮心，用 C 表示。

浮于水中的潜艇，艇体和水接触的表面上各点都将受到水的静水压力，其方向垂直于艇体湿表面，而大小随埋水深度而增加。静水压力的水平分力相互抵消，各点静水压力的垂向分力的合力铅垂向上，就是潜挺所受到的浮力 F，如图 2-1 所示。

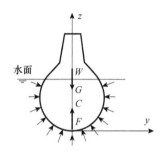

图 2-1 静浮潜艇的受力

根据阿基米德定律，浮力的大小应等于潜艇所排开水的重量，若排开水的体积（简称排水容积）用 V 表示则有

$$F = \rho g V \qquad (2-1)$$

式中：ρ 为潜艇所在水域的液体的密度，通常为海水($\rho_{海水} \approx 1.025\text{t/m}^3$)；$V$ 又称容积排水量，单位是 m^3。在工程上，常用对应于该容积的排开液体的重量 D（称为重量排水量）来表示浮力，单位是 t，浮力和重量排水量相差一个重力加速度，即 $F = Dg$。后文中，浮力用 D 表示。

由于潜艇排开的海水的密度认为是均匀的(密度变化通常很小)，因此浮心 C 也就是排水容积 V 的形心。浮心 C 在艇上的位置用 (x_c, y_c, z_c) 三个坐标来表示。

例如，某艇水面巡航状态时：$V = 1319.36\text{m}^3$，浮心坐标为：$C(x_c = 1.63\text{m}, y_c = 0.00\text{m}, z_c = 2.65\text{m})$。

2.1.2 潜艇上的上浮和下潜

水中物体所受到的浮力等于物体排开水的重力。当两者平衡时，舰艇能够漂浮于水中，一旦平衡被破坏，舰艇将发生下沉或上浮。例如，水面舰船，但其水面以下水密部分因为破损导致船体外部水大量涌进船舱，这就等于船上增加了液体载荷，破坏了舰船原有的平衡，使得舰船能提供的浮力不再能平衡舰船的重力，从而导致舰船的沉没。但是，如果能够合理地打破这种平衡，也就能按照人的意愿实现舰艇的上浮或下潜。潜艇就是通过增加或减小重力使之大于潜艇所受的浮力来实现潜艇的下潜或上浮。为此,潜艇上设有主压载水舱,潜艇的潜浮就是借助主压载水舱的注排水来实现的。主压载水舱上部设有通气阀,下部设有通海阀。需要下潜时,打开主压载水舱的通海阀和通气阀,如图2-2所示。海水从通海阀进入主压载水舱,水舱中的空气则从通气阀中排出,潜艇开始下潜。随着海水不断地灌入主压载水舱中,潜艇不断地下潜,直至完全潜入水中。

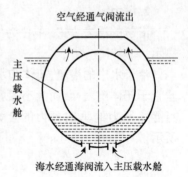

图2-2 潜艇的主压载水舱

潜浮在水中的潜艇也应满足水下的平衡条件,但是在水下状态时,由于受到温度、盐度、海流、深度等各种因素的影响,水下平衡会受到各种干扰,总是不能完全保持原有的平衡。当潜艇在水下受到的重力大于潜艇所受浮力时,潜艇将下沉;当潜艇在水下受到的重力小于潜艇所受浮力时,潜艇将上浮。潜艇怎么来适应各种干扰,保持水下的平衡呢?在自然界中,鱼类利用自身具有的鱼鳔来调节其在水中的平衡。当鱼感到所受浮力变小时,通过鱼鳃吸取含在水中的空气向鱼鳔内充气,增大排水体积,以增大浮力;当鱼感到所受浮力变大时,则将鱼鳔内的空气吐出,减小排水体积,以减小浮力。采用这种方式,鱼就可以适应周围环境的变化而自由地在水中游动。潜艇也采用类似鱼鳔的装置来调节其在水中的平衡,这种装置就是浮力调整水舱。当由于某种原因,造成潜艇所受浮力大于其重力时,潜艇就会有上升的趋势,这时可以通过向浮力调整水舱内注水来增加潜艇的重力以平衡浮力;当潜艇的重力大于其所受浮力时,可以通过将浮力调整水舱内的水排出艇外,减轻潜艇的重力以平衡浮力。利用这种调节重力和浮力平衡的水舱,可以实现潜艇在水中某一深度范围内的潜浮状态。

1. 潜艇的下潜

潜艇由巡航状态或其他水面状态过渡到水下状态叫下潜。

潜艇的下潜是通过将舷外海水注入主压载水舱增加潜艇的重力的方法,使潜艇完全沉入水下。潜艇的下潜通常有一次下潜和二次下潜之分。一次下潜又称速潜,由巡航状态向所有主压载水舱同时注水而形成的潜艇下潜,一般在战斗巡航中采用。二次下潜又称正常下潜,先使艏、艉组主压载水舱注水,潜艇过渡到半潜状态(又称潜势状态),此时指挥室围壳和甲板仍露于水面,然后再向舯组主压载水舱注水而形成的潜艇下潜,一般在日常训练中采用。

2. 潜艇的上浮

潜艇由水下状态过渡到水面状态叫上浮。

潜艇上浮是用压缩空气或其他压缩气体吹除主压载水舱内的水的方法来实现

的。潜艏的浮起也分一次上浮及失事浮起(速浮)和二次上浮(正常浮起)。

正常上浮时,先用高压气排出艏组主压载水舱的水,使艇上浮到半潜状态;然后用低压气排艏、艉组主压载水舱的水,潜艇上浮到水面状态。而用高压气同时吹除全部主压载水舱的水所形成的潜艇上浮叫做一次上浮。失事浮起或速浮,指潜艇在水下损失大量浮力、出现危险纵倾等险情时,用高压气排出艏组及一端甚至全部其他主压载水舱,使艇紧急浮起。因此失事浮起也可能就是一次上浮。

2.2 潜艇的浮态及其表示法

浮态是指潜艇和静水平面的相对位置,或者说是潜艇浮于水中时的姿态。为了描述潜艇的浮态,需要建立坐标系。

2.2.1 坐标系

静力学中采用的是固连在艇上的 $Oxyz$ 直角坐标(笛卡儿坐标)系(左手系),如图 2-3 所示。

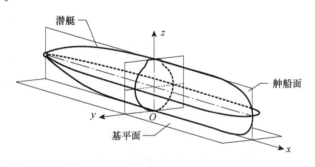

图 2-3 艇体坐标系

原点 O 是基平面、对称面和舯船横剖面的交点;Ox 轴是基平面和对称面的交线,向首为正;Oy 轴是基平面和舯船横剖面的交线,向右舷为正;Oz 轴是对称面和舯船横剖面的交线,向上为正。并依次称 x 轴为纵轴、称 y 轴为横轴、称 z 轴为垂轴,它们是三个主要投影面的交线。

2.2.2 浮态及其表示法

以水面状态为例,此时的浮态是潜艇和静水表面的相对位置,静水表面与潜艇表面的交线叫做水线。只要通过一些参数把水线在坐标系中的位置确定下来,潜艇的水面漂浮状态也就确定了。

潜艇可能的浮态有以下四种:

1. 正浮状态

潜艇既没有向左、右舷的横倾,也没有向艏、艉的纵倾,即潜艇的肋骨面和对称面是铅垂的,Oy 轴和 Ox 轴都是水平的,这时水线 WL 和基平面平行,如图 2-4 所示。为了确定水线 WL 的位置,只要用一个参变数舯船吃水 T 表示。T 是水线面与 Oz 轴交点的坐标。

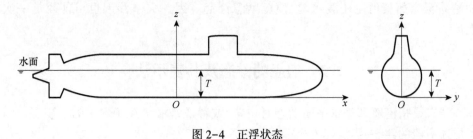

图 2-4 正浮状态

2. 横倾状态

潜艇有向右或向左舷的倾斜,但没有向艏或向艉的纵倾。此时 Ox 轴仍是水平的,Oy 轴则不再保持水平了,如图 2-5 所示。

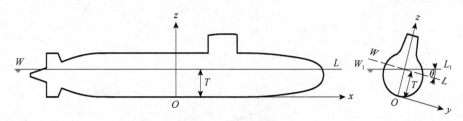

图 2-5 倾斜状态

在实际作图时,常把艇当作不动,而让水线位置作反向变动,其结果相同,但使用更为方便,如图 2-6 所示。

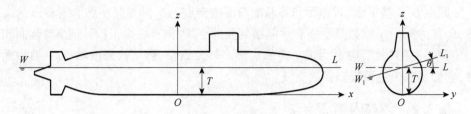

图 2-6 横倾状态

这时要确定水线 WL 的位置,需用两个参数——舯船吃水 T 及横倾角 θ。θ 是横倾水线和正浮水线间的夹角,在潜艇上用横倾仪来确定,并且规定向右舷横倾时 θ 为正,反之为负。

3. 纵倾状态

潜艇只有向艏或向艉的纵倾,或者说只有艏艉吃水差,而没有向右或向左舷的横倾,此时 Oy 轴是水平的,Ox 轴则不再保持水平了,如图 2-7 所示。

这种浮态需用舯船吃水 T 和纵倾角 φ 来表示,φ 是纵倾水线和正浮水线间的夹角;在潜艇上用纵倾仪来确定,并规定向首纵倾时 φ 为正,反之为负。

纵倾状态也可以用首吃水 T_b 和尾吃水 T_s 来表示。在静力学中定义的艏、艉吃水分别为艏、艉水密舱壁处的吃水,如图 2-7 所示。

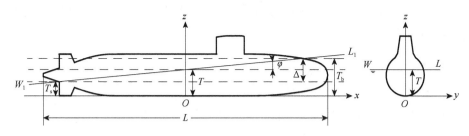

图 2-7 纵倾状态

艏艉吃水差,又称倾差,用 Δ 表示,且有

$$\Delta = T_b T_s \qquad (2-2)$$

纵倾角 φ 与倾差之间有如下关系

$$\tan\varphi = \frac{\Delta}{L} (式中 L 为水密船体长) \qquad (2-3)$$

4. 任意状态

潜艇既有横倾又有纵倾的状态,如图 2-8 所示。显然要表示这种状态需用舯船吃水 T、横倾角 θ 和纵倾角 φ 三个参变数,或用艏艉吃水 T_b、T_s 和横倾角 θ 来表示。

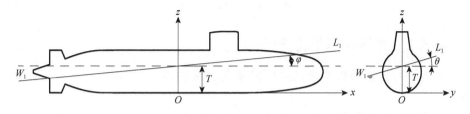

图 2-8 任意状态

大多数情况下,潜艇处于稍带艉倾的状态或正浮状态。而横倾状态、大纵倾状态和任意状态(不是指潜艇在风浪中航行时的状态),对潜艇的航海性能和战斗性能都是不利的,一般不会出现,往往只在失事进水等特殊情况下才出现。

潜艇在水下状态同样可用上述四种状态表示潜艇与静水平面的相对位置。因为潜艇在水下状态时不存在静水表面,应为水平面,故无吃水这个参数。这时用横倾角 θ 和纵倾角 φ 表示即可,有时还需指出下潜深度。

2.3 潜艇的平衡条件

潜艇为什么会以各种状态漂浮于水中?这是由于作用在潜艇上的重力和浮力矛盾双方在不同条件下互相平衡的结果。为此需研究作用于静浮潜艇的力,即浮力与重力的性质、大小、变化规律及其作用方式。

2.3.1 平衡条件

因为静浮潜艇仅受重力和浮力的作用,为了使潜艇能在水面任一水线位置或水下保持漂浮即平衡于一定的浮态的充分必要条件(称为平衡条件)应是:

(1)潜艇的重力等于浮力,即合力为零,没有移动;

(2)潜艇的重心和浮心在同一条铅垂线上,即合力矩为零,没有转动。

这两个条件缺一不可,必须同时满足,才能保证潜艇在水中处于平衡状态。如图 2-9 所示情况,虽然重量 P 等于浮力 D,潜艇也不可能按 WL 水线漂浮,由重力和浮力所构成的力矩将使潜艇发生向尾的转动。

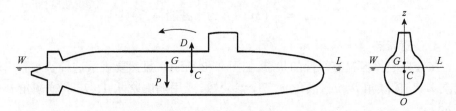

图 2-9 合力矩不为零

2.3.2 水面状态平衡方程

潜艇平衡条件的数学表达式叫做平衡方程,不同的浮态有不同的平衡方程式。

1. 正浮状态的平衡方程

如图 2-10 所示,应有

$$\left. \begin{array}{l} P = D = \rho V \\ x_g = x_c \\ y_g = y_c = 0 \end{array} \right\} \quad (2-4)$$

由于艇形通常是左右对称的,因此当潜艇正浮时,浮心必在对称面上,即 $y_c =$

0,根据平衡条件必有 $y_g = y_c = 0$。

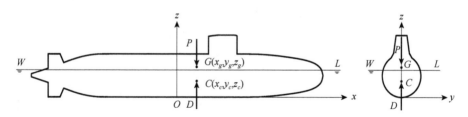

图 2-10 正浮平衡条件

2. 纵倾状态的平衡方程

$$\left.\begin{array}{l} P = D = \rho V \\ x_c - x_g = (z_g - z_c)\tan\varphi \\ y_g = y_c = 0 \end{array}\right\} \quad (2-5)$$

表示力矩平衡的式(2-5)中的第二个公式,不难从图 2-11 中得到证明。

类似的可写出横倾状态和任意状态的平衡方程。

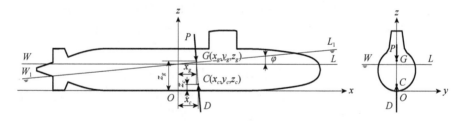

图 2-11 纵倾平衡条件

3. 横倾状态的平衡方程

$$\left.\begin{array}{l} P = D = \rho V \\ y_c - y_g = (z_g - z_c)\tan\theta \\ x_g = x_c \end{array}\right\} \quad (2-6)$$

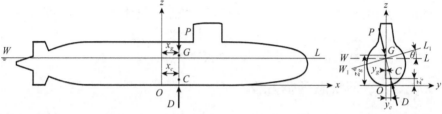

图 2-12 横倾平衡条件

4. 任意状态的平衡方程

$$\left.\begin{aligned} P &= D = \rho V \\ x_c - x_g &= (z_g - z_c)\tan\varphi \\ y_c - y_g &= (z_g - z_c)\tan\theta \end{aligned}\right\} \quad (2-7)$$

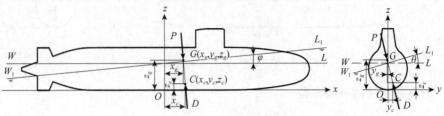

图 2-13 任意平衡条件

对于潜艇,横倾状态和任意状态的平衡方程在实际中很少用到。

由平衡方程式可知,潜艇要在水中漂浮必须满足平衡条件,而潜艇在水中的不同浮态,则决定于潜艇重心和浮心的分布位置。利用平衡方程,可以检查某已知水线是否为平衡水线,还可解决某些实际问题。今后以下标"↑"和"↓"分别表示水面状态和水下状态的各个静力学要素。例如,水面正浮状态潜艇的平衡方程式(2-4)可表示为

$$\left.\begin{aligned} P_\uparrow &= \Delta_\uparrow = \rho g V_\uparrow \\ x_{g\uparrow} &= x_{c\uparrow} \\ y_{g\uparrow} &= y_{c\uparrow} = 0 \end{aligned}\right\} \quad (2-4(a))$$

式中 符号"↑"——水上状态,以下均同;

$P_\uparrow$ ——潜艇重量;

$\Delta_\uparrow$ ——水上状态潜艇的排水量,简称水上排水量;

$V_\uparrow$ ——水上状态潜艇水密艇体的体积;

$x_{g\uparrow}$、$y_{g\uparrow}$ ——水上状态潜艇重心 $G_\uparrow$ 的坐标;

$x_{c\uparrow}$、$y_{c\uparrow}$ ——水上状态潜艇浮心 $C_\uparrow$ 的坐标。

值得注意的是,式(2-4(a))中 $V_\uparrow$ 指艇体的水密艇体体积。因为非水密艇体内部有水自由流进、流出,不产生浮力,只有水密艇体才提供浮力,因此,在浮性和初稳性计算中,水线面面积、排水体积按水密艇体的长度 L 计算。

2.3.3 水下状态平衡方程

潜艇下潜靠主压载水舱注水来实现。对主压载水舱中的水有两种方式处理,即增加重量法和损失浮力法。将主压载水舱中的水看成潜艇重量的一部分,即增加重量法;将主压载水舱中的水看成与舷外水一样,潜艇的重量没有增加,只是失

去了主压载水舱所提供的浮力,即损失浮力法。潜艇的浮性与稳性中常将增加重量法称为可变排水量法,而损失浮力法称为固定排水量法。两种方法在潜艇的浮性和稳性计算中都要用到。

1. 增加重量法的水下平衡方程

依增加重量法,潜艇正浮于水下时的平衡方程式为

$$\left.\begin{array}{l} P_\downarrow = \Delta_\downarrow = \Delta_\uparrow + \rho g \sum v_m = \rho g V_\downarrow \\ x_{g\downarrow} = x_{c\downarrow} \\ y_{g\downarrow} = y_{c\downarrow} = 0 \end{array}\right\} \quad (2-4(\text{b}))$$

式中 $P_\downarrow$——把主压载水舱中的水视为潜艇重量时,潜艇的水下重量;

$\Delta_\downarrow$——潜艇水下状态排水量,简称水下排水量;

$V_\downarrow$——潜艇水下状态水密艇体体积;

$\rho g \sum v_m$——主压载水舱注水总量;

$x_{g\downarrow}$、$y_{g\downarrow}$——将主压载水舱中水的重量视为艇体重量时的艇体重心坐标;

$x_{c\downarrow}$、$y_{c\downarrow}$——将主压载水舱中水的重量视为艇体重量时的艇体浮心坐标。

水下水密艇体排水体积 $V_\downarrow$ 由耐压艇体、耐压水舱(浮力调整水舱、速潜水舱)、主压载水舱以及提供浮力的所有附体体积等组成,不包括非水密艇体内部的体积。$\rho g \sum v_m$ 是主压载水舱注水总重量,即潜艇从水上下潜到水下后增加的总重量。其中 v_m 是一个主压载水舱的体积,$\sum v_m$ 是所有主压载水舱的总体积,如图2-14(a)所示。

2. 损失浮力法的水下平衡方程

依损失浮力法,潜艇水下正浮时的平衡方程式为

$$\left.\begin{array}{l} P_\uparrow = \Delta_\uparrow = \rho g V_0 \\ x_{g\uparrow} = x_{c0} \\ y_{g\uparrow} = y_{c0} = 0 \end{array}\right\} \quad (2-4(\text{c}))$$

损失浮力法是将主压载水舱注水看成与艇外水一样,如图2-14(b)所示,下潜后潜艇本身的重量并没有改变,重心位置也没有改变。所以,艇的排水量依然是 $\Delta_\uparrow$,艇的重心也依然是 $x_{g\uparrow}$ 和 $y_{g\uparrow}$。式(2-4(c))中,V_0 是潜艇处于水下状态时所有排水物排开水的体积:耐压艇体体积,耐压舷舱体积,所有提供浮力的艇外附属体、非耐压艇体外板、非水密艇体内部构架等的排水体积,习惯上称 V_0 为固定浮容积。x_{c0}、y_{c0} 是固定浮容积 V_0 的几何形心坐标,即浮心 C_0 的坐标。式(2-4(b))和式(2-4(c))虽然表达形式不同,但都是潜艇水下平衡方程式,只是采用了不同的观点,两种方法在实际计算中都将采用。其他状态,包括横倾状态、纵倾状态和任意状态时,潜艇的水下状态与水面状态的平衡条件和平衡方程式的形式完全相同,只是数值不同,在此不再一一列出。

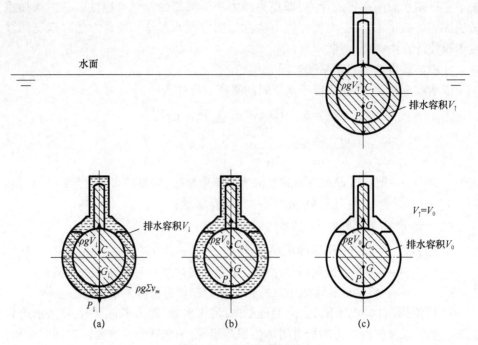

图 2-14 水下状态平衡

现役潜艇,按规定装载条件下的潜艇重量、重心和浮力、浮心都已由设计部门算出,可在《浮力与初稳度技术条令》中查到,但其他情况时如载荷变动或破损进水,需重新计算潜艇的 P、G、D、C 等数值。

2.4 重量和重心位置的计算

2.4.1 一般公式

潜艇上的艇体结构、武器、装备等都受到铅垂向下的重力作用。这些力组成一个平行力系。整个潜艇的重量就是这些力的合力,重心就是这个合力的作用点。

潜艇重量 P 的大小,就等于各项分重量的总和

$$P = \sum_{i=1}^{n} P_i \qquad (2-8)$$

欲求重心位置,可用力矩定理——"合力对任一轴的力矩等于各分力对于该轴力矩的代数和",例如图 2-15 所绘出的力系和各个力 P_i,其作用点的坐标为 (x_i, y_i, z_i),力系的合力为 P,其作用点的坐标为 $G(x_g, y_g, z_g)$。将合力 P 和各分力 P_1,P_2,P_3……对 y 轴取力矩,按力矩定理可得:

第 2 章 潜艇的浮性

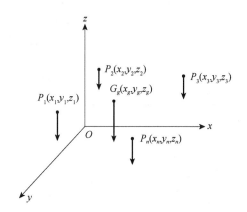

图 2-15 力矩定理应用的示意图

$$Px_g = P_1x_1 + P_2x_2 + \cdots\cdots + P_nx_n = \sum_{i=1}^{n} P_ix_i$$

可得重心坐标 x_g，同理可得 y_g、z_g，那么重心 G 坐标为：

$$\left.\begin{aligned} x_g &= \frac{1}{P}\sum_{i=1}^{n} P_ix_i \\ y_g &= \frac{1}{P}\sum_{i=1}^{n} P_iy_i \\ z_g &= \frac{1}{P}\sum_{i=1}^{n} P_iz_i \end{aligned}\right\} \qquad (2-9)$$

由于艇上重量通常都是左右对称地分布的，因此 $y_g = 0$。

按式(2-8)、式(2-9)来计算潜艇的重量及重心坐标原则上是没有什么困难的，然而这却是一件繁重而费时的工作，因为在总和中涉及的被加项目太多。通常，将全部载重归纳为若干类(如 GJB 4000-2000 潜艇船体规范的规定共分 13 大类)来进行简化，并列表计算(表 2-1)。

表 2-1 潜艇排水量所含项目表

序号	项 目 名 称	排 水 量	
		正 常	超 载
1	船体结构	√	√
2	推进系统	√	√
3	电力系统	√	√
4	电子信息系统	√	√
5	辅助系统	√	√
6	船体属具与舱室设备	√	√

(续表)

序号	项目名称	排水量	
		正常	超载
7	武器	√	√
8	供应品	√	√
9	储备品和人员及行李	√	√
10	储备排水量(现代化改装用)	√	√
11	储备排水量(设计建造用)	√	√
12	固体压载	√	√
13	超载	—	√

2.4.2 增减载荷时潜艇新的重量重心位置的确定

通常对于潜艇若干典型载重情况下的重量和重心坐标是事先就算好的,并且记载在有关技术资料上。所以一般情况下,潜艇的重量和重心位置均可作为已知量,但是艇上有一部分载重如油水、弹药、粮食、人员等是变动的,另外在潜艇的改装或修理中往往可能增减某些设备。这种情况下常常需要运用式(2-9)计算载荷增减或移动后舰船新的重量和重心位置。

设潜艇原来重量为 P,重心坐标为 $G(x_g, y_g, z_g)$。增加载荷为 q,重心坐标为 $K(x_q, y_q, z_q)$。载重增加后,潜艇新的重量为 P_1,新的重心坐标为 $G_1(x_{g1}, y_{g1}, z_{g1})$,看图 2-16,则根据式(2-9)立即可写出

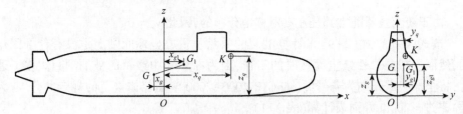

图 2-16 增减载荷时潜艇重量中心变化示意图

$$\left. \begin{array}{l} P_1 = P + q \\ x_{g1} = \dfrac{Px_g + qx_q}{P + q} \\ y_{g1} = \dfrac{Py_g + qy_q}{P + q} \\ z_{g1} = \dfrac{Pz_g + qz_q}{P + q} \end{array} \right\} \qquad (2-10)$$

式(2-10)是式(2-9)在增加载荷条件下的具体应用,若是减少载荷只要将式中 q 冠以负号即可。

有时需计算载荷增加后,潜艇重心坐标的改变量 $(\delta x_g, \delta y_g, \delta z_g)$,最简单的方法是取 G 点为原点,平行 $Oxyz$ 各轴应用力矩定理,即可得到重心坐标增量公式:

$$\left.\begin{array}{l} \delta x_g = x_{g1} - x_g = \dfrac{Px_g + qx_q}{P+q} - \dfrac{(P+q)x_g}{P+q} = \dfrac{q(x_q - x_g)}{P+q} \\ \delta y_g = y_{g1} - y_g = \dfrac{q(y_q - y_g)}{P+q} \\ \delta z_g = z_{g1} - z_g = \dfrac{q(z_q - z_g)}{P+q} \end{array}\right\} \quad (2-11)$$

注意式中 q、(x_q,y_q)、(x_g,y_g) 本身均带有正负号,z_g 及 z_q 是正的,而 y_g 通常为零。

[例题2-1] 某艇正常装载时卸去全部电池,求潜艇新的重量和重心位置。已知该艇正常载荷:$P=1319.36\text{t}$,重心 $G(0.76\text{m},0\text{m},3.00\text{m})$,卸去全部电池重量:$q=151.7\text{t}$,重心 $K(5.47\text{m},0\text{m},2.26\text{m})$。

解:潜艇新的重量:$P_1 = P - q = 1319.36 - 151.7 = 1167.66\text{t}$

新的重心位置:

$$x_{g1} = \frac{Px_g + qx_q}{P+q} = \frac{1319.36 \times 0.76 + (-151.7 \times 5.47)}{1319.36 - 151.7} = 0.15(\text{m})$$

$$z_{g1} = \frac{Pz_g + qz_q}{P+q} = \frac{1319.36 \times 3 + (-151.7 \times 2.26)}{1319.36 - 151.7} = 3.10(\text{m})$$

$y_{g1} = 0.00\text{m}$

以上计算可列表进行。

名称	P_i / t	垂向(距基线)		纵向(距舯船)	
		z_i /m	$P_i z_i$ /t·m	x_i /m	$P_i x_i$ /t·m
正常载荷	1319.36	3.00	3958.1	0.76	1002.7
卸电池	-151.7	226	-342.8	5.47	-829.3
共计	1167.66	3.10	3615.3	0.15	172.9

[例题2-2] 试直接求出上题中卸去电池引起的重心位置的改变 $(\delta x_g, 0, \delta z_g)$

解:根据式(2-11)有

$$\delta x_g = \frac{q(x_q - x_g)}{P+q} = \frac{(-151.7)(5.47 - 0.76)}{1319.36 - 151.7} = -0.61\text{m}$$

$$\delta z_g = \frac{q(z_q - z_g)}{P + q} = \frac{(-151.7)(2.26 - 3.00)}{1319.36 - 151.7} = 0.10\text{m}$$

2.4.3 移动载荷对潜艇重心位置的改变

设潜艇原来的重量为 P，重心在 $G(x_g, y_g, z_g)$，若有载荷 q 自 $K_1(x_{q1}, y_{q1}, z_{q1})$ 移至 $K_2(x_{q2}, y_{q2}, z_{q2})$ 则潜艇重心也将相应地从 G 移至 $G_1(x_{g1}, y_{g1}, z_{g1})$，如图 2-17 所示。

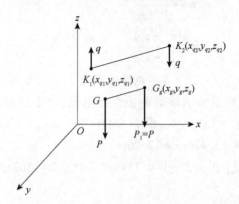

图 2-17 重心移动定理

为了求出新的重心 G_1，我们可以把载荷 q 的移动看作是：在 K_1 点减去一个载荷 q，而在 K_2 点增加一个载荷 q，这样一来就把一个移动的问题转化为一个增减的问题，也就可以应用式(2-10)来求载荷移动后新的重心位置。于是可得

$$\left.\begin{aligned}
x_{g1} &= \frac{Px_g + qx_{q2} - qx_{q1}}{P + q - q} = \frac{Px_g + q(x_{q2} - x_{q1})}{P} \\
y_{g1} &= \frac{Py_g + qy_{q2} - qy_{q1}}{P + q - q} = \frac{Py_g + q(y_{q2} - y_{q1})}{P} \\
z_{g1} &= \frac{Pz_g + qz_{q2} - qz_{q1}}{P + q - q} = \frac{Pz_g + q(z_{q2} - z_{q1})}{P}
\end{aligned}\right\} \quad (2-12)$$

有时需要求的不是最后的重心坐标，而是由载荷的移动所引起的重心位置的改变。这时可应用式(2-13)来求，即：

$$\left.\begin{aligned}
\delta x_g &= x_{g1} - x_g = \frac{q}{P}(x_{q2} - x_{q1}) \\
\delta y_g &= y_{g1} - y_g = \frac{q}{P}(y_{q2} - y_{q1}) \\
\delta z_g &= z_{g1} - z_g = \frac{q}{P}(z_{q2} - z_{q1})
\end{aligned}\right\} \quad (2-13)$$

从式(2-13)可看出"若把物体系中的一个物体向某方向移动一段距离,则整个物体系的重心必向同一方向移动,且移动的距离与该物体的重量和移动的距离成正比,而与物体系的总重量成反比",这就是重心移动定理。

重心移动定理不仅适用于重物之移动,也适用于面积和容积移动时求面积中心和容积中心的改变。

2.5 排水量分类与静水力曲线

2.5.1 潜艇排水量的分类

若潜艇浮于 WL 水线,则水下部分的容积 V 叫做容积排水量,单位是立方米(m^3);而相当于这部分容积的水的重量叫重量排水量,单位是吨(t)。

这两种排水量分别从容积和重量方面表示了潜艇的大小。通常所说的某艇排水量大多指的是重量排水量。

为了明确地表示潜艇的装载状态和航行状态以及某些性能计算的需要,潜艇排水量常用以下五种类别:

1. 空船排水量

完全完工的潜艇,装载了任务中所规定的武备、机械、装置、系统、设备等,也就是装备齐全的潜艇的重量,但不包括人员、弹药、燃料、滑油、食物、淡水、供应品等重量在内的排水量。

2. 正常排水量

潜艇的正常排水量是指装配完整的船体,装有:全部装配完整的机械(湿重)、武器装备和其他各种设备、装置、系统(各系统处于待工作状态)以及固体压载;全部弹药、供应品、备品、按编制的人员及其行李;按自给力配备的食品、淡水、蒸馏水、燃油、滑油和一、二回路用水等,并计入耐压船体内空气、均衡水的重量和储备排水量,并能在水下处于静力平衡的潜艇排水量。

正常排水量(或称巡航排水量、水上排水量)就是空船排水量加上任务书所规定的人员、弹药、燃迪、滑油、食物、淡水、供应品以及供潜艇水下均衡用的初水量等变动载荷时的排水量,即处于巡航状态的潜艇可随时下潜的重量。这时速潜水舱注满水(但不计入正常排水量内)、主压载水舱未注水,但潜艇已均衡好。正常燃油储备,并保证任务书规定的各航速下达到全航程(续航力)。对续航力较大的潜艇,只将燃油总储量的60%计入正常排水量,其余作为超载燃油。通常所指的潜艇排水量就是正常排水量(如某艇的巡航排水量为1319.36t),也是试潜定重(见第2.9节)后确定的装载状态。

3. 超载排水量

潜艇的超载排水量是指正常排水量加上超载燃油、滑油、食品、淡水和蒸馏水等的排水量。超载燃油装在部分主压载水舱内,这些水舱叫做燃油压载水舱。如某艇的4、7、8号主压载水舱,此时艇取超载排水量为1474.71t。

4. 水下排水量

水面正常排水量加上全部主压载水舱中水的总重量。如某艇为1712.78t,由第2.6节可知,水下排水量也就是水面正常排水量加上储备浮力。

5. 水下全排水量

潜艇裸船体及全部附体外表面所围封的总体积的排水量,即包括非水密部分在内的整个艇体所排开水的重量。如某艇水下全排水量为2040t。

另外潜艇还预留了部分排水量,称为储备排水量,是舰船设计时预先计入在排水量中用于设计建造及现代化改装的一项备用量。潜艇的现代化改装,其储备排水量一般可按0.5%正常排水量留取,但最大不宜超过20t,储备重心高一般可按比正常排水量时艇的重心垂向坐标高出0.5m留取。

此外,时常用到固定浮容积排水量和标准排水量。前者指潜艇处于水下状态时,耐压船体和耐压指挥台及其他附体等所有排水体所占的总容积(叫做固定浮容积V_0)的排水量,其数值和水面正常排水量相等,后者指正常排水量扣除燃滑油等储备后的排水量。

潜艇水下状态时对主压载水舱内这部分水的看法不同,潜艇水下排水量就有两种观点:

(1)增加载重法(或排水体积法)观点:将主压载水舱内的进水看成是艇上增加的重量,即水下排水量是正常排水量加上全部主压载水舱的注水量之和;

(2)损失浮力法观点(或固定浮容积法):潜艇下潜时打开通海阀后,主压载水舱变成非水密舱与舷外相通,故主压载水舱进水也可看成是潜艇失去了主压载水舱容积这部分浮力。按失浮法观点,潜艇水下排水量就是固定浮容积所提供的排水量,所以又称为固定浮容积法。

失浮法于1938年提出,用于设计阶段对潜艇浮性的控制,但通常情况下都是采用增载法。

按正常排水量的大小,将潜艇划分为:

大型潜艇　　$D \geqslant 2500$t;

中型潜艇　　$2500 > D \geqslant 1000$t;

小型潜艇　　$D < 1000$t。

2.5.2　静水力曲线(或浮力与初稳度曲线)

潜艇在服役过程中,由于艇上载荷的变化,必将引起潜艇浮力和浮心的改变,所以仅知道设计水线(即巡航水线)下的排水量和浮心位置是不够的。为了迅速地查找出不同吃水时潜艇的排水量V、浮心坐标(x_c, y_c, z_c)及其他船型要素,设计

部门已将它们作成随吃水而变的函数曲线,这就是静水力曲线,常称作"浮力与初稳度曲线",静水力曲线一般包括:

(1)容积排水量 V 曲线。
(2)浮心坐标 x_c 曲线。
(3)浮心坐标 z_c 曲线。
(4)水线面面积 S 曲线。
(5)水线面面积主中心纵坐标 x_f 曲线。
(6)水线面面积主中心惯性矩 I_x 和 I_{yf} 曲线。
(7)横稳定中心半径 r 曲线。
(8)纵稳定中心半径 R 曲线。

有的静水力曲线图中还包括:每厘米吃水吨数 q_{cm} 曲线、纵倾1cm力矩 M_{1cm} 曲线以及各种船型系数曲线等。潜艇的静水力曲线通常只包含 V、x_c、z_c、(z_c+r) 和 R 曲线。各曲线的意义将在后续章节中介绍。

所有这些曲线都视为(舯船)吃水 T 的函数,并且都是针对潜艇的正浮状态,根据型线图算出来的,所以也叫型线图诸元曲线(其中 S、x_f、I_x、I_{yf} 叫水线元;V、x_c、z_c 叫容积元)。它较全面地反映了潜艇在静水中漂浮时船形的几何特征,是确定潜艇浮性和初稳性的基本资料。需要注意的是,图中的吃水零点取自型线图的基线,称之为理论吃水,而实艇吃水标志的零点则是从艇底最低点起算的。

2.5.3 排水量和浮心坐标的计算——查静水力曲线法

1. 曲线的使用条件

由于静水力曲线是按潜艇的正浮状态计算的,因此严格讲应是正浮状态的艇才可使用此曲线。但当潜艇有不大的横倾和很小的纵倾时误差不大,处于初稳性范围,故也可使用。一般此曲线的使用条件是:

横倾角 $\theta \leqslant \theta(10°\sim15°)$,纵倾角 $\varphi \leqslant \pm(0°\sim0.5°)$

2. 曲线使用方法

(1)已知(舯船)吃水 T,求排水量 V 和浮心坐标 $C(x_c, 0, z_c)$。

[例题2-3] 某艇巡航状态时,实际吃水 $T_标 = 4.96$m,求该艇的 V 和 $C(x_c, 0, z_c)$。

解:先将实际吃水换算成距基线的理论吃水,即

$$T = T_标 - t = 4.96 - 0.37 = 4.59(\text{m})$$

t 为导流罩底部离基线的距离。

在静水力曲线吃水坐标上取 $T = 4.59$m,并作一水平线。水平线与各曲线相交,根据各交点引垂线和对应的 V、x_c、z_c 的缩尺坐标相交,可以读出:

$$V = 1319.36(\text{m}^3)$$

$$C(x_c = 1.63, 0, z_c = 2.65)(\text{m})$$

(2)已知排水量 V,求潜艇吃水 T 浮心 $C(x_c, 0, z_c)$。

[例题 2-4] 某艇卸全部蓄电池组后艇重 $P = 1167.66\text{t}$,求该艇卸载后的吃水 T 和浮心坐标 $C(x_c, 0, z_c)$ 值。

解:$P = \rho V(\text{t})$

$$V = \frac{P}{\rho} = \frac{1167.66}{1} = 1167.66(\text{m}^3)$$

这里取水的密度 $\rho = 1\text{t/m}^3$。

然后在排水量 V 横坐标上找到 $V = 1167.66\text{m}^3$ 点,过该点作垂直线与排水量 $= f(T)$ 曲线相交。通过相交点作一水平线,由吃水纵坐标上查得 $T = 4.17(\text{m})$。其相应之浮心坐标 $C(1.84, 0, 2.43)(\text{m})$。

舯船实际吃水 $T_{标} = T + t = 4.17 + 0.37 = 4.54(\text{m})$。

2.6 潜艇排水量、浮心坐标及水线要素的计算公式

上节介绍了用静水力曲线查找潜艇排水量 V 与浮心坐标 $C(x_c, 0, z_c)$ 的方法,本节介绍计算静水力曲线的公式,并以常用的梯形法则为例。

2.6.1 水线元的计算

1. 关于水线元的积分公式

水线元是指:水线面面积 S、水线面面积中心坐标 x_f、y_f 及水线面积对于主中心轴的惯性矩 I_x 和 I_{xf}。

现以正浮状态的设计水线为例(图 2-18)。由于水线面是对称于 x 轴的,面积中心 F 点就在 x 轴上,因此 $y_f = 0$。

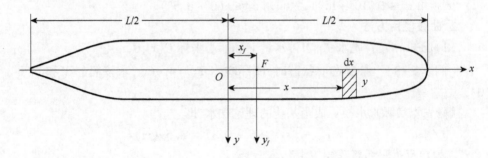

图 2-18 计算水线元

水线面面积:

$$S = 2\int_{-\frac{L}{2}}^{\frac{L}{2}} y\,\mathrm{d}x \qquad (2-14)$$

微元面积对 y 轴的面积静矩是：

$$\frac{1}{2}\mathrm{d}m_y = xy\mathrm{d}x$$

水线面积对 y 轴的静矩：

$$m_y = 2\int_{-\frac{L}{2}}^{\frac{L}{2}} xy\,\mathrm{d}x \qquad (2-15)$$

水线面积中心纵向坐标：

$$x_f = \frac{m_y}{S} \qquad (2-16)$$

由于 x 轴是对称轴，所以是主中心轴，微元面积对该轴的惯性矩为

$$\frac{1}{2}\mathrm{d}I_x = \frac{1}{3}y^3\mathrm{d}x$$

所以水线面积对 x 轴的惯性矩：

$$I_x = \frac{2}{3}\int_{-\frac{L}{2}}^{\frac{L}{2}} y^3\,\mathrm{d}x \qquad (2-17)$$

微元面积对 y 轴的惯性矩是

$$\frac{1}{2}\mathrm{d}I_y = x^2 y\mathrm{d}x$$

所以水线面积对 y 轴的惯性矩

$$I_y = \frac{2}{3}\int_{-\frac{L}{2}}^{\frac{L}{2}} x^2 y\,\mathrm{d}x \qquad (2-18)$$

因 y 轴不是中心轴，根据平行移轴定理，对于通过面积中心 F 而平行于 y 轴的主中心轴 y_f 的惯性矩应是：

$$I_{yf} = I_y - x_f^2 S \qquad (2-19)$$

2. 梯形法则计算水线元

由于船体外形较复杂，故在上述积分公式中的被积函数往往不是用解析式表达，而是以曲线图形的形式给出的。所以计算这种函数的定积分通常都不能直接进行积分运算，而只能利用某种近似积分法则来计算。现以梯形法则为例来计算水线元。

在艇长 L（艏艉吃水长度）方向采用 21 个理论肋骨，即取 20 等分，间矩 $\Delta L = \frac{L}{20}$，肋骨编号自艏向艉由 0 号到 20 号，水线在各理论肋骨处的半宽分别为 y_0，

$y_1, \cdots, y_{20}$,如图 2-19 所示。

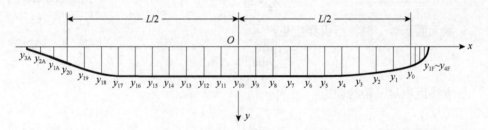

图 2-19 水线面积的计算

根据式(2-14)、式(2-15)、式(2-17)、式(2-18)可写出如下近似计算公式:

$$S = 2\int_{-\frac{L}{2}}^{\frac{L}{2}} y\mathrm{d}x = 2\Delta L\left[\frac{y_0}{2} + y_1 + y_2 + \cdots\cdots + y_{19} + \frac{y_{20}}{2}\right] = 2\Delta L\sum\nolimits_1 \quad (2-20)$$

$$m_y = 2\int_{-\frac{L}{2}}^{\frac{L}{2}} xy\mathrm{d}x = 2\Delta L\left[\frac{x_0 y_0}{2} + x_1 y_1 + x_2 y_2 + \cdots\cdots + x_{19}y_{19} + \frac{x_{20}y_{20}}{2}\right] \quad (2-21)$$

式中 $x_0 = 10\Delta L, x_1 = 9\Delta L, \cdots, x_{10} = 0\Delta L, x_{11} = -1\Delta L, \cdots, x_{19} = -9\Delta L, x_{20} = -10\Delta L$。

(注:由于潜艇在水面设计吃水处往外还有艇体,因此常常会在艏艉处增加几站,站间距会适当变小,艏部增加的站号用数字序号加字母 F 表示,艉部用数字序号加字母 A 表示,如图 2-19 所示,艏艉部分水线元的计算方法与 0~20 站类似,在此不做详细说明。)

据此可将上式改写为

$$m_y = 2\int_{-\frac{L}{2}}^{\frac{L}{2}} xy\mathrm{d}x = 2(\Delta L)^2\left[\frac{10y_0}{2} + 9y_1 + 8y_2 + \cdots + 1y_9 + \right.$$

$$\left. 0 - 1y_{11} - 2y_{12}\cdots - 9y_{19} - \frac{10y_{20}}{2}\right] = 2(\Delta L)^2\sum\nolimits_2 \quad (2-22)$$

$$I_x = \frac{2}{3}\int_{-\frac{L}{2}}^{\frac{L}{2}} y^3\mathrm{d}x = \frac{2}{3}\Delta L\left[\frac{y_0^3}{2} + y_1^3 + y_2^3\cdots + y_{19}^3 + \frac{y_{20}^3}{2}\right] = \frac{2}{3}\Delta L\sum\nolimits_4 \quad (2-23)$$

$$I_y = 2\int_{-\frac{L}{2}}^{\frac{L}{2}} x^2 y\mathrm{d}x = 2(\Delta L)\left[\frac{x_0^2 y_0}{2} + x_1^2 y_1 + \cdots + x_{19}^2 y_{19} + \frac{x_{20}^2 y_{20}}{2}\right]$$

$$= 2(\Delta L)^3\left[\frac{10^2 y_0}{2} + 9^2 y_1 + \cdots + 1^2 y_9 + 0y_{10} + (-1)^2 y_{11} + \right.$$

$$\left. (-2)^2 y_{12} + \cdots(-9)^2 y_{19} + \frac{(-10)^2 y_{20}}{2}\right] = 2(\Delta L)^3 \quad (2-24)$$

可将式(2-20)、式(2-22)、式(2-23)、式(2-24)的计算纳入表 2-2 进行。

表 2-2 水线元梯形法则计算表

肋骨号码（站号）i	力臂乘数 x_i	水线半宽 y_i	力矩函数 $x_i y_i$	惯性矩函数 $x_i^2 y_i$	y_i^3
I	II	III	IV = II · III	V = II · IV	IV = III^3
0	10	y_0	$10 y_0$	$10^2 y_0$	y_0^3
1	9	y_1	$9 y_1$	$9^2 y_1$	y_1^3
2	8	y_2	$8 y_2$	$8^2 y_2$	y_2^3
3	7	y_3	$7 y_3$	$7^2 y_3$	y_3^3
…	…	…	…	…	…
10	0	y_{10}	$0 y_{10}$	$0^2 y_{10}$	y_{10}^3
…	…	…	…	…	…
18	-8	y_{18}	$-8 y_{18}$	$8^2 y_{18}$	y_{18}^3
19	-9	y_{19}	$-9 y_{19}$	$9^2 y_{19}$	y_{19}^3
20	-10	y_{20}	$-10 y_{20}$	$10^2 y_{20}$	y_{20}^3
行之和		$\sum y_i$	$\sum x_i y_i$	$\sum x_i^2 y_i$	$\sum y_i^3$
修正值		$\dfrac{y_0 + y_{20}}{2}$	$\dfrac{10 y_0 - 10 y_{20}}{2}$	$\dfrac{10^2 y_0 + 10^2 y_{20}}{2}$	$\dfrac{y_0^3 + y_{20}^3}{2}$
修正和		$\sum_1$	$\sum_2$	$\sum_3$	$\sum_4$

$$S = 2\Delta L \sum\nolimits_1; m_y = 2(\Delta L)^2 \sum\nolimits_2; x_f = \frac{m_y}{S} = \Delta L \frac{\sum_2}{\sum_1}; I_x = \frac{2}{3}\Delta L \sum\nolimits_4; I_y = 2(\Delta L)^3 \sum\nolimits_3; I_{yf} = I_y - S x_f^2。$$

2.6.2 容积元的计算

容积元是指：容积排水量 V 及浮心坐标 x_c、z_c。

1. 关于容积排水量的公式

这里仅限于讨论潜艇处于正浮状态的情况，有任意纵倾时的情形见第 2.10 节。设潜艇正浮于设计水线 WL，如图 2-20 所示。

1) 沿高度方向积分

在水下容积中取两条无限接近并平行于 WL 的水线，则此二水线间之微元容积为

$$dV = Sdz \qquad (2-25)$$

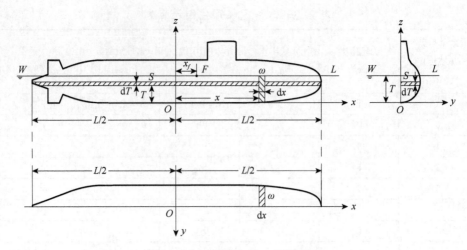

图 2-20 正浮时 V、x_c、z_c 的计算图

式中 S——相当于吃水为 z 时的水线面积。

将式(2-25)自 0 积分到吃水 T,则得所要求的吃水时的容积排水量,即

$$V = \int_0^T S dz \qquad (2-26)$$

2) 沿长方向积分

如果最初取的微元容积是由水线 WL 以下之两个无限接近的肋骨面构成的,那么

$$dV = \omega dx \qquad (2-27)$$

式中 ω——相当于坐标 x 处的水线 WL 以下之肋骨面积。

将式(2-27)自艇尾积分到艇首,即从 $-L/2$ 积分到 $L/2$,则得所要求的容积排水量的第二公式

$$V = \int_{-\frac{L}{2}}^{\frac{L}{2}} \omega dx \qquad (2-28)$$

2. 用梯形法则计算容积排水量

设已有艇体型线图,长方向分为 20 等分,即有 21 个理论肋骨,设计水线以下分为 10 等分,即有 11 条水线,编号如图 2-21 所示:

用梯形法则近似地计算式(2-26)的定积分,则可得

$$V = \int_0^T S dz = \Delta T \left(\frac{S_0}{2} + S_1 + S_2 + \cdots + S_9 + \frac{S_{10}}{2} \right) = \Delta T \sum\nolimits_S \qquad (2-29)$$

式中 $\Delta T = \dfrac{T}{10}$;

T——设计水线吃水;

$S_0 \cdots S_{10}$——从 0 号到 10 号 11 条水线的面积,水线面积的计算方法如第 2.5.1

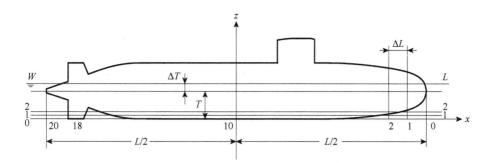

图 2-21　垂向计算排水量 V

节所述。

根据式(2-29)并参看图 2-16 的右边图形不难看出,水线面面积曲线在设计水线 WL 之下的面积就表示了设计水线下的容积排水 V。

如果用梯形法则计算式(2-28)的定积分则有

$$V = \Delta L\left(\frac{\omega_0}{2} + \omega_1 + \omega_2 + \cdots \omega_{19} + \frac{\omega_{20}}{2}\right) = \Delta L \sum_6 \qquad (2-30)$$

式中　$\Delta L = \dfrac{L}{20}$;

L——设计水线长;

$\omega_0 \cdots \omega_{20}$——从 0 号到 20 号 21 个理论肋骨在设计水线下的面积。

肋骨面积怎样计算?

由型线图的船体图中取出某一号理论肋骨 i 来研究(图 2-22)。

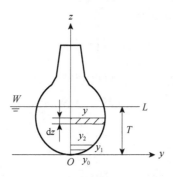

图 2-22　肋骨面积 ω 的计算

该肋骨面的面积:

$$\omega_1 = 2\int_0^T y_i \mathrm{d}z \qquad (2-31)$$

用梯形法则计算上述定积分,则有

$$\omega_i = 2\Delta T\left(\frac{y_{10}}{2} + y_{11} + y_{12} + \cdots + \frac{y_{110}}{2}\right) \quad (2-32)$$

式中 $y_{10},\cdots,y_{110}$——i 号肋骨在各水线处的半宽。

针对其他肋骨,进行类似的计算,就可得到一系列 ω 值,将这些 ω 值代入式(2-28),即可求得容积排水量 V。

图 2-20 所表示的就是潜艇在设计水线下肋骨面的面积沿船长方向的变化规律,叫做肋骨面面积曲线,实际上,从式(2-28)和式(2-30)可知该肋骨面面积曲线所包围的面积也代表了潜艇在设计水线下的容积排水量 V。显然一定的肋骨面面积曲线是对应于一定的吃水的。

3. 关于浮心坐标的公式

潜艇的浮心也就是其排水容积的形心。浮心坐标可用下列公式表示:

$$\left.\begin{array}{l} x_c = \dfrac{M_{yz}}{V} \\ z_c = \dfrac{M_{xy}}{V} \end{array}\right\} \quad (2-33)$$

式中 M_{yz}——排水容积 V 对舯船肋骨面 Oyz 平面的静矩;

M_{xy}——容积 V 对基准面 Oxy 平面的静矩。

潜艇在正浮状态时其浮心必在对称面上,所以 $y_c = 0$。

容积矩 M_{yz} 和 M_{xy} 怎样计算?

从图 2-20 上不难看出,微元容积 dV 对舯船肋骨面的静矩是

$$dM_{yz} = x \cdot \omega dx$$

将此式沿艇长方向积分,即得

$$M_{yz} = \int_{-\frac{L}{2}}^{\frac{L}{2}} x \cdot \omega dx \quad (2-34)$$

计算 M_{yz} 也可以沿高方向积分,将微量容积 dV 对舯船肋骨面的静矩写成

$$dM_{yz} = x_f S dz \quad (2-35)$$

于是

$$M_{yz} = \int_0^T x_f \cdot S dz$$

此处 x_f 为各水线面的面积中心坐标。

同样,从图 2-20 可知,微元容积 dV 对基准面的静矩是

$$dM_{xy} = z \cdot S dz$$

将此式沿高方向积分,即得

$$M_{xy} = \int_0^T z \cdot S dz \quad (2-36)$$

4. 用梯形法则计算容积中心坐标

容积排水量 V 的计算已经研究过了,因此计算 x_c, z_c 主要在于计算容积矩 M_{yz} 和 M_{xy}。

为了求得 M_{yz} 用梯形法则计算积分式(2-34)可得

$$M_{yz} = \int_{-\frac{L}{2}}^{\frac{L}{2}} x \cdot \omega dx = \Delta L \left(\frac{x_0 \omega_0}{2} + x_1 \omega_1 + \cdots + x_{19} \omega_{19} + \frac{x_{20} \omega_{20}}{2} \right) \quad (2-37)$$

式中 $x_0 = 10\Delta L, x_1 = 9\Delta L, x_2 = 8\Delta L, \cdots, x_{10} = 0\Delta L, x_{11} = -1\Delta L, \cdots, x_{18} = -8\Delta L, x_{19} = -9\Delta L, x_{20} = -10\Delta L$。于是式(2-37)可改写为

$$M_{yz} = (\Delta L)^2 \left(\frac{10 \cdot \omega_0}{2} + 9\omega_1 + 8\omega_2 + \cdots + 1\omega_9 + \right.$$

$$\left. 0\omega_{10} - 1\omega_{11} - 2\omega_{12} \cdots - 9\omega_{19} - \frac{10\omega_{20}}{2} \right) = (\Delta L)^2 \sum_7 \quad (2-38)$$

为求得 M_{xy},用梯形法则计算积公式(2-36),可得

$$M_{xy} = \int_0^T zS dz = \Delta T \left(\frac{z_0 S_0}{2} + z_1 S_1 + \cdots + z_9 S_9 + \frac{z_{10} S_{10}}{2} \right) \quad (2-39)$$

式中 $z_0 = 0\Delta T, z_1 = 1\Delta T; z_2 = 2\Delta T, \cdots, z_{10} = 10\Delta T$,于是式(2-39)可改写为

$$M_{xy} = (\Delta T)^2 \left(\frac{0 S_0}{2} + 1 S_1 + 2 S_2 + 3 S_3 + \cdots + 9 S_9 + \frac{10 S_{10}}{2} \right) = (\Delta T)^2 \sum_3$$

$$(2-40)$$

将式(2-38)、式(2-40)代入式(2-33)即得:

$$\left. \begin{array}{l} x_c = \dfrac{M_{yz}}{V} = \dfrac{(\Delta L)^2 \sum_7}{\Delta L \sum_6} = \Delta L \dfrac{\sum_7}{\sum_6} \\ \\ z_c = \dfrac{M_{xy}}{V} = \dfrac{(\Delta T)^2 \sum_8}{\Delta T \sum_5} = \Delta T \dfrac{\sum_8}{\sum_5} \end{array} \right\} \quad (2-41)$$

和水线元的计算类似,可将式(2-29)、式(2-30)、式(2-38)、式(2-40)和式(2-41)的计算纳入表2-3进行。静水力曲线和其他静力学的计算,目前一般使用计算机进行。

表2-3 容积中心坐标梯形法则计算表

z_c 计算表格			X_c 计算表格			
水线号 i	水线面积 S_i/m^2	力矩函数 $\text{I} \times \text{II}/m^2$	肋骨号 i	肋骨面积 ω_1/m^2	力臂乘数 $n = \dfrac{X_1}{\Delta L}$	力矩函数 $\text{II} \times \text{III}/m^2$
I	II	III	I	II	III	IV

(续表)

z_c 计算表格			X_c 计算表格			
水线号 i	水线面积 S_i/m^2	力矩函数 $\text{I} \times \text{II}/m^2$	肋骨号 i	肋骨面积 ω_1/m^2	力臂乘数 $n = \dfrac{X_1}{\Delta L}$	力矩函数 $\text{II} \times \text{III}/m^2$
0	S_0	0	0	ω_0	10	$10\omega_0$
1	S_1	S_1	1	ω_1	9	$9\omega_1$
2	S_2	$2S_2$	2	ω_2	8	$8\omega_2$
3	S_3	$3S_3$	...	...	...	...
...	...	...	9	ω_9	1	ω_9
...	...	...	10	ω_{10}	0	0
...	...	...	11	ω_{11}	-1	$-\omega_{11}$
...	...	...	...	...	...	...
n	S_n		20	ω_{20}	-10	$-10\omega_{20}$
和	$\sum_0^n S_i$	$\sum_0^n nS_i$	和	$\sum_0^n \omega_i$		$\sum_0^n n\omega_i$
修正值	$-\left(\dfrac{S_0+S_n}{2}\right)$	$-\left(\dfrac{0+nS_n}{2}\right)$	修正值	$-\left(\dfrac{\omega_0+\omega_{20}}{2}\right)$		$-\left(\dfrac{10\omega_0-10\omega_{20}}{2}\right)$
修正和	$\sum_5$	$\sum_8$	修正和	$\sum_6$		$\sum_7$
	$V = \Delta T \sum_5$			$V = \Delta L \sum_6$		
	$z_c = \dfrac{M_{xy}}{V} = \Delta T \dfrac{\sum_8}{\sum_5}$			$x_c = \dfrac{M_{yz}}{V} = \Delta L \dfrac{\sum_7}{\sum_6}$		

2.6.3 潜艇固定浮容积及容积中心位置的计算

水下状态时,潜艇的排水体积及其形心是固定的。固定浮容积包括耐压艇体容积、耐压舱舱容积、耐压指挥台容积及所有能够提供浮力的附属体、非耐压艇体外板和构架等排水体积。

1. 耐压艇体容积及容积形心计算

潜艇耐压艇体通常是由圆柱体和截头圆锥体组成,艏艉端为球面隔壁,其计算方法分类如下:

1) 圆柱体

如图 2-23 所示,设圆柱体的半径为 R,长度为 l,其容积为

$$\nabla = \pi R^2 l \tag{2-42}$$

其容积形心坐标为 x_b 和 z_b。

第 2 章 潜艇的浮性

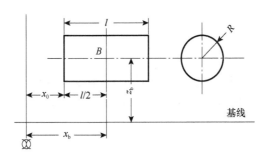

图 2-23 圆柱体容积及形心计算

2) 截头圆锥体

如图 2-24 所示,设 l 为圆锥体长度,R_1 为艏端面半径,R_2 为艉端面半径,x_0 为艉端面至船舯剖面距离,a 为艉端面至截头圆锥体容积中心的距离。则其容积及容积中心的坐标可按下式求得:

$$\nabla = \frac{\pi}{3}(R_1^2 + R_1R_2 + R_2^2)l \qquad (2-43)$$

$$\begin{cases} x_b = x_0 + a \\ z_b = z_2 - \dfrac{z_2 - z_1}{l}a \end{cases} \qquad (2-44)$$

式中

$$a = \frac{l}{4} \times \frac{R_2^2 + 2R_1R_2 + 3R_1^2}{R_2^2 + R_1R_2 + R_1^2}$$

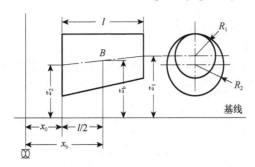

图 2-24 截头圆锥体容积及形心计算

3) 艏艉球面舱壁

球面舱壁尺度如图 2-25 所示,其容积及容积中心坐标可按下式计算:

$$\nabla = \frac{1}{3}\pi h^2(3R - h) \qquad (2-45)$$

$$\begin{cases} x_b = x_0 - a \\ z_b = z_0 \end{cases} \qquad (2-46)$$

式中　$h = R - \sqrt{R^2 - r^2}$；
　　　$a = h/3$。

2. 耐压附属体

对于耐压附属体,如耐压指挥台、耐压舷舱、鱼雷发射管、出入舱口和鱼雷装卸舱口等,其容积及容积形心可以按照形状求得,容积形心坐标可以从总布置图中求得。

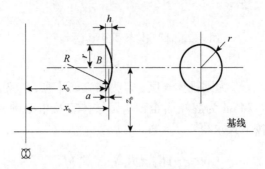

图 2-25　球面隔壁容积及形心计算

3. 非耐压附属体

非耐压附属体包括主压载水舱、上层建筑、指挥台围壳、艏艉端及耐压艇体外全部装置和系统。上述各部分的排水体积可以按照下式确定

$$\nabla = \frac{m_i}{\rho} \tag{2-47}$$

式中　m_i——结构的重量；
　　　ρ——材料的密度。

固定浮容积 ∇_0 及容积形心的计算通常列表进行,计算方法与求重力、重心位置相类似。表 2-4 是固定浮容积综合表,将表中最后一项带入下式则得到

$$\nabla_0 = \sum \nabla_i \tag{2-48}$$

$$\begin{cases} x_{c0} = \dfrac{\sum \nabla_i x_{bi}}{\nabla_0} \\ z_{c0} = \dfrac{\sum \nabla_i z_{bi}}{\nabla_0} \end{cases} \tag{2-49}$$

在重力、重心、固定浮容积及容积形心求出以后,可以根据式(2-4)判断潜艇在水下状态是否平衡。如果 $P_\uparrow = \rho \nabla_0$,且 $x_{g\uparrow} = x_{c0}$,则表示潜艇能够在水下平衡并保持纵倾角 $\varphi = 0$。若 $x_{g\uparrow} \neq x_{c0}$,则将产生纵倾,其纵倾角 φ 为

$$\tan\varphi = \frac{x_{c0} - x_{g\uparrow}}{z_{g\uparrow} - z_{c0}} \tag{2-50}$$

潜艇艇体总是左右对称的,重力分布也应保证左右对称,即 $y_{g\uparrow} = y_{c0} = 0$,故一般不会产生横倾。

表 2-4 固定浮容积计算表

	名称	容积 ∇_i / m^3	对基线		对横剖面			
					艏		艉	
			z_i / m	$\nabla_i z_i / m^4$	x_i / m	$\nabla_i z_i / m^4$	$-x_i / m$	$-\nabla_i x_i / m^4$
1	耐压艇体							
2	耐压艇体壳板							
3	耐压液舱							
4	耐压指挥台							
5	鱼雷发射管							
6	出入舱口							
7	主轴、推进器							
8	主压载水舱壳板及构架							
9	艏艉端壳板及构架							
10	舵装置							
⋮								
	总计	$\nabla_0 = \sum \nabla_i$		$\sum \nabla_i z_i$		$\sum \nabla_i x_i$		$-\sum \nabla_i x_i$

2.7 储备浮力和下潜条件

2.7.1 储备浮力

潜艇设计水线以上所有排水体(即巡航水线以上的全部水密容积,包括水密艇体和附体的容积)提供的浮力之和,叫做储备浮力,用 V_{rb} 表示。它表示从设计水线开始继续增加载荷还能保持漂浮的能力。潜艇只有在水面状态才有浮力储量,在水下状态时储备浮力为零。所以潜艇的储备浮力等于水下排水量与水上排水量之差:

$$V_{rb} = V_\downarrow - V_\uparrow \qquad (2-51)$$

储备浮力单位用 m^3,也可用吨(ρV_{rb})来计量,通常用水上排水量的百分数来表示,即

$$储备浮力\% = \frac{V_{rb}}{V} \times 100 \qquad (2-52)$$

储备浮力的大小,表示潜艇水面抗沉和水下自浮能力的好坏,也是保障潜艇水面适航性的重要因素。浮力储量较大,将改善潜艇的不沉性和水面航海性能,但同

时增加了潜艇的下潜时间,因此以水下航行为主的现代潜艇在保障不沉性与水面适航性的前提下,浮力储备应尽量少,大型潜艇与小型潜艇相比,前者可用比较小的储备浮力百分数,一般为水面排水量的15%~30%,参见表2-5。

表2-5 各国典型潜艇的排水量表

按排水量、动力装置分类		潜艇类型的名称	排水量（水面/水下）/t	长×宽×吃水/m	储备浮力/%	开始服役时间
（1）		（2）	（3）	（4）	（5）	（6）
常规动力潜艇	大型	G级（苏联）	2845/3600	98.9×8.2×8.0	~26.5	1958
		"东方旗鱼"级（美）	2485/3168	106.8×9.1×5.5	~20.7	1956
		"苍龙"级（日）	2950/4200	84×9.1×8.5		2009
	中型	R型（苏联）	1320/1710	76.6×6.7×4.5	29.5	1958
		"基洛"级877型（俄）	2325/3075	72.6×9.8×6.6		1982
		"大青花鱼"号（美）	1516/1837	62.2×8.2×5.6	20	1953
		"长颌须鱼"级（美）	2145/2895	66.8×8.8×8.5	~35	1955
		"奥白龙"（英）	1610/2410	88.5×8.1×5.6	~18.7	1961
		"支持者"级（英）	2168/2455	70.3×7.6×5.5	~10	1990
		"女神"级（法）	869/1043	57.8×6.8×4.6	20	1964
		"阿哥斯塔"级（法）	1490/1740	67.6×6.8×5.4	14	1977
		209级（德）	1105/1230	54.4×6.2×5.5	25.5	1975
		212级（德）	1320/1800	53.2×6.8×5.8		2004
		212A级（德/意）	1450/1830	55.9×7×6		2005
		"萨乌罗"级（意）	1460/1640	63.8×6.83×5.7	12	1980
		"西约特兰"级（瑞典）	1070/1143	48.5×6.1×5.6		1987
		"哥特兰"级（瑞典）	1240/1490	60.4×6.2×5.6		1996
		"乌拉"级（挪威）	1040/1150	59×5.4×4.6		1989
		"亲潮"号（日）	1130/1420	78.8×7×4.6	25.7	1959
		"涡潮"级（日）	1850/2430	72×9.9×7.5		1972
		"夕潮"级（日）	2250/2450	76×9.9×7.4		1980
		"春潮"级（日）	2450/3200	77×10×7.7		1990
		"亲潮"级（日）	2794/3556	81.7×8.9×7.4		1998
		033型（中）	1350/1750	76.6×6.7×5.34		1965
		035型（中）	1584/2113	76.0×7.6×5.1		1974
		039型（中）	—	—		1998
	小型	206（德）	450/498	48.8×4.6×4.5	20	1973
		"鲨鱼"级（瑞典）	720/900	66×5.1×5		1954
		"科本"级（挪威）	370/35	45.4×4.6×4.3		1964

(续表)

按排水量、动力装置分类	潜艇类型的名称	排水量（水面/水下）/t	长×宽×吃水/m	储备浮力/%	开始服役时间
(1)	(2)	(3)	(4)	(5)	(6)
核动力潜艇	攻击型				
	"阿库拉"级(俄)	7500/9500	110×13.5×		1985
	"亚森"级(俄)	8600/13800	111×13×9.4		2014
	"鹦鹉螺"号(美)	3682/4091	98.5×8.5×6.7		1954
	"长尾鲨"级(美)	3750/4310	84.9×9.6×7.9		1961
	"鲟鱼"级(美)	4140/4630	89×9.7×8.8		1967
	"洛杉矶"级(美)	6080/6927	109.7×10.1×9.9		1976
	"海狼"级(美)	8060/9142	107.6×12.9×10.9		1997
	"弗吉尼亚"级(美)	/7800	114.9×10.4×9.3		2004
	"勇敢"级(英)	4000/4900	86.9×10.1×8.2		1966
	"敏捷"级(英)	4400/4900	82.9×9.8×8.5		1973
	"特拉法尔加"级(英)	4700/5208	85.4×9.8×8.5		1983
	"机敏"级(英)	6000/7400	91.7×11.3×10.7		2010
	"红宝石"级(法)	2385/2670	72.1×7.6×6.4		1983
	09Ⅰ型(中)	—	—		1974
	战略型				
	"台风"级(俄)	18500/26500	172.8×23.3×11		1981
	"北风之神"级(俄)	17000/24000	170×13.5×10.5		2013
	"乔治·华盛顿"级(美)	5900/6880	116.3×10.1×8.8		1959
	"伊桑·艾伦"级(美)	6900/7900	125×10.1×9.8		1961
	"拉菲特"级(美)	7350/8250	129.5×10.1×9.6		1963
	"俄亥俄"级(美)	16600/18750	170.7×12.8×11.1		1981
	"决心"级(英)	7600/8500	129.5×10.1×9.1		1967
	"前卫"级(英)	/15850	149.3×12.8×10.1		1993
	"不屈"级(法)	8080/8920	128.7×10.6×10		1985
	"凯旋"级(法)	12640/14335	138×12.5×12.5		1997
	09Ⅱ型(中)	—	—		1983

2.7.2 潜艇的潜浮和下潜条件

1. 增载法观点

潜艇上采用把舷外水注入主压载水舱的方法使艇潜入水下,并使艇正直悬浮于水中。因此,潜艇不仅要求满足水面正浮平衡条件,还要同时满足水下正浮平衡条件,这就是下潜条件所要研究的问题。

假设潜艇在巡航水线 WL 时艇的重量为 $P_\uparrow$,排水容积是 $V_\uparrow$,因是正浮平衡状态故满足平衡方程式

$$\left. \begin{array}{l} P_\uparrow = \rho V_\uparrow \\ x_{g\uparrow} = x_{c\uparrow} \quad 及 \quad y_{g\uparrow} = y_{c\uparrow} = 0 \end{array} \right\} \quad (2-53\text{a})$$

当主压载水舱注满水,潜艇全潜后,如潜艇是正浮平衡的,则应满足水下平衡方程式

$$\left. \begin{array}{l} P_\downarrow = \rho V_\downarrow \\ x_{g\downarrow} = x_{c\downarrow} \quad 及 \quad y_{g\downarrow} = y_{c\downarrow} = 0 \end{array} \right\} \quad (2-53\text{b})$$

且有

$$P_\downarrow = P_\uparrow + \rho \sum v_m$$

式中　$\sum v_m$——主压载水舱总容积;

$P_\downarrow$ 和 $V_\downarrow$——水下状态的潜艇重量和排水容积。

由式(2-51)可得 $V_\downarrow = V_\uparrow + V_{rb}$,所以:

$$P_\uparrow + \rho \sum v_m = \rho(V_\uparrow + V_{rb})$$

即有

$$\rho \sum v_m = \rho V_{rb} \quad (2-54)$$

又因为是在原海区下潜,海水密度 ρ 可认为不变,则

$$\sum v_m = V_{rb} \quad (2-55)$$

由式(2-55)表示,若使潜艇正常下潜,必须满足主压载水舱里水的重量等于储备浮力,即使潜艇水下的重量 $P_\downarrow$ 与浮力 $D_\downarrow$ 相等,或者说主压载水舱的总容积等于巡航水线以上的全部水密容积(图 2-26)。这是潜艇正常下潜的第一个条件。

此外,由潜艇的正浮平衡条件已知,要保证潜艇在水面和水下同时满足正浮条件,还必须做到潜艇在水面的重心、浮心和水下的重心、浮心分别都在同一条铅垂线上。即

$$x_{g\uparrow} = x_{c\uparrow} \text{ 和 } x_{g\downarrow} = x_{c\downarrow}$$

因此欲使潜艇水下浮心纵坐标 $x_{c\downarrow}$ 与重心纵坐标 $x_{g\downarrow}$ 相等,则必须要求主压载水舱总容积中心纵坐标 x_m 和储备浮容积中心纵坐标 x_{rb} 也相等

$$x_m = x_{rb} \quad (2-56)$$

因为艇体形状左右对称,故主压载水舱和储备浮容积也要对称分布,这样应有

$$y_m = y_{rb} = 0 \quad (2-57)$$
$$(y_{g\downarrow} = y_{c\downarrow} = 0)$$

第2章 潜艇的浮性

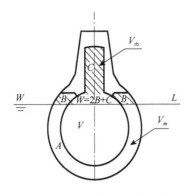

图 2-26 水密容积和储备浮容积

于是正常下潜的第二个条件是:主压载水舱容积中心和储备浮容积中心在同一条铅垂线上。所以,保证潜艇正常下潜(下潜后艇无横倾和无纵倾)的下潜条件是:

$$\left.\begin{array}{l}\sum v_m = V_{rb}\\ x_m = x_{rb}\\ y_m = y_{rb} = 0\end{array}\right\} \quad (2-58)$$

潜艇在设计时为了保证潜艇能随时正常下潜,主压载水舱的总容积等于巡航水线以上的全部水密容积,因此潜艇在水面状态时吃水与巡航水线一致,也就满足了下潜条件。

实际潜艇在水面巡航状态时都有一小的尾纵倾角(不大于0.6°,但不允许有艏纵倾)即纵坐标 $x_{g\uparrow} \neq x_{c\uparrow}$,目的是改善水面适航性。为了保证潜艇下潜后能正直漂浮,则应有 $x_m \neq x_{rb}$,下潜后由此产生的艏倾力矩和水面状态的艉倾力矩相抵消。

2. 失浮法观点

潜艇下潜主压载水舱进水后,主压载水舱和舷外相通,可看成失去了浮力($\rho \sum v_m$)。按失浮法来看,潜艇下潜过程中艇的重量、重心位置是不变的,即 $P_\uparrow =$ 常数、$x_{g\uparrow} =$ 常数($y_{g\uparrow} = 0$)。

由图2-25可知,潜艇下潜后排水体积形状发生了变化,失去主压载水舱这部分总容积($\sum v_m = A + 2B$)的同时,又增加了巡航水线以上这部分储备浮容积($V_{rb} = 2B + C$)。而且潜艇排水体积由水面的 $V_\uparrow$ 变成水下的固定浮容积 $V_0(V_\uparrow = V_0)$。根据

$$\begin{cases}\sum v_m = A + 2B\\ V_{rb} = 2B + C\end{cases}$$

79

由第一个下潜条件 $\sum v_m = V_{rb}$ 得知,按失浮法观点下潜条件又可表示成另一形式

$$A = C \tag{2-59}$$

即欲要潜艇正常下潜必须使巡航水线以下的主压载水舱容积 A 等于巡航水线以上的耐压艇体及附体的容积 C。

按失浮法观点,潜艇水下正浮平衡方程式应为

$$\left.\begin{array}{r}P_\uparrow = \rho V_0 \\ x_{g\uparrow} = x_{c0} \\ y_{g\uparrow} = y_{c0} = 0\end{array}\right\} \tag{2-60}$$

式中　x_{c0}、y_{c0}——固定浮容积中心坐标。

将式(2-60)与按增载法观点列出的式(2-53b)相比,两者表面形式虽不同,但其实质上是相同的。

$$\rho V_\downarrow = \rho V_\uparrow + \rho V_{rb} = \rho V_0 + \rho \sum v_m$$

当 $\rho \sum v_m = \rho V_{rb}$ 时

$$\rho V_\uparrow = \rho V_0 = P_\uparrow$$

可见当满足下潜条件时,两种观点都要求水面排水容积 $V_\uparrow$ 和固定浮容积 V_0 相等,这样可得下潜条件的第三种表示形式:

$$V_\uparrow = V_0 \quad \text{或} \quad P_\uparrow = \rho V_0 \tag{2-61}$$

和

$$x_{g\uparrow} = x_{c\uparrow} = x_{c0} \tag{2-62}$$

即下潜前后都处于正浮平衡状态时,潜艇的重心、巡航状态的浮心和固定浮容积中心位于同一铅垂线上。

2.8　剩余浮力及载荷补偿

2.8.1　潜艇的剩余浮力和剩余力矩

世间的事物,平衡是暂时的相对的,不平衡是经常的绝对的。潜艇在水中的重量和浮力是变化的,潜艇在水下状态的实际重量与实际浮力之差称为剩余浮力,俗称浮力差,可表示为

$$\Delta D = D_\downarrow - P_\downarrow = \rho V_\downarrow - P_\downarrow \tag{2-63}$$

且: $\Delta D > 0$ 艇有正浮力(艇轻),使艇上浮;

$\Delta D < 0$ 艇有负浮力(艇重),使艇下潜;

$\Delta D = 0$ 艇为零剩余浮力,潜艇不下潜也不上浮,处于理想状态。

(注:在潜艇操纵中,由于坐标系的取法不同,改用剩余静载力 $\Delta P = P_\downarrow - D_\downarrow$。如 $\Delta P > 0$,艇有向下的正静载,使艇下潜(艇重)。)

潜艇在水下产生浮力差的同时,一般还存在剩余浮力矩(俗称力矩差) ΔM。并规定:

$\Delta M > 0$ 称为正力矩,艇有艏纵倾;

$\Delta M < 0$ 称为负力矩,艇有艉纵倾;

$\Delta M = 0$ 称为零剩余力矩,艇正直漂浮,处于理想状态。

实际潜艇在水下静止状态正浮于某个给定深度几乎是不可能的,故潜艇在水下只能是接近水下正浮条件。一般要求浮力差 ΔD 不超过潜艇水面排水量的 $\pm$(1‰~5‰)、力矩差 ΔM 近似为零。

小量的浮力差和力矩差,通常用浮力调整水舱注排水,或是靠潜艇运动时所产生的艇体和舵的水动力来平衡的。因此,潜艇在水下只能保持运动中的定深航行。如果要求潜艇静止地在水下保持给定深度,则必须设置专门的深度稳定系统。

2.8.2 影响剩余浮力变化的因素

造成剩余浮力的原因归结起来不外乎是:艇内可变载荷的消耗引起重量的变化;艇环境(海水盐度、温度和水压力)的变动引起浮力的改变,这里先介绍浮力变化情况,关于重量的变动将在"载荷补偿"中介绍。

1. 海水密度变化

海水密度的变化,主要由海水盐度、温度和压力所引起,其中盐度和温度起着主要作用。盐度大、温度低则密度大;盐度小,温度高,则密度小。世界上海水密度最大地区是地中海的冬季,$\rho = 1.0315 t/m^3$,海水密度最小的海区是波罗的海的夏季,$\rho = 1.006 t/m^3$。我国沿海海水密度变化情况如表2-6所列。

表2-6 我国沿海海水密度变化情况表

海区	渤海	黄海	东海	南海	长江口附近
密度/(t/m^3)	1.021~1.023	1.023~1.026	1.022~1.026	1.021~1.024	1.012~1.015

均衡好的潜艇,当由海水密度小的海区进入海水密度大的海区时,潜艇浮力增大,产生正浮力,反之产生负浮力。因为海水密度变化所引起的浮力变化的作用点就是浮心,而消除浮力差所用的浮力调整水舱布置在浮心附近,故由海水密度变化引起的力矩差可忽略不计。海水密度变化所产生的浮力差用下式计算

$$\Delta D = (\rho_2 - \rho_1) V_\downarrow (t) \tag{2-64}$$

式中 ρ_1——原海区的海水密度;

ρ_2——新海区的海水密度;

$V_\downarrow$——潜艇水下排水容积(因为当潜艇进入新海区后,即使主压载水舱和舷

外相通,自然交换主压载水舱内之水也是困难的,如果是水面航渡进入,则改用 V_0)。

[例题 2-5] 某艇由 $\rho_1 = 1.024\text{t/m}^3$ 的海区,水下航行到 $\rho_2 = 1.023\text{t/m}^3$ 的区,求浮力差 ΔD?

解:$\Delta D = (\rho_2 - \rho_1)V_\downarrow = (1.023 - 1.024) \times 1713 = -1.7(\text{t})$

上例说明,海水密度变化对浮力的影响是很大的。当海水密度变化 1‰ 时,某艇的浮力变化约 1.7t,式中的负号表示浮力减少。

2. 海水温度变化

海水温度随水的深度增加而降低,水温度的降低将引起海水密度的增加和艇体耐压容积的收缩,这些都会引起潜艇浮力的改变。

1) 水温 t 对海水密度的影响

温度下降使海水密度增加,一般可取:

$t = 20 \sim 10^\circ\text{C}$ 时,每降温 1°C,海水密度增加率为

$$\Delta \rho_1 = 0.014\% = 1.4 \times 10^{-4}$$

$t = 10 \sim 4^\circ\text{C}$ 时,每降温 1°C,海水密度增加率为

$$\Delta \rho_2 = 0.003\% = 0.3 \times 10^{-4}$$

由此引起的浮力变化 ΔD_1 则为

$$\Delta D_1 = \Delta \rho_i (t_1 - t_2) \rho V_0 \quad (i = 1, 2) \tag{2-65}$$

通常水温是随水深增加而均匀下降的,但也和季节有关。如旅顺海区夏季由 25m 浮至 9m 时,对某艇会产生 1~1.5t 的负浮力,这是因为上面水温高密度低的结果;冬季则相反。有些海区在某一深度上,水温突然下降,叫做温度突变层,密度突增,故也称为海水密度突变层。当潜艇进入这一水层时,由于浮力突然增大,此时潜艇如同潜在海底一样。在一定负浮力作用下,潜艇可潜坐在海水密度突变层上,称之为液体海底(按操纵条例规定,液体海底的强度 $\Delta \rho > 1‰$),方可潜坐,即液体海底对潜艇所作用的正浮力应大于千分之一的水下排水量。

此外,如果有海水的盐度和温度资料时,可按下式计算浮力改变:

$$\Delta D = (\rho_{s_2 t_2} - \rho_{s_1 t_1}) V_0(t) \tag{2-66}$$

式中 S_i——海水盐度($S‰$);

t_i——海水温度($t^\circ\text{C}$);

$\rho_{s_i t_i}$——盐度 S_i 和水温 t_i 时的密度,如表 2-7 所列。

表 2-7 密度随盐度温度变化表 $\rho = f(S‰, t^\circ\text{C})$

$S_i ‰$	$t^\circ\text{C}$						
	0	5	10	15	20	25	30
0	0.9998	1.0000	0.9997	0.9991	0.9982	0.9970	0.9956

(续表)

S_i‰	t ℃						
	0	5	10	15	20	25	30
20	1.0160	1.0158	1.0153	1.0145	1.0134	1.0121	1.0105
40	1.0321	1.0316	1.0309	1.0298	1.0286	1.0271	1.0255

2)水温对潜艇耐压船体容积的影响

水温降低将引起潜艇排水容积的收缩,使浮力减少。由实验资料得知:水温降低1℃,潜艇耐压舰体收缩率为 $4×10^{-5}$。由此产生的浮力变化 ΔD_2 为

$$\Delta D_2 = -4 \times 10^{-5}(t_1 - t_2)\rho V_0 \quad (2-67)$$

由式(2-67)可知,水温变化引起海水密度变化和艇体收缩,两者对浮力的影响正好相反,但密度变化引起的浮力差大于艇体收缩引起的浮力差。当水温下降了10℃时,某艇的浮力差为正浮力,即 $\Delta D = \Delta D_1 + \Delta D_2 = 2.4 - 0.56 = 1.84t$,反之为负浮力。

3. 水压力(水深)改变

随着海水深度增加,水的压力增大,将引起海水密度增加和潜艇耐压艇体容积的压缩。这些也会引起潜艇浮力的改变。

1)水压力变化对海水密度的影响。通常认为海水是不可压缩的,但实际上压力每增加一个大气压,海水密度将增加 $5×10^{-5}$ 倍(或 $4.8×10^{-5}$),也就是说深度每增加1m,海水密度将增加 $5×10^{-6}$ 倍。如水深增加 H 米,则由水压力引起密度变化而使浮力产生改变值 ΔD_3

$$\Delta D_3 = 5 \times 10^{-6}\rho H V_0 \quad (2-68)$$

2)水压力对潜艇耐压艇体容积的影响。由实验资料得知,水压力增加一个大气压,引起耐压艇体容积的压缩率约为 $2.0 \sim 2.5 \times 10^{-4}$。所以当水深增加 H 米时,由此使浮力改变值为 ΔD_4,则

$$\Delta D_4 = -2.5 \times 10^{-5}\rho H V_0 \quad (2-69)$$

由式(2-69)可知,水深变化引起海水密度变化和艇体收缩,两者对浮力的影响也正好相反,但艇体收缩引起的浮力差大于密度变化引起的浮力差。因此,水深增大时,将使潜艇变重(有负浮力),但在不同的海区或不同的水深层有所不同。例如,某艇在中国南海深潜250m时,在50~100m深度曾累计注水2000L,但从150m开始每下潜10m需排水200L。由此可见,在150m以内艇体虽然随下潜深度增大而压缩,但随之水温降低使密度增大,水压力增大也使密度增大,此时产生的正浮力大于因艇体收缩产生的负浮力,故需从舷外向浮力调整水舱内注水。可是当潜水深度超过150m时温度变化较小,艇体压缩产生的负浮力大于因海水密度增大产生的正浮力,所以要排水。

(3)此外,潜艇下潜过程中,残存于上部结构或水舱中的气体,随潜水深度增加而被压缩,也使潜艇浮力发生某些改变。

(4)艇体表面吸声覆层压缩的影响。

2.8.3 载荷补偿和艇内载荷变化

1. 载荷补偿原则与专用辅助水舱

如上所述,水中潜艇由于重量和浮力的改变引起剩余浮力和剩余浮力矩(ΔD、ΔM),破坏潜艇水下正浮平衡条件,而潜艇不具有自行均衡的性质,为此必须经常消除潜艇的浮力差和力矩差,保持潜浮条件,并称为载荷的补偿或载荷代换。

根据力系平衡原理,载荷补偿的原则是:

(1)补偿载荷的重量等于消耗载荷的重量或浮力差;

(2)补偿载荷力矩等于消耗载荷的力矩或力矩差,但方向相反。

为此,在潜艇上设有专门代换水舱和浮力调整水舱,以及纵倾平衡水舱,如图2-27所示。

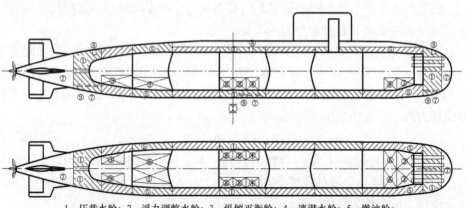

1—压载水舱;2—浮力调整水舱;3—纵倾平衡舱;4—速潜水舱;5—燃油舱;
6—鱼雷补重水舱;7—非水密空间;8—压载水舱通风阀;9—压载水舱注水阀。

图 2-27 潜艇均衡用的辅助水舱

专用代换水舱,用以补偿瞬间消耗的大量载荷,如备用鱼雷、水雷或导弹等消耗时,在相应补重水舱中注入相当重量的水来补偿,并布置在大量消耗载荷的附近,如某艇的鱼雷补重水舱就设在艏、艉舱。

浮力调整水舱,用于补偿逐渐消耗的载荷(如粮食、淡水、滑油和其他消耗备品等)、海水密度的变化和深潜时艇体压缩等引起的浮力差。为了减小补偿引起的附加力矩差,对于设有两个调整水舱的艇,其中一个纵向位置在潜艇的浮心附近,另一个纵向位置应在变动载荷总的重心附近。其容积约为正常排水量的3%~4.5%。

纵倾平衡水舱,用于补偿各种因素产生的力矩差。为了获得较大的补偿力矩,必须设置艏、艉纵倾平衡水舱,其容积约为正常排水量的1%~1.2%。

此外,潜艇上还设有速潜水舱、无泡发射水舱和环形间隙水舱等辅助水舱,也可参与部分均衡水量的调节。同时具体补偿方法也可分成两类:通常采用浮力差、力矩差分别由浮力调整水舱注排水和纵倾平衡水舱的调水来补偿。这种方法分工明确、使用方便,但要求纵倾平衡水舱中具有较大的原始水量;有时将补偿用水注入调整水舱和一个纵倾平衡水舱,以此同时消除浮力差和力矩差。

2. 艇内载荷变化后的补偿方法

潜艇内部载荷的变化可分成三类,补偿的方法也不同,但遵循同一补偿原则。

1) 瞬间消耗大量载荷的补偿

如鱼雷、水雷、导弹等的消耗都是瞬间发生的,它们都有专门的代换水舱,并且在发射过程中有专门的自动代换系统,使浮力差为零。但有一定的力矩差,用纵倾平衡水舱进行补充均衡。

[例题2-6] 某艇发射一条1.835t艏鱼雷的补偿计算,结果如下表。

名称	重量/t	力臂/m	力矩/t·m
鱼雷发射	-1.835	30.87	-56.65
环形间隙水出管	-0.520	29.63	-15.41
发射管进海水	+2.00	30.54	61.08
无泡发射水舱进水	+0.355	26.60	9.44
共计	0		-1.54

由上表可知,发射一条艏鱼雷,浮力差 $\Delta D = 0$,力矩差 $\Delta M = -1.54(\text{t·m})$。为消除此艏倾力矩,应由艏平衡水舱向艉平衡水舱调水:

$$\Delta q = \frac{\Delta M}{l} = \frac{1.54}{50} \approx 31(\text{L})$$

式中 l ——艏、艉平衡水舱间的距离;

某艇的 $l = 50\text{m}$。

2) 燃油消耗后的补偿

潜艇上燃油消耗后,海水便自动地注入燃油舱,所以也叫自动代换载荷。由于海水密度大于燃油密度,使潜艇增加重量,其大小按下式确定:

$$\Delta D = (\rho_T - \rho) V_T = 0.2 V_T (\text{t}) \qquad (2-70)$$

式中 V_T ——消耗燃油的容积(m^3);

ρ_T ——燃油密度(取 $\rho_T = 0.825\text{t/m}^3$);

ρ ——海水密度(取 $\rho = 1.025\text{t/m}^3$)。

当已知消耗的燃油重量 P_T 时,则潜艇增加的重量为

$$\Delta D = \frac{\rho_T - \rho}{\rho_T} P_T (\text{t})$$

重量 ΔD 是负浮力,应从浮力调整水舱排出等量的水。海水自动代换消耗的燃油,除了增加艇的重量(浮力差),还产生剩余力矩,其大小可根据燃油舱离舯船的距离进行计算,然后用纵倾平衡水舱来消除。

3)其他逐渐消耗载荷的补偿

对于诸如粮食、淡水等逐渐消耗的载荷,或向舷外排除舱底污水等,可根据载荷消耗的具体情况,用浮力调整水舱消除浮力差,用纵倾平衡水舱消除力矩差。

4)航行中可变载荷的补偿

建议遵循下列基本原则:

当发射鱼雷(导弹)、布设水雷时消耗的雷弹应迅速补偿好;

淡水、食品等载荷消耗得慢,可周期地补偿,通常与燃料消耗一起补偿;

当长时间的水面航行时,由于燃油的消耗或海水密度的变化,视航速作周期性补偿;

水下航行或变深机动时,按照潜艇的潜浮情况和水下航行中操纵潜艇的必要性进行补偿。

2.9 均衡计算

2.9.1 均衡计算原理、目的和时机

1. 均衡计算原理

潜艇试潜定重后的载荷叫做正常载荷,即水面排水量或巡航排水量或正常排水量。潜艇载荷由固定载荷和变动载荷两部分组成。固定载荷是艇体、机械、武备、系统和装置电气、观导设备等固定载荷的统称;变动载荷为潜艇航行期间可能消耗或变动的载荷,由鱼水雷、导弹、燃油、滑油、粮食、淡水、备品、蒸馏水和均衡水等组成,此外还有临时载荷和不足载荷。临时载荷是不属于艇体本身的重量,而是为某种目的而临时增加的载荷,如倾斜试验时的压载物、临时通信设备等。不足载荷包括在艇体固定载荷之内,但尚未安装在艇上的载荷。

可见影响潜艇平衡条件(式 2-4 或式 2-53)仅与可变载荷有关。潜艇出航前装载(和航行中)、潜艇坞修、长期停泊或油封后续航时,艇上可变载荷都会有所变化,从而破坏潜艇的下潜条件,为此需按平衡条件进行计算予以恢复,即把潜艇下潜时变动载荷的实际重量和纵倾力矩与正常载荷(水面排水量)的变动载荷的重

量和纵倾力矩相比较,将其重量差和力矩差借助浮力调整水舱和纵倾平衡水舱来消除,这就叫均衡计算。

2. 计算时机和方法

均衡计算的时机和方法一般有两种情况:

(1)大、中、小修(包括长期停泊和启封)后第一次出海潜水前,按潜艇的正常载荷,即以正常排水量($\rho V_\uparrow$)为标准载重进行比较计算;

(2)每次出海前,按前次出海时潜艇行进间均衡后的实际载重进行比较计算。这样既达到了均衡计算的目的,又比较简便,故为常用方法。

现行的均衡计算方法,仅仅计算那些与正常载荷或前次均衡相比较有变化(消耗、装载)的可变载荷项的重量差和力矩差,而无须计算所有可变载荷项的重量差和力矩差(实际上这些项的 $\Delta D = \Delta M = 0$)。

2.9.2　均衡计算的具体方法

1. 均衡计算表的组成

为使计算简单、正确、迅速,潜艇上备有专门的均衡计算表,如表2-8(某艇均衡计算表)所列。组成均衡计算表的各栏分别表示:

第一栏:载荷名称——将潜艇上所有可变载荷名称,按由艏向艉的次序排列。在此栏下方还列有浮力调整水舱和艏艉纵倾平衡水舱等辅助水舱。

第二栏:载荷重量(t)——它是第一栏内各可变载荷的满载重量(即正常排水量时的载重)。

第三栏:力臂(m)——它是各项可变载荷到舯船的纵向距离,且规定在舯船之前(艏部)为正,反之为负。

第四栏:前次载重(t)——将前次均衡计算表中第五栏内的实际载重抄入本栏。但浮力调整水舱及纵倾平衡水舱中的水量,应取前次实际均衡好后登记的水量。

第五栏:实际载重(t)——本次出海时各项可变载荷的实际重量。

第六栏:重量差——实际载重减去前次载重之差(即第五栏减去第四栏)。规定实际重量大于前次重量为正,反之为负。有时为了检查可用第二栏内的标准重量进行核算。

第七栏:力矩差——重量差和对应的力臂之乘积(如第六栏与第三栏之乘积)。正负号由代数法则确定,单位为t·m。

2. 计算方法及步骤

均衡计算由机电长实施,机电军官在出海前通过有关人员实际测量和计算确定各项可变载荷的实际重量,并逐项记入第五栏内,同时将前次出海时的实际重量抄入第四栏内。然后依次计算确定:

表 2-8 某艇均衡计算表

序号	载荷名称 ①	重量 /kg ②	力臂 /m ③	前次载重 /t ④	实际载重 /t ⑤	重量差 ⑥ ⑤-④	力矩差 /t·m ⑦ ⑥×③	附注
1	装水雷时发射管中环形间隙水	6.240	31.26	—	—	—	—	1. 潜艇于深度 ___ 米自 ___ 至 ___ 米均匀潜艇,计时 ___ 分 ___ 秒
2	艇首发射管中的鱼雷(每条1.85t)	11.010	30.87	—	—	—	—	2. 下潜地点
3	艇首发射管中的水雷($\rho=1.00t/m^3$)	12.000	30.54	12.34	12.34	—	—	3. 艇首、艇尾、左舷、右舷的浪为 ___ 级,风向 ___
4	艇首发射管中的水雷	12.600	29.41	—	—	—	—	4. 风为 ___ 级,风向 ___
5	二号燃油舱的油和水	15.020	27.95	15.02	15.02	—	—	5. 水的密度 ___
6	艇首环形间隙水舱	4.700	26.60	4.40	4.40	—	—	6. 最大下潜深度 ___ 米
7	艇首无泡发射水舱	3.000	26.40	—	—	—	—	7. 一昼夜潜水的时间 ___ 小时 ___ 分
8	备用鱼雷(12条)	12.600	22.73	—	—	—	—	8. 最长的一次潜水时间 ___ 小时 ___ 分
9	备用鱼雷(6条)	11.010	22.40	—	—	—	—	9. 最快速潜时间 ___ 分
10	一号燃油舱的油和水	11.550	21.97	11.55	11.55	—	—	10. 速潜次数 ___ 次
11	鱼雷补重水舱的水	12.340	19.57	4.00	4.00	—	—	11. 各舱人数正常下潜次数 ___ 次 (1) ___ , (2) ___ , (3) ___ , (4) ___ , (5) ___ , (6) ___ , (7) ___ , 总计 ___ 。
12	二号淡水舱的水	2.650	18.04	0.80	2-65	+1.85	33.37	12. 油量表数字
13	水雷补重水舱的水	5.730	17.97	5.73	5.73	—	—	13. 纵倾平衡水舱水量 艏左 ___ 艏右 ___ 艉左 ___ 艉右 ___
14	四号燃油压载水舱的水	49.800	15.55	—	—	—	—	
15	一号燃油舱(前半部)	12.400	13.29	12.40	12.40	—	—	
16	二号燃油舱(后半部)	12.400	11.93	—	—	—	—	
17	三号燃油舱的油和水	28.820	11.93	28.82	28.82	—	—	
18	一号污水舱的水	0.550	8.05	—	—	—	—	

第 2 章 潜艇的浮性

（续表）

序号	载荷名称	重量/kg	力臂/m	前状载重/t	实际载重/t	重量差/t	力矩差/t·m	附注
19	第三舱内的食品	2.526	5.80	1.95	3.32	+1.37	+7.95	
20	箱内蒸馏水	1.920	5.50	3.10	3.00	-0.10	-0.55	
21	还原筒（B-64）	6.000	3.04	—	—	—	—	
22	三号淡水舱的水	1.860	2.64	0.86	0.86	—	—	
23	艇员和行李	5.200	2.28	—	—	—	—	
24	一号滑油舱的油（前半部 $\rho=0.9t/m^3$）	6.220	0.47	10.60	9.50	-1.10	+0.48	
25	一号滑油舱的油（后半部）	5.180	-0.40	—	—	—	—	
26	四号燃油舱的油和水	19.250	-2.04	—	—	—	—	
27	第四舱内粮食	0.058	-2.55	0.40	0.75	+0.35	-0.89	
28	七号燃油压载水舱的油和水	49.300	-6.40	—	—	—	—	
29	二号污水舱的水	0.720	-6.65	0.40	0.40	—	—	
30	第五舱内粮食	0.078	-9.00	—	—	—	—	
31	左舷循环滑油舱滑油	2.073	-10.03	1.80	1.80	—	—	
32	右舷循环滑油舱滑油	2.40	-10.50	1.26	1.26	—	—	
33	八号燃油压载水舱的油和水	25.800	-10.83	—	—	—	—	
34	日用油箱（燃油）	0.874	-10.00	0.70	0.70	—	—	
35	污油舱燃油	0.883	-11.80	—	—	—	—	
36	二号滑油舱的滑油	2.482	-12.90	2.03	2.03	—	—	
37	五号燃油舱的油和水	14.650	-13.06	14.65	14.65	—	—	
38	主机冷却水舱淡水	2.330	-14.17	2.20	2.20	—	—	

(续表)

序号	载荷名称	重量/kg	力臂/m	前次载重/t	实际载重/t	重量差/t	力矩差/t·m	附注
39	第六舱肉粮食	1.283	-15.65	0.52	0.85	+0.33	-5.17	
40	推进电机润滑油舱滑油	1.180	-17.15	0.68	0.68	—	—	
41	三号污水舱的水	0.230	-21.15	—	—	—	—	
42	四号淡水舱的水	1.840	-24.15	1.84	1.84	—	—	
43	六号燃油舱的油和水	28.660	-25.30	30.44	31.02	+0.58	-14.67	
44	艇尾环形同隙水舱的水	1.300	-27.60	1.30	1.30	—	—	
45	艇尾无泡水舱的水	1.800	-28.40	—	—	—	—	
46	艇尾发射管中的水	4.200	-29.41	—	—	—	—	
47	艇尾发射管中的水雷	4.000	-30.54	4.42	4.42	—	—	
48	艇尾发射管中的鱼雷	3.670	-30.87	—	—	—	—	
49	装水雷时发射管环形同隙水	2.080	-31.26	—	—	—	—	
50	鱼雷工具、食品、外加床铺	1.000	22.00	1.06	1.50	+0.44	+9.68	
	总计					+3.72	30.2	实际均衡量
								各舱内水 / 重量的误差 / 力矩的误差
A	艇首纵倾平衡水舱 ($\rho=1.00t/m^3$)	6.67	24.17	4.00	3.80	-0.20	-4.83	3.50 / -0.30 / -7.25
B	艇尾纵倾平衡水舱 ($\rho=1.00t/m^3$)	7.46	-25.87	3.30	3.50	+0.20	-5.17	4.00 / +0.50 / -12.95
C	一号浮力调整水舱	上6.34/下13.73	4.35/5.45	12.00	8.28	-3.72	-20.27	9.00 / +0.74 / +3.91
D	二号浮力调整水舱	15.88	29.97	6.00	6.00	—	—	
E	三号浮力调整水舱围壁	5.64	1.90	5.50	5.50	0	-0.06	+0.92 / -16.28

(1) 按表中内容对各栏进行横向计算,求出各项载荷的重量差和力矩差。

(2) 求出总重量差,将第六栏纵向相加可得艇的总重量差 ΔD。

若 $\Delta D > 0$,表示本次出海潜艇增加的重量(艇重)。

若 $\Delta D < 0$,表示本次出海潜艇减少的重量(艇轻)。求出的数值即是浮力调整水舱应排、注水的数量。

(3) 求出总力矩差:将第七栏各项纵向相加(包括消除重量差,向浮力调整水舱注、排水引起的附加力矩)可得艇的总力矩差 ΔM。

若 $\Delta M > 0$,表示本次出海艇有(剩余)艏倾力矩(艏重)

若 $\Delta M < 0$,表示本次也海艇有(剩余)艉倾力矩(艉重)

艏重应从艏向艉调水;艉重应从艉向艏调水。由调水产生的力矩与总力矩差大小相等、方向相反,使艇达到正直平衡状态。调水量公式为

$$q(调水量) = \frac{\Delta M(总力矩差)}{l(艏艉纵倾平衡水舱间的距离)} \times 1000(L)$$

3. 实例

[例题 2-7] 现以某艇为例,计算结果如表 2-8 所列。

1) 求总的重量差

由表的第六栏纵向相加后得 $\Delta D = +3.72t$,说明潜艇重了 3.72t,应从浮力调整水舱排水 3.72t(常用一号浮力调整水舱),并在第六栏一号浮力调整水舱项内填写(-3.72t)(注水为"+"号)。原来浮力调整水舱内有 12t 水,经排水后现有水量为 12-3.72=8.28t,将此值填入第五栏内。

由表中所示的一号浮力调整水舱的要素可知,排水后产生附加艉倾力矩 $\Delta M = -3.72 \times 5.45 = -20.27t \cdot m$,将此值填入 C 项(一号浮力调整水舱)的第七栏内。

2) 求总的力矩差

由表的第七栏纵向相加后得 $\Delta M = +30.20t \cdot m$,计及消除重量差而排水引起的附加力矩 $\Delta M = -20.27t \cdot m$,因此实际总力矩差 $\sum \Delta M = 30.20 - 20.27 = 9.93t \cdot m$,说明潜艇有艏倾力矩(艏重)。为此应由艏纵倾平衡水舱向艉纵倾平衡水舱调水,调水量为

$$q = \frac{\sum \Delta M}{l} = \frac{9.93}{50} \approx 200(L)$$

调出的水量为(-),调入的水量为(+)。再将(-0.2t)填入第六栏的 A 项,而将(+0.2t)填入第六栏的 B 项内。

最后算出艏、艉纵倾平衡水舱内的实际水量分别为 3.80t 和 3.50t(由第四栏与第六栏的相应项横向相加求得),并记入第五栏实际载重项内。同时把 A~E 各项在第七栏的力矩算出填入相应项。

3) 计算结果的检查与要求

将第六栏中的总重量差、注排水量、调水量纵向相加、要求其代数和应为零(即理论均衡计算结果浮力差为零)。由表可知本例为

$$3.72 - 0.20 + 0.20 - 3.72 = 0 \quad (\text{符合计算要求})$$

将第七栏中的总力矩差、注排水附加力矩和调水产生的力矩纵向相加,要求其代数和不应大于±0.5t·m(此时认为理论均衡计算结果力矩差为零)。由表可知本例为

$$30.20 - 4.83 - 5.17 - 20.27 = -0.07 \text{t·m} < |\pm 0.5\text{t·m}|$$

(计算结果也符合要求)

均衡计算由机电长完成后,出海前送艇长或政委审批。

2.9.3 均衡计算表中附注栏的意义

(1) 由附注栏填写内容可知,它记录了潜艇出海中潜水均衡的海区、天气和均衡结果,以及潜艇变深运动情况,可积累航行资料,并帮助机电长总结经验。本栏除第 6~10 项返航后填写外,其余各项应在均衡完毕时填写。

(2) "实际均衡量"表的作用。记录潜艇水下均衡后,实测的浮力调整水舱、纵倾平衡水舱的水量,并与理论均衡计算后的实际载重量(第五栏)相减,得"重量的误差"项,将重量误差与相应力臂相乘得"力矩的误差"项,最后将各辅助水舱的重量误差和力矩误差纵向相加,所得代数和记入下方最后一行。

经上述测量、计算可检查实际均衡与预先理论均衡计算的误差,以便帮助分析产生误差的原因。通常引起误差的原因可能有以下几点:

(1) 计算误差;
(2) 可变载荷的重量和位置不准确;
(3) 海水密度的变化;
(4) 艇务人员在注、排水和调水时不准确等。对于在航潜艇,本次出海载重和前次载重相比较,两者之间的变动一般不大,如计算结果重量差和力矩差均较大,则需过细查明原因,切忌粗枝大叶。

2.10 潜艇定重试验

2.10.1 定重目的

设计潜艇时,通常按海水密度 $\rho = 1.010\text{t/m}^3$(也有按 $\rho = 1.000\text{t/m}^3$)作为载荷的理论正常状态,并依此进行代换计算,确定调整水舱、纵倾平衡水舱的初水量,保证潜艇实现一定的代换要求。因此在设计和建造潜艇的过程中,对重量实

施严格监督,还有专门的称重技术文件来保障。尽管如此,实际工作中仍不可避免地存在:设计时的计算误差、建造中的公差偏离和其他诸如装艇设备型号的更换、部分零部件没有称重上船等原因,都会使潜艇的重量、容积和重心,浮心坐标产生累积误差。为此必须进行定重,验明潜艇实际重量和理论计算值之间的偏差。

同时,如前所述,潜艇重量由固定载荷和变动载荷两部分组成。变动部分可以测量,并认为测量准确,这样定重所要确定的就是固定载荷部分。通过定重,计算潜艇在实际正常状态($\rho=1.010t/m^3$)的载荷重量是否等于浮力(重量差),重力矩是否等于浮力矩(力矩差)。依此调整固体压铁的重量和位置,来消除实际正常状态载荷与理论下正常状态载荷之间的重量差、力矩差,从而使潜艇的实际装载状态和理论计算的正常状态数值相一致。这就是说,潜艇进行定重试验后,按全部规定的正常载荷装载时,艇上各辅助水舱(调整水舱、艏艉纵倾平衡水舱等)的初水量应与设计计算的数值一致(如某艇的一号调整水舱为1t,艏艉纵倾平衡水舱各为3t),以保证潜艇在服役中,能达到设计所规定的载荷代换要求。

对于新建艇、经大、中、小修后的艇、改装、换装或航行修理后重量差力矩差变化较大的艇,都须按"潜艇试潜定重试验"的技术文件的规定进行定重试验。而且凡是须进行水下倾斜试验的艇,在试潜定重完毕后,应接着就做倾斜试验。

2.10.2 定重试验的一般方法

潜艇重量由两部分组成:一部分由艇体及其设备的固定部分构成的固定载荷;另一部分为变动载荷。变动载荷部分可以测量,并认为测量准确,这样定重所要确定的就是实际正常状态载荷中的固定载荷部分。经过预先的均衡计算后,使潜艇试潜水中,并使艇的浮力和重力相等,浮力矩和重力矩相等,根据排水量法得到浮力与浮力矩,推算出重量与重心位置,由此减去变动载荷部分的重量,即可求出固定载荷的重量与重心位置。

试潜定重的具体实施按 GJB 38.72-1988《常规潜艇系泊、航行试验规程 试潜定重试验》进行。在文件规定的海区、气象、安全保障下,作好试验前必需的准备和检查,尤其要检查潜艇载荷状况并使实际载荷与理论计算值尽可能准确地符合。潜艇试潜定重必须在停止间进行。在试潜过程中,采取逐步加载、逐步均衡的方法,轻载下潜,试潜必须按二次潜水进行。首先使艏艉组主压载水舱注水,潜到半潜状态,经检查正常后,分四阶段慢速向中间组主压载水舱注水,当潜艇试潜到规定的状态,悬浮于潜望镜深度,经准确均衡后,潜艇处于:纵、横倾为$0°±0.5°$;剩余浮力不大于400~600L(正常排水量<1500t的潜艇)认为试验符合要求,指挥员立即下令,准确登记各辅助水舱的水量、测量海水密度和燃、滑油

密度。

根据表 2-9(试潜定重载荷计算表)的(13)、(15)栏的代数和与(5)、(9)栏的代数和,算出潜艇实际正常状态载荷与理论正常状态载荷(均为 $\rho = 1.010\text{t/m}^3$(水中))之间的重量差 ΔP 和纵倾力矩差 ΔM,具体计算如表 2-9 所列。计算中,习惯取理论值为正,实际值为负,因此

$\Delta P > 0$——表示理论载重大于实际载重,说明潜艇实际上轻了,须按 ΔP 的数值增加固体压载铁;

$\Delta P < 0$——说明潜艇实际上重了,须按 ΔP 的数值减少固体压载铁。

同理

$\Delta M > 0$ 表示艉重(有艉倾力矩);

$\Delta M < 0$ 表示艏重(有艏倾力矩)。

该力矩差应在调整固体压载铁时一起消除。

如后面的实例所示:

$$\Delta P = 1.361\text{t} \quad (\text{艇轻})$$
$$\Delta M = -9.05\text{t} \cdot \text{m} \quad (\text{艏重})$$

应按上述定重试验结果作调整。调整时,无论潜艇的固定载荷变化如何,一般不应改变均衡初水量,而以改变压铁数设置来平衡。当压铁的改变不大时,可对均衡水初水量作少量改变,但应满足变动载荷代换要求,并在下次进坞时改用压铁调整(见实例的结论)。

根据定重试验并经进坞校正压载后的潜艇,它的装载状态和理论正常载荷相符,这样的装载就是正常载荷(见第 2.4 节)。正常载荷的潜艇,它能保证潜艇达到设计所规定的最大续航力和海水密度代换范围。同时,定重结果所得的正常载荷数值,是潜艇在日常战斗勤务活动中均衡潜艇的基础。

第2章 潜艇的浮性

表 2-9 试潜定重载荷计算表

序号	载荷项目	液舱容积 理论 /m³	液舱容积 实测 /m³	重量 /t	理论正常状态的载荷 在ρ=1.010t/m³水中 垂向 力臂 /m	理论正常状态的载荷 垂向 力矩 /t·m	理论正常状态的载荷 纵向 力臂 /m	理论正常状态的载荷 纵向 力矩 /t·m	试验时的载荷 在ρ=1.018t/m³水中 重量 /t	试验时的载荷 纵向 力臂 /m	试验时的载荷 纵向 力矩 /t·m	实际正常状态载荷 在ρ=1.010t/m³水中 重量 /t	实际正常状态载荷 纵向 力臂 /m	实际正常状态载荷 纵向 力矩 /t·m
(1)	(2)	(3)	(4)	(5)	(6)	(7)	(8)	(9)	(10)	(11)	(12)	(13)	(14)	(15)
	（Ⅰ）固定载荷			1019.454	3.37		-0.13	-132.97	1019.093		-99.50	1019.093		-99.50
	（Ⅱ）变动载荷													
	1#燃油舱内燃油	14.27	14.00	11.773	2.18	25.67	21.97	258.65	11.410	21.97	250.68	11.550	21.97	253.75
	2#燃油舱内燃油	18.00	18.20	14.85	1.30	19.31	27.95	415.06	14.979	27.95	418.66	15.015	27.95	419.67
	1#淡水舱淡水	2.65	2.65	2.65	1.58	4.18	18.04	47.80	2.650	18.04	47.80	2.650	18.04	47.80
	2#淡水舱淡水	12.82	12.40	12.82	1.26	16.15	13.29	170.38	12.400	13.29	164.80	12.400	13.29	164.80
	…	…	…	…	…	…	…	…	…	…	…	…	…	…
	小计			207.318		407.65		784.95	203.917			208.266		789.87
	（Ⅲ）不足固定载荷													
	（Ⅳ）临时增加的载荷													
	工厂的工具箱和其他设备								0.300		4.00			
	临时增加的单人救生品								0.153		-15.30			

(续表)

序号	载荷项目	液舱容积 理论/m³	液舱容积 实测/m³	理论正常状态的载荷 在ρ=1.010t/m³水中 重量/t	理论正常状态的载荷 垂向 力臂/m	理论正常状态的载荷 垂向 力矩/t·m	理论正常状态的载荷 纵向 力臂/m	理论正常状态的载荷 纵向 力矩/t·m	试验时的载荷 在ρ=1.018t/m³水中 重量/t	试验时的载荷 纵向 力臂/m	试验时的载荷 纵向 力矩/t·m	实际正常状态载荷 在ρ=1.010t/m³水中 重量/t	实际正常状态载荷 纵向 力臂/m	实际正常状态载荷 纵向 力矩/t·m
	(Ⅴ)固体压载铁													
	压铁在ρ=1.010水中重量			98.782	1.07	105.96	3.66	362.00	96.834	3.66	332.66	96.834	3.44	333.66
	定重后增加压铁重(ρ=1.010)													
	(Ⅵ)固体压载铁													
	1#浮力调整水舱的水	上14.17 下6.38	20.07	1.00	0.22	0.22	4.35	4.35	上3.02 下6.38	5.45 4.35	16.46 27.75	上1.00 下	5.45 4.35	上 下4.35
	2#浮力调整水舱的水	16.02	15.87							2.97				
	调整水舱淡水围壁	5.74	5.64						5.64	1.90	10.72			
	首纵倾平衡水舱	6.95	6.67	3.00	1.91	5.73	24.17	72.51	2.00	24.17	48.37	3.00	24.17	72.51
	尾纵倾平衡水舱	8.04	7.46	3.00	2.49	7.47	-25.87	-77.61	5.30	-25.87	-137.11	3.00	-25.87	-77.61
	小计			7.00	1.91	13.42	-0.11	-0.75						

96

序号	载荷项目	液舱容积		重量/t	理论正常状态的载荷 在ρ=1.010t/m³水中				试验时的载荷 在ρ=1.018t/m³水中			实际正常状态载荷 在ρ=1.010t/m³水中		
		理论/m³	实测/m³		垂向		纵向		重量/t	纵向		重量/t	纵向	
					力臂/m	力矩/t·m	力臂/m	力矩/t·m		力臂/m	力矩/t·m		力臂/m	力矩/t·m
	(Ⅶ)固体压载铁													
	由于海水密度不同而修正的压铁质量													
	剩余浮力													
	全艇质量总计			1332.554	2.97	3962.98	0.76	1013.20	1343.109	0.76	1020.76	1332.554	0.76	1013.23
	艇的浮力													
	ρ=1.00时的浮力			1319.36	3.24	4274.73	0.76	1003.20	1319.36	0.76	1002.71	1319.36	0.76	1003.20
	由于海水密度改变而产生的浮力增量			13.194	3.24	42.75	0.76	10.03	23.749	0.76	18.05	13.194	0.76	10.03
	浮力总计			1332.554	3.24	7317.48	0.76	1013.23	1343.109	0.76	1020.76	1332.554	0.76	1013.23

2.10.3 定重试验实例

×××潜艇试潜定重试验

时间:××××。

地点:××××。

天气:阴。

风力:二级。

海面情况:无涌、小浪。

水深:30m。

海水密度 $\rho = 1.018\text{t}/\text{m}^3$。

载荷计算如表2-10所列。

注:定重时

(1)第1、4燃油仓装载的燃油密度 $\rho = 0.815\text{t}/\text{m}^3$。

(2)第2、3、5、6燃油仓装载的燃油密度 $\rho = 0.823\text{t}/\text{m}^3$。

(3)滑油密度 $\rho = 0.90\text{t}/\text{m}^3$。

根据试验结果应改变的压铁和纵倾平衡水之和。

表2-10 某潜艇试潜定重试验计算表

序号	名称	重量/t	纵向	
			力臂/m	力矩/t·m
1	理论正常状态的固定载荷(+)	1019.454		-132.97
2	实际正常状态的固定载荷(-)	-1019.093		-99.50
3	理论正常状态的变动载荷(+)	207.318		784.95
4	实际正常状态的变动载荷(-)	-208.266		-789.87
5	理论敷设的压载铁($\rho=1.010$)(+)	98.782		362.00
6	实际敷设的压载铁($\rho=1.010$)(-)	-96.834		-332.66
	共计	1.361		-9.05

表2-11 压铁和纵倾平衡水改变量的确定表

序号	名称	重量/t	纵向	
			力臂/m	力矩/t·m
1	压铁在 $\rho=1.010$ 水中的重量			

(续表)

序号	名称	重量/t	纵向	
			力臂/m	力矩/t·m
2	第1号调整水舱	1.361	4.35	5.92
3	艏纵倾平衡水舱	−0.300	24.17	−7.25
4	艉纵倾平衡水舱	+0.300	−25.87	−7.76
	共　　计	1.361		−9.05

结论：

（1）根据定重试验结果并经计算，本艇实际正常状态在 $\rho = 1.010 \mathrm{t/m^3}$ 海水中的原始初水量为

1号调整水舱水量：　　　1+1.361＝2.361t。
艏纵倾平衡水舱：　　　3−0.300＝2.700t。
艉纵倾平衡水舱：　　　3+0.300＝3.300t。

（2）为完全达到设计要求的标准状态，需增加压铁（在 $\rho = 1.010\mathrm{t/m^3}$ 水中）重1.361t，产生的艉倾力矩9.05t·m，具体方法见"压铁敷设报告书"。

（3）另因本艇存在水下1.2°~1.3°的右横倾，已用搬动压铁方法消除。具体位置见"压铁敷设报告书"。

2.11　邦戎曲线和浮心稳心函数曲线

在第2.5节介绍的静水力曲线只适用于潜艇处于正浮状态的情况，或有纵倾但纵倾很小，按艏船吃水可从静水力曲线上查出排水量和浮心坐标的近似值。若潜艇有显著的纵倾，如图2-28所示，当潜艇漂浮在任意纵倾状态 $W_\varphi L_\varphi$ 水线时，要计算该状态下之 V、x_c、z_c 和 $z_m = z_c + r$ 值，则须借助于邦戎曲线和浮心稳心函数曲线。

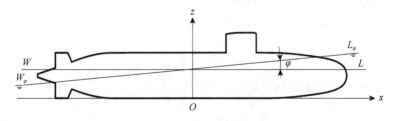

图2-28　任意纵倾状态

2.11.1 邦戎曲线及用法

邦戎曲线(又称伯阳曲线)是一组表示各肋骨面之面积随吃水而改变的曲线总称,如图 2-29 所示。这些曲线通常画在具有 20 个等距理论肋骨的侧面图上。

图中曲线的意义如图 2-30 所示,在每一站理论肋骨处,图线表示不同吃水时的肋骨面积 ω_i,即 $\omega_i = f(T)$。

根据潜艇纵倾平衡水线的艏、艉吃水 T_b、T_s,应用邦戎曲线可得该水线下的排水量 V 和浮心纵向坐标 x_c 值,具体求法如下:

(1)根据潜艇的已知吃水 T_b、T_s 值,用相同缩尺比,在邦戎曲线图上作出纵倾平衡水线 $W_\varphi L_\varphi$ (因为曲线图的高向和纵向缩尺比不同,故不能用纵倾角 φ 来确定纵倾平衡水线)。

(2)根据 $W_\varphi L_\varphi$ 水线和各理论肋骨之交点(该交点即是各肋骨处吃水),水平量取各肋骨之面积值 ω_i ($i = 0,1,2,\cdots,20$)。

(3)应用梯形法则求 V 及 x_c,见式(2-30)、式(2-38)、式(2-41)。

即

$$V = \Delta L \left(\frac{\omega_0}{2} + \omega_1 + \omega_2 + \cdots + \omega_{19} + \frac{\omega_{20}}{2} \right) \quad (2-71)$$

$$x_c = \frac{M_{xy}}{V} = \frac{(\Delta L)^2}{V} \left(\frac{10\omega_0}{2} + 9\omega_1 + \cdots + 0 - \omega_{11} - 2\omega_{12} - \cdots - 9\omega_{19} - \frac{10\omega_{20}}{2} \right) \quad (2-72)$$

式中　ΔL——理论肋骨间距;
　　　M_{xy}——排水容积对舯船面的容积静矩。

2.11.2 浮心函数曲线及其用法

纵倾状态的浮心坐标 z_c 是借助于浮心函数曲线来求的,而稳心 m 点到基线高度 $z_m = z_c + r$ 值是借助于稳心函数曲线来求的。这两种曲线前者绘为实线,后者为虚线,都画在类似于邦戎曲线的侧面图上。下面先介绍浮心函数曲线。

由第 2.5 节已知,浮心坐标 z_c 的公式为

$$z_c = \frac{M_{xy}}{V} = \frac{1}{V} \int_0^v z \mathrm{d}v$$

其中排水容积对基面的静矩 M_{xy} 可写成

$$M_{xy} = \int_0^v z \mathrm{d}v = \int_{-L/2}^{L/2} z_\omega \cdot \omega \mathrm{d}x \quad (2-73)$$

式中　ω、z_ω——某号理论肋骨在计算纵倾水线下的肋骨面积与该肋骨面积中心距基线的高度(图 2-29)。

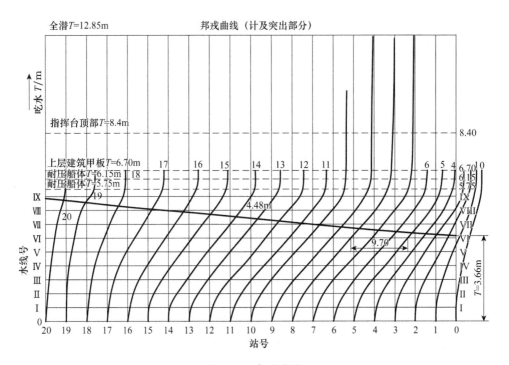

图 2-29 邦戎曲线

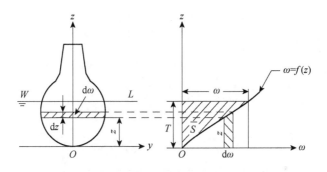

图 2-30 肋骨面积曲线

由图可知,$z_\omega \cdot \omega$ 的几何意义相当于肋骨面积曲线下的一块面积。此面积可按下式计算:

$$z_\omega \cdot \omega = \int_0^\omega z \mathrm{d}\omega = \omega T - \bar{S} \qquad (2-74)$$

面积 $\omega T - \bar{S} = f(T)$ 是吃水的函数曲线,称为浮心函数曲线。因此浮心坐标 z_c 可改写成

$$z_c = \frac{1}{V}\int_{-L/2}^{L/2} z_\omega \cdot \omega \mathrm{d}x = \frac{1}{V}\int_{-L/2}^{L/2} (\omega T - \bar{S})\mathrm{d}x \qquad (2-75)$$

或用梯形法则写成

$$z_c = \frac{\Delta L}{V}\left[\frac{(\omega T - \bar{S})_0}{2} + (\omega T - \bar{S})_1 + \cdots + (\omega T - \bar{S})_{19} + \frac{(\omega T - \bar{S})_{20}}{2}\right]$$

$$= \frac{\Delta L}{V}\left[\sum_{i=0}^{20}(\omega T - \bar{S})_i - \frac{(\omega T - \bar{S})_0 + (\omega T - \bar{S})_{20}}{2}\right] \quad (2-76)$$

式中:$(\omega T - \bar{S})_i$ 可查浮心函数曲线图,量取方法和邦戎曲线相同。

2.11.3 稳心函数曲线及其应用

由前已知稳心 m 点在基线以上的高度为

$$z_m = z_c + r = z_c + \frac{I_x}{V}$$

式中:I_x 是纵倾水线面积对 x 轴的惯性矩,并可表示为

$$I_x = \frac{2}{3}\int_{-L/2}^{L/2} y^3 \mathrm{d}x$$

考虑到式(2-75),稳心高 z_m 的计算公式可改写成

$$z_m = z_c + r = \frac{1}{V}\int_{-L/2}^{L/2}(\omega T - \bar{S})\mathrm{d}x + \frac{1}{V}\cdot\frac{2}{3}\int_{-L/2}^{L/2}y^3\mathrm{d}x$$

$$= \frac{1}{V}\int_{-L/2}^{L/2}\left[(\omega T - \bar{S}) + \frac{2}{3}y^3\right]\mathrm{d}x \quad (2-77)$$

用梯形法则近似积分得

$$z_m = \frac{\Delta L}{V}\left\{\sum_{i=0}^{20}\left[(\omega T - \bar{S})_i + \frac{2}{3}y_i^3\right] - \frac{\left[(\omega T - \bar{S}) + \frac{2}{3}y^3\right]_0 + \left[(\omega T - \bar{S}) + \frac{2}{3}y^3\right]_{20}}{2}\right\} \quad (2-78)$$

式(2-77)括号中数值 $\left[(\omega T - \bar{S}) + \frac{2}{3}y^3\right]$ 同样是随吃水变化的函数,故可视作的函数曲线,称为稳心函数曲线(图 2-31),该曲线的用法与浮心函数曲线相同。

$$\left[(\omega T - \bar{S}) + \frac{2}{3}y^3\right] = f(T)$$

由前面介绍可知,任意纵倾状态下的 V、x_c、z_c 及 z_m 的计算较为麻烦,通常列表进行或编程计算。潜艇管理人员在日常处理大纵倾问题时,一般根据纵倾条令执行。特殊纵倾方案的计算,还可借助第 5 章所介绍的万能曲线图进行。

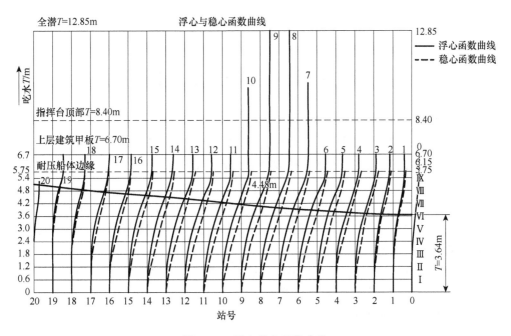

图 2-31 浮心稳心函数曲线

2.12 习题及思考题

1. 试述潜艇下潜、上浮的力学机理,并与水下航行器上浮和下潜的方式进行比较分析。

2. 试述建立潜艇水下平衡方程的增加重量法和损失浮力法,思考两种方法的根本差别所在,并写出按两种方法得出的正浮状态水下平衡方程。

3. 论述一下潜艇重量和重心计算方法中,将复杂问题分解成若干简单问题的思想。

4. 站在潜艇指挥员的角度,如何应用上浮和下潜的条件控制潜艇的潜浮动作。

5. 试述潜艇速潜水舱、浮力调整水舱、纵倾平衡水舱的功能。

6. 试述潜艇航行过程中载荷补偿的方法及原则。

7. 试述潜艇水下均衡的措施。

第3章 潜艇的稳性

在前一章,研究了潜艇浮性的规律,主要说明了潜艇的平衡条件及其保持。根据潜艇的重力和浮力的关系,应用平衡条件可确定潜艇的浮态,即平衡位置,但是满足平衡条件后是否一定能保持既定的浮态?即潜艇在已知的平衡位置上浮得稳不稳?在各种外力(如增减、移动载荷、风浪等)的作用下潜艇会不会翻?新的平衡位置在哪里(将会产生多大的倾斜倾差)等,为此需研究潜艇的另一个十分重要的航海性能——稳性。

本章将研究如下问题:什么是潜艇的稳性?判断、表示和计算潜艇稳度的基本方法、一般公式和常用算法;影响稳度的主要因素(在各种外力作用下潜艇的浮态、稳度的变化规律);倾斜试验。

3.1 稳性的基本概念

3.1.1 什么是潜艇的稳性

首先来观察下列现象:将密度 $\rho_木 \approx 0.5 t/m^3$,截面为正方形的木块放入水中,该木块总是取一棱向上的位置(图3-1(a)),而无法保持一面向上的位置(图3-1(b))。但这两种浮态都满足平衡条件。

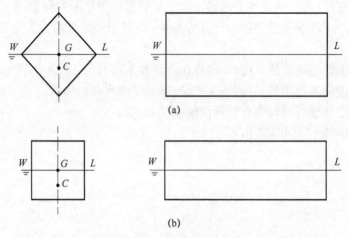

图3-1 均质长方体的平衡与稳定

第 3 章 潜艇的稳性

再看模型船的浮态（图 3-2(a)）可以保持，而浮态（图 3-2(b)）却不能存在，但(b)与(a)的区别仅在于把重块从甲板上铅垂地升至桅杆上部，同时重物升高前后也都满足平衡条件。

以上四个位置都满足平衡条件，都是平衡位置，为什么有的可以保持，有的却不能？这是因为它们的稳性不同。

什么是潜艇的稳性？

潜艇在外力作用下，偏离其平衡位置，当外力去掉，能自行重新回到原来位置的能力（也称复原能力）叫做稳性。

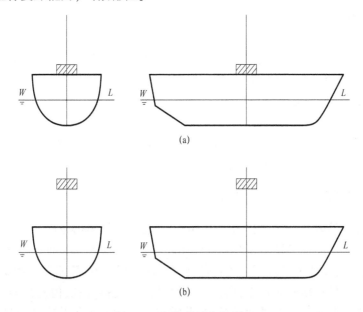

图 3-2 船模的平衡与稳定

由此可见，稳性是针对潜艇的某一个平衡位置（浮态）而言的，稳性是平衡位置的固有特性，也是用以描述这一和那一平衡位置间的区别的特征量。不是平衡位置，不能谈稳性。当处于某个平衡位置的潜艇具有上述复原能力时，则称该平衡位置是稳定的，否则就是不稳定的。木块和模型船所处的位置(a)是稳定的平衡位置，而(b)正是不稳定的平衡位置。有无上述复原能力是稳或不稳的问题，而复原能力的大小则是稳定的程度问题。前者是质的不同，后者则是量的差别。稳性包含稳不稳及稳度多大这两方面的概念。

按潜艇的航行状态，稳性可分为水上稳性、水下稳性和潜浮稳性；按潜艇偏离其平衡位置的方向，稳性可分为横稳性和纵稳性；按潜艇偏离其平衡位置的大小，稳性可分为初稳性和大角稳性；按外力作用的特点，稳性可分为静稳性和动稳性。

3.1.2 横稳性与纵稳性

潜艇在瞬时外力作用下,发生相对原平衡位置的偏离,可能有各种情况,但概括起来,无非是沿坐标轴的平移或绕坐标轴的转动。

对处于水面状态的潜艇,当艇沿铅垂轴(z轴)上下平移时,将发生吃水改变,从而引起浮力的变化。但当外力去掉后,或因重量大于浮力,或浮力大于重量,潜艇总会自行重新回到原来的平衡位置。因此对于这种偏离来讲,潜艇的平衡总是稳定的。当潜艇沿水平轴作前后(x轴)左右(y轴)的平移、或绕铅垂轴(z轴)转动时,潜艇的平衡是显然的。这类偏离就研究潜艇安全而言没有什么实际意义。最有实际意义的是潜艇绕水平轴的转动,这时潜艇和水表面(或水平面)的相对位置改变了,而且这种偏离,潜艇的平衡决非总是稳定的,其中尤其是水面状态绕x轴的转动(即横倾)和水下状态绕y轴的俯仰(即纵倾)。因为水面状态的翻艇通常总是发生在横向,而水下状态的危险通常总是来自危险纵倾。

按偏离的方向区分,把研究横倾条件下潜艇的复原能力叫做横稳性,而把研究纵倾条件下潜艇的复原能力叫做纵稳性。

3.1.3 初稳性与大角稳性

根据潜艇偏离其平衡位置的大小不同,还把稳性分为初稳性(小角稳性)和大角稳性。潜艇水面初稳性是指倾斜倾差角较小($\theta < \pm 15°$, $\varphi < \pm 0.5°$)时恢复平衡位置的能力,超过此值则属于大角稳性问题。通常情况下,舰船在水面状态时受扰引起的大角度仅在横倾时发生,所以大角稳性只研究横稳性,但对潜艇来说,在其服役期间有时需要人工造成大纵倾,为此需研究大角度纵倾状态的浮性和横向初稳性。

上述区分,为的是在倾角较小时,可作出某些假设使复原能力可用简单的数学方程求得,从而使整个研究简化并得出方便实用的结果。初稳性表示受到外界小扰动情况下潜艇的稳性,全面表征潜艇某一平衡位置的横稳性应是大角稳性。但在处理许多实际问题时,往往只要知道潜艇的初稳性就够了,并将其编写成《浮力与初稳度技术条令》。

另外,稳性还可以根据外力作用的特点来划分。当外力作用产生的使潜艇倾斜的力矩(倾斜力矩)是缓慢地加在潜艇上的,潜艇的倾斜角速度和角加速度很小,可忽略不计,则这种情况下的稳性称为静稳性。如燃油或均衡水在导移过程中所造成的力矩、长时间连续吹拂的风力等作用于潜艇时,潜艇的稳性就具有静稳性的特点。如果外力作用的倾斜力矩是突然作用在艇上的,使潜艇有较快的倾斜角速度及角加速度,则这种情况下的稳性称为动稳性。如潜艇破损大量海水突然灌入或突起的阵风等构成的力矩作用于潜艇时,潜艇的稳性具有动稳性的特点。

3.2 平衡稳定条件

为什么图 3-1、图 3-2 中的状态(b)不能保持？为什么状态(a)能存在？为什么有的潜艇在码头大量卸载后会翻,而有的则不翻？究其根本原因,都是由自身的受力特点所决定的,即浮体的重力和浮力两者矛盾双方的特性所决定的。

3.2.1 等容倾斜

由稳性的含义可知,判断潜艇平衡位置是否稳定的基本方法是:给潜艇造成一个不大的倾斜(或倾差),然后看它能否自行回到原来的平衡位置。

用以判断潜艇稳不稳的这种倾斜有什么特点？

当外力去掉后,潜艇在倾斜位置上既未增加载荷,又未减少载荷,排水体积在倾斜前后应当一样(图 3-3),即水线 W_1L_1 以下的容积和水线 WL 以下的容积是相等的,或者说入水楔形容积 LOL_1 和出水楔形容积 WOW_1 相等。

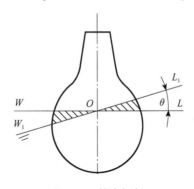

图 3-3 等容倾斜

这种保持容积排水量不变的倾斜叫等容倾斜,不论初稳性还是大角稳性(大纵倾例外)都必须针对等容倾斜的情况来研究。

水线面 W_1L_1 和水线面 WL 互称为等容水线面,简称等容水线。两个等容水线面的交线叫等容倾斜轴。

当倾角不大时,可以证明:"等容倾斜轴通过水线面的面积中心 F,即通过漂心"。不论横倾或纵倾都是如此(图 3-4)。

3.2.2 稳定条件

现以水面横稳性为例,研究潜艇的稳定平衡条件。

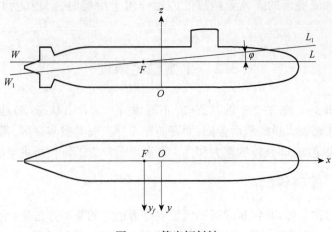

图 3-4 等容倾斜轴

1. 情况

如图 3-5 所示潜艇正直漂浮于水线 WL、重量 P、重心在 G 点、浮力为 D(或 ρV)、浮心在 C 点。根据平衡条件应满足下列正浮平衡方程。

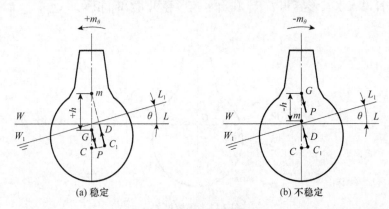

图 3-5 横稳定平衡条件

$$\begin{cases} P = \rho V \\ x_g = x_c \\ y_g = y_c = 0 \end{cases}$$

使潜艇等容倾斜一个小角度 θ 而达到水线 W_1L_1,然后听其自然,看它能否重新回到原来位置。

2. 分析

潜艇能否从水线 W_1L_1 复原到原来平衡水线 WL,取决于潜艇在 W_1L_1 水线时的受力特点。所以分析力就是研究潜艇在水线 W_1L_1 时的受力情况。

由于倾斜是等容倾斜,因此重量 P 和浮力 D 大小不变。同时,假定倾斜过程中艇上各种设备和载荷(包括液体载荷)的位置均不改变(实际上油水舱未满时,舱内油水将随倾斜而移动,这里暂时认为其未发生移动,后续再作讨论),即重心 G 的位置保持不变。至于浮心位置,因排水容积形状改变了,将从原来的 C 点移到新的浮心位置 C_1 点。

在水线 W_1L_1 时,重量 P 和浮力 D 虽然仍保持大小相等、方向相反(均铅垂于水线 W_1L_1),却不再作用于同一条铅垂线上了,而将形成力偶,这个力偶的矩叫做扶正力矩。对于图 3-5(a) 的情况,扶正力矩的方向和倾斜方向相反,在这个扶正力矩作用下,潜艇将重新回到原来平衡位置,此时原平衡位置 WL 是稳定的。对于图 3-5(b) 的情况,倾斜后重量和浮力所构成的扶正力矩方向是和倾斜方向一致的,在此扶正力矩作用下,潜艇将继续倾斜,因此原来的平衡位置 WL 是不稳定的。

潜艇一旦偏离平衡位置,去掉外力后,能够重新回到原来位置或继续倾斜,都是扶正力矩作用的结果。并规定扶正力矩逆时针方向为正,反之为负。

怎样知道小角倾斜后的扶正力矩的方向?

可将图 3-5(a)、(b) 中倾斜后的浮力作用线延长,使其和正直状态的浮力作用线相交于 m 点,由图可知:

当 m 点在重心 G 之上时,扶正力矩的方向和倾斜方向相反,扶正力矩为正,潜艇是稳定的;当 m 点在重心 G 之下时,扶正力矩的方向和倾斜方向一致,扶正力矩为正,潜艇是不稳定的。

由于 m 点和 G 点的相对位置决定了潜艇已知平衡位置的稳定与否,所以我们把 m 点称为稳定中心。而 $\overline{Cm}$ 称为稳定中心半径。稳定中心是相邻的两个非常接近的浮力作用线的交点。确切地说,m 点称为横稳定中心,$\overline{Cm}$ 为横稳定中心半径,因为它们是对应于潜艇的横倾的。同理,当潜艇纵倾时,其相应的稳定中心称纵稳定中心,以 "M" 表示,而 $\overline{CM}$ 叫纵稳定中心半径,如图 3-6 所示。

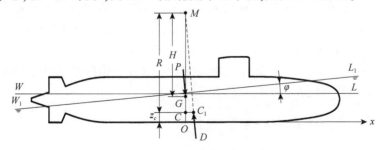

图 3-6 纵稳定中心 M

3. 平衡稳定条件

根据以上分析可知,如果潜艇已知平衡位置是稳定的,则相应于该位置的稳定中心必须高于重心,也就是 m、M 点在 G 点之上。"稳心高于重心"这就是潜艇平衡的稳定条件。对于水下状态的潜艇也是如此。

3.3 稳定中心高及其计算

3.3.1 稳定中心高及其表示式

定义:稳定中心在重心之上的高度叫稳定中心高。

横稳定中心在重心之上的高度 $\overline{Gm}$ 叫横稳定中心高,以 h 表示;

纵稳定中心在重心之上的高度 $\overline{GM}$ 叫纵稳定中心高,以 H 表示。

由图 3-7 可见:

$$h = z_c + r - z_g \quad (3-1)$$
$$H = z_c + R - z_g \quad (3-2)$$

式中 z_c ——浮心高度;

z_g ——重心高度;

r、R ——分别为横、纵稳定中心半径。

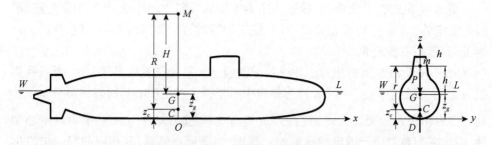

图 3-7 稳定中心高

由平衡稳定条件得知,当 $h>0$(或 $z_c + r > z_g$)及 $H>0$(或 $z_c + R > z_g$),分别表示横稳定中心 m 点与纵稳定中心点 M 在重心 G 以上,所以平衡稳定条件可用稳定中心高来表示。即 $h>0$,潜艇横稳定;$H>0$,潜艇纵稳定。

由式(3-1)、式(3-2)可知,要计算 h、H 值关键在于确定稳定中心半径 r、R 值,因为 z_g 和 z_c 的计算已在上一章中解决了。

3.3.2 计算稳定中心半径的公式

研究结果表明,稳定中心半径可用下式表示:

$$r = \frac{I_x}{V} \quad (3-3)$$

$$R = \frac{I_{yf}}{V} \quad (3-4)$$

式中　V——潜艇容积排水量；

I_x——水线面积对纵向中心轴 Ox 的惯性矩；

I_{yf}——水线面积对横向中心轴 y_f（图 2-14）的惯性矩。I_x 和 I_{yf} 分别按式(2-17)与式(2-19)计算。

以公式(3-3)为例推导如下：

设潜艇漂浮于水线 WL 时，容积排水量为 V，等容倾斜小角度 $d\theta$ 而到达水线 W_1L_1，而浮心由 C 点移至 C_1 点，二浮力作用线之交点为 m，横稳定中心半径为 r（图 3-8）。

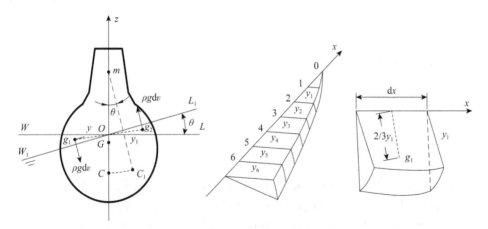

图 3-8　稳定中心半径 r 的计算

由图可见，浮心自 C 移至 C_1 是楔形小容积 WOW_1 移至 LOL_1 的结果。若出水、入水楔形小容积以 v 表示，其容积中心分别为 g_1、g_2 表示，将重心移动定量用于浮心移动应有

$$V \cdot \overline{CC_1} = v \cdot \overline{g_1 g_2} \quad (3-5)$$

当 $d\theta$ 很小时

$$\overline{CC_1} \approx \overset{\frown}{CC_1} = r \cdot d\theta$$

于是

$$V \cdot r d\theta = v \cdot \overline{g_1 g_2}$$

$$r = \frac{v \cdot \overline{g_1 g_2}}{V \cdot d\theta} \quad (3-6)$$

欲计算 r 值必须求出 $V \cdot \overline{g_1 g}$，它是由楔形小容积移动所产生的容积矩，为此先沿艇长取微元容积：

$$dv = \frac{1}{2} y^2 d\theta \cdot dx$$

dv 搬动距离：$\overline{g_1 g_2} = 2 \cdot \frac{2}{3} y$

dv 对 Ox 轴的矩为：$\frac{2}{3} y \cdot dv$ (3-7)

则入水、出水楔形小容积 v 对 Ox 轴之矩为

$$v \cdot \overline{g_1 g_2} = 2\int \frac{2}{3} y \cdot dv = 2\int \frac{2}{3} y \cdot \frac{1}{2} y^2 d\theta \cdot dx$$

$$= \frac{2}{3} \int y^3 dx \cdot d\theta$$

$$= I_x \cdot d\theta \quad\quad\quad (3-8)$$

因此由式(3-6)可得：

$$r = \frac{I_x}{V}$$

同理可以得到计算纵稳定中心半径 R 的公式。

3.3.3 关于稳定中心高的说明

1. 潜艇的水上横稳定中心高 h 的数值比水上纵稳定中心高 H 小得多

比较式(3-1)与式(3-2)、式(3-3)与式(3-4)不难看出，两者之区别在于水线面积惯性矩 I_x 和 I_{xf} 不同。由于水线面的形状是狭长的，其长方向的尺度远大于横方向的尺度，因此 $I_{xf} \gg I_x$，即 $r \ll R$。一般潜艇的稳定中心高为：

$$h = (0.15 \sim 0.65) \text{m}$$
$$H = (0.80 \sim 1.5) L \text{m}$$

式中 L ——潜艇水密长度。

为简明起见，我们举一长、宽、吃水分别为 L、B、T 的直角平行六面体为例（图3-9）：

$$r = \frac{I_x}{V} = \frac{LB^3/12}{LBT} = \frac{B^2}{12T}$$

$$R = \frac{I_{xf}}{V} = \frac{L^3 B/12}{LBT} = \frac{T^2}{12T}$$

$$\therefore \quad \frac{R}{r} = L^2/B^2 = \left(\frac{L}{B}\right)^2$$

第3章 潜艇的稳性

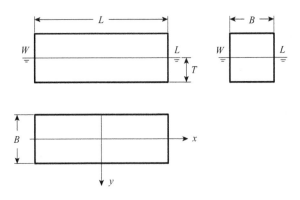

图3-9 直角平行六面体稳性计算图

一般潜艇的长宽比 $\frac{L}{B}$ 大约在 6~11 之间,那么 R 比 r 可能大 40~120 倍左右。因此,潜艇在水面状态时,只要横稳定中心高 h 为正,且达到一定量值,一般要求 $h>(0.15~0.25)$ m 为安全稳度,则潜艇的水面平衡位置是稳定的,至于水面纵稳性通常总是有保证的。并且考虑到 R 值相对 $(z_c - z_g)$ 大得多,故取 $H = R$。

2. 由稳定中心高的计算公式可知 h、H 的大小取决于重心高低和艇体形状

潜艇重心高度 z_g 是稳度好坏的重要因素,而 z_g 的大小决定于潜艇载荷高度的分布情况。因此,关于重量、重心位置的控制,是潜艇设计中的一个重要问题,有时甚至成为潜艇设计中的颠覆性难题;在潜艇服役期间也须十分注意重心升高问题,尤其是低位大量卸载,例如卸去底部舱柜的燃油而不加补重水、卸电池组等都会使重心升高,甚至使 $h<0$,从而发生潜艇倾覆事故。

艇体排水容积形状和水线面积形状是影响稳度的另一个重要因素,它们将导致 z_g、r、R 的改变,所以稳定中心高将随潜艇的吃水和装载状态而改变。尤其是当潜艇的储备浮力较小且在水面航行时,波浪从后面盖过来,使艇的有效水线面积损失较多,造成在一段时间里横稳性的严重降低,从而产生令人吃惊的横倾。

3. 横稳定中心高 h 的大致量值

各类舰艇的横稳定中心高 h 有其合适的数值,大致是 $0.04~0.06D$,D 为潜艇直径。从静稳性的角度看,较大的 h 值有利于改善抗沉性能和稳性保持。但过大的 h 值,舰艇在风浪中航行时容易产生剧烈的摇摆,对舰艇安全、工作与生活以及使用武器都是不利的。因此在舰艇的设计和改装以及处理水面舰船的装载或压载时,均应考虑舰艇具有较合适的横稳定中心高。潜艇和其他舰船的 h 值的变化范围大约如表 3-1 所列。

表 3-1　潜艇和水面舰船的横稳定中心高范围

舰　种	稳定中心高 h/m	舰　种	稳定中心高 h/m
重巡洋舰	0.8 ~ 2.7	潜　艇	$\dfrac{0.25 \sim 0.65(水上)}{0.15 \sim 0.50(水下)}$
轻巡洋舰	1.0 ~ 2.0	猎潜艇	0.6 ~ 0.7
驱逐舰	0.7 ~ 1.4	巡逻艇	0.5 ~ 0.8
护卫舰	0.6 ~ 1.0	鱼雷快艇	0.9 ~ 1.5
扫雷舰	0.7 ~ 0.9	拖　船	0.5 ~ 0.8

4. 稳定中心高的计算实例

对于一定的潜艇,可根据第 2.5 节、第 2.6 节介绍的方法,应用静水力曲线来查找正浮状态某一吃水 T 时的 z_c、r、R 值,再代入已知的重心高度 z_g 值,即可计算出潜艇水面正浮状态的稳定中心高 h 和 H 值。

[例题 3-1] 某艇水面巡航状态 $T = 4.59\mathrm{m}$,$P = 1319.36\mathrm{t}$,$z_g = 3.00\mathrm{m}$,试根据静水力曲线计算 h、H 值。

解:由 $T = 4.59\mathrm{m}$,查"浮力与初稳度曲线"可得:

$$z_c + r = 3.34(\mathrm{m})$$
$$R = 84.6\mathrm{m}$$
$$h = z_c + r - z_g = 3.34 - 3.00 = 0.34(\mathrm{m})$$
$$H = z_c + R - z_g = R = 84.6(\mathrm{m})$$

3.4　初稳度的扶正力矩公式

3.4.1　扶正力矩的公式

设潜艇原平衡于水线 WL,任意倾斜某个角度 θ 至新水线 W_1L_1(图 3-10(a))。这时浮心沿曲线从 C 移至 C_1,重量 P 和浮力 D 所组成的力矩即是扶正力矩 m_θ,可用下式表示

$$m_\theta = P \cdot \overline{GK} \qquad (3-9)$$

式中:$\overline{GK}$ 称为扶正力臂,即重力和浮力间的垂直距离。若知力臂 $\overline{GK}$ 大小,扶正力矩即可求出。

由图可知,对应于水线 WL,稳定中心在 m 点(它是对应于水线 WL 的浮力作用线和与 WL 水线极为邻近的水线的浮力作用线的交点),而对应于水线 W_1L_1,其稳定中心将在 m_1 点(它是对应于水线 W_1L_1 的浮力作用线和与 W_1L_1 水线极为邻近的水线的浮力作用线的交点),亦即水线 W_1L_1 的浮力作用线将通过 m_1 点,而和正浮

水线 WL 的浮力作用线并不相交于 m 点。这种情况下，要确定 $\overline{GK}$ 的大小比较复杂。

但当斜角 θ 不大时，例如小于 15°时，则可假设曲线 $\overline{CC_1}$ 是一段圆弧，或者说在这一倾角范围内稳定中心保持其 m 点的位置不变。这样扶正力臂和稳定中心高 h 之间就能建立非常简单的联系。由图 3-10(b) 可知

$$\overline{GK} = h\sin\theta \tag{3-10}$$

因为倾角 θ 很小，可取 $\sin\theta \approx \theta$ (rad)

于是扶正力矩

$$m_\theta = Ph\sin\theta \approx Ph\theta (\text{t} \cdot \text{m}) \tag{3-11}$$

同理，纵向扶正力矩为

$$M_\varphi = PH\sin\varphi \approx PH\varphi \tag{3-12}$$

式中：纵倾角 φ 的单位也是 rad。

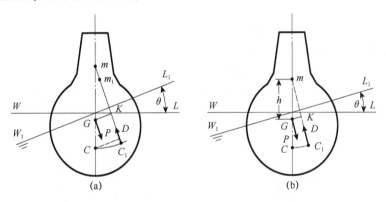

图 3-10 扶正力矩与稳定中心高关系图

扶正力矩公式是初稳度的基本公式，在解决各种与小倾角有联系的实际问题时有着广泛的应用。但应用时须注意公式所基于的假设，如果潜艇的横剖面都是圆形或接近圆形，当横倾时，浮心移动曲线 $\overline{CC_1}$ 就是一段圆弧或接近于圆弧，式(3-11)的适用范围将不再仅限于小角度了。一般而言，潜艇在水面状态时并非如此，通常也以 θ < ±15°而纵倾角 φ < ±0.5°为限。大角度时的稳性问题将在后续进行介绍。

3.4.2 船形稳度力矩和重量稳度力矩

记重心在浮心以上的高度为 $a = z_g - z_c$，这样式(3-11)改可写成

$$\begin{aligned} m_\theta &= Ph\sin\theta = P(r-a)\sin\theta \\ &= Pr\sin\theta - Pa\sin\theta \end{aligned} \tag{3-13}$$

由式(3-13)可见,扶正力矩由两个力矩组成:

第一个力矩 $Pr\sin\theta$ 永远是正的,起扶正作用,并且当重量 P 为定值时,它的大小主要决定于船形,故称船形稳度力矩;

第二个力矩 $(-Pa\sin\theta)$,若重心在浮心之上即 $a>0$,则该力矩总是负的,总是使潜艇离开平衡位置而继续倾斜,且当重量 P 为定值时,它的大小主要决定于重量在高度方向的分布即重心高度,故称重量稳度力矩。

关于上述两个力矩的作用,也可从图(3-11)上形象地表示出来。若在图 3-11(a)的浮心 C 上加上一对大小相等(其值等于重量 P)方向相反,并平行于重量 P 的力,并用"//"符号标记的就是船形稳度力矩,另一对是重量稳度力矩。

另外,船形稳度力矩还可以表示成图 3-11(b)中所画的样子。实际上浮心从 C 移至 C_1,是由于左边楔形容积移至右边的结果,在式(3-5)中已指出:

$$V \cdot \overline{CC_1} = v \cdot \overline{g_1 g_2}$$

再看图 3-11(b)及式(3-5)、式(3-8),船形稳度力矩可写成

$$Pr\sin\theta = P\overline{CC_1} = \rho v \cdot \overline{g_1 g_2} = \rho I_x \theta \qquad (3-14)$$

由此可见船形稳度力矩就是出水和入水楔形容积的浮力所构成的力矩。潜艇倾斜后所以会产生扶正能力,从根本上说是来源于水密容积的搬动,并且当排水量一定时,船宽越大,水线面积惯性矩 I_x 越大,从而船形稳度力矩就大,艇的稳度也就大。

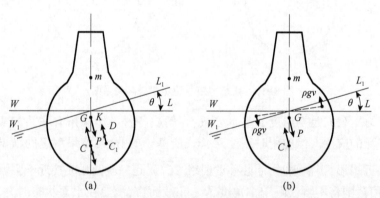

图 3-11 船形稳度力矩和重量稳度力矩

至于重量稳度力矩,其绝对值越小(即 a 越小,重心越低)对稳度越有利。综合分析可知,潜艇稳度的优劣,主要取决于艇形和重心高低。

3.4.3 初稳度的三种表示法

表示潜艇的初稳度有以下三种不同的量:
(1)横向、纵向扶正力矩,即

$$m_\theta = Ph\theta$$
$$m_\varphi = PH\varphi$$

(2)横、纵稳定系数——排水量和稳定中心高的乘积,即
$$k = Ph \tag{3-15}$$
$$K = PH \tag{3-16}$$

(3)横、纵稳定中心高 h、H。

上述三种表示法各有特点。

扶正力矩越大,潜艇倾斜后回到原平衡位置的能力就越大,或要使潜艇偏离平衡位置倾斜一定角度所需的外加力矩也越大,因此潜艇原平衡位置就越稳定。从这个意义上说扶正力矩是表示初稳度的最根本的量。但是,扶正力矩必须通过倾斜才能显示出它的大小,当倾角为零时,它的值也为零,倾角不同时,它的值也不同,这是扶正力矩作为初稳度的一种量度的不足之处。

由扶正力矩公式可知,稳定系数是单位倾角时的扶正力矩。当稳定系数 $k>0$,潜艇的平衡位置是稳定的;反之 $k<0$ 时,则不稳定;k 越大,平衡位置也就越稳定。由于稳定系数中不包含倾角的因素,从而避免了用扶正力矩表示初稳度所具有的缺点。对于任何一个平衡位置都有其确定的稳定系数值。

至于稳定中心高,可根据它的正负来判断潜艇某个平衡位置稳定与否,实际上可看成单位排水量的稳定系数。用稳定中心高来表示潜艇的初稳度,优点是简明,便于用来评价同类潜艇的初稳度,因此得到了广泛的应用。它的缺点是对同一平衡位置,采用不同方法计算时(如增载法与失浮法),所得稳定中心高的值也不同。但扶正力矩与稳定系数则不存在这种情况,只要是对同一平衡位置进行计算,不管用哪种方法,其结果总是相同的。

3.5 潜艇水下状态的稳性

3.5.1 潜艇水下稳定平衡条件

和研究潜艇水上稳性一样,给处于平衡状态水下潜艇一个瞬时干扰,使其在产生横倾(或纵倾)如图 3-12 所示。

由于潜艇在水下状态时,无论倾角多大,其排水容积和形状不变,所以水下排水量 $V_↓$ 和对应的水下浮心 $C_↓$ 位置也不变。另外认为潜艇在水下倾斜过程中艇上载荷没有增减和移动,故潜艇水下重量 $P_↓$ 和重心 $G_↓$ 也不变,因此,当浮心 $C_↓$ 位于重心 $G_↓$ 之上时,重力 $P_↓$ 与浮力 $D_↓$(或 $\rho V_↓$)将不作用在同一条铅垂线上,而形成力偶,力偶的矩就叫水下扶正力矩。

此时它的方向和倾斜方向相反,促使潜艇复原到原来位置。反之当浮心 $C_↓$

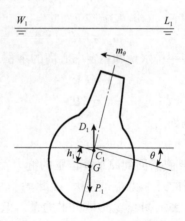

图 3-12 潜艇水下稳定平衡条件

位于重心 $G_\downarrow$ 之下时,形成的扶正力矩起倾覆作用,潜艇继续倾斜,而不会回到原来位置。

可见潜艇水下稳定平衡条件是:浮心 $C_\downarrow$ 在重心 $G_\downarrow$ 之上(即 $z_{c\downarrow} > z_{g\downarrow}$)时,扶正力矩的方向与倾斜方向相反,潜艇是稳定的,反之潜艇是不稳定的。这时的潜艇犹如一个悬吊的摆锤,只要重心在浮心之下潜艇就是稳定的。实际上,潜艇在水下状态时,有效水线面积为零,所以水线面积惯性矩 $I_x = I_{yf} = 0$,即稳定中心半径 $r = R = 0$。也就是说潜艇在水下状态时,浮心 $C_\downarrow$ 就是横稳定中心 $m_\downarrow$,也是纵稳定中心 $M_\downarrow$,此时三心重合一点(也可根据稳定中心的定义得出上述结论)。可见,当不考虑液体载荷的自由液面影响时,潜艇水下的纵稳度与横稳度相等。

所以潜艇水下稳定条件,与水上稳定条件相似,即稳心 $m_\downarrow$(或 $M_\downarrow$ 或 $C_\downarrow$)点在重心 $G_\downarrow$ 之上时,潜艇既是横稳定的也是纵稳定的。

3.5.2 水下稳度的计算

潜艇水下稳度常用水下稳定中心高和水下扶正力矩度量。

1. 水下稳定中心高

如图 3-13 所示,且考虑到水下纵、横稳心高相等,则有

$$H_\downarrow = h_\downarrow = z_{c\downarrow} - z_{g\downarrow} \qquad (3-17)$$

2. 水下扶正力矩

$$m_{\theta\downarrow} = P_\downarrow(z_{c\downarrow} - z_{g\downarrow})\sin\theta \qquad (3-18(a))$$

$$M_{\varphi\downarrow} = P_\downarrow(z_{c\downarrow} - z_{g\downarrow})\sin\varphi \qquad (3-18(b))$$

当纵倾角与横倾角相等时,其扶正力矩也相等。

同时,因为水下状态的浮心 $C_\downarrow$ 不随倾角而改变,所以(3-18)式在任一倾角 θ(或 φ)下都适用,无小角稳性与大角稳性的区别。

第3章 潜艇的稳性

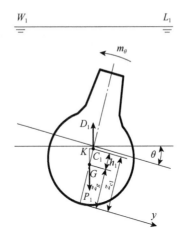

图 3-13 潜艇水下稳度

3. 计算水下稳度的两种观点

水下稳定中心高 $h_\downarrow$ 或 $H_\downarrow$ 是用重心与浮心之间的距离来度量的,但对潜艇水下重量 $P_\downarrow$ 有两种不同的观点——增载法和失浮法,从而将使水下重心 $G_\downarrow$、水下浮力 $D_\downarrow$ 和水下浮心 $C_\downarrow$ 也有两种量值,因此所得水下稳定中心高的量值也不同。

(1) 增载法:将主压载水舱注水看成潜艇增加载重。所以有:

$$\begin{cases} \text{潜艇水下重量} \quad P_\downarrow = P_\uparrow + \rho \sum v_m \\ \text{潜艇水下重心高} \quad z_{g\downarrow} = (P_\uparrow \cdot z_{g\uparrow} + \rho \sum v_m \cdot z_v)/P_\downarrow \\ \text{潜艇水下浮力} \quad D_\downarrow = \rho V_\uparrow + \rho V_{rb} = \rho V_\downarrow \\ \text{潜艇水下浮心高} \quad z_{c\downarrow} = (\rho V_\uparrow \cdot z_{c\uparrow} + \rho V_{rb} \cdot z_{rb})/D_\downarrow \end{cases} \quad (3-19)$$

式中　$\sum v_m$ ——潜艇主压载水舱总容积(m^3);

z_v——潜艇主压载水舱总容积中心高度(m);

V_{rb}——潜艇储备浮容积(m^3);

z_{rb}——潜艇储备浮容积中心高度(m)。

因此,按增载法计算水下稳定中心高度的公式为

$$H_\downarrow = h_\downarrow = z_{c\downarrow} - z_{g\downarrow} \quad (3-20)$$

[例题 3-2] 按增载法某艇有 $P_\downarrow = 1712.78t$,$z_{g\downarrow} = 3.08m$,$z_{c\downarrow} = 3.26m$。此时的水下稳定中心高为

$$H_\downarrow = h_\downarrow = z_{c\downarrow} - z_{g\downarrow} = 3.26 - 3.08 = 0.18(m)$$

(2) 失浮法(固定浮容积法):将主压载水舱注水看成潜艇失去浮力(艇上载荷不变),并由大小相等的潜艇储备浮力予以补偿。

由此可知,潜艇水上和水下重量不变($P_\uparrow = P_\downarrow$),重心高也不变($z_{g\uparrow} = z_{g\downarrow}$)。

艇的浮力不变,因为 $\rho \sum v_m = \rho V_{rb}$。但排水容积形状由水上的 $V_\uparrow$ 变成了水下的固定浮容积 V_0,所以浮心高向坐标由水上的 $z_{c\uparrow}$ 变成水下的固定浮容积中心高 z_{c0}。因此,按失浮法计算水下稳定中心高的公式为

$$H'_\downarrow = h'_\downarrow = z_{c0} - z_{g\uparrow} \qquad (3-21)$$

[例题3-3] 已知某艇固定浮容积浮力 $\rho V_0 = 1319.360t$, $z_{c0} = 3.24m$,水上重心高 $z_{g\uparrow} = 3.00m$。

按失浮法计算该艇的水下稳定中心高为

$$H'_\downarrow = h'_\downarrow = z_{c0} - z_{g\uparrow} = 3.24 - 3.00 = 0.24(m)$$

由此可知,潜艇水下稳定中心高的量值,随计算观点不同而不同,在使得时必须明确是哪种观点的、是针对哪个排水量的稳定中心高。通常在"浮力与初稳度"技术文件中所给出的潜艇水下稳定中心高的量值,是按不变排水量观点即失浮法求得的(潜艇船体规范也是这样要求的)。

通常在研究潜艇的浮性与稳性的实际应用问题时,一般都采用增载法的观点。失浮法观点的计算方法本身带有假定的性质,计算所得的稳定中心高数值虽然不同,但对潜艇稳性的最终结果应是一致的。实际上用两种观点算得的扶正力矩和稳定系数的数值相同,某一平衡位置只对应着唯一的确定的稳性,不因计算方法的不同而改变平衡位置的这种属性,故有:

$$P_\downarrow h_\downarrow \sin\theta = P_\uparrow h'_\downarrow \sin\theta \qquad (3-22)$$

$$P_\downarrow h_\downarrow = P_\uparrow h'_\downarrow \text{ 或 } \rho V_\downarrow h_\downarrow = \rho V_0 h'_\downarrow \qquad (3-23)$$

式中 $P_\downarrow = \rho V_\uparrow + \rho \sum v_m = \rho V_\downarrow$ ——增载法的潜艇水下重量;

$P_\uparrow = \rho V_\uparrow = \rho V_0$ ——失浮法的潜艇水下重量。

由式(3-23)可得如下稳心高的换算公式

$$\begin{cases} h_\downarrow = \dfrac{V_0}{V_\downarrow} h'_\downarrow \\ h'_\downarrow = \dfrac{V_\downarrow}{V_0} h_\downarrow \end{cases} \qquad (3-24)$$

例如按上式换算某艇的水下稳心高 $h_\downarrow$ 与 $h'_\downarrow$ 则为

$$h_\downarrow = \frac{V_0}{V_\downarrow} h'_\downarrow = \frac{1319.36}{1712.78} \times 0.24 = 0.18(m)$$

3.5.3 潜艇的横倾1°力矩和纵倾1°力矩

1. 横倾1°力矩 $m_{\theta\downarrow,\uparrow}$

所谓横倾1°力矩 $m_{\theta\downarrow,\uparrow}$ 是使潜艇横倾1°所需之力矩,数值上应等于潜艇横倾1°时的扶正力矩,如下。

第3章 潜艇的稳性

水上横倾1°力矩：

$$m_{\theta\uparrow}{}^\circ = P_\uparrow h_\uparrow \sin 1° = 0.0175 P_\uparrow h_\uparrow \quad (3-25(\text{a}))$$

或

$$m_{\theta\uparrow}{}^\circ = \frac{P_\uparrow h_\uparrow}{57.3} \quad (3-25(\text{b}))$$

水下横倾1°力矩：

$$m_{\theta\downarrow}{}^\circ = P_\downarrow h_\downarrow \sin 1° = 0.0175 P_\downarrow h_\downarrow \quad (3-26(\text{a}))$$

或

$$m_{\theta\downarrow}{}^\circ = \frac{P_\downarrow h_\downarrow}{57.3} \quad (3-26(\text{b}))$$

这样在已知横倾力矩 m_{kp} 和横倾1°力矩 $m_{\theta\downarrow,\uparrow}{}^\circ$ 时，即可求得倾角：

$$\theta = \frac{m_{kp}}{m_{\theta\downarrow,\uparrow}{}^\circ}(\text{度}) \quad (3-27)$$

注意，横倾1°力矩通常随潜艇的的排水量（吃水）和重心高度而改变，但水下状态例外。

2. 纵倾1°力矩 $M_{\varphi\uparrow,\downarrow}{}^\circ$

所谓纵倾1°力矩 $M_{\varphi\uparrow,\downarrow}{}^\circ$ 是使潜艇纵倾1°所需之力矩，数值上应等于潜艇纵倾1°时的扶正力矩，即：

水上纵倾1°力矩：

$$M_{\varphi\uparrow}{}^\circ = P_\uparrow H_\uparrow \sin 1° = 0.0175 P_\uparrow H_\uparrow \quad (3-28(\text{a}))$$

或

$$M_{\varphi\uparrow}{}^\circ = \frac{P_\uparrow H_\uparrow}{57.3} \quad (3-28(\text{b}))$$

水下纵倾1°力矩：

$$M_{\varphi\downarrow}{}^\circ = P_\downarrow H_\downarrow \sin 1° = 0.0175 P_\downarrow H_\downarrow \quad (3-29(\text{a}))$$

或

$$M_{\varphi\downarrow}{}^\circ = \frac{P_\downarrow H_\downarrow}{57.3} \quad (3-29(\text{b}))$$

这样当已知纵倾力矩 M_{kp} 和纵倾1°力矩 $M_{\varphi\uparrow,\downarrow}{}^\circ$ 时，即可求得倾角：

$$\varphi = \frac{M_{kp}}{M_{\varphi\uparrow,\downarrow}{}^\circ}(°) \quad (3-30)$$

注意，纵倾1°力矩也是潜艇的排水量（吃水）和重心高度而改变，但水下状态例外。

[例题3-4] 已知某艇经自由液面修正后的水上横纵稳心高 $h_\uparrow = 0.32\text{m}$、$H_\uparrow = 84.2\text{m}$，排水量 $P_\uparrow = 1319.36\text{t}$，计算 $m_{\theta\uparrow}{}^\circ$、$m_{\theta\downarrow}{}^\circ$ 及 $M_{\varphi\uparrow}{}^\circ$、$M_{\varphi\downarrow}{}^\circ$ 值。

解：按式(3-25)、式(3-26)及式(3-28)、式(3-29)计算如下：

$$m_{\theta\uparrow}{}^\circ = \frac{P_\uparrow h_\uparrow}{57.3} = 1319.36 \times 0.32/57.3 \approx 7.4(\text{t}\cdot\text{m})$$

$$m_{\theta\downarrow}{}^\circ = \frac{\rho V_0 h'_\downarrow}{57.3} = \frac{1319.36 \times 0.24}{57.3} \approx 5.3(\text{t}\cdot\text{m})$$

或 $m_{\theta\downarrow}° = \dfrac{P_\downarrow h_\downarrow}{57.3} = \dfrac{1712.78 \times 0.18}{57.3} \approx 5.4(\text{t}\cdot\text{m})$（见例题 3-2）

$$M_{\varphi\downarrow}° = \dfrac{\rho V_0 H'_\downarrow}{57.3} = 1319.36 \times 0.24/57.3 \approx 5.1(\text{t}\cdot\text{m})$$

或 $M_{\varphi\downarrow}° = \dfrac{P_\downarrow H_\downarrow}{57.3} = \dfrac{1712.78 \times 0.18}{57.3} = 5.4(\text{t}\cdot\text{m})$（见例题 3-2）

$$M_{\varphi\uparrow}° = \dfrac{P_\uparrow H_\uparrow}{57.3} = \dfrac{1319.36 \times 84.2}{57.3} = 1940(\text{t}\cdot\text{m})$$

由上例可知，潜艇的稳性问题，水面状态主要是横稳性，而水下状态的失稳主要来自纵稳性，尤其潜艇纵向较长，载荷移动力臂大，因此移动不大的载荷将造成可观的纵倾力矩，加之艇自身的扶正力矩较小，所以防止水下纵向失稳是潜艇操纵的主要问题之一。

3.6 移动小量载荷对潜艇浮态和初稳度的影响

所谓小量载荷是指变动的载荷（移动或增减）和潜艇排水量相比较小，不致显著地违背初稳度公式所基于的假设，一般是指载荷重量不超过排水量的 10% 的情况。

关于这个问题的研究方法，本着由简到繁，由特殊到一般的原则，先研究载荷的铅垂移动和水平移动，然后再研究载荷的任意移动。

3.6.1 载荷的铅垂移动

情况：设潜艇原来正浮于水线 WL，艇上有一小量重物 q 从 A_1 点铅垂移至 A_2（图 3-14）。

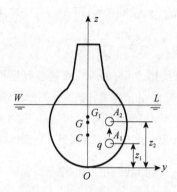

图 3-14 铅垂移动载荷

分析：由于载荷的移动是铅垂的，故对浮态无影响，潜艇仍浮于 WL 水线。

那么稳度有何变化？由于稳定中心高的大小取决于浮心、稳定中心及重心三个点的高度，所以分析稳性变化时必须分析上述三个点在高度方向的变动。

由于水线位置不变，故潜艇的排水量 $V_↑$ 不变，浮心 C、稳定中心 m 点的位置也不变。但重心 G 随载荷 q 的移动而铅垂移至 G_1 点，移动距离 $\overline{GG_1}$ 可根据重心移动定理求得：

$$\frac{\overline{GG_1}}{\overline{A_1A_2}} = \frac{q}{P}$$

若将 $\overline{A_1A_2}$ 用两点的坐标代入，则上式可改写成：

$$\overline{GG_1} = \frac{q}{P}(z_2 - z_1) \tag{3-31}$$

由图 3-14 可见，新的横稳定中心高 $h_1 = \overline{G_1m}$ 可写成：

$$h_1 = h - \frac{q}{P}(z_2 - z_1) \tag{3-32}$$

同理，对于纵稳定中心高为

$$H_1 = H - \frac{q}{P}(z_2 - z_1) \approx H \tag{3-33}$$

从式(3-32)、式(3-33)可知，当 $z_2 > z_1$ 时，即载荷铅垂上移时，稳定中心高减小；反之稳定中心高增加。对于纵稳定中心高，因 R 值很大，而整个潜艇重心的移动一般很小，故可不计纵稳定中心高的改变。

结论：铅垂移动小量载荷，浮态不变，横稳度改变；载荷上移，稳度降低，载荷下移，稳度增加。

3.6.2 载荷的横向水平移动

情况：将小量重物 q 自 A_1 水平横移至 A_2，潜艇重心 G 移至 G_1，从而产生横倾角 θ，使艇平衡在新的水线 W_1L_1 上（图 3-15）。

分析：由于潜艇横倾，浮心 C 移至 C_1 点。根据小倾角条件下稳定中心的位置不变的假定，可以认为对应于平衡水线 W_1L_1 的稳心 m_1 和 m 点重合，这样一来 G_1、C、$m(m_1)$ 点都在垂直于水线 W_1L_1 的同一条铅垂线上。

对应于 W_1L_1 的稳定中心高是 $h_1 = \overline{G_1m}$，它和正浮时的稳定中心高 $h = \overline{Gm}$ 有如下关系：

$$h_1 = \frac{h}{\cos\theta} \approx h \quad (\because \theta \text{ 很小时}, \cos\theta \approx 1) \tag{3-34}$$

横倾角 θ 可以根据力矩的平衡求出，显然在平衡水线 W_1L_1 上，潜艇的扶正力

潜艇原理

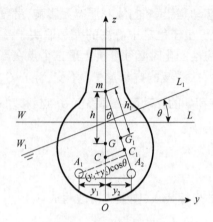

图 3-15 水平横移载荷

矩 m_θ 必将等于横移重物所产生的横倾力矩 m_{kp}（图 3-15）

$$m_{kp} = q(y_2 - y_1)\cos\theta \approx q(y_2 - y_1) \quad (3-35)$$

于是

$$Ph\theta = q(y_2 - y_1)$$

$$\theta = \frac{q(y_2 - y_1)}{Ph}(\text{rad}) \quad (3-36)$$

从式(3-36)可见，在同样大小的横倾力矩作用下，若潜艇的初稳度大一些(即 h 值大一些)，横倾角就会小一些，所以说潜艇的横倾、纵倾和稳度有关。最后还须注意式中坐标值 y_1、y_2 本身均带有正负号，并且当括弧中的值为正时，此时横倾角 $\theta>0$，表示潜艇向右倾斜，反之表示向左倾斜。

结论：水平横移小量载荷，稳度不变浮态变，潜艇横倾漂浮。

3.6.3 载荷的纵向水平移动

情况：将小重量物 q 自 x_1 水平纵移至 x_2 处（图 3-16）。

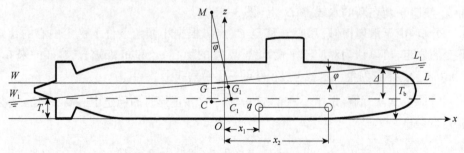

图 3-16 水平纵向移动载荷

分析：如前所述，小量载荷纵向水平移动时稳度不变 $H_1 \approx H$，但有纵倾角

$$\varphi = \frac{q(x_2 - x_1)}{PH}(\text{rad}) \tag{3-37}$$

式中　x_1、x_2 本身均带正负号；

φ——正时表示艏纵倾，反之为艉纵倾。

通常，当潜艇有纵倾时，我们希望知道的不是纵倾角 φ（和横倾角不一样，它的值往往非常小）而是艏艉吃水，由于小角等容纵倾时纵倾轴通过水线面积中心 F，因此从图 3-16 可知，艏艉吃水的改变分别为

$$\left.\begin{array}{l}\delta T_\text{b} = \left(\dfrac{L}{2} - x_f\right)\varphi \\ \delta T_\text{s} = -\left(\dfrac{L}{2} + x_f\right)\varphi\end{array}\right\} \tag{3-38}$$

载荷移动之后艏艉新吃水分别为

$$\left.\begin{array}{l}T_\text{b} = T + \left(\dfrac{L}{2} - x_f\right)\varphi \\ T_\text{s} = T - \left(\dfrac{L}{2} + x_f\right)\varphi\end{array}\right\} \tag{3-39}$$

式中 x_f 及 φ 本身均带正负号；

φ 以弧度计。

为了确定由载荷的纵向移动所引起的吃水差，常用"纵倾 1 厘米力矩" $M_{1\text{cm}}$ 来表示。纵倾 1 厘米力矩就是使潜艇产生 1 厘米的艏艉吃水差所需的外加力矩。

假设艏艉吃水差为

$$\Delta = T_\text{b} - T_\text{s}$$

吃水差 Δ 和纵倾角 φ 有下列关系（图 3-16）

$$\frac{\Delta}{L} = \text{tg}\varphi = \varphi(\text{rad}) \tag{3-40}$$

取 $\Delta = 1\text{cm} = 0.01\text{m}$ 代入式（3-40）则有

$$\varphi_{1\text{cm}} = \frac{0.01}{L} \tag{3-41}$$

根据外加力矩和纵向扶正力矩平衡的原理，潜艇纵倾 1 厘米力矩为

$$M_{1\text{cm}} = PH\varphi_{1\text{cm}} = PH\frac{0.01}{L} = \frac{PH}{100L} \tag{3-42}$$

当已知 M_{kp} 和 $M_{1\text{cm}}$ 时，即可求得吃水差

$$\Delta = \frac{M_{\text{kp}}}{M_{1\text{cm}}}(\text{cm}) \tag{3-43}$$

注意：纵倾1厘米力矩 M_{1cm} 也是随排水量和重心高度而改变的。

结论：水平纵移小量载荷，潜艇稳度不变，浮态有纵倾角。

3.6.4 载荷的任意移动

情况：小量重物 q 从 $A(x_1,y_1,z_1)$ 移动到 $B(x_2,y_2,z_2)$，如图3-17所示。

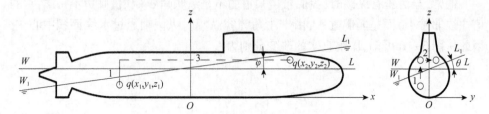

图 3-17 任意移动小量载荷

分析：由前可知，这种任意移动将会同时引起潜艇的横倾、纵倾及稳度的变化。为了简便，可将其分解成三个简单移动连续进行的结果。假设小载荷 q 先由 z_1 铅垂地移至 z_2，这时浮态不变，仅仅改变了稳度；然后再由 y_1 横向水平移至 y_2，这时仅产生横倾；最后由 (x_1,y_1,z_1) 纵向水平移至 (x_2,y_2,z_2)，这一步产生纵倾。实际上，移动载荷对潜艇浮态和稳度的影响只取决于载荷移动后的最终位置，而与移动时所取的路线无关，但是在计算时必须首先考虑铅垂移动，求出新的稳定中心高 h_1、H_1，然后再用这个新的稳定中心高去求横倾、纵倾角，这样就把一个一般性问题简化为几个特殊的问题处理了。

结论：现将所用公式按计算顺序重新排列于下：

载荷由 $z_1 \to z_2$，潜艇的稳定中心高为

$$h_1 = h - \frac{q}{P}(z_2 - z_1) \tag{3-43(a)}$$

$$H_1 = H - \frac{q}{P}(z_2 - z_1) = H \tag{3-43(b)}$$

载荷由 $y_1 \to y_2$ 所引起之横倾角

$$\theta = \frac{q(y_2 - y_1)}{Ph_1} \tag{3-43(c)}$$

载荷由 $x_1 \to x_2$ 所引起之纵倾角和艏艉吃水

$$\varphi = \frac{q(x_2 - x_1)}{PH_1} \tag{3-43(d)}$$

$$T_b = T + \left(\frac{L}{2} - x_f\right)\varphi \tag{3-43(e)}$$

$$T_s = T - \left(\frac{L}{2} + x_f\right)\varphi \qquad (3-43(\text{f}))$$

3.7 增减小量载荷对潜艇浮态和初稳度的影响

本节先研究比较简单的在特定位置上载荷的增减,即载荷增减后不引起横倾和纵倾的情形,然后再研究在任意位置的载荷增减。

3.7.1 不引起横倾和纵倾的载荷增加

1. 条件

设潜艇原正浮于水线 WL,重心在 G,浮心在 C(图3-18)。

根据平衡条件,在水线 WL 上应有:

$$P = D$$
$$x_g = x_c \quad (y_g = y_c = 0)$$

若增加载荷 q 后,潜艇平行下沉至水线 W_1L_1,补加容积层的中心在 C 点(即补加浮力的作用点),从图3-18上不难看出,要使水线 W_1L_1 为平衡水线,只有增加之载荷 q 和补加之浮力 $\rho\delta v$ 这一对力平衡,亦即

$$q = \rho\delta v$$
$$x_q = x'_c, y_q = y'_c = 0$$

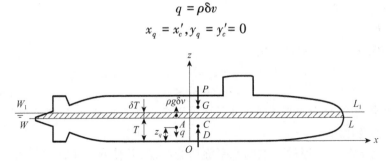

图 3-18 不引起 θ、φ 的载荷增加

只有当"增加载荷的重心和补加容积层的中心在同一条铅垂线上时,潜艇才会平行下沉,而不产生横倾和纵倾"。

若所增之载荷是小量的,则可认为在吃水改变范围内舰艇为直舷,即增载前后的水线面可看成一样的。在这种情况下,补加容积层的中心和水线面面积中心是在同一条铅垂线上的。因此增加小量载荷而不产生横倾和纵倾的条件也就可以改为:

"增加小量载荷之重心和原水线面面积中心在同一条铅垂线上"。

2. 吃水及初稳度的改变

1) 吃水改变

设重物的重量为 q，加在 $A(x_f, O, z_q)$，见图 3-19。图示为单项重物，当增加多项重物时，取其合重心位于 A 点即可。

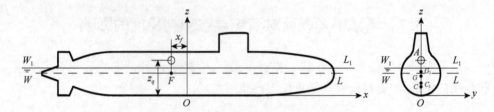

图 3-19 增加载荷引起的吃水改变

因增加小量载荷而引起的补加容积 $\delta V = S\delta T$，而 $q = \rho \delta V = \rho S \delta T$，故吃水变化为 $\delta T = \dfrac{q}{\rho S}$（$S$ 为水线面积）。

2）初稳度改变

设载荷增加前潜艇浮于水线 WL，浮心在 C，重心在 G，横稳定中心在 m，横稳定中心高

$$h = z_c + r - z_g$$

载荷增加后，潜艇平行下沉至水线 W_1L_1，浮心在 C_1，重心在 G_1，横稳定中心在 m_1，横稳定中心高

$$h_1 = z_{c1} + r_1 - z_{g1}$$

因此，横稳定中心高的改变

$$\delta h = h_1 - h = (z_{c1} - z_c) + (r_1 - r) - (z_{g1} - z_g)$$
$$= \delta z_c + \delta r - \delta z_g \tag{3-44}$$

显然，要求横稳定中心高的改变就要分别算出浮心高度、稳定中心半径和重心高度三者的变化。

为了确定 δz_c，可通过 C 点的水平面取容积矩，并使水线 W_1L_1 以下的容积 V_1 之容积矩等于水线 WL 以下的容积 V 和水线 WL 与 W_1L_1 之间的补加容积 δV 两部分容积矩之和。则

$$V_1 \delta z_c = V \cdot 0 + \delta V (T + \dfrac{\delta T}{2} - z_c)$$

$$\delta z_c = \dfrac{\delta V}{V + \delta V}(T + \dfrac{\delta V}{2} - z_c) \tag{3-45}$$

为了确定 δz_g，可通过 G 点的水平面取力矩，并使重量 $P + q$ 的力矩等于 P 及 q 对同一平面的力矩和，则得

$$(P + q)\delta z_g = P \cdot 0 + q(z_q - z_g)$$

$$\delta z_g = \dfrac{q}{p + q}(z_q - z_g) \tag{3-46}$$

横稳定中心半径的改变 δr 将是：

$$\delta r = r_1 - r = \frac{I_x + \delta I_x}{V + \delta V} - \frac{I_x}{V} = \frac{V\delta I_x - I_x \delta V}{V(V + \delta V)} = \frac{\delta I_x}{V + \delta V} - r\frac{\delta V}{V + \delta V} \quad (3-47)$$

由于增加的是小量载荷，吃水改变不大，可以认为在吃水改变范围内舰艇是直舷，故两个水线面之惯性矩一样，$\delta I_x = 0$，于是

$$\delta r = \frac{\delta V}{V + \delta V}(-r) \quad (3-48)$$

将式(3-45)、式(3-46)、式(3-48)代入式(3-44)，并考虑到 $P = \rho V$，$P + q = \rho(V + \delta V)$，即可得

$$\delta h = \frac{q}{P + q}(T + \frac{\delta T}{2} - z_q - z_c - r + z_g)$$

括弧中最后三项相当于负的横稳定中心高的值，于是

$$\delta h = \frac{q}{P + q}(T + \frac{\delta T}{2} - h - z_q) \quad (3-49)$$

同理可得增加小量载荷后所引起的纵稳定中心高的改变

$$\delta H = \frac{q}{P + q}(T + \frac{\delta T}{2} - H - z_q) \quad (3-50)$$

3. 关于稳定中心高变化的分析

(1) 由于在推导这些公式的过程中作了直舷假设，因此公式仅适用于小量载荷的增减，所谓"小量"就是指载荷增加后，吃水改变范围内可以认为是直舷（即不致严重违反直舷的假设）而并无明确的数量界限，因为这种界限在很大程度上与艇形有关。但是从实用上的需要来看，对于一般处于正浮位置的舰艇而言，当 $q < 10\% P$ 时，通常可作"小量"处理。

(2) 从式(3-49)可见，载荷增加后，横稳定中心高是增大了、还是减小了，完全取决于括弧中的值是正还是负，因为在增加载荷的情况下，$q/(P + q)$ 总是正的。

当：

$$z_q < T + \frac{\delta T}{2} - h \quad (3-51)$$

时，$\delta h > 0$，稳定中心高增加；

$$z_q > T + \frac{\delta T}{2} - h \quad (3-52)$$

时，$\delta h > 0$，稳定中心高减小；

$$z_q = T + \frac{\delta T}{2} - h \quad (3-53)$$

时，$\delta h = 0$，稳定中心高不变。

我们把式(3-53)所确定的水平面称为"中面"(图3-20)。当增加载荷的重心低于"中面"时,稳定中心高增加;高于"中面"时减小;和"中面"的高度一致时,则稳定中心高保持不变。所以,如果想用增加压载的办法来提高舰艇的初稳度,则必须使所加载荷的重心在"中面"之下。

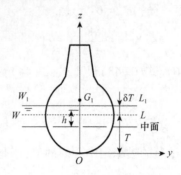

图3-20　潜艇稳度的中面

(3)当减少载荷时,式(3-49)仍然适用,只要将式中之 q 冠以负号即可,当然式中 δT 这项也将是负的,相应的表示"中面"方程也将变为

$$z_q = T - \frac{\delta T}{2} - h \tag{3-54}$$

并且当减少载荷之重心高于"中面"时,稳定中心高增加;低于"中面"时则减小。

(4)分析式(3-51)可见由于纵稳定中心高 H 是一个很大的量,而 $T + \frac{\delta T}{2} - z_q$ 通常只有几米,和 H 相比可忽略不计,于是可得

$$\delta H = -\frac{q}{P+q}H \tag{3-55}$$

从式(3-56)可知,增加载荷时潜艇的纵稳定中心高总是减小的。

3.7.2　任意位置上的载荷增加

在任意位置上增加载荷必将同时引起舰艇吃水、稳度、横倾、纵倾的变化,这样问题就复杂了。可以想象载荷首先是加在水线面面积中心所在之铅垂线上,然后再平移到实际所加的位置上去,这样做所引起的浮态和稳度之改变长载荷直接加在其最终位置上所引起的完全一样。但在研究方法上却简便多了。

按上述设想,载荷加在任意位置上所引起的浮态和稳度的改变可按下列公式的顺序进行计算。

设所增载荷之重 (x_q, y_q, z_q) 处,见图3-21。

首先加在 $(x_f, 0, z_q)$ 处,这时舰艇平行下沉,并有稳度改变,计算公式为

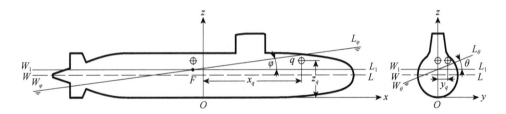

图 3-21　任意位置上载荷的增加

$$\delta T = \frac{q}{\rho S}$$

$$\delta h = \frac{q}{P+q}(T + \frac{\delta T}{2} - h - z_q)$$

$$h_1 = h + \delta h$$

$$\delta H = -\frac{q}{P+q}H$$

$$H_1 = H + \delta H = H\left(1 - \frac{q}{P+q}\right) = \frac{HP}{P+q} \tag{3-56}$$

然后再把载荷由 $(x_f, 0, z_q)$ 水平横移到 (x_f, y_q, z_q) 得到横倾角：

$$\theta = \frac{q \cdot y_q}{(P+q)h_1} \tag{3-57}$$

最后把载荷由 (x_f, y_q, z_q) 水平纵移到 (x_f, y_q, z_q) 得到纵倾角：

$$\varphi = \frac{q(x_q - x_f)}{(P+q)(H+\delta H)} = \frac{q(x_q - x_f)}{PH} \tag{3-58}$$

艏艉新吃水：

$$T_b = T + \delta T + \left(\frac{L}{2} - x_f\right)\varphi \tag{3-59}$$

$$T_s = T + \delta T + \left(\frac{L}{2} - x_f\right)\varphi \tag{3-60}$$

式(3-57)、式(3-58)、式(3-59)、式(3-60)是近似的,因为它们是基于初稳度的扶正力矩公式的,并且式中含有稳定中心高及吃水改变的近似值。在推导横倾力矩、纵倾力矩、及扶正力矩的过程中还用了 1 来代替 $\cos\theta$、$\cos\varphi$,用 θ、φ 本身来代替 $\sin\theta$ 和 $\sin\varphi$。

当舰艇具有不大的初始横倾及初始纵倾时,式(3-57)、式(3-58)仍可应用,不过这时求出的是补加的横倾和纵倾,要得到全部横倾及纵倾时,需计算初始值和补加值的代数和,并在式(3-59)、式(3-60)中将吃水 T 一项分别改为艏艉的初始吃水。

在实际中,增减小量载荷后的初稳度常用"浮力与初稳度曲线"求得,其步骤大致是:

(1)求增载 q 后潜艇新的重量 P_1 与排水量 V_1。
$$P_1 = P + q$$
$$V_1 = \frac{P_1}{\rho}$$

(2)求增载 q 后潜艇新的重心坐标。
$$x_{g1} = \frac{Px_g + qx_q}{P_1}$$
$$y_{g1} = \frac{Py_g + qy_q}{P_1}$$
$$z_{g1} = \frac{Pz_g + qz_q}{P_1}$$

(3)增载后新的浮心坐标 x_{c1} 和 z_{c1}、稳定中心半径 r_1 和 R_1:根据排水量 V_1 查静水力曲线得潜艇新的吃水 T_1,根据 T_1 在静水力曲线上又可查得 x_{c1}、z_{c1}、r_1 及 R_1。
$$h_1 = z_{c1} + r_1 - z_{g1}$$
$$H_1 = z_{c1} + R_1 - z_{g1}$$
$$\theta = \frac{qy_q}{P_1 h_1}(\text{rad})$$

而纵倾角按重心移动产生的纵倾力矩等于扶正力矩来确定(图3-22)。因为潜艇增加载荷后,如果重心 G_1 与浮心 C_1 在同一铅垂线上 ($x_{g1} = x_{c1}$),则潜艇处于正

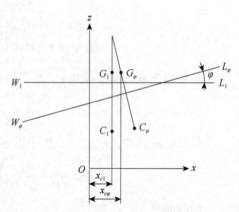

图3-22 纵倾平衡角的确定

浮状态平衡 W_1L_1 水线。如果重心 G_φ 与浮心 C_1 不在同一铅垂线上 ($x_{g1} \neq x_{c1}$),则潜艇产生纵倾,平衡在 W_1L_1 水线。可以这样认为,潜艇的纵倾是由于重心由 G 移到 G_1 的结果。此时重心移动产生之纵倾力矩为
$$P_1(x_{g1} - x_{c1})\cos\varphi$$
艇的扶正力矩为 $P_1 H_1 \sin\varphi$。

两者相等,即
$$P_1(x_{g1} - x_{c1})\cos\varphi = P_1 H_1 \sin\varphi$$
$$\tan\varphi \approx \varphi = \frac{x_{g1} - x_{c1}}{H_1}(\text{rad}) \tag{3-61}$$

当潜艇存在初始的设计纵倾时,可按式(3-61)计算。

(4) 确定艏艉吃水 T_{b1}、T_{s1}。

由纵倾角 φ 求艏艉吃水,由于水线面积中心纵坐标 x_f 与艇长 L 相比较小,在计算中可忽略,于是

$$T_{b1} = T_1 + \frac{L}{2}\tan\varphi \qquad (3-62(a))$$

$$T_{s1} = T_1 - \frac{L}{2}\tan\varphi \qquad (3-62(b))$$

[例题 3-5] 已知某艇的正常载荷如下表,求卸去全部电池组及其装置后的浮态和初稳度(卸载情况也见下表)。

解:增减载荷后计算潜艇稳度和浮态都是在潜艇正常载荷基础上进行的。各种载荷的重量及其在艇上的位置坐标可在"浮力与初稳度技术条令"中查得。

(1) 求潜艇卸去电池后新的重量、重心位置。

名称	质量	垂向(距基线)		纵向(距舯船面)	
	P_i/t	z_i/m	$P_i z_i$/t·m	x_i/m	$P_i x_i$/t·m
正常载荷	1319.36	3.00	3958.1	0.76	1002.7
卸去全部电池重	-151.7	2.26	-342.8	5.47	-829.8
总计	1167.66	$z_{g1}=3.1$	3615.3	$x_{g1}=0.15$	172.9

(2) 求浮性与稳性要素。

$$V_1 = \frac{D_1}{\rho} = \frac{1167.66}{1} = 1167.66 (\mathrm{m}^3) \quad (密度 \rho 取 1)$$

由 $V_1 = 1167.66\mathrm{m}^3$,查静水力曲线可得

$$T_1 = 4.17\mathrm{m}, z_{c1} + r_1 = 3.32\mathrm{m}, x_{c1} = 1.82\mathrm{m}, R_1 = 95\mathrm{m}$$

另有计及自由液面对稳度减小的修正量 $\Delta r = 0.02\mathrm{m}$(详见第 3.9 节)。

(3) 求稳度。

$$h = z_{c1} + r_1 - z_{g1} - \Delta r = 3.32 - 3.1 - 0.02 = 0.2 (\mathrm{m})$$

(4) 求潜艇浮态。

纵倾角:

$$\varphi = \frac{x_{g1} - z_{c1}}{R_1} = \frac{0.15 - 1.82}{95} = \frac{-1.67}{95} = -0.0176 \approx -1°(艉倾)$$

艏、艉实际吃水:

$$\delta T = \frac{L}{2} \cdot \tan\varphi = 34.2 \times (-0.0175) = -0.6 (\mathrm{m})$$

$$T_{b1} = T_1 + \delta T + t = 4.17 - 0.6 + 0.37 = 3.94 (\mathrm{m})$$

$$T_{s1} = T_1 - \delta T + t = 4.17 + 0.6 + 0.37 = 5.14 (\mathrm{m})$$

(5)结论：某艇卸去全部电池组及其装置后艉倾 1°，横稳定中心高 $h = 0.2\text{m}$，是安全的，故某艇可在码头吊装电池而无须采取补重措施。

[例题 3-6] 某艇如果卸去全部电池和全部燃油，并且不补重，问潜艇是否安全？

解：

(1)求潜艇卸载后的重量、重心坐标。

名称	质量 P_i/t	垂向(距基线)		纵向(距舯船面)	
		z_i/m	$P_i z_i/\text{t}\cdot\text{m}$	x_i/m	$P_i x_i/\text{t}\cdot\text{m}$
正常载荷	1319.36	3.00	3958.1	0.76	1002.7
卸去全部燃油	−121.20	1.23	−149.1	0.51	−61.8
卸去全部电池	−151.7	2.26	−342.8	5.47	−829.8
总　　计	1046.46	$z_{g1} = 3.31$	3466.2	$x_{g1} = 0.106$	111.1

(2)求浮态、稳度要素。

$$V = \frac{P}{\rho} = \frac{1046.46}{1} = 1046.46(\text{m}^3)$$

查静水力曲线得

$$T_1 = 3.84\text{m}, z_{c1} + r_1 = 3.25(\text{m}), R_1 = 105\text{m}$$

(3)求卸载后的初稳度。

$$h_1 = z_{c1} + r_1 - z_{g1} = 3.25 - 3.31 = -0.06(\text{m})$$

若考虑自由液面修正时，$h_1 = -0.08\text{m}$。

(4)结论：某艇如卸去全部电池和全部燃油后不予补重，将出现负初稳度，只要外界稍有扰动就会翻艇。因此这样的卸载是绝对不允许的。1965 年某艇在码头按上述情况卸载时，曾造成严重的倾覆事故，这种历史经验值得潜艇官兵牢记。

此外，对于潜艇来讲，增减载荷可以在耐压艇体内(即空气中)，也可以在耐压艇体外的海水中。如果在耐压艇体外的海水中增加设备时，还应考虑所增设备自身容积所提供的浮力的影响，其他与前面介绍的增减载荷问题相同。

为了对潜艇增减载荷的典型情况有所了解，现将 A 艇和 B 艇在"浮力与初稳度技术条令"中计算的九种增减载荷后的初稳度和浮态列于表 3-2。

表 3-2　潜艇典型增减载荷情况

序号	载重状态	重量/t	吃水/m			h/m	稳性分析
			T	T_b	T_s		
1	正常装载	1319.36	4.96	4.61	5.31	0.33	正常
		1045.00	5.00	4.76	5.24	0.44	

(续表)

序号	载重状态	重量/t	吃水/m T	吃水/m T_b	吃水/m T_s	h/m	稳性分析
2	电池组卸除	1167.66 893.5	4.54 4.52	3.94 3.94	5.14 5.10	0.20 0.23	正 常
3	燃油卸除不补重	1198.16 923.6	4.63 4.61	4.26 4.49	5.00 4.73	0.13 0.17	无保证
4	燃油卸除水补重	1341.56 1060.9	5.02 5.05	4.67 4.79	5.37 5.31	0.36 0.46	正 常
5	燃油(水补重)和电池组卸除	1189.86 909.0	4.61 4.57	4.01 3.98	5.21 5.16	0.24 0.26	正 常
6	燃油(不补重) 鱼雷卸除	1170.16 902.4	4.55 4.55	4.03 4.30	5.07 4.80	0.14 0.19	无保证
7	燃油(水补重) 鱼雷卸除	1313.56 1039.7	4.94 4.98	4.43 4.58	5.45 5.38	0.37 0.48	正 常
8	全部变动载荷 卸除不补重	1126.86 876.2	4.43 4.47	3.85 4.19	5.01 4.75	0.07 0.15	无保证
9	全部变动载荷 卸除油舱水补重	1270.26 1013.5	4.82 4.89	4.26 4.47	5.38 5.31	0.38 0.43	正 常

注:(1) 每栏上面为 A 艇数值,下面为 B 艇数值。
(2) 表中吃水 T、T_b、T_s 分别的艏船、艉艉到基线的理论吃水。

3.8 潜艇进坞、搁浅和潜坐海底时初稳度的减小

本节介绍的潜艇进出坞时墩木反力与稳度问题、潜艇在水面状态搁浅时稳度问题和潜艇潜坐海底时的稳度问题,其实质都是关于载荷移动、增减问题,而移动载荷问题也可看成在载荷移动的起点减少一个载荷,而在移动的终点增加一个载荷的增减载荷问题。

3.8.1 潜艇进出坞时压于墩木上的压力及稳度

1. 潜艇进坞坐墩时墩木对艇体的反作用力

为了对艇体、装置等进行保养、油漆或修理需要进坞时,在进坞前按专门的技

术条令卸载和补重,这时的潜艇常常具有不大的艉纵倾,实际上,多数潜艇即使在正常水面状态往往也有一定的艉纵倾。设潜艇艉倾为 φ_0,墩木一般是水平的(水面舰船的墩木一般有较小的倾角 $\alpha°$),如图 3-23 所示。

现在来分析潜艇进坞坐墩过程中的浮态、受力的变化。

随着坞内排水,潜艇保持纵倾平行下沉,由于墩木是水平的,当排水到一定程度时,潜艇艉端 A 点先与墩木接触,此后继续排水时,潜艇开始绕通过 A 点并垂直于对称面的横轴而转动,直到龙骨全线接触墩木为止,在这一过程中艇的倾角由 φ_0 变为零。

当尾部接触墩木之前,潜艇是自由漂浮的,其重量全由浮力支持。与墩木接触后,随着排水过程,潜艇浮力将随着水下艇体逐渐露出而相应减小。这时重量超过浮力的部分就由墩木来承担,表现为压于墩木的压力。不断排水,压于墩木上的压力不断增加。

在龙骨全线与坞墩接触之前,潜艇压力集中在靠艉部一小段墩木上。在龙骨全线与墩木接触后,随着进一步排水,浮力继续减小,压于墩木上的总压力虽然继续增加,但开始分布到较大的接触表面上去了。所以,实际上最值得注意的是当龙骨全线刚刚要和墩木接触一瞬间,这时艉部一小段墩木上所受的压力最大,以 F_{max} 表示该瞬间的总压力。

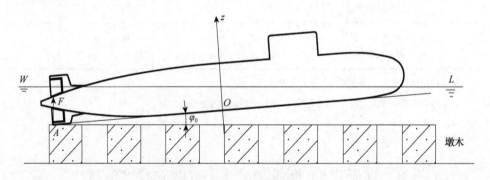

图 3-23 进坞时的反作用力

我们不直接求总压力 F_{max},而设法求墩木对潜艇的反作用力 F'_{max},这就相当于把坐墩的过程想象为船不动,而是墩木平行升起,顶出潜艇,从船和墩木相互作用的观点看这完全是一样的。

由于此反作用力是铅垂向上的,并且其作用点 A 实际上可以看作是不变的。因此可以进一步把此反力看成重量为 F'_{max} 而重心在 A 点的一个减少载荷,并可取点 A 的位置为 $(-\dfrac{L}{2}, 0, 0)$。潜艇由于减少此载荷而使纵倾角 φ_0 变为零,于是由纵倾力矩等于扶正力矩的式(3-58)得:

$$\varphi_0 = \frac{-F'_{max}\left(\frac{L}{2} + x_f\right)}{PH}$$

$$F'_{max} = \frac{PH|\varphi_0|}{\frac{L}{2} + x_f} \approx \frac{2PH|\varphi_0|}{L} \quad (3-63)$$

式中 P ——进坞时潜艇重量(t);

H ——进坞时纵稳定中心高(m);

L ——潜艇长度(或龙骨墩木直线段之长度 L_0,约有 $L_0 = 90\%L$)(m);

φ_0 ——进坞时潜艇的纵倾角(rad)。

2. 墩木反作用力 F'_{max} 对潜艇初稳度的影响

如前所述,可把墩木对艇体的反作用力 F'_{max} 潜成在 A 点减少载荷,于是按第3.7节的结果,此时潜艇横稳定中心高的改变为

$$\delta h = \frac{|F'_{max}|}{P - |F'_{max}|}(T + \frac{\delta T}{2} - h)$$

$$\delta T = -\frac{|F'_{max}|}{\rho S} \quad (3-64)$$

$$h_1 = h + \delta h$$

式中 h 和 S ——潜艇坐墩前自由漂浮时的横稳定中心高和水线面积。

3. 对式(3-63)和式(3-64)的讨论

(1)当龙骨刚要和墩木重合的瞬间,作用于墩木上的总压力 F'_{max} 的大小,与潜艇纵倾角 φ_0、重量 P 成正比。为了减少潜艇与尾墩木之间的作用力,避免压坏墩木或艇体,进坞前应减少潜艇纵倾、按规定卸载,并调整纵倾尽可能使 $\varphi_0 = 0$。

(2)从式(3-65)可知,在龙骨刚和墩木重合的瞬间,潜艇的稳度总是降低的,因为通常 $T + \frac{\delta T}{2} > h$,故 $\delta h < 0$,并且 F'_{max} 愈大,则稳度降低愈严重。

(3)潜艇出坞时,一切现象将以相反的顺序出现,潜艇起初是以其龙骨全线和墩木接触的,然后,随着坞中灌水,开始绕过 A 点的横轴作反方向的转动,直到具有自由漂浮时应有的纵倾 φ_0 为止,此后随着断续灌水潜艇以 φ_0 平行浮起。浮起过程中相应于 F'_{max} 和 h_1 按式(3-63)和式(3-64)求出。

因稳度不足而使潜艇从墩木上倾倒或滑下这类事故,在出坞时尤为多见。除上述原因外,往往由于在坞中不正确的增减载荷所致。因此应切实作好进出坞的稳度校核计算和"潜艇进出坞技术条令"规定的其他工作。

3.8.2 潜艇搁浅时的稳度变化

当潜艇在水面状态搁浅时,与进坞时一样,艇的稳度将减小。

如图 3-24 所示,假设搁浅前潜艇正浮于 WL 水线,吃水为 T,搁浅后浮于 W_1L_1 水线,吃水为 T_1(如有纵倾,可根据艏艉吃水 T_b、T_s 求出舯船的平均吃水 T_1)。吃水改变 $\delta T = T_1 - T$(此时船体破损进水)。

搁浅点海底对艇体的反作用力 F,可近似认为等于搁浅后浮力的减少,于是有:

$$F = \rho \delta v = \rho S \delta T \qquad (3-65)$$

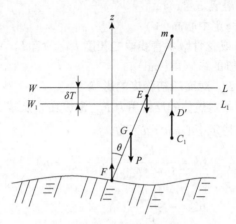

图 3-24 搁浅时的稳度改变

式中 δv —— WL 与 W_1L_1 水线间容积(m^3);

S —— WL 水线面面积(m^2);

δT —— 舯船吃水(即平均吃水)的改变量(m)。

式(3-65)把吃水变化 δT 范围视作直舷,这对应于吃水改变不大,纵横倾不严重的搁浅情况。

实际上潜艇在水面状态搁浅时,一般是在一定航速下发生的,搁滩也是个动态过程,类似于顺序颠倒的舰艇下水计算。

为了求得搁浅后潜艇的横稳度,可将潜艇等容倾斜一小倾角 θ。在 WL 水线时,潜艇是自由漂浮的,反作用力 F 为零。潜艇横倾 θ 后的扶正力矩为

$$m_\theta = Ph\theta$$

在 W_1L_1 水线时,潜艇横倾 θ 后扶正力矩为

$$m_{\theta 1} = Ph_1\theta$$

在 W_1L_1 水线时,除了作用着由 P 与 $D = \rho V$ 构成的力偶外,还增加了反作用力 F 与浮力损失 $\rho \delta V$ 组成的力偶,如图 3-24 所示,$m_{\theta 1}$ 还可写成:

$$m_{\theta 1} = Ph\theta - |F| \cdot \overline{AE} \cdot \theta = P\left(h - \frac{|F|}{P}\overline{AE}\right)\theta$$

$$\because \overline{AE} = T - \frac{|\delta T|}{2}$$

$$\therefore m_{\theta1} = P\left[h - \frac{|F|}{P}\left(T - \frac{|\delta T|}{2}\right)\right]\theta$$

故有

$$h_1 = h - \frac{|F|}{P}\left(T - \frac{|\delta T|}{2}\right) \qquad (3-66)$$

由此可见,搁浅时潜艇稳度的减小与浮力损失、吃水减少成正比。

式(3-65)中把 F 作为一个力来处理,因此潜艇重量认为不变而等于 P,所以上式是潜艇排水量为 P 时横稳定中心高。

如把反作用力 F 作为在潜艇上减少一个载荷来处理,则应用增减载荷的式(3-49),可得搁浅后潜艇的稳定中心高 h_1',为

$$h_1' = h - \frac{|F|}{P - |F|}\left(T - \frac{|\delta T|}{2} - h\right) \qquad (3-67)$$

上式中认为卸去载荷 F 的坐标 $z_F = 0$,卸载后的潜艇重量为 $(P - |F|)$。

由式(3-66)、式(3-67)可知,采用不同方法求出的稳定中心高其数值也是不一样的,但如第 3.5 节所证实的那样,对于同一平衡状态的稳性应该是唯一的,不同方法计算的扶正力矩是相同的。

事实上,当以 $(P - |F|)$ 为潜艇重量、艇横倾为 θ 时的扶正力矩 $m_{\theta1}'$ 为

$$\begin{aligned} m_{\theta1}' &= (P - |F|)h_1'\theta \\ &= (P - |F|)\left[h - \frac{|F|}{P - |F|}\left(T - \frac{\delta_T}{2} - h\right)\right]\theta \\ &= P\left[h - \frac{|F|}{P}\left(T - \frac{|\delta T|}{2}\right)\right]\theta \end{aligned}$$

可见 $m_{\theta1}' = m_{\theta1}$,因此用稳定中心高作为初稳度的度量时,一定要说明是属于哪个排水量的。

有时为了便于采取求助措施,需要知道船底的搁浅位置,即 A 点坐标(x_A 与 y_A)。通常根据搁浅的纵倾和横倾及吃水改变的大小,按倾差力矩等于扶正力矩来决定。即由

$$|F|(x_A - x_f) = M_{1cm} \cdot \delta T$$

得

$$x_A = \frac{M_{1cm} \cdot \delta T}{|F|} + x_f \approx \frac{M_{1cm} \cdot \delta T}{|F|} \qquad (3-68(a))$$

由

$$|F|y_A\cos\theta = Ph_1\sin\theta$$

得

$$y_A = \frac{Ph_1}{|F|}\tan\theta \qquad (3-68(b))$$

3.8.3 潜艇潜坐海底时的稳性

由于战术上或修复破损艇体装置、设备等原因,需要潜坐海底。潜坐海底的通

常方法是浮力调整水舱内注入一定数量的舷外水形成剩余负浮力,使潜艇稳坐海底,具体操艇方法将在《潜艇操纵》中研究,这里仅就潜坐海底后对潜艇稳性的影响进行研究。

假设潜艇潜坐海底,浮力调整水舱注水为 q,其重心作用点为 K。则海底反作用力 $F = q$,作用点为 A。两力平衡,潜艇静坐于海底,当外界有干扰时使艇产生倾角 θ(图3-25),则潜艇扶正力矩为

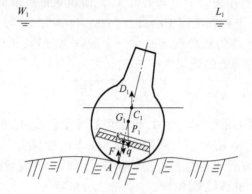

图 3-25 潜坐海底时的稳性

$$m_\theta = P_\downarrow h_\downarrow \theta - q \cdot \overline{AK} \cdot \theta$$
$$= P_\downarrow (h_\downarrow - \frac{q}{P_\downarrow}\overline{AK})\theta$$

则潜艇潜在海底时横稳定中心高为

$$h_{1\downarrow} = h_\downarrow - \frac{q}{P_\downarrow}\overline{AK} \tag{3-69}$$

由上式可知,潜坐海底时,稳度减小,减小的量值取决于注入舷外水的重量和高度位置,假如稳度丧失过大,或出现负初稳度情况,潜艇可能出现失事横倾,横倾角的大小还与潜艇舷侧突出部分及海底形状有关。为了保证潜艇潜坐海底的稳度,注水量不宜过大。如某艇一般为 2~5t 负浮力,在此情况下,稳度减少甚小,对实现影响可忽略。

3.9 自由液面对初稳度的影响

如果油、水等液体载荷完全充满舱室,那么它们的重心位置不会因潜艇的倾斜而改变,它们的存在和重量相当的固体载荷一样。

如果液体载荷没有装满舱室,那么当潜艇倾斜时,舱内液体的表面也将随之而倾斜,使液面与水平面平行,称这种可以自由流动的液体表面自由表面或自由液

面。自由液面的存在将使潜艇的稳度降低。

3.9.1 自由液面对初稳度影响的公式

设潜艇正浮干水线 WL，排水量为 P，某舱内装了具有自由表面的液体，其表面在 wl，重量为 q，容积为 v，密度为 ρ_1，如图 3-26 所示。

当潜艇横倾一个小角度 θ 而到达水线 W_1L_1 时，舱内液面也将倾斜至 w_1l_1，并且 $w_1l_1 \parallel W_1L_1$，这时将有小块楔形容积的液体从 g_1 移到 g_2，从而构成附加力偶矩：

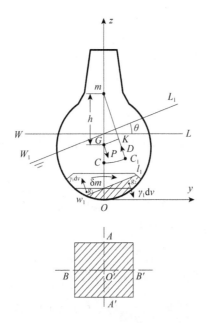

图 3-26 自由液面对称稳度的影响

$$\rho_1 \delta v \cdot \overline{g_1g_2}$$

其中 δv 为楔形容积的大小，该附加力矩的方向与艇的倾斜方向相同，即与扶正力矩反向。

为了确定附加力矩的数值，可把液舱看成一个浮于水线 wl 小舱，并参看第 3.3 节中计算楔形容积移动所构成的容积矩的式(3-8)可得

$$\rho_1 \delta v \cdot \overline{g_1g_2} = \rho_1 i_x \cdot \theta \qquad (3-70)$$

式中　i_x——液体自由表面对通过其自身的面积中心 o' 平行于潜艇 x 轴的 $A-A$ 轴的惯性矩。

这样一来，当有自由表面存在时，潜艇在水线 W_1L_1 时这扶正力矩应有以下两部分组成

$$m_{\theta 1} = Ph\theta - \rho_1 i_x \theta$$

经整理可得:

$$m_{\theta 1} = P\left(h - \frac{\rho_1 i_x}{\rho V}\right)\theta = Ph_1\theta$$

$$\therefore \quad h_1 = h + \delta h = h - \frac{\rho_1 i_x}{\rho V} \quad (3-71(a))$$

则

$$\delta h = -\frac{\rho_1 i_x}{\rho V} \quad (3-71(b))$$

式中 h_1——考虑了自由液面影响的稳定中心高;

h——不考虑自由液面时(如设想液体是冻结的)的稳定中心高;

ρ_1 和 ρ——液体载荷和舷外(海)水的密度。

同理可得自由液面对纵稳定中心高的影响:

$$\delta H = -\frac{\rho_1 i_y}{\rho V} \quad (3-72)$$

式中 i_y——自由液面对通过自身面积中心 O' 并平行于潜艇 y 轴的 $B-B$ 轴的惯性矩。

此外,对燃油舱(或超载燃油舱)消耗液体燃料后,用舷外水补重,液舱是完全注满的,但不是同一种载荷。由于它们的密度不同,当潜艇倾斜时也会产生附加倾横力矩:设 ρ_1、ρ_2 分别为油与水的密度,则有

$$(\rho_2 - \rho_1)\delta v \cdot \overline{g_1 g_2} = (\rho_2 - \rho_1)i_x\theta$$

而稳定中心高的改变类似于式(3-71)可得:

$$\left.\begin{array}{l}\delta h = -\dfrac{1}{\rho V}(\rho_2 - \rho_1)i_x(m) \\ \delta H = -\dfrac{1}{\rho V}(\rho_2 - \rho_1)i_y(m)\end{array}\right\} \quad (3-73)$$

式中 i_x、i_y——没水分离面对自身中心轴 x、y 的惯性矩。

根据式(3-71)与式(3-72)可得如下结论:

(1)自由液面的存在总是使潜艇稳度减小。

(2)自由液面对稳度的影响,取决于自由液面的大小和形状、液体的密度 ρ_1,以及潜艇的容积排水量 V。最后这点意味着同样大小的自由液面,若是在一条小船上,对初稳度的影响要比在一条大船上严重。

(3)自由液面对初稳度的影响和液体容积无关。这在一般情况下,特别是当倾角不大时,确是这样的,如图 3-27(a)所示,舱内液体在不同高度时,尽管容积 v 不同,只要液面的大小和形状一样,那么就自由液面对初稳度的影响而言是一样的。但是对某些特殊情况来说,在应用(3-71(b))式时,可能产生较大的误差,譬

如甲板上积了一层薄薄的水(图3-27(b)),可能在一个不大的倾角时,水就集中于一舷了,惯性矩 i_x 迅速减小,对初稳度的影响,不过是一薄层水移动了距离 d 所造成的,但是式(3-71(b))未考虑这一点,用此计算时就等于考虑了如图3-27(b)虚线所表示的楔形容所包含之液体之移动,这样一来,不论在移动液体之重量上和移动之距离上都比实际情况夸大了,这种情况下式(3-71(b))显然是不能用的。此外当舱内接近灌满时,也会产生类似情况(图3-27(c))。甲板积水情况在潜艇上是不存在的,但对水面舰船是需要防止的。

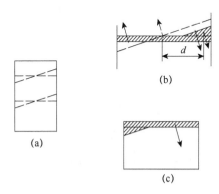

图3-27 液体多少对稳度的影响

一般讲,对于 δh,如果液体层或自由空间高度小于$(0.05\sim0.10)$液舱宽度时,对于 δH,小于$(0.05\sim0.10)$液舱长度时,则式(3-71(b))与式(3-72)计算的结果偏高。

(4)若艇上有几个具有自由液面的舱室时,对初稳度的影响,按下式计算:

$$\delta h = -\frac{1}{\rho V}\sum \rho_i i_{xi} \qquad (3-73(a))$$

$$\delta H = -\frac{1}{\rho V}\sum \rho_i i_{yi} \qquad (3-73(b))$$

式中 ρ_i ——各舱液体之密度;

i_{xi} 及 i_{yi} ——各舱自由液面对自身纵向和横向中心轴的惯性矩;

ρ ——舷外(海)水的密度。

(5)存在自由液面时潜艇稳定中心高的计算。

①水上状态。

横稳定中心高:

$$h = z_c + r - z_g + \Delta r_1 + \Delta r_3 \qquad (3-74(a))$$

纵稳定心中高:

$$H = z_c + R - z_g + \Delta r_2 + \Delta r_4 \qquad (3-74(b))$$

②水下状态

类似有：
$$h_\downarrow = z_{c\downarrow} - z_{g\downarrow} + \Delta r_1 \quad (3-75(a))$$
$$H_\downarrow = z_{c\downarrow} - z_{g\downarrow} + \Delta r_2 \quad (3-75(b))$$

式中　Δr_1——内部液舱自由液面对横稳度的修正；

Δr_2——内部液舱自由液面对纵稳度的修正；

Δr_3——主压载水舱余水自由液面对横稳度的修正；

Δr_4——主压载水舱余水自由液面面对纵稳度的修正。

[例题 3-7]　计算某艇的水面巡航状态和水下状态考虑自由液面影响后的稳定中心高，并已知：

$$\begin{cases} \Delta r_1 = -\dfrac{\sum i_x}{V} = -0.01(\text{m}) \\[6pt] \Delta r_2 = -\dfrac{\sum i_y}{V} = -0.02(\text{m}) \\[6pt] \Delta r_3 = -\dfrac{\sum i_x}{V} = -0.01(\text{m}) \\[6pt] \Delta r_4 = -\dfrac{\sum i_y}{V} = -0.02(\text{m}) \end{cases} \quad (3-76)$$

这里近似取 $\rho_1 = \rho$。

解：水面巡航状态的稳定中心高为

$h = z_c + r - z_g + \Delta r_1 + \Delta r_3 = 3.34 - 3.00 - 0.02 = 0.31(\text{m})$　（参见例[3-1]）

$H = z_c + R - z_g + \Delta r_2 + \Delta r_4 = R = 84.6(\text{m})$

水下状态的稳定中心高为

$h_\downarrow = z_{c\downarrow} - z_{g\downarrow} + \Delta r_1 = 3.26 - 3.08 - 0.01 = 0.17(\text{m})$

$H_\downarrow = z_{c\downarrow} - z_{g\downarrow} + \Delta r_2 = 3.26 - 3.08 - 0.02 = 0.16(\text{m})$

3.9.2　减少自由液面对稳度影响的方法

减少自由液面对稳度的影响可以在潜艇结构和潜艇日常管理上采取改进办法。

在结构上可以在液舱中设置纵、横隔壁。如图 3-28 所示，设液舱长为 l，宽为 b，水平截面为矩形，加隔壁前后的自由液面惯性矩分别为

$$i_x = \frac{lb^3}{12}$$

$$\sum i_{xi} = 2 \times \frac{l \cdot \left(\dfrac{b}{2}\right)^3}{12} = \frac{1}{4} \cdot \frac{lb^3}{12} = \frac{1}{4} i_x \quad (3-77)$$

这就是说在中间加一道隔壁后自由液面的影响将降低到只占原来的1/4。

用同样的方法可以证明,如果用两道纵隔壁把自由液面的宽度分为三等分,则自由液面的影响可以降低到只占原来影响的1/9。一般讲若按液舱宽度分为 n 等分,则降低到分隔前的 $\dfrac{1}{n^2}$。当然,本结论主要适用于液面为矩形的情形。

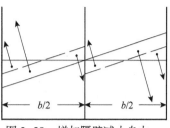

图3-28　增加隔壁减小自由液面的影响

在实际计算中,根据潜艇液舱的具体情况,都可近似地将其看成矩形液面。

在潜艇日常管理中应做到:

(1)装载液体载荷时,应把液舱注满;

(2)消耗液体载荷时,应按规定的顺序,尽量避免各液舱同时存在自由液面。特别在做潜艇倾斜试验和试潜定重时,应严格控制自由液面,并尽量减少到最小限度;

(3)经常排干舱底积水;

(4)当潜艇进坞采用部分主压载水舱部分注水方法调整平衡时,注水的主压载水舱的通风阀和注水眼要关紧,并要计算自由液面对稳度影响的修正值,使稳定中心高达到进坞的要求(一般 $h \not< 0.20\text{m}$),以确保进坞的安全稳度;

(5)潜艇潜到半潜状态时,要注意主水管和发射管(未装鱼、水雷或导弹时)的通风,减少对水下纵稳度的影响;

(6)潜艇潜到水下状态时,要造成艏、艉纵倾来摆动潜艇,将水舱内气体放出,然后关闭主压载水舱的通风阀。

3.9.3　增加液体载荷时稳定中心高的计算

增加液体载荷时,稳定中心高的计算必须计及增加载荷和自由液面的双重影响。

(1)先设想载荷为固体,由于增加载荷 q 则有

$$\delta h = \frac{q}{P+q}\left(T + \frac{\delta T}{2} - h - z_q\right)$$

(2)再计及自由液面存在的修正。

$$\delta h_2 = -\frac{\rho_1 i_x}{\rho(V+\delta V)}$$

$$\delta V = \frac{q}{\rho}$$

增加液体载荷后潜艇的稳定中心高为

$$h_1 = h + \delta h_1 + \delta h_2$$
$$= h + \frac{q}{p+q}\left(T + \frac{\delta T}{2} - h - z_q\right) - \frac{\rho_1 i_x}{\rho(V + \delta V)} \quad (3-78)$$

[例题 3-8] 某艇在水面航行时第 10 号主压载水舱两舷通风阀损坏进水，求艇的初稳度和浮态(图 3-29)。

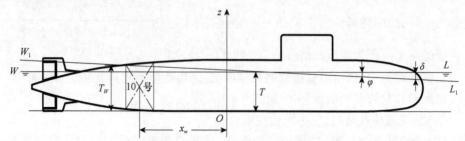

图 3-29 某艇 10 号主压载水舱进水

解：第 10 号主压载水舱进水。实质是增加液体载荷求艇的稳度和浮态。故首先要求出 10 号主压载水舱的进水量 v 及其垂向坐标 z_v，水舱自由液面的中心轴惯性矩 i_x 等舱元要素，为此首先简要介绍主压载水舱的舱元曲线。

1. 主压载水舱舱元曲线简介

主压载水舱是为了实现潜艇的潜浮而设置的，为了确定潜艇的潜浮性能，设计部门计算了主压载水舱的舱元要素。并绘制成随吃水而变的曲线。即是主压载水舱的舱元曲线，每一个主压载水舱的舱元曲线可在《浮力与初稳度技术条令》中查到，它由如下三条曲线组成(图 3-30)：

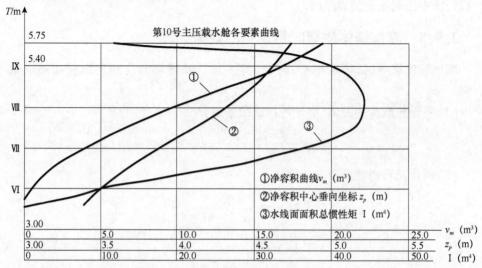

图 3-30 舱元曲线

(1) 净容积曲线 $v_m = f(T)$ 主压载水舱净容积随舱内水位而变化的曲线。净容积是指从主压载水舱容积中扣除了构件等所占空间的容积；

(2) 主压载水舱容积中心垂向坐标曲线 $z_p = f(T)$；

(3) 主压载水舱自由液面对潜艇纵向中心线（即对称面）的总惯性矩 $I = f(T)$ 曲线。

2. 求 10 号主压载水舱进水量及其他要素

如图 3-29 所示，10 号主压载水舱处的吃水 T_{10} 可用下式计算

$$T_{10} = T_标 - l + x_{10}\tan\varphi$$

式中　$T_标 = 4.98$ m——艇的实际舯船吃水，即标志吃水；

$l = 0.37$ m——声纳导流罩下边缘到基线距离；

$x_{10} = -24.65$ m——第 10 号主压载水舱容心到船舯的距离；

$\varphi = -43.7'$——纵倾仪上显示的尾纵倾刻度（注 $1° = 60'$）。

由此可算得到第 10 号水舱的水位 T_{10} 为

$$T_{10} = 4.92\text{m}$$

由 $T_{10} = 4.92$m 查第 10 号水舱舱元曲线得：

$$v_{10} = 10.9\text{m}^3$$
$$z_p = 4.36\text{m}$$
$$I_{10} = 44\text{m}^4$$

3. 增加液体载荷时求艇的稳度和浮态

1) 求潜艇新的重量和重心

名称	重量	垂向		纵向	
	P_i/t	z_i/m	P_iz_i/t·m	x_i/m	P_ix_i/t·m
正常载荷	1319.36	3.00	3958.08	0.76	1002.7
10 号主压载水舱进水量	10.9	4.36	47.52	-24.65	-268.7
总计	1330.26	3.01	4005.60	0.55	734.0

2) 求稳度、浮态要素

$$V_\uparrow = \frac{P_\uparrow}{\rho} = \frac{1330.26}{l} = 1330.26(\text{m}^3)\ (取\rho = 1)$$

由 $V_\uparrow$ 值查"浮力与初稳度曲线"得

$$T = 4.61\text{m}$$
$$z_c + r = 3.34(\text{m})$$

3) 求潜艇稳定中心高

10 号主压载水舱进水后自由液面对稳度的降低值：

$$\Delta r_{10} = -\frac{\rho I_{10}}{\rho V_\uparrow} = -\frac{44}{1330.26} = -0.033(\text{m})$$

$$h = z_c + r - z_g + (\Delta r_1 + \Delta r_3) + \Delta r_{10}$$
$$= 3.34 - 3.01 - 0.02 - 0.033 = 0.277(\text{m})$$

4) 求艇艉实际吃水

由图 3-29 可知：

$$\delta T = \frac{L}{2}\tan\varphi = 34.2 \times (-\tan 43.7°)$$
$$= 34.2 \times (-0.0127) = -0.43(\text{m})$$
$$T_b = T + \delta T + l = 4.61 - 0.43 + 0.37 = 4.55(\text{m})$$
$$T_s = T - \delta T + l = 4.61 + 0.43 + 0.37 = 5.41(\text{m})$$

[例题 3-9] 某艇小修进坞时浮态和初稳度校核计算。已知进坞卸载如下表所列。

解：

1. 卸载后的重量、重心坐标计算

序号	载荷名称	重量 P_i /t	垂向 力臂 z_i /m	垂向 力矩 $P_i z_i$ /t·m	纵向 力臂 x_i /m	纵向 力矩 $P_i x_i$ /t·m
1	正常载荷	1319.36	3.00		0.76	
2	卸燃油	-106.55	1.13		-1.86	
3	卸滑油	-5.20	1.26		-8.66	
4	卸淡水、蒸馏水	-29.05	1.78		8.93	
5	卸粮食	-4.02	2.50		-1.26	
6	卸行李、装具	-5.20	4.08		2.28	
7	卸轻武器	-0.92	2.78		8.30	
8	卸首鱼雷	-24.00	3.83		26.50	
9	卸尾鱼雷	-4.00	4.70		-30.77	
10	卸再生药板	-6.55	4.55		3.26	
11	卸其他备品	-4.246	4.01		-0.43	
12	燃柚舱补重水	132.12	1.13		-1.86	
	共计	1261.65	2.92	3739.95	0.149	189.10

即

$$P_1 = \sum P_i = 1261.65\text{t}$$
$$x_{g1} = 0.149\text{m}$$

$$z_{g1} = 2.95\text{m}$$
$$y_{g1} = 0\text{m}$$

2. 计算卸载后的初稳度和浮态

(1) 由 $P_1 = \rho V_1 = 1261.65\text{t}$ 取 $\rho = 1\text{t}/\text{m}^3$

得 $V_1 = 1261.65\text{m}^3$

并以 V_1 查静水力曲线得：
$$T = 4.45\text{m}$$
$$z_c + r = 3.36\text{m}, R = 87\text{m}$$
$$x_c = 1.72\text{m}$$

(2) 计算 h_1：

$h_1 = z_c + r - z_{g1} + \Delta r = 3.36 - 2.95 - 0.02 = 0.39(\text{m})$ （安全）

这里取自由液面修正 $\Delta r = \Delta r_1 + \Delta r_3 = 0.02(\text{m})$。

(3) 计算浮态 φ：

$$\varphi = \frac{x_{g1} - x_c}{R} = \frac{0.149 - 1.72}{87} = -0.018\text{rad} = -1°(\text{艉倾})$$

3. 调整纵倾

一般进坞要求纵倾角 $\varphi = 0$。

大量纵倾力矩用灌注主压载水舱等反力矩措施调整；

小量纵倾力矩用辅助水舱注排水调节。

如上计算表明现有艉倾力矩：
$$M = P_1(x_{g1} - x_c) = 1261.65(0.149 - 1.72) = -1940(\text{t}\cdot\text{m})$$

调倾措施及其计算如下表所列

序号	载荷名称	质量 P_i /t	垂向		纵向	
			力臂 z_i /m	力矩 $P_i z_i$ /t·m	力臂 x_i /m	力矩 $P_i x_i$ t·m
1	前表中载荷	1261.65	2.95		0.149	
2	首环形间隙水舱注水	4.7	2.12		26.6	
3	鱼雷补重水舱注水	12.34	2.25	3739.95	19.57	189.10
4	水雷补重水舱注水	5.73	2.43		17.97	
5	1号主压载水舱注水	24.5	2.46		32.0	
6	2号主压载水舱注水	25.0	1.75		24.0	
	共计	1333.91	2.93	3894.15	1.53	2043.1

注：1、2号主压载水舱的舱元素可用某艇的舱元曲线求得。由于1、2主压载水舱的纵向位置分别为

$$x_1 = 32\text{m}$$
$$x_2 = 24\text{m}$$

又有艉倾 $\varphi = -1°$ 及吃水 $T = 4.45\text{m}$，于是可得1、2号主压载水舱处的吃水分别为

$$T_1 = T + x_1\tan\varphi = 4.45 - 32 \times 0.0175 = 3.89(\text{m})$$
$$T_2 = T + x_2\tan\varphi = 4.45 - 24 \times 0.0175 = 4.03(\text{m})$$

以 T_1、T_2 查舱元曲线则有：

$$v_1 = 24.5\text{m}^3, \quad z_1 = 2.46\text{m}, \quad I_1 = 8.5\text{m}^4$$
$$v_2 = 25.0\text{m}^3, \quad z_2 = 1.75\text{m}, \quad I_2 = 17\text{m}^4$$

按"2"同样的方法查静水曲线图可得：

$$T = 4.65\text{m}$$
$$z_c + r = 3.36\text{m}, \quad R = 82\text{m}$$
$$x_c = 1.6\text{m}$$

计算纵倾角 φ 为

$$\varphi = \frac{x_g - x_c}{R} = \frac{1.53 - 1.6}{8.2} = -0.00085(\text{rad})$$
$$= 0.05°(\text{符合要求})$$

4. 校核稳度（并消除残余倾差）

计算初稳度 h

$$h = z_c + r - z_g + \Delta r + \sum \Delta r_1$$
$$= 3.36 - 2.93 - 0.02 - 0.02 = 0.39(\text{m})$$

其中：

$$\sum \Delta r_i = \frac{\sum I_i}{V} = -(8.5 + 17)/1333.91 \approx -0.02(\text{m})$$

此外，微小的倾差可用艏艉纵倾平衡水舱间调水来消除。同时考虑到进坞艇的实际吃水情况

$$T_{标} = T + t = 4.65 + 0.37 = 5.02(\text{m})$$

坞门槛处的水深需大于 $T_{标}$ 以上方可进坞。其他安全事项按进坞条例执行。

3.10 潜艇下潜和上浮时的稳度

潜艇不仅要求在水面和水下状态是平衡稳定的，而且还要求在下潜和上浮的全过程中也是稳定的。

潜艇从水面巡航状态转为水下状态或由水下转为水上，都是靠主压载水舱的

注排水来实现的。潜艇的潜浮可分两种方式进行,即一次潜浮和二次潜浮(见第 2.7 节)。不管采用哪种方式潜浮,求潜浮过程中某一位置的初稳度,其实质是增减载荷求初稳度。对于潜艇管理人员来讲,可用设计部门已绘制好的"下潜与上浮初稳度曲线"来查找潜浮过程中的稳度(图 3-31)。

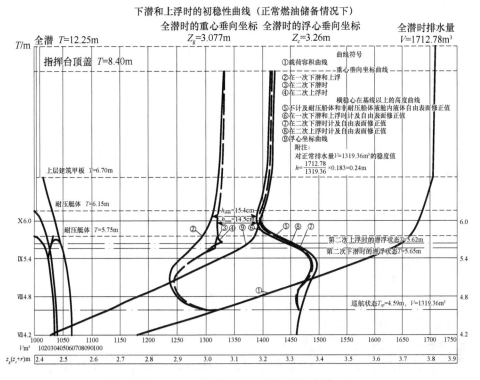

图 3-31 下潜与上浮时的初稳性曲线

3.10.1 潜浮稳度曲线图

潜艇下潜时,若把主压载水舱的注水看成艇上增加液体载荷。由前述可知,增载后艇的吃水 T、排水量 V、稳心高 $(z_c + r)$、重心高 z_g 都将发生变化,而且主压载水舱的自由液面对稳度的修正值 Δr 也随之改变。以上各量值均已作成随吃水而变的曲线,组成了潜浮稳度曲线图。

(1) 排水量曲线 $V = f(T)$。

潜艇排水量随吃水增大而逐渐增加,至全潜后变成一定值。

(2) 重心高曲线 $z_g = f(T)$(图 3-31 中曲线②、③、④)。

下潜开始,最初海水注于舱底,潜艇重心下降;随着注水增加,压载水的重心不断升高,当其高过潜艇重心后,潜艇重心开始升高,到全潜后新重心高不变,即 z_g 为一常数。二次潜浮时 z_g 曲线有一拐点,而且下潜和上浮时并不按同一曲线变化。

这是因为二次潜水时,艏艉组主压载水舱先注的水不能抵消全部储备浮力,所以艏艉组的主压载水舱未注满,水舱上部还有自由空间;当开始向舯组主压载水舱注水时,艇的重心似乎应先向下然后再向上变化,但由于艏艉组主压载水舱上部再次注水,所以潜艇重心是缓慢的向上变化,直到注水完毕。潜艇二次浮起时,艏艉组的主压载水舱是注满水的,而舯组的主压载水舱的排水是先从上部减少,艇的重心先向下变化,当主压载水舱下部排水时,艇的重心又开始向上改变,潜艇浮到半潜状态的吃水深度大于二次潜水时的吃水深度。可见潜浮过程中重心变化产生拐点的原因是分两次注、排水引起的。

(3) 横稳心在基线的高度 $z_m = z_c + r = f(T)$。

其中潜艇浮心高 z_c 随着吃水 T 不断上升,到全潜后为一常数。

横稳心半径 $r = I_x/V = f(T)$(图 3-31 中曲线⑤),其中水线面积惯性矩 I_x 决定于水线面有效面积的大小和形状。潜水开始后,吃水增加水线面积减小,水线面积惯性矩 I_x 随之减小,所以 r 值下降。当耐压壳入水时水线面积基本消失,稳定中心半径 r 变为零,稳定中心 m 与浮心 C 重合于一点,故 z_c 曲线和 r 曲线相交于一点,则 $z_c + r = z_c\downarrow$,到全潜 $z_c\downarrow$ 也固定不变成一常数。

(4) 主压载水舱自由液面对初稳度的修正 $\Delta r = f(T)$(图上曲线⑥、⑦、⑧)。主要决定于主压载水舱两舷空气、水是否相通分为:

两舷空气相通、水也相通——称之为"全通";

两舷空气不通、但水相通——称之为"半通";

两舷空气相通、但水不通⎫
两舷空气不通、水也不通⎭——称之为"不通"。

对三种情况进行计算(可参看专门的潜艇原理计算书)。此外还与潜浮方式——一次或二次潜浮有关,所以需用多条曲线表示。

根据潜浮稳度曲线图,考虑到横稳定中心高 $h = z_c + r - z_g + \Delta r$,所以曲线 $z_g = f(T)$ 和 $z_c + r + \Delta r = f(T)$ 之间的水平距离即为横向初稳度 h 在潜浮过程中的变化规律。当原始装载不同时,即正常载荷和超载情况,稳度曲线也不同,所以分别绘制成两张潜浮稳度曲线图。因此,潜浮稳度曲线图比较全面地反映了潜艇在不同装载情况下的水上、水下及中间过渡状态时的初稳度,它是一种重要的稳性资料。

3.10.2 潜浮稳度的"颈"区

由潜浮稳度曲线图可知,不论一次潜浮还是二次潜浮,潜艇在潜浮过程中都存在一个稳度最小区域,称作稳度 h 的"颈"区,记为 h_{min}。

例如 A 艇的颈区在:

一次潜浮时:$T = 6.10\text{m}$,$h_{min} = 0.154\text{m}$

二次潜浮时:$T = 6.05\text{m}$,$h_{min} = 0.146\text{m}$

而 B 艇的颈区为：

一次潜浮时：$T = 6.05\text{m}$，$h_{\min} = 0.171\text{m}$

二次潜浮时：$T = 5.59\text{m}$，$h_{\min} = 0.138\text{m}$

造成这种现象的原因是：耐压船体入水，水线面面积基本消失，稳定中心半径 $r = 0$，而浮心 z_c 和重心 z_g 都不断上升，使 h 值迅速降低。另外在此期间，主压载舱内尚有自由液面，对初稳度有较大的修正。

考虑到这种情况，在大风浪天实施潜浮时，为确保潜艇的安全应加速潜浮，以缩短在颈区的过渡时间。另外，应选择有利的航向，减少风浪对艇体的冲击，以免造成大横倾。由此可见掌握潜艇在潜浮过程中初稳度的变化规律，对操纵潜艇具有重要的实际意义。

3.11　潜艇倾斜试验

根据载重表用计算方法求得的重心位置往往不很准确可靠，但是重心位置对于潜艇的浮态和稳度却影响极大，所以每一艘舰船在下水后、建造完工后、经现代化改装后或大修后都照例要用试验的方法来检验其重心位置，尤其是重心高度。为此而作的试验即称倾斜试验。但倾斜试验所得的直接结果并非重心位置而是潜艇水下状态的稳定中心高，当知道了准确的稳定中心高，也就不难推出准确的重心位置。

倾斜试验应当在正常排水量的情况下进行。所以倾斜试验通常是与试潜定重结合起来进行的。当试潜定重结束，潜艇悬浮在潜望镜深度时，即可进行倾斜试验。

3.11.1　倾斜试验的基本原理

若以一定的重物 q 水平横向移动（图 3-32）一段距离 d，那么由移动重物所构成的倾斜力矩应是 $qd\cos\theta$，根据平衡条件应有：

$$q \cdot d\cos\theta = P_\downarrow h_\downarrow \sin\theta$$

故

$$h_\downarrow = \frac{q \cdot d}{P_\downarrow \tan\theta} \qquad (3-79)$$

式中：移动重物的重量 q 可以事先称重；移动距离 d 可事先量得；$P_\downarrow = \rho V_\downarrow$，而 ρ 可取水样后由密度计测定，排水容积 $V_\downarrow$ 则可根据试验时的吃水状况由静水力曲线查出或由邦戎曲线求出；θ 则可在试验过程中测定。这样，稳定中心高 $h_\downarrow$ 便可

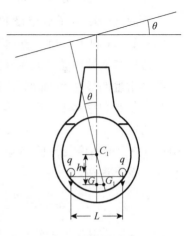

图 3-32　倾斜试验

按式(3-79)求出。

有了水下稳定中心高 $h_↓$，则水下重心高度 $z_{g↓}$ 可按下式求得

$$z_{g↓} = z_{c↓} - h_↓ + \Delta r_1 \qquad (3-80)$$

式中 Δr_1——倾斜试验时，潜艇内部液舱自由液面对横稳度的修正值(m)；

$z_{c↓}$——按试验时的吃水由静水力曲线查得。

关于重心纵坐标 $x_{g↓}$，则按正浮平衡条件

$$x_{g↓} = x_{c↓}$$

确定，而 $x_{c↓}$ 也按试验时吃水由静水力曲线求得。

3.11.2 倾斜试验中注意事项

潜艇的倾斜试验必须在定重试验之后接着进行，以保证潜艇是在正常载荷条件下进行倾斜试验的，这是因为不同的载荷状态所对应的稳定中心高是不同的，所以潜艇的装载状态应和潜艇设计所要求的正常载荷相符。小量不足和多余的载荷（如用于倾斜试验的压铁和设备），应按规定登记，自由液面应按规定控制在最小范围内。

倾斜试验所需压铁总数，根据全部压铁移于一舷时，艇应产生不小于 1.5°、且不大于 3°～4°的横倾角来确定，以保证精确性，通常为

$$q \geq 0.0524 \frac{Dh}{d}$$

式中 q——压铁总量,t；

D——潜艇正常排水量,t；

h——倾斜试验时的理论横稳定中心高,m；

d——压铁移动力臂,m。

倾斜试验用悬锤测定横倾角，并附具有刻度的水平标尺（图3-33）。悬锤和横倾仪不少于三个。悬锤和横倾仪通常放置在艏、舯、艉部舱室的中线面附近的最高点、如艏部鱼雷装载舱口、指挥台出入舱口和尾部出入舱口等三处。悬锤的悬线应尽可能长一些，悬点到标尺的距离最好不小于4m，以便获得精确的试验结果。如图3-33所示，倾角 θ 按下式确定：

$$\tan\theta = \frac{a}{l}$$

式中 a——悬锤摆动的水平距离(摆幅)，试验测定，并要求其值不超过 30～50mm；

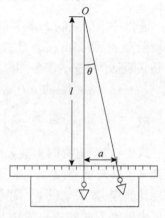

图 3-33 倾斜试验用的悬锤

l ——悬线长度。

倾斜试验通常在规定的试验海区进行,要求风、流较小,水深足够。具体的倾斜试验之组织实施、试验设备和方法须按 GJB 8-1984《潜艇倾斜试验》军用标准执行。

关于潜艇水上状态的倾斜试验的基本原理、一般要求与水下状态的倾斜试验大致相仿,不再赘述。

潜艇在小倾斜时的稳性即初稳性问题,但潜艇在服役过程中绝不只限于发生小倾斜。如一舷主压载水舱通气阀失灵注水,潜艇在水面遭遇大的风浪或发射武器时,会受到较大的外力作用,其倾斜角可能会超过小倾角的范围,在这种情况下,潜艇是否有足够的稳度?能否保证安全?这无疑是个重要问题。要解决这类问题必须研究潜艇在大倾斜(>15°)时的稳性规律,这时初稳度的概念和公式 $m_\theta = Ph\sin\theta$ 已经不适用了,浮心移动曲线不再是圆弧,稳定中心的位置也将随斜角而改变。

大角稳性就是潜艇某一平衡位置(通常都是指正浮状态)在大倾斜条件下的稳性。基本问题是确定扶正力矩和倾角之间的关系及变化规律。关于大角稳度的计算将从略(可参看有关设计计算书),本章着重介绍大倾角的扶正力矩的表示和规律性,以及如何利用这些规律解决一些实际问题。尤其是各种外力矩作用下潜艇的倾斜问题。

潜艇在水面状态的大角稳性只讨论横稳性,因纵倾通常是不大的,水面状态的纵稳生也是有保障的。另外,随着现代潜艇更重视水下航行性能,水面航行时间较少,潜艇大角稳性的重要性有所降低。

3.12 潜艇的大角稳性

3.12.1 扶正矩及其力臂的表示式

设潜艇从平衡位置 WL 水线等容倾斜一大角度 θ 而到达水线 $W_\theta L_\theta$(图3-34)。和小倾斜相比,有如下两点不同:一是水线 $W_\theta L_\theta$ 和水线 WL 的交点通常都不再通过 WL 水线的面积中心 F 点了;二是浮心自 C 移至 C_θ。$\overparen{CC_\theta}$ 通常也不能再认为是一段圆弧,从而新的浮力作用线 $\overline{C_\theta K_\theta}$ 通常也不再通过水线 WL 的稳定中心 m 点。于是在大横倾角情况下扶正力矩不能再用 $m_\theta = Ph\sin\theta$ 表示了。

由图(3-34)可看出大横倾角的扶正力臂为

$$\overline{GK_\theta} = \overline{CN} - \overline{CH} = \overline{CN} - a \cdot \sin\theta \qquad (3-81)$$

式中 a ——正浮状态时重心 G 在浮心以上的高度;

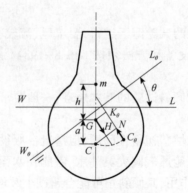

图 3-34 潜艇大角稳性

$\overline{CN}$——浮心 C 到新的浮力作用线($C_\theta K_\theta$)的距离。

于是,扶正力矩

$$m_\theta = P \cdot \overline{GK_\theta} = P(\overline{CN} - a \cdot \sin\theta)$$
$$= P \cdot \overline{CN} - Pa\sin\theta \qquad (3-82)$$

由式(3-81)、式(3-82)可知,扶正力臂或扶正力矩均由两项组成。

$\overline{CN}$ 取决于浮心移动,和船形有关,故叫船形稳度力臂,用 $l_{\varphi\theta}$ 表示。$P\overline{CN}$ 叫船形稳度力矩,用 $m_{\varphi\theta}$ 表示。若将重心移动定理用于浮心移动,不难从图 3-35 中看出

$$m_{\varphi\theta} = \rho V \cdot \overline{CN} = \rho v_\theta d_\theta \qquad (3-83)$$

式中 v_θ——楔形容积;

d_θ——出水和入水两块楔形容积的中心之间的距离。

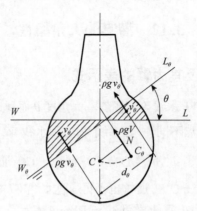

图 3-35 船形稳度力矩的构成

所以船形稳度力矩 $m_{\varphi\theta}$ 实质上是由楔形容积的搬运而形成的,并且其作用总是使潜艇扶正的,这与初稳度时的船形稳度力矩的特性完全相同,不同的只是 $\overline{CN}$

不再能用稳定中心半径"r"表示了。

$-a\sin\theta$ 项,当排水量一定时,z_c 是常数,a 的大小取决于重心位置的高低,故称为重量稳度力臂,且只要重心在浮心之上,即 a 值为正,则其力矩 $-Pa\sin\theta$ 总是使潜艇继续倾斜的。

若用 l_θ 表示扶正力臂,则式(3-81)、式(3-82)可分别写为

$$l_\theta = l_{\varphi\theta} - a\sin\theta \tag{3-84}$$

$$m_\theta = Pl_\theta \tag{3-85}$$

把扶正力矩或力臂与倾角的关系用曲线表示,得到静稳性曲线 $m_\theta = f(\theta)$ 或 $l_\theta = f(\theta)$,如图 3-36 所示。静稳性曲线完整地表示了潜艇的横稳性,具有很大的实用价值。

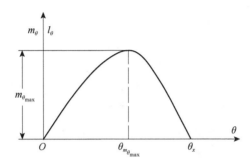

图 3-36　静稳性曲线

3.12.2　静稳性曲线及其应用

1. 静稳性曲线的特性

静稳性(力臂)曲线 $m_\theta = f(\theta)$ 或 $l_\theta = f(\theta)$ 是扶正力矩(或力臂)与倾角的关系曲线,是根据式(3-85)与式(3-86)计算的,且对应于一定的载重状态(通常是正常排水量和对应的重心高度)。须注意的是,力矩和力臂通常用同一条曲线表示,因为它们之间只相差一个常数倍数——排水量 P,所以只要对其坐标采用不同的比例尺就行了。

由图 3-36 可知,静稳性的一般变化规律是:随着倾角的增大,扶正力矩从零逐渐加大,在某个倾角时达到极大值,以后就逐渐减小,又变为零,并最终变为负值。对应于扶正力矩最大值的倾角称最大稳度角,用 $\theta_{m_{\theta\max}}$ 表示,对应于曲线下降段上扶正力矩重新又变为零的角度则称稳度消失角,用 θ_x 表示。

规定:向右舷横倾时倾角 θ 为正,反之为负;从艇艉向艏看,使潜艇绕 x 轴作逆时针转动时,扶正力矩 m_θ 为正,反之为负。

考虑到船形及重量分布通常应是左右对称的,潜艇不论向右舷或左舷倾斜时其稳性是相同的,所以一般只须画出曲线的右半部分就够用了,整体的静稳性曲线

如图 3-37 所示。

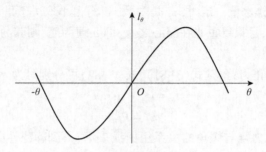

图 3-37 完整的静稳性曲线

静稳性曲线的基本用处在于：
(1) 用以确定潜艇在各种外力作用下的大倾角；
(2) 用以全面衡量潜艇在一定载重状态下稳性的好坏。
同时也是估算潜艇耐风浪性的基本资料之一。

如果排水量和重心高度改变了，静稳性曲线就不同。此时可用如图 3-38 所示的船形稳度臂插入曲线，应用已知的排水量静水力曲线得新的浮心坐标 z_c，然后按改变后的重心高度 z_g 计算得到新的 $a = z_g - z_c$ 值，从而求得新的重量稳度臂 $a\sin\theta$，最后按稳度臂公式(3-85)计算。

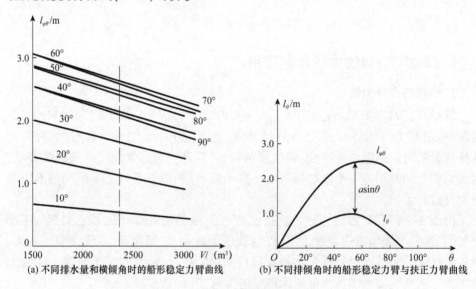

(a) 不同排水量和横倾角时的船形稳定力臂曲线　　(b) 不同排倾角时的船形稳定力臂与扶正力臂曲线

图 3-38 船形稳度臂插入曲线

2. 水下状态静稳性曲线

潜艇在水下状态时，有效水线面积消失，浮心不变，船形稳度力臂为零。水下稳性仅由重量稳度力矩来确定，故水下扶正力矩 $m_{\theta\downarrow}$ 及 $l_{\theta\downarrow}$ 为

$$m_{\theta\downarrow} = \rho V_{\downarrow}(z_{c\downarrow} - z_{g\downarrow})\sin\theta = P_{\downarrow}h_{\downarrow}\sin\theta \tag{3-86}$$

$$l_{\theta\downarrow} = (z_{c\downarrow} - z_{g\downarrow})\sin\theta \tag{3-87}$$

当不考虑自由液面影响的修正时,潜艇水下静稳曲线是一条正弦曲线(图 3-39),即水下稳度计算公式不受初稳度条件的限制。此时最大稳度角 $\theta_{m_{\theta\max\downarrow}}$ = 90°,稳度消失角 $\theta_{x\downarrow}$ = 180°。这样的静稳性曲线应该是较理想的,但是实际上潜艇在水下不允许出现大的横倾,因为它受到人员、机械、仪表等工作条件的限制。如潜艇向一侧横倾超过(45°~50°)电解液就要溢出,这是不允许的。

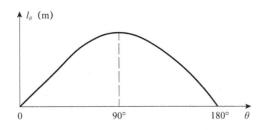

图 3-39 潜艇水下静稳性曲线

3. 静倾斜力矩作用下潜艇的倾斜

研究稳性的基本目的是判断潜艇在外力作用下会不会发生倾复。要作出这种判断必须解决两个问题:

(1)在一定外力作用下,潜艇会产生多大的倾斜角 θ;

(2)潜艇能承受多大的外力才不致引起危险。

1)两种不同作用性质之外力矩

根据外力的性质可以把其区分为静倾斜力矩和动倾斜力矩(又称突加力矩)两种。

①静倾斜力矩。所谓静倾斜力矩 m_{kp} 是指从零逐渐地增加到某个值的力矩。潜艇在这样的力矩作用下其倾斜也将逐渐地增大,在倾斜过程中可以认为不产生角加速度及角速度,而是无限个平衡状态的继续。如燃油或均衡水在导移过程中所造成的力矩、长时间连续吹拂的风力等就具有静倾斜力矩的作用特点。

②动倾斜力矩。若外力矩是突然施加到潜艇上的,力矩的数值一下子就达到某个值,潜艇在倾斜过程中将产生角加速度及角速度,这样的力矩叫动倾斜力矩(或称突加力矩) m_{kp}。如潜艇破损大量海水突然灌入或突起的阵风等构成的力矩就相当于这种突加力矩的作用。

综上所述,倾斜力矩对潜艇的作用不仅取决于倾斜力矩数值的大小,还要视其作用方式而定。在同样大小的倾斜力矩作用下,两者所引起的倾斜效果会很不一样,后者情况要严重得多。

为了使用上的方便,把倾斜力矩与潜艇静稳性曲线所用排水量之比称为倾斜

力臂,即:

$$l_{kp} = \frac{m_{kp}}{p} \tag{3-88}$$

式中 P——可以是正常排水量或超载排水量,应与静稳性曲线所表示的装载状态相一致。

2)静倾斜力矩作用下潜艇的倾斜

①静力倾斜角的确定。

情况:潜艇受一定的静倾斜力矩 m_{kp} 作用,且已知潜艇在某个载重状态的静稳性曲线,求潜艇在 m_{kp} 作用下所产生的倾斜角。

分析:如图 3-40 所示,在图上以平行于 θ 轴的直线表示 m_{kp}。由于是静倾斜力矩作用,它的值并非一开始就达到给定值,而是逐步增加,潜艇也随之逐渐倾斜,扶正力矩也逐渐增大。倾斜过程中倾斜力矩时时等于扶正力矩(如图中虚线所示),潜艇时时都处于平衡状态。

当倾斜力矩增大到给定的 m_{kp} 值时,倾斜角达到 θ_{CT} 就稳住了,这一角度称为静力倾斜角。

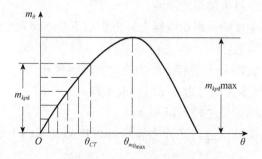

图 3-40 静稳性曲线的应用

结论:静力倾斜角 θ_{CT} 是根据两力矩作用下的静力平衡条件来确定的。具体来讲应是倾斜力矩等于扶正力矩,即:

$$m_{kp} = m_\theta$$

因此,只要把表示倾斜力矩 m_{kp} 的直线作到静稳性曲线上去,两者交点所对应的角度就是静力倾斜角 θ_{CT},因为该角度的倾斜力矩等于扶正力矩。

②潜艇所能承受的最大静倾斜力矩。

由上述分析可知,当倾斜力矩继续增大时,静力倾斜角 θ_{CT} 也继续增大,当倾斜力矩增大到等于最大扶正力矩时,潜艇就将平衡在最大稳度角 $\theta_{m_\theta\max}$(图3-41)。这时,若再加大一点倾斜力矩,那么倾斜力矩将永远大于扶正力矩了,再没有哪一个倾角的扶正力矩足以和倾斜力矩相抗衡。显然,这时潜艇只能倾覆了。所以,潜艇所能承受的最大静倾斜力矩的数值就是最大扶正力矩的数值,并称此力矩为潜

艇的最小倾覆力矩,而最大稳度角也就是潜艇在静倾斜力矩作用下所能达到的极限倾斜角。即潜艇能承受的静倾斜力矩应满足

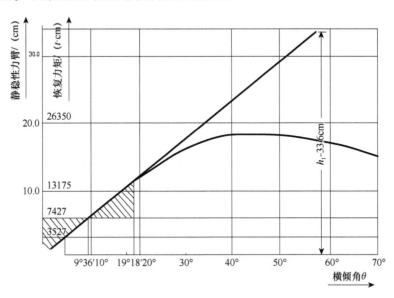

图 3-41 静稳性力臂曲线

$$m_{kp\max} \leqslant m_{\theta\max}$$
或
$$\theta_{CT\max} \leqslant \theta \tag{3-89}$$

例如:已知某艇的静稳性曲线如图 3-41 所示,巡航状态时能承受的最大倾斜力矩为

$$m_{kp\max} = m_{\theta\max} = 240(\text{t·m})$$
及
$$\theta_{CT\max} = 45°$$

如受到 $m_{kp} = 145(\text{t·m})$ 作用时,则其静力倾斜角 $\theta_{CT} = 20°$。

4. 动倾斜力矩作用下潜艇的倾斜

1) 动力倾斜角的概念。

设潜艇在正浮状态,受到突加力矩 m_{kpd} 的作用,它在静稳性曲线上仍可用一条平行于 θ 轴的直线表示(这里假定它的数值为常量),如图 3-42(a)所示。但须注意表示突加力矩的那条直线的 m_{kpd} 值的大小,是一开始就以这样的大小作用到潜艇上的。

当突加力矩作用到艇上时,潜艇就产生了角加速度和角速度,并且在 $0 \sim \theta_{CT}$ 的间隔内,突加力矩一直大于扶正力矩,因此角加速度就一直存在,从而角速度就一直在增大。

当倾斜角到达 θ_{CT} 时,虽因突加力矩等于扶正力矩,合力矩为零使角加速度也为零。但又因在此之前潜艇一直处在角加速度的状态,故这时角速度达到最大值,从而潜艇将由于惯性而越过 θ_{CT} 继续倾斜。

当倾斜一旦超过 θ_{CT} 时,扶正力矩又大于倾斜力矩了,潜艇将产生负的角加速度,于是角速度越来越小直至为零,这时潜艇的倾斜达到最大值,这个角度叫动力倾斜角,用 θ_D 表示。

潜艇在动力倾斜角 θ_D 处并不会久留,因 θ_D 不是平衡位置,此时扶正力矩大于倾斜力矩。潜艇将开始被扶正,当重新经过平衡位置 θ_{CT} 时,角速度又达到极大,然后用逐渐减小的角速度继续扶正,直到正浮状态,角速度又变为零。

此后,同样的倾斜—扶正过程又将重复,潜艇围绕静力平衡位置 θ_{CT} 在 $0 \sim \theta_D$ 之间往复摆动。由于水的阻尼作用,摆幅将越来越小,最终将停止在平衡位置 θ_{CT} 上。

在突加力矩作用时,主要关心的是动力倾斜角 θ_D 的大小,而不是最终的静平衡位置 θ_{CT},因为 θ_D 比 θ_{CT} 大得多。完全可能有这样的情形,当某个一定大小的力矩静作用时,潜艇不会发生什么危险,并倾斜在 θ_{CT} 上,而当同样大小的力矩突然作用时,会使潜艇翻掉。

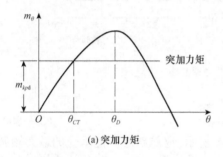
(a) 突加力矩

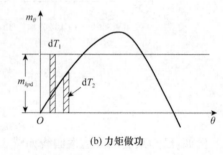
(b) 力矩做功

图 3-42 动倾斜力矩做功

2) 动力倾斜角的确定

①关于力矩作功的概念。

为了确定动力倾斜角 θ_D 的大小,须引入力矩做功的概念。

当倾斜潜艇时,倾斜力矩必须克服扶正力矩而作功。力矩的功表示力矩在倾斜过程中对潜艇的累积效应,因此力矩与角位移的乘积就是功。倾斜过程中不仅倾斜力矩作功,扶正力矩也作功,不过由于这两个力矩的方向相反,因此倾斜力矩作的功是正的,而扶正力矩作的功是负的。可用以下力矩作功的方程式表示 [(图 3-42(b)]

倾斜力矩的微功元是

$$dT_1 = m_{kpd} \cdot d\theta$$

扶正力矩的微功元是

$$dT_2 = m_\theta \cdot d\theta$$

从 $0 \sim \theta$ 对上述二式进行积分,则潜艇从正浮状态倾斜到 θ 角时,倾斜力矩和

扶正力矩分别所作的功为

$$T_1 = \int_0^\theta m_{kpd} d\theta \quad (3-90)$$

$$T_2 = \int_0^\theta m_\theta d\theta \quad (3-91)$$

从图形上看，T_1、T_2 分别为两块曲线的面积(图3-43)。

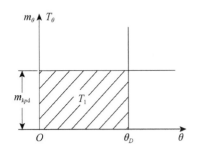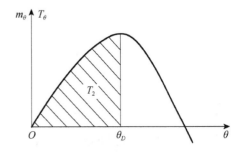

图 3-43　功 T_1 和 T_2 相等

②确定动力倾斜的条件。

由上已知，潜艇倾斜到动力倾斜角时角速度为零，也就是动能为零。

根据理论力学中的动能定理："所有外力(外力矩)对物体所作的功等于物体动能的改变"。

而潜艇开始倾斜时(如处于正浮的平衡位置)，动能为零，倾斜到动力倾斜角时动能又变为零，在这一角度间隔上动能没有改变，于是由动能定理就不难推出这样的结论：

从 $\theta = 0$ 到 $\theta = \theta_D$ 的过程中，倾斜力矩所作的功必等于扶正力矩所吸收的动力，因为只有这样才能构成力矩对潜艇所作的功等于零，从而使潜艇动能的改变也为零。所以应有

$$\int_0^{\theta_D} m_{kpd} d\theta = \int_0^{\theta_D} m_\theta d\theta \quad (3-92)$$

若动倾斜力矩 m_{kpd} = 常数，则有

$$m_{kpd} \cdot \theta_D = \int_0^{\theta_D} m_\theta d\theta \quad (3-93)$$

由图3-44可见，$m_{kpd} \cdot \theta_D$ 就是矩形 $ab\theta_D 0$ 的面积；而 $\int_0^{\theta_D} m_\theta d\theta$ 则是曲线下的面积 $oc\theta_D$，这两块面积相等。由于面积 $odb\theta_D$ 是公共的，所以上述两块面积相等也可看成：面积 oad 等于面积 dcb。

这样一来，只要把表示倾斜力矩的直线(当 m_{kpd} 是常数时)作到静稳性曲线上，根据两块类似三角形(图中阴影部分)的面积相等的条件，就可确定动力倾斜角

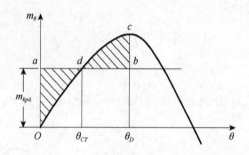

图 3-44 用静稳度曲线确定动力倾斜角

θ_D。但由于忽略了水阻力的作用,而水阻力将消耗掉一部分动能,所以实际的动力倾斜角将稍小一点。

3.12.3 动稳性曲线及其应用

1 动稳度与动稳度臂

在静倾斜力矩作用下,潜艇静力倾斜角的大小是根据倾斜力矩等于扶正力矩的原理确定的,扶正力矩的大小标志着抵抗静倾斜力矩的能力,所以用扶正力矩或力臂来表示潜艇的静稳度。而在突加力矩作用下,确定潜艇动倾斜角的大小时,有决定意义的不是扶正力矩本身,而是扶正力矩作的功。动力倾斜角是根据倾斜力矩作的功等于扶正力矩作的功这一原理确定的,扶正力矩作功的大小标志抵抗动力倾斜力矩的能力,所以用扶正力矩作的功来表示潜艇的动稳度,记为 T_θ。

动稳度是"使潜艇由正浮状态倾斜到某一倾角时所需花费的最小功"。所谓"最小"是指倾斜潜艇的全部功都是用来克服潜艇的扶正力矩以形成潜艇的倾斜,而没有花费在造成潜艇的角速度上的。

这样,相当于某一倾角 θ 的动稳度 T_θ 在数值上就是潜艇从 0 倾斜到 θ 时扶正力矩吸收的功,即

$$T_\theta = \int_0^\theta m_0 \mathrm{d}\theta \tag{3-94}$$

因为倾斜力矩所作的功如果比 T_θ 还小,哪怕只小一点,也无法使潜艇倾斜到这个角度。

若将式(3-14)改写成

$$T_\theta = \int_0^\theta m_\theta \mathrm{d}\theta = \int_0^\theta P l_\theta \mathrm{d}\theta = P \int_0^\theta l_\theta \mathrm{d}\theta \tag{3-95}$$

并定义动稳度和排水量之比为动稳度臂,以 $l_{D\theta}$ 表示,则有

$$l_{D\theta} = \frac{T_\theta}{P} = \int_0^\theta l_\theta \mathrm{d}\theta \qquad (3-96)$$

不论是动稳度 T_θ 或是动稳度臂 $l_{D\theta}$ 在几何上均表现为静稳度曲线下的相应面积,如图 3-45 所示。

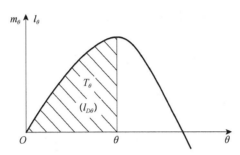

图 3-45 动稳度和动稳度臂的几何意义

2. 动稳度(臂)曲线

动稳度 T_θ 或动稳度臂 $l_{D\theta}$ 随倾角 θ 而变化的曲线叫做动稳度(臂)曲线,由式(3-95)不难看出动稳度(臂)曲线是相应的静稳度(臂)曲线的积分曲线,因此它和静稳度(臂)曲线之间存在着如下的关系:

(1)如图 3-46 所示,动稳度(臂)曲线的纵坐标就相当于对应倾角 θ 时静稳度(臂)曲线所包围的划线面积 A。

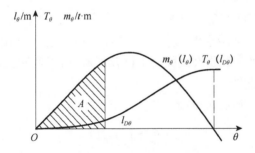

图 3-46 静稳度曲线和动稳度曲线

(2)静稳度曲线的极大值对应于动稳度曲线的拐点。

(3)对应于静稳度曲线的稳度消失角 θ_x,动稳度(臂)曲线达到极大值,该值等于静稳度曲线在 θ 轴以上的整个面积,这块面积的大小表示要使潜艇从 0 倾斜到 θ_x 所需耗费的全部功,也称为动稳度贮量。

当已知静稳度曲线时,根据上述关系,不难运用计算定积分的近似公式——梯形法则求出动稳度(臂)曲线在各倾角的数值。

若取角间隔 $\Delta\theta = 10°$,则计算公式如下:

$$\begin{cases} l_{D0} = \int_0^0 l_\theta d\theta = 0 \\ l_{D10} = \int_0^{10} l_\theta d\theta = \frac{\Delta\theta}{2}(l_0 + l_{10}) \\ l_{D20} = \int_0^{20} l_\theta d\theta = \frac{\Delta\theta}{2}[(l_0 + l_{10}) + (l_{10} + l_{20})] \\ \qquad = l_{D10} + \frac{\Delta\theta}{2}(l_{10} + l_{20}) \\ l_{D30} = \int_0^{30} l_\theta d\theta = \frac{\Delta\theta}{2}[(l_0 + l_{10}) + (l_{10} + l_{20}) \\ \qquad + (l_{20} + l_{30})] = l_{D20} + \frac{\Delta\theta}{2}(l_{20} + l_{30}) \\ \quad \vdots \\ l_{D90} = \int_0^{90} l_\theta d\theta = l_{D80} + \frac{\Delta\theta}{2}(l_{80} + l_{90}) \end{cases} \quad (3-97)$$

式中 $l_0、l_{10}、l_{20}、\cdots l_{90}$ 及 $l_{D0}、l_{D10}、l_{D20}、\cdots、l_{D90}$ —— θ 为 0°、10°、20°…90°时静稳度和动稳度臂的值;

$\Delta\theta = 10° = 10/57.3 = 0.1745 \text{rad}$。

3. 动稳度曲线的应用

1)确定潜艇的动倾斜角

(1)潜艇在正浮状态受到突加力矩作用。

如果利用静稳性曲线来求 θ_D,这已在第 3.12.2 作了介绍。问题是准确判别图 3-44 中两块类似三角形的面积大小比较困难,所以实际上确定动力倾斜角 θ_D 时一般都用动稳度曲线。

根据式(3-93),确定 θ_D 的条件是

$$m_{kpd} \cdot \theta_D = \int_0^{\theta_D} m_\theta d\theta = T_{\theta D} \qquad (3-98)$$

所以用动稳度曲线来求 θ_D 时,关键在于把表示突加力矩 m_{kpd} 所作的功和倾角 θ 的关系曲线作出来,它和动稳度曲线的交点所对应的角度就是 θ_D 了。因为两曲线交点对应的角度处倾斜力矩作的功与扶正力矩作的功相等。

由 $T_1 = m_{kpd} \cdot \theta$ 突加力矩所作的功 T_1 和倾角 θ 的关系显然是一条直线,因此只要任取直线上的两点即可作出 $T_1 = f(\theta)$ 的 m_{kpd} 作功线了。一般取以下两个特征点:

取 $\theta = 0$ 时,有 $T_1 = 0$;

取 $\theta = 57.3° = 1\text{rad}$ 时,有 $T_1 = m_{kpd}$,此时突加力矩作的功在数量上等于力矩本身的大小。

具体如图 3-47 所示,只要在横坐标 θ 等于 1rad(57.3°)处引垂线,并在此垂线上以动稳度的比例量取一段长度 $\overline{AC}=m_{kpd}\cdot 1$。将所得 A 点与坐标原点相连,直线 $\overline{OA}$ 就是动倾斜力矩所作的功与倾角的关系曲线了。直线 $\overline{OA}$ 和曲线 T_θ 之交点 e 所对应的角度就是动倾斜角 θ_D。

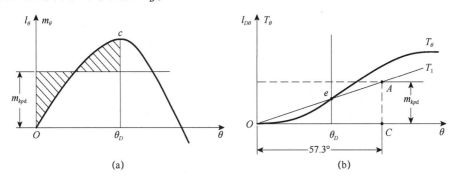

图 3-47 用动稳度曲线来求动倾斜问题

(2) 潜艇有瞬间初倾斜受到突加力矩作用。

所谓瞬间初倾斜是指该倾斜位置并不是静力平衡位置,潜艇在该处仅作瞬间的停留,即角速度为零。例如潜艇在波浪中间一舷摇摆至最大摆幅正要返回的一瞬间,突然受到舷向阵风的作用(相当于某个动倾斜力矩的作用)。

先假定潜艇有向右舷的初倾斜 θ_0,正要向左舷返回时,受到使潜艇向右舷倾斜的突加力矩作用,这时动力倾斜角 θ_D 在静稳度曲线上就可以根据图 3-48 上两块类似三角形面积相等的条件确定。注意,这种情况下不论是突加力矩作的功或是扶正力矩的功均应从 θ_0 开始计算。若用动稳度曲线来求,如图 3-48 所示。

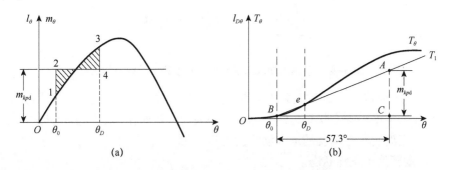

图 3-48 动稳度曲线来求有初始右倾斜的动倾斜问题

由动稳度曲线上相当于倾斜为 θ_0 的 B 点作平行于 θ 轴且等于一弧度长的线段 BC,由此线段的端点 C 以动稳度 T_θ 的比例在垂向量取 $\overline{AC}=m_{kpd}$ 而得 A 点,连结 A、

B 两点到得 $\overline{BA}$ 线，它在 BC 线以上的纵坐标就表示突加力矩从 θ_0 起所作的功 T_1 和倾角 θ 间的变化关系，于是直线 $\overline{AB}$ 和曲线 T_θ 之交点 e 所对应的倾角就是动力倾斜角 θ_D。因为就直线 $\overline{AB}$ 而言，纵坐标 $\overline{ef}$ 正好相当于上图中矩形面积 $\theta_0 2 4 \theta_D$，就曲线 T_θ 而言，纵坐标 $\overline{e\theta}$ 代表面积 $013\theta_D$，$\overline{ef} = \overline{e\theta_D} - \overline{f\theta_D}$，而 $\overline{f\theta_D} = \dfrac{D}{B\theta_D}$ 相当于上图中的面积 $01\theta_0$，因此线段 $\overline{ef}$ 正好相当于上图中之面积 $\theta_0 13\theta_D$。而面积 $\theta_0 13\theta_D$ 和面积 $\theta_0 2 4 \theta_D$ 是相等的。这就证明了突加力矩和扶正力矩从 θ_0 起至 θ_D 作的功相等。

如果瞬间初倾斜是向左舷的，潜艇正要向右舷返回时，受到使舰船向右舷倾斜的突加力矩作用，那么动力倾斜角的方法将如图 3-49 所示。关于下图和上图中坐标线段和图形面积的对应关系读者可自行分析。

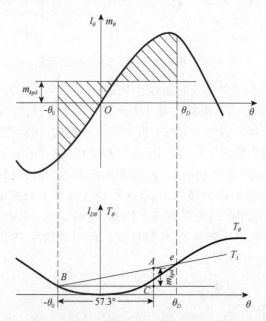

图 3-49 动稳度曲线来求有初始左倾斜的动倾斜问题

显然，这种情况下，动力倾斜角的值要比上一种情况大得多，这是因为在从 $-\theta_0$ 到 0 的角度间隔上扶正力矩所作的功和突加力矩所作的功符号相同的缘故。

2）确定潜艇所能承受的最大动倾斜力矩

（1）潜艇处于正浮状态。

从静稳度曲线上看，如图 3-50 所示，当面积 A 等于面积 B 时，直线 $\overline{ab}$ 所表示的动倾斜力矩就是潜艇所能承受的最大动倾斜力矩，以 $m_{kpd\max}$ 表示；相应的动力倾斜角亦称最大动力倾斜角，以 $\theta_{D\max}$ 表示。

第 3 章 潜艇的稳性

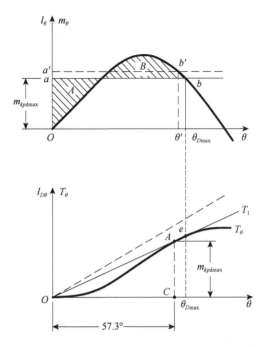

图 3-50 动稳度曲线来求有最大动倾斜力矩问题

因为只要动力倾斜力矩的值稍微再增大一点,如虚线 $\overline{a'b'}$ 所表示的那样,那么倾斜力矩所作的功就将永远大于扶正力矩作的功,直到潜艇倾斜到 θ' 时动能还不会为零,还将继续倾斜,并且过了 θ' 后倾斜力矩作的功将更加大于扶正力矩所作的功,角速度将越来越大,直至倾覆。

若利用动稳度曲线来求,只要从坐标原点向 T_θ 曲线作切线,由切点 e 所对应角度就是最大动力倾斜角 θ_{Dmax},而自 57.3°处作垂线和切线交于 A 点,用 T_θ 的比例量取的线段 $\overline{AC}$ 就是潜艇所能承受的最大动倾斜力矩 m_{kpdmax}。

因为切线 $\overline{oe}$ 代表了最大动倾余力矩 m_{kpdmax} 所作的功和倾角 θ 的关系,而切点 e 则意味着倾斜力矩作的功能够等于扶正力矩作的功的最后一个机会,当动倾斜力矩比 m_{kpdmax} 稍微再增大一点时,如图 3-50 中所示,那么动倾斜力矩作的功就将永远大于扶正力矩作的功,潜艇就要倾覆了。

(2) 潜艇有瞬间初倾斜。

设潜艇有向左舷的瞬间初倾斜 θ_0,确定所能承受的最大倾斜力矩显然应从最严重的受力情况来考虑,即动倾力矩将使潜艇向右舷倾斜的情况。

从静稳度曲线上看,当阴影面积 $A = B$ 时,由 $\overline{ab}$ 线所表示的力矩即为 m_{kpdmax},如图 3-50 所示,该力矩也叫最小倾覆力矩。

用动稳度曲线来求,方法如下:从动力稳度曲线上相当于倾斜为 θ_0 的 B 点作

水平线 $\overline{BC}$，并自 B 向 T_θ 曲线引切线，切点 e 所对应的角度即是最大动力倾斜角 $\theta_{D\max}$，自 B 点量取 $57.3°$ 得 C 点，自 C 作垂线与切线交于 A 点，以 T_θ 的比例量取 $\overline{AC}$ 的长度即得所要求的最大动倾斜力矩 $m_{kp d\max}$，如图 3-51 所示。

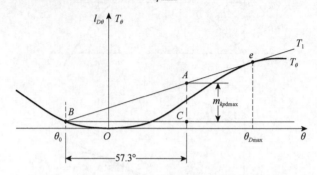

图 3-51　有瞬间初倾斜时求有最大动倾斜力矩问题

显然，对于不同的瞬间初倾斜 θ_0，潜艇所能承受的最大动倾斜力矩 $m_{kp d\max}$ 和相应的最大动倾斜角 $\theta_{D\max}$ 也不同。

还应指出，潜艇在最大动倾斜力矩 $m_{kp d\max}$ 作用下，从理论上说应当停留在最大动力倾斜角 $\theta_{D\max}$，因为在该角度时动倾斜力矩等于扶正力矩，但实际上那是一个不稳定的平衡位置。根据外界干扰的情况潜艇要么返回，要么倾覆。

3.12.4　表示潜艇稳性的特征值

为了通过静稳度曲线鉴别潜艇稳性的好坏，为了研究各种因素对大角稳性的影响必须考察稳度曲线上一些具有特定含义的特征值，它们如下。

1. 稳度臂 l_θ 曲线的初切线的斜率

静稳度臂 l_θ 曲线的初切线（在原点处的切线）的斜率等于潜艇正浮状态的横稳定中心高 h。证明如下：

如 3-52 图所示，在 θ 较小的范围内切线与曲线重合。设切线与 θ 轴之夹角为 α，则切线的斜率应为

$$\tan\alpha = \frac{l_\theta}{\theta}$$

根据初稳度的扶正力矩公式应有

$$m_\theta = Ph\theta, \text{则 } l_\theta = h\theta$$

代入上式可得

$$\tan\alpha = \frac{h\theta}{\theta} = h \tag{3-100}$$

应用这个道理可从静稳度曲线上求得稳定中心高 h。为此，如图 3-52 所示，

只要在 θ 等于 $1\mathrm{rad}(57.3°)$ 处作 θ 轴的垂线交切线于 A' 点,用 l_θ 的比例量取 $\overline{AB}$ 即得 h 值。但需注意,由于从曲线的原点作切线不易做得准确,因而用此法求出的 h 值也是不很精确的。

显然,曲线的初段愈陡,意味着稳定中心高愈大。

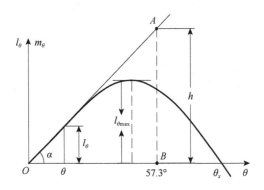

图 3-52　潜艇稳性的特征值

2. 最大稳度臂 $l_{\theta\max}$（最大扶正力矩 $m_{\theta\max}$）

$l_{\theta\max}$ 的大小意味着潜艇所能承受的最大静倾斜力矩的大小。由于 $l_{\theta\max}$ 和 $\theta_{m\max}$ 两者结合在一起对静稳度曲线的形状和面积有很大影响;加之考虑到在破损条件下,或在随浪(顺浪)波峰上航行时稳度臂可能降低,$l_{\theta\max}$ 的值当然是大一些好。

3. 最大稳度角 $\theta_{m_{\theta\max}}$

它表示潜艇在静倾斜力矩作用下所能达到的极限倾角,超过这一角度,潜艇就要倾复,这一角度显然大些好。

4. 稳度消失角 θ_x

从正浮状态产生大倾斜时,只要倾斜角不超过稳度消失角 θ_x,当去掉外力,听其然(且潜艇在倾斜位置上没有角速度)时,潜艇都能重新回到原来的平衡位置,所以从 $\theta=0$ 到 $\theta=\theta_x$ 这一范围叫稳定范围。若超过这一角度,即使去掉外力,潜艇也将在负扶正力矩作用下翻掉。通常要求军舰的稳度消失角 θ_x 在 $60°\sim 90°$ 之间。

5. 静稳度曲线包围的面积

面积 A 意味着使潜艇从 0 倾斜到消失角 θ_x 所需作的最小功。所以面积 A 愈大说明潜艇承受动倾斜力矩的能力愈大。面积 A 也称为潜艇正浮状态的动稳度储量(图 3-53)。

将同一潜艇不同装载状态下的静稳度曲线的诸特征值进行比较,就可以知道哪一种状态的稳性较好,哪一种状态的稳性较差。有时也以此比较同类型舰艇在设计状态稳性的优劣。同时,为了保证舰艇在海上航行的安全,许多国家根据自己海区水文气象特点和航海实践的经验,针对不同舰艇将上述某些特征值的大小或

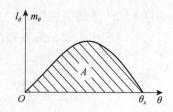

图 3-53 潜艇正浮时的动稳度储量

范围作了明确的规定,从而形成了所谓的稳性规范。

可见,静稳性曲线确能全面地表示潜艇的静稳性与动稳性,在研究稳性保持上很有实用价值。

3.13 习题及思考题

1. 已知某艇吃水 $T = 2\text{m}$,排水量 $P = 360\text{t}$,$h = 0.65\text{m}$,$H = 136\text{m}$,$L = 56\text{m}$,$x_f = -2\text{m}$,$q_{cm} = 2.8\text{t/cm}$。艇出航后首部原已装满水的水舱,用去了淡水 $q = 5.6\text{t}$,其用去淡水的容积中心坐标为 $(10, 2, 0.7)$,已知淡水舱的截面积为矩形,长 4.5m,宽 3m,求此时的浮态及初稳度。

2. 某艇在海水 ($\rho = 1.025\text{t/m}^3$) 船坞中进行倾斜试验时,测得其平均吃水 $T = 2.10\text{m}$,此时艇的容积排水量 $V = 380\text{m}^3$,横稳定中心半径 $r = 2.27\text{m}$,浮心垂向坐标 $z_c = 1.21\text{m}$。设用于试验的移动重量 $q = 3.5\text{t}$,横向水平移动的距离 $a = 4.0\text{m}$,测得艇的横倾角 $\theta = 3°$,求试验状态下的横稳心高、艇的重心高度。

3. 试述潜艇水下状态平衡稳定的条件。

4. 已知某艇的潜浮稳度图如图 3-31 所示,试计算吃水 $T = 3.5\text{m}$ 和水面正常排水量下的横稳心高和排水量,计入自由液面的影响,分别按两次下潜、紧急下潜进行计算。

5. 某艇在上层建筑(耐压艇体外)中增加两个高压气瓶,计算初稳心高地变化。假设固体压载仅作纵向移动。已知条件为:水上排水量 $\Delta_\uparrow = 700\text{t}$,舷外水的密度 $\rho = 1.025\text{t/m}^3$,两高压气瓶重量 $q = 1.2\text{t}$,两高压气瓶体积 $v = 0.8\text{m}^3$,两高压气瓶重心垂向高度 $z_q = 5.5\text{m}$,水下初稳性高 $h_\downarrow = 0.2\text{m}$,潜艇重心的垂向位置 $z_{q\uparrow} = 2.6\text{m}$,固体压载的垂向位置 $z_1 = 0.5\text{m}$。

6. 某小型潜艇水下排水量 $\Delta_\downarrow = 300\text{t}$,在该艇耐压艇体内增加一设备,重 $q = 1.2\text{t}$,$z_q = 3.0\text{m}$,$x_q = -1.0\text{m}$,为实现增加设备后的潜艇水下均衡,将减小位于 $x_1 = 1.0\text{m}$,$z_1 = 0.3\text{m}$ 的固体压载 q_1,并在 $x_1 = 1.0\text{m}$ 处沿纵向水平移动固体压载 $q_2 = 1.0\text{t}$,求减小的固体压载重量 q_1,固体压载 q_2 移动的距离,并求增加设备后艇的初稳性变化量。

第 3 章 潜艇的稳性

7.某型潜艇小修进坞时卸载情况如下表所示,要求计算:
(1)卸载后的重量、重心坐标;
(2)卸载后的初稳度和浮态。
(查浮力和静稳度曲线,见附录 IA 某艇的浮力与初稳度曲线图,取 $\rho = 1.0 \text{t/m}^3$,自由液面修正 $\Delta r = 0.01\text{m}$)
要求:(1)取小数点后两位有效数字;(2)在图中留有作图痕迹。

题 7 表　某型潜艇进坞卸载重量重心计算表

序号	载荷名称	质量 P_i /t	垂向		纵向	
			力臂 z_i /m	力矩 $P_i z_i$ /t·m	力臂 x_i /m	力矩 $P_i x_i$ /t·m
1	正常载荷	1319.36	3.00		0.76	
2	卸燃油	−106.55	1.13		−1.86	
3	卸滑油	−5.20	1.26		−8.66	
4	卸淡水、蒸馏水	−29.05	1.78		8.93	
5	卸粮食	−4.02	2.50		−1.26	
6	卸行李、装具	−5.20	4.08		2.28	
7	卸轻武器	−0.92	2.78		8.30	
8	卸艏鱼雷	−24.00	3.83		26.50	
9	卸艉鱼雷	−4.00	4.70		−30.77	
10	卸再生药板	−6.55	4.55		3.26	
11	卸其他备品	−4.246	4.01		−0.43	
12	燃油舱补重水	132.12	1.13		−1.86	
	共计					

8.谈论一下静稳度曲线与动稳度曲线的区别与联系。
9.描述潜艇稳性的特征值有哪些?请按重要程度给出排序。
10.试述分析动倾斜力矩作用下潜艇的倾斜问题时,应用了哪些力学原理?

第4章 潜艇的不沉性

无论是在战斗中还是在日常执行勤务中,舰船都可能发生破损进水的情况。破损进水必然会引起舰船吃水的增加,横倾、纵倾和稳性的变化。吃水增加如不太显著则对航行和战斗的影响不会很大,最不利的是稳性的严重恶化,以致使舰船倾覆。不仅如此,横倾和纵倾的增加也会对舰船的航海和战斗性能造成影响。倾角越大,航海和战斗性能的损失也越大,超过一定角度,鱼雷、导弹等武器的使用就会发生困难,甚至失去效用。

通常,将舰船破损进水后,仍能浮于水面或水下而不倾覆,以保证舰船继续航行和作战的能力,称为舰船的不沉性。也可以将不沉性看作破损舰船的浮性和稳性。不沉性是舰船的重要性能之一。

舰船的不沉性是用水密舱壁将船体分隔成适当数量的舱室来保证的,要求当一舱或数舱进水后,舰船的下沉不超过规定的极限位置,并保证一定的稳性。因此,这里的不沉性问题包括两个方面:一方面是舰船在一舱或数舱进水后浮态及稳性的计算;另一方面是从保证舰船抗沉性的要求出发,计算分舱的极限长度,即可浸长度计算。

本章首先讨论破损舱的分类和渗透系数的确定,然后重点讨论舱室破损进水后舰船浮态和稳性的计算以及可浸长度的计算,最后讨论潜艇水面和水下的不沉性。

4.1 破损舱的分类和渗透系数

4.1.1 破损舱的分类

根据破损舱的进水的特征,通常将破损舱分为如下三种。

(1)第一类舱:不管进水舱是否与舷外水相连,只要进水舱全部灌满,这类舱就称为第一类舱,如图 4-1(a)所示。通常此类舱的顶部位于水线以下,破损进水后,水全部充满舱室,不存在自由液面。

(2)第二类舱:舱室局部被淹,且不与舷外水相通,称为第二类舱,如图 4-1(b)所示。此类舱室存在自由液面。这种情况相当于破损舱的破洞已经堵塞,但水未被抽干,或是舱室未破损而是从邻舱漫延过来的水,或是为了调整倾斜差而人

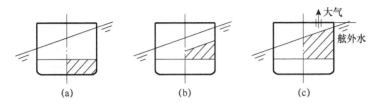

图 4-1 三类破损舱室

为灌注又未灌满的舱柜。

(3)第三类舱:舱室局部被淹,且与舷外水相连通,称为第三类舱,如图4-1(c)所示。此类舱不仅存在自由液面,而且随着倾斜的变化,进水量也将发生变化,舱内水始终与舷外水保持同一水平面。

4.1.2 渗透系数

在抗沉计算中,进水舱的进水容积应该是进水的实际容积,而不是进水舱的理论容积。进水舱的理论容积 v_T 是指按船体型线所计算的舱室容积。进水舱的实际容积 v_T 是指从理论容积中扣除舱室内物件和船体构件所占去的容积后,实际能进水的容积。

进水舱实际容积(v)与理论容积(v_T)之比称为进水舱的体积渗透率或体积渗透系数,记为 μ_v,可表示为

$$\mu_v = v/v_T \tag{4-1}$$

除上述体积渗透率之外,尚有面积渗透率,表示实际进水面积与空舱面积之比。一般地说,各个舱渗透率的值不是同一个常数,对于进水舱的不同淹水水位,渗透率也是不相同的。对于同一水位,各种渗透率也是不相同的。但在不沉性计算中,为了计算方便,忽略了这些微小的差别,近似地认为在任意水位时各种渗透率全都相等同,统一用体积渗透率计算。

对于不同类型的舱室,体积渗透率 μ_v 的大小有所不同。油舱、舷舱、双层底一般为 0.97,住舱一般为 0.96,机舱一般为 0.80~0.85,炉舱一般为 0.70~0.85,小型舰船的机舱一般为 0.75,弹药舱一般为 0.9。

4.2 破损舱进水后舰船浮态和稳性的变化

4.2.1 增加载荷法与损失浮力法

在抗沉计算中,对于舱室的破损进水通常有两种不同的考虑方法,即增加载荷法和损失浮力法。

(1)增加载荷法:把破损后进入舱室的水看作增加的液体载荷,舰船破损后的

浮态和稳度就可以按增加液体载荷的情形来计算。应用此方法,舰船在破损后重量、排水量都要增加,重心和浮心的位置也要改变。

(2)损失浮力法(不变排水量法):将舰体破损时淹入舱内的水看成是舷外水的一部分。通俗地说,就是将舰体舱内淹水部分的容积从舰体内扣除。此时,舰船并没有增加载荷,舰船的重量排水量不变,重心位置也不变;但舰体扣除了一部分容积,失去了部分浮力,损失的浮力由增加吃水所提供的浮力来补偿,且舰体水下部分体积的形状也发生了变化。损失浮力法也称为不变排水量法。

用损失浮力法时,由于舰船重量和重心位置不变,使计算方便。因此,在不沉性计算中,特别是第三类舱的计算中,多采用损失浮力法。

4.2.2 破损舱进水后舰船浮态和稳性的变化

1. 第一类舱破损进水后舰船浮态和稳性的变化

如图 4-2 所示,设舱室进水前舰船漂浮于 WL 水线,舱室进水后舰船产生倾斜倾差,漂浮于 W_1L_1 水线。设进水舱的容积为 v,容积中心坐标为 (x,y,z),下面用两种不同的方法计算破损进水后舰船浮态和稳度的变化。

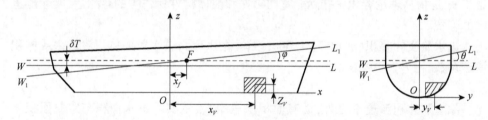

图 4-2 第一类舱破损进水

1)增加载荷法

对于第一类舱进水,用增加载荷法计算时,如同增加固体载荷一样。由前面章节关于"在任意位置装卸"的结果中可直接得舰船浮态和稳度的变化如下:

(1)增加载荷的重量为

$$q = \rho v$$

(2)平均吃水的增量为

$$\delta T = \frac{q}{\rho S} = \frac{v}{S}$$

(3)初稳度的增量为

$$\delta h = \frac{v}{V+v}\left(T + \frac{\delta T}{2} - h - z_v\right), \delta H \approx \frac{-v}{V+v}H$$

(4)新的稳度为

$$h_1 = h + \delta h ; H_1 = H + \delta H$$

(5)倾斜和倾差的改变为

$$\theta = \frac{vy_v}{(V+v)h_1}; \varphi = \frac{v(x_v - x_f)}{(V+v)H_1}$$

$$T_{b1} = T_b + \delta T + \left(\frac{L}{2} - x_f\right)\varphi$$

$$T_{s1} = T_s + \delta T - \left(\frac{L}{2} - x_f\right)\varphi$$

$$\Delta_1 = T_{b1} - T_{s1}$$

2)损失浮力法

用损失浮力法计算时,先假设在$(x_f, 0, z_v)$处进水,进水容积为v,如图4-3所示。

由于进水舱是小量舱,吃水增量δT很小,故两水线间的体积可以看成为柱体,则其容积$v = S\delta T$,所以吃水的增量为

$$\delta T = \frac{q}{\rho g S} = \frac{v}{S} \tag{4-2}$$

初稳度的增量为

$$\delta h = \delta z_c + \delta r - \delta z_g \tag{4-3}$$

设原水线下的排水体积为V,体积中心即为浮心C。今失去了进水舱的容积v,其容积中心为$(x_f, 0, z_v)$,补偿的容积层为v,其容积中心为$\left(x_f, 0, T + \frac{\delta T}{2}\right)$。

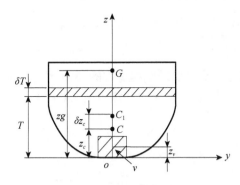

图4-3 损失浮力法

总的排水体积V没有改变,但排水体积的形状发生了改变,浮心位置改变到C_1。相当于进水容积v由z_v移到$T + \frac{\delta T}{2}$处时,舰船排水体积中心将发生改变。由重心移动定理可知:

$$\delta z_c = \frac{v}{V}\left(T + \frac{\delta T}{2} - z_v\right) \tag{4-4}$$

由于吃水增量很小,水线面面积和形状都可看成没有改变,水线面面积惯性矩 I_x 也没有改变,因此横稳定中心半径增量 $\delta r = 0$。重心位置没有改变,即 $\delta z_g = 0$。则初稳度的增量为

$$\delta h = \delta z_c + \delta r - \delta z_g = \frac{v}{V}\left(T + \frac{\delta T}{2} - z_v\right) \tag{4-5}$$

$$h_1 = h + \delta h \tag{4-6}$$

同理可得:

$$\delta H = \frac{v}{V}\left(T + \frac{\delta T}{2} - z_v\right) \tag{4-7}$$

$$H_1 = H + \delta H \approx H \tag{4-8}$$

再将进水重量由 $(x_f, 0, z_v)$ 移到 (x_v, y_v, z_v),则得到倾斜倾差为

$$\theta = \frac{v y_v}{V h_1} \tag{4-9}$$

$$\varphi = \frac{v(x_v - x_f)}{V H} \tag{4-10}$$

$$T_{b1} = T_b + \delta T + \left(\frac{L}{2} - x_f\right)\varphi \tag{4-11}$$

$$T_{s1} = T_s + \delta T - \left(\frac{L}{2} + x_f\right)\varphi \tag{4-12}$$

将上述计算结果进行比较可见,两种计算方法所得的相对量值稳定中心高不同,两者相差的倍数为 $\frac{V}{V+v}$;但绝对量值吃水、倾斜角、稳定系数、扶正力矩等则完全相同,读者可以自己证明。

2. 第二类舱破损进水后舰船浮态和稳性的变化

第二类舱室破损进水后,舱室未被灌满,存在自由液面,且不与船外水相连通,如图 4-4 所示。

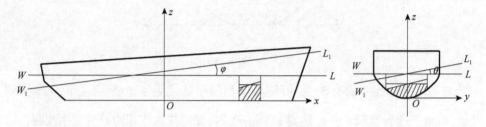

图 4-4 第二类舱室破损进水

这类舱对舰船稳度的影响,与第一类舱相比较,按损失浮力法计算时,除了由于舰船水下体积形状改变使浮心位置改变而引起的稳性变化外,还多了一个

自由液面的影响。因此,用损失浮力法计算第二类舱进水后对浮态和稳度的影响时,可在第一类舱计算结果的基础上,计及自由液面的影响即可。其计算公式如下:

平均吃水的增量为

$$\delta T = \frac{v}{A_W} \quad (4-13)$$

$$\delta h = \frac{v}{V}\left(T + \frac{\delta T}{2} + z_v\right) - \frac{i_x}{V}, \delta H = \frac{v}{V}\left(T + \frac{\delta T}{2} - z_v\right) - \frac{i_y}{V} \quad (4-14)$$

式中　i_x——进水舱自由液面对平行于 x 轴之中心轴的面积惯性矩;
　　　i_y——进水舱自由液面对平等于 y 轴之中心轴的面积惯性矩。
其他计算公式与第一类舱进水时的公式相同。

3. 第三类舱破损进水后舰船浮态和稳性的变化

第三类舱进水后不仅存在自由液面,而且进水舱与舷外水相连通,使进水量随着舰船倾斜的改变而改变,从而增加了计算的复杂性。计算第三类舱破损进水后对舰船浮态和稳度的变化,用损失浮力法较为方便。

如图 4-5 所示,第三类舱破损进水时,舰船由原来的正直平衡位置水线 WL 倾斜到新的平衡位置水线 W_1L_1,进水舱内的水面始终与舷外水面保持一致。

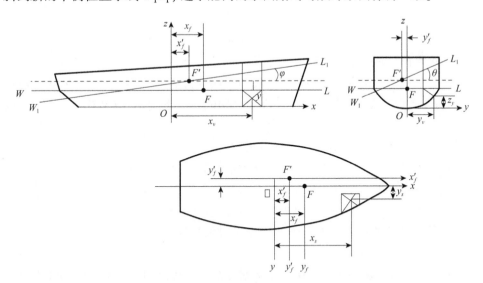

图 4-5　第三类舱破损进水

设初始水线下进水舱的容积为 v,进水面积为 s。用失浮法计算时,将进水舱容积 v 从舰船排水体积中扣除,看成是舷外水的一部分,则舰船水线面面积也要扣除进水面积 s,得到舰船水线面的有效面积,即

$$A'_W = A_W - s \tag{4-15}$$

式中 A_W——舰船原水线面面积(m^2);

s——进水舱面积,通常称损失面积(m^2);

A'_W——舰船破损进水后水线面的有效面积(m^2)。

1)平均吃水的变化

进水舱失去的容积为 v,由吃水增加的容积得到补偿。吃水增加的容积为

$$v = A'_W \delta T = (A_W - s)\delta T$$

则得

$$\delta T = \frac{v}{A_W - s} \tag{4-16}$$

2)水线面面积要素的变化

水线面面积去掉了一块损失面积,减小了水线面有效面积,则面积中心将发生变化。设水线面有效面积中心 $F'(x'_f, y'_f)$,损失面积中心坐标为 (x_s, y_s),根据力矩定理可求得:

$$x'_f = \frac{A_W x_f - s x_s}{A'_W} \tag{4-17}$$

$$y'_f = -\frac{s y_s}{A'_W} \tag{4-18}$$

式中 x_f——水线面面积原面积中心纵坐标(m)。

有效面积对其中心轴 x'_f 轴和 y'_f 轴(图4-5)的惯性矩也要改变。先讨论 x 轴方向惯性矩的变化。设水线面面积对 x 轴的惯性矩为 I_x,有效面积对 x'_f 轴的惯性矩为 I'_x,损失面积本身惯性矩为 i_{sx}。根据惯性矩移轴定理,设损失面积对 x 轴的惯性矩为

$$i_x = i_{sx} + s y_s^2$$

有效面积对 x 轴的惯性矩 $(I_x)_{S'}$ 等于水线面面积对 x 轴的惯性矩 I_x 减去损失面积对 x 轴的惯性矩 i_x,即

$$(I_x)_{S'} = I_x - i_x = I_x - (i_{sx} + s y_s^2) \tag{4-19}$$

根据移轴定理,有效面积对其中心轴 x'_f 轴的惯性矩为

$$I'_x = (I_x)_{S'} - A'_W y'^2_f = I_x - (i_{sx} + s y_s^2 + A'_W y'^2_f) \tag{4-20}$$

$I_x - I'_x$ 为水线面面积对其中心轴的惯性矩与有效面积对其中心轴的惯性矩之差,这个差值是由于水线面损失了一块面积而引起的,因此称这个差值为损失惯性矩,记为 I_{px},则

$$I_{px} = I_x - I'_x = i_{sx} + s y_s^2 + A'_W y'^2_f = i_{sx} + s y_s^2 \left(1 + \frac{s}{A'_W}\right) \tag{4-21}$$

同理可求得 y 轴方向的损失惯性矩为

$$i_{py} = i_{sy} + s(x_0 - x_f)^2 \left(1 + \frac{s}{A'_W}\right) \qquad (4-22)$$

式中 i_{sy} ——损失面积 y 方向的自身惯性矩(m^4)。

3) 初稳度的变化

初稳度的增量为

$$\delta h = \delta z_c + \delta r - \delta z_g \qquad (4-23)$$

$$\delta z_c = \frac{v}{V}\left(T + \frac{\delta T}{2} - z_v\right) \qquad (4-24)$$

用损失浮力法时,重心位置不变,即

$$\delta z_g = 0$$

$$\delta r = \frac{I'_x}{V} - \frac{I_x}{V} = \frac{I'_x - I_x}{V} = \frac{-(I_x - I'_x)}{V} = -\frac{i_{px}}{V} \qquad (4-25)$$

由此可得:

$$\delta h = \frac{v}{V}\left(T + \frac{\delta T}{2} + z_v\right) - \frac{i_{px}}{V}$$

同理可得:

$$\delta H = \frac{v}{V}\left(T + \frac{\delta T}{2} + z_v\right) - \frac{i_{py}}{V}$$

$$h_1 = h + \delta h \qquad (4-26)$$

$$H_1 = H + \delta H \qquad (4-27)$$

4) 倾斜倾差的变化

根据平衡条件,倾斜力矩等于扶正力矩,可得:

$$\theta = \frac{v(y_v - y'_f)}{Vh_1}, \varphi = \frac{v(x_v - x'_f)}{VH_1} \qquad (4-28)$$

艏、艉吃水增量为

$$\delta T_S = \delta T + \left(\frac{L}{2} - x'_f\right)\varphi, \qquad (4-29)$$

$$\delta T_W = \delta T - \left(\frac{L}{2} + x'_f\right)\varphi \qquad (4-30)$$

5) 计算实例

下面通过实例计算,说明第三类舱破损进水后对舰船浮态和初稳度的影响。

[例题 4-1] 已知某护卫舰 $V = 1226 m^3$, $L = 88m$, $T = 2.93m$, $S = 680m$, $x_f = -5.1m$, $h = 1.01m$, $H = 239m$。战斗中左舷前电站破损进水,破损舱诸元为:舱长 $l = 5.5m$,舱宽 $b = 3.64m$, $v = 23m^3$, $x_v = 6m$, $z_v = 2.1m$, $s = 20m^2$, $x_s = 6m$, $y_s = -2.17m$。求破损进水后该舰浮态和稳度的变化。

解:电站破损进水属于第三类舱,按第三类舱进水公式进行计算。
(1)平均吃水的变化为

$$\delta T = \frac{v}{A_W - s} = \frac{23}{680 - 20} = 0.035(\text{m})$$

(2)水线面诸元变化有效面积为

$$A'_W = A_W - s = 680 - 20 = 660(\text{m}^2)$$

有效面积中心坐标为

$$x'_f = \frac{A_W x_f - s x_s}{A'_W} = \frac{680 \times (-5.1) - 20 \times 6}{660} = -5.44(\text{m})$$

$$y'_f = -\frac{s y_s}{A'_W} = -\frac{20 \times (-2.17)}{660} = 0.066(\text{m})$$

损失惯性矩为

$$i_{px} = i_{sx} + s y_s^2 \left(1 + \frac{s}{A'_W}\right) = \frac{5.5 \times 3.64^3}{12} + 20 \times (-2.17)^2 \times \left(1 + \frac{20}{660}\right)$$
$$= 22.1 + 97.0 = 119.1(\text{m}^4)$$

$$i_{py} = i_{sy} + s(x_s - x_f)^2 \left(1 + \frac{s}{A'_W}\right) = \frac{(5.5)^3 \times 3.64}{12} + 20 \times (6 + 5.1)^2 \times \left(1 + \frac{20}{660}\right)$$
$$= 50.5 + 2538.9 = 2589.4(\text{m}^4)$$

(3)初稳度变化为

$$\delta h = \frac{v}{V}\left(T + \frac{\delta T}{2} - z_v\right) - \frac{i_{px}}{V} = \frac{23}{1226} \times \left(2.93 + \frac{0.035}{2} - 2.1\right) - \frac{119}{1226}$$
$$= 0.016 - 0.097 = -0.081(\text{m})$$

$$\delta H = \frac{v}{V}\left(T + \frac{\delta T}{2} - z_v\right) - \frac{i_{py}}{V} = \frac{23}{1226} \times \left(2.93 + \frac{0.035}{2} - 2.1\right) - \frac{2589.4}{1226}$$
$$= 0.016 - 2.112 = -2.096(\text{m})$$

$$h_1 = h + \delta h = 1.01 - 0.081 = 0.93(\text{m})$$
$$H_1 = H + \delta H = 239 - 2.1 = 236.9(\text{m})$$

(4)倾斜倾差变化为

$$\theta = \frac{v(y_v - y'_f)}{V h_1} = \frac{23 \times (-2 - 0.066)}{1226 \times 0.93} = -0.042(\text{rad})$$
$$= (-0.042) \times 57.3° = -2.4°$$

$$\varphi = \frac{v(y_v - y'_f)}{V H_1} = \frac{23 \times (6 + 5.44)}{1226 \times 237} = 0.001(\text{rad})$$

(5)艏、艉吃水变化为

$$\delta T_b = \delta T + \left(\frac{L}{2} - x'_f\right)\varphi = 0.035 + \left(\frac{88}{2} + 5.44\right) \times 0.001 = 0.084(\text{m})$$

$$\delta T_{\mathrm{s}} = \delta T - \left(\frac{L}{2} + x_f'\right)\varphi = 0.035 - \left(\frac{88}{2} - 5.44\right) \times 0.001 = -0.004(\mathrm{m})$$

4. 舱组破损进水时浮态和稳性的变化

实际破损进水情况,常常不会是单一类型的单一舱室破损进水,而是不同类型的一组舱室破损进水,即舱组进水。舱组进水时舰船浮态和稳度可采用等量舱的方法。

等量舱的定义:用一个假想的单舱代替一组进水舱,使这个假想的单舱进水后所引起的舰船浮态和稳性的变化,与所讨论的舱组进水后引起的舰船浮态和稳性的变化相同,这个假想的单舱称为等量舱。

等量舱的类型由舱组中最高类型的舱确定。例如,舱组中包括第一类进水舱与第二类进水舱,则等量舱应按第二类舱确定;舱组中包括第一类进水舱、第二类进水舱与第三类进水舱时,则等量舱应按第三类进水舱确定。

只要确定了等量舱的舱室诸元,则可按单舱进水的计算公式进行计算。首先计算等量舱的舱室诸元。

等量舱的浸水容积为舱组浸水容积的总和,即

$$v = \sum_{1,2,3} v_i \quad (4-31)$$

式中 求和符号下的注解1,2,3——舱组中的第一、第二、第三类进水舱;

v_i——某个进水舱的浸水容积。

等量舱的浸水容积中心为舱组浸水容积的合中心,即

$$x_v = \frac{\sum\limits_{1,2,3} v_i x_{vi}}{v}, y_v = \frac{\sum\limits_{1,2,3} v_i y_{vi}}{v}, z_v = \frac{\sum\limits_{1,2,3} v_i z_{vi}}{v} \quad (4-32)$$

式中 $x_v、y_v、z_v$——等量舱浸水容积中心坐标(m);

$x_{vi}、y_{vi}、z_{vi}$——舱组中各进水舱浸水容积中心坐标(m)。

水线面损失面积,为舱组中第三类进水舱浸水面积之和,即

$$s = \sum_{3} s_i \quad (4-33)$$

式中 s_i——舱组中第三类进水舱之浸水面积(m^2);

求和符号下的注脚3——舱组中的第三类进水舱。

水线面损失面积的面积中心为舱组中第三类进水舱的浸水面积合中心,即

$$x_s = \frac{1}{s}\sum_{3} s_i x_{vi}, y_s = \frac{1}{s}\sum_{3} s_i y_{vi} \quad (4-34)$$

式中 $x_s、y_s$——等量舱浸水面积中心坐标(m);

$x_{si}、y_{si}$——舱组中第三类进水舱各舱浸水面积中心坐标(m)。

某些场合下,水线面有效面积的面积中心坐标和水线面面积损失惯性矩也需

进行计算。将所得到的数据代入有关公式,便可以计算出在一组舱室破损后的浮态和稳性。等量舱法按其原理而言是一种精确的方法,它正确地反映了舱组进水对舰船浮态和稳性的总的影响。但因计算中采用了一些假设,致使计算结果具有一定的近似性。

4.3 可浸长度与许用舱长的计算

4.3.1 可浸长度的计算

当船体破损后,海水进入船舱,船身即下沉。《海船法定检验技术规则》规定,民用船舶的下沉极限是在舱壁甲板上表面的边线以下 76mm 处,也就是说,船舶在破损后至少应有 76mm 的干舷。在船舶侧视图上,舱壁甲板边线以下 76mm 处的一条曲线(与甲板边线相平行)称为安全限界线(简称限界线),如图 4-6 所示。限界线上各点的切线表示所允许的最高破舱水线(或称极限破舱水线)。

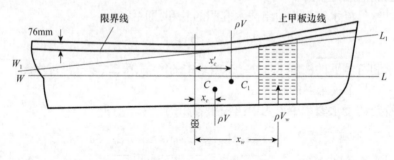

图 4-6 安全限界线

为了不使船舶沉没,其下沉应不超过一定的限度,这就需要对船舱的长度有所限制。船舱的最大许可长度称为可浸长度,它表示进水以后船舶的极限破舱水线恰与限界线相切。船舱在船长方向的位置不同,其可浸长度也不同。

1. 可浸长度计算的基本原理

如图 4-6 所示,舰船原浮于设计水线 WL,排水量 $D=\rho V$,浮心纵向位置为 x_c,设某舱破损进水后舰船恰浮于破损水线 W_1L_1,其排水量为 V_1,浮心纵向位置为 x_c',若破舱的进水体积为 v_0,容积形心纵向位置为 x_0,则舰船浮于破损水线 W_1L_1 时必有如下关系:

$$\begin{cases} V_1 = V + v_0 \\ V_1 x_c' = V x_c + v_0 x_0 \end{cases}$$

或

$$\begin{cases} v_0 = V_1 - V \\ x_0 = \dfrac{M_1 - M}{v_0} \end{cases}$$

式中　$M = V_1 x'_c$——极限海损水线 $W_1 L_1$ 以下的排水体积 V_1 对于横中剖面的体积静矩；

　　　$M = V x_c$——设计水线 WL 以下的排水 V 水对于横中剖面的体积静矩。

上式中的 V、M、V_1 可以根据邦戎曲线用近似计算法求得,这样舰船的进水体积 v_0 及其容积中心纵向位置 x_0 便可算出。

所以,可浸长度 $l_浸$ 的计算问题使可归纳为:在已知船舱进水体积 v_0 及其容积中心纵向位置 x_0 的情况下,如何求出这个船舱的长度及位置。

2. 可浸长度曲线的具体计算

1)绘制极限破损水线(图 4-7)

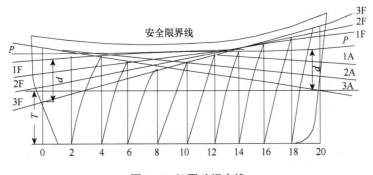

图 4-7　极限破损水线

(1)先绘制限界线。在船侧由甲板线向下量 76mm 处画一条舱壁甲板线的平行线,即为限界线。

(2)绘制水平极限破损水线 P。从限界线的最低点画一条水平的极限破损水线 P。

(3)绘制其他极限破损水线。在艏、艉垂线处分别自 P 线向下量取一段距离 d,其数值可按下式求得:

$$d = 1.6H - 1.5T$$

式中　H——舰体型深(船中处的甲板高);

　　　T——设计吃水。

然后在距离 d 内取 2 个或 3 个等分点,并从各等分点作与限界线相切的纵倾极限海损水线 1F、2F、3F、1A、2A、3A 等,如图 4-7 所示。

通常极限破损水线约取 7~10 条,其中艉倾线 3~5 条,水平线 1 条,艏倾水线 3 条或 4 条。这些极限破损长度相应于沿船长方向不同舱室进水时舰船的最大下沉限度。

2) 计算进水体积 v_0 及其容积中心纵向位置 x_0

在邦戎曲线上分别量取设计水线及破损水线的各站横剖面面积,并用近似计算法算出相应于设计水线和极限破损水线的排水体积 V 和 V_1 以及对于横中剖面的体积静矩 M 和 M_1,这样根据前面介绍的公式即可求出:

$$v_w = V_1 - V$$
$$x_w = (M_1 - M)/v_w$$

将结果绘制成 $v_w - x_w$,如图 4-8 所示。

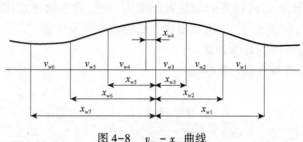

图 4-8 $v_w - x_w$ 曲线

3) 计算进水舱的可浸长度

设某极限破损水线 W_1L_1 的破舱进水体积为 v_w,其容积中心纵向位置为 x_w。现在的问题是如何求出破舱的长度 $l_{浸}$ 和位置,当该舱破损后进水体积为 v_w,而容积中心又恰好在 x_w 的处,对于这种计算一般采用图解法。下面具体介绍此法:先画出极限破损进水线 W_1L_1 在 x_w 附近一段的横剖面面积曲线及该段的积分曲线,如图 4-9 所示。在 x_w 处作一垂线与积分曲线交于 O 点,在该垂线上截取 $CD = v_w$,并使面积 AOC 等于面积 BOD,则 A 点和 B 点间的水平距离即为可浸长度 $l_{浸}$,同时该舱中点到横中剖面的距离 x 也可在该图上量出。由此法求得的舱长和位置,即能满足该舱破损后进水体积为 v_w 而容积中心在 x_w 条件。

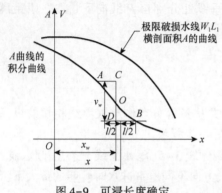

图 4-9 可浸长度确定

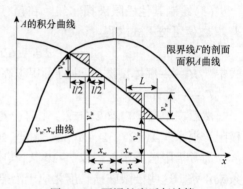

图 4-10 可浸长度近似计算

应用同样方法,即可求出其他各条极限破损水线的舱室可浸长度及位置。

一般来说,由于这种方法需要绘制每一海损水线的横剖面积曲线,因此计算和绘图工作过于繁杂。实践表明:进水舱通常总是在其相应破损水线与限界线相切的切点附近,故破损水线下的横剖面积曲线与限界线下的横剖面积曲线在进水舱附近几乎相同。

因此在实际计算中,常用限界线的横剖面积曲线及其积分曲线来代替所有破损水线的横剖面积曲线及积分曲线,如图 4-10 所示,这样便可迅速地求出所有的进水舱长度及其位置。在进水舱附近,限界线下的横剖面积略大于破损水线下的横剖面积,故这样计算所得的可浸长度略小于实际长度,偏于安全,是允许的。

4)绘制可浸长度曲线

根据上面计算的各进水舱的可浸长度及其中点位置,在船体侧视图上标出各进水舱的中点并向上作垂线,然后截取相应的可浸长度为纵坐标并连成曲线,即可得可浸长度曲线,如图 4-11 所示。

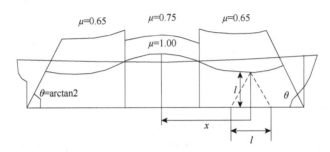

图 4-11 可浸长度曲线绘制

由此所得 $l_{浸}$ 曲线都是假定进水舱的渗透率 $\mu = 1.00$。

事实上各进水舱的 μ 总是小于 1.00(各舱段的渗透率在设计文件中均可查得),所以在图 4-11 中还需画出实际的 $l_{浸}$ 曲线并注明 μ 的数值。另外 $l_{浸}$ 曲线的两端被艏、艉垂线处 $\theta = \arctan 2$ 的斜线限制。

4.3.2 许用舱长的计算

(1)分舱因数:舰船的不沉性是由水密舱壁将船体分隔成适当数量的舱室来保证的。若直接用 $l_{浸}$ 曲线来检验舰船的横舱布置是否满足不沉性的要求,未免过于粗略,因为它不能体现出对各类舰船在抗沉性方面的要求的不同。为此采用一个分舱因数 $F(F \leqslant 1.00)$ 来决定许用舱长,这样就有:

$$l_{许} = l_{浸} \times F$$

式中 $l_{许}$——许用舱长;

$l_{浸}$——可浸长度;

F ——分舱因数。

关于分舱因数的取值与舰船的抗沉性要求有关:对于一舱制船,$1.0 \geqslant F > 0.5$;二舱制船,$0.5 \geqslant F > 0.33$;三舱制船,$0.33 \geqslant F > 0.25$。

假设水密舱壁的布置距离恰为许用长度,这时:

$F = 1.0$ 时,$l_{许} = l_{浸}$,即船在一舱破损后恰能浮于极限破损水线而不致沉没。

$F = 0.5$ 时,$l_{许} = l_{浸}/2$,船在相邻两舱破损后恰能浮于极限破损水线。

$F = 0.33$ 时,$l_{许} = l_{浸}/3$,船在相邻三舱破损后恰能浮于极限破损水线。

(2) 许用舱长 $l_{许}$ 在分舱因数 F 确定后,就可根据公式直接求出许用舱长 $l_{许}$ 曲线(图 4-12):

$$l_{许} = F \times l_{浸}$$

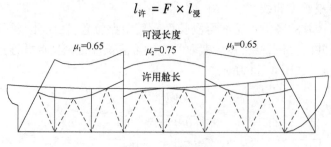

图 4-12 许用舱长

(3) 关于用 $l_{许}$ 校核不沉性的几点说明:

① 当 $l_{实际} \leqslant l_{许}$,则可认为舰船不沉性满足要求。

② 由于 $l_{许}$ 的计算中没有考虑到破损后的稳性问题,故尚需对稳性进行校核计算。

可浸长度法一般用于校核民用船舶和军辅舰船,战斗舰艇的分舱长度一般是按照实际布置的需要来确定的。

4.4 潜艇水面不沉性

潜艇在一定的破损情况下,例如,一个耐压隔舱及其相邻的一个或两个主压载水舱破损进水后,仍然具有足够的浮性和稳性以及其他航海性能的能力,称为其水面不沉性。

潜艇破损进水后,必将引起吃水增大,储备浮力减小,造成纵倾和横倾,导致艇的稳性减小以及浮态的变化。

4.4.1 失事潜艇的浮态和稳性的计算

1. 当失事潜艇横倾角不大时

对于失事潜艇,当其横倾角和纵倾角不大时($\theta < 10°, \varphi < 0.5$),可以利用潜艇

的静水力曲线计算其进水后的浮态和稳性。

假设进水破损的隔舱和相邻主压载水舱的水的体积为 $\sum v_i$，形心在(x_i, y_i, z_i)处，则可以按下述步骤进行计算。

(1) 确定失事潜艇的排水量：

$$\rho \nabla_1 = \rho \nabla + \rho \sum v_i$$

(2) 计算潜艇新的重心坐标：

$$x_{g1} = \frac{\nabla x_g + \sum v_i x_i}{\nabla_1}, y_{g1} = \frac{\nabla y_g + \sum v_i y_i}{\nabla_1}, z_{g1} = \frac{\nabla z_g + \sum v_i z_i}{\nabla_1}$$

实际计算中，上述两步计算可以列成载荷计算表实施计算，如表 4-1 所列。

表 4-1 失事潜艇载荷计算表

载荷名称		容积/m³	纵向		垂向		横向	
			力臂/m	力矩/N·m	力臂/m	力矩/N·m	力臂/m	力矩/N·m
正常载荷								
破损进水隔舱 No:								
淹没的主压载水舱	No:							
	No:							
共计		∇_1	x_{g1}	M_{zq}	z_{g1}	M_{chq}	y_{g1}	M_{hq}

(3) 潜艇的储备浮力。

储备浮容积为

$$\delta \nabla = \nabla_\downarrow - \nabla_1$$

储备浮力占排水量的百分比为

$$\frac{\nabla_\downarrow - \nabla_1}{\nabla_1} \times 100\%$$

式中 $\nabla_\downarrow$——潜艇的水下排水体积。

(4) 静水力曲线图中相关数据。

根据潜艇进水后的排水量，查找静水力曲线图中的相关数据，得出平均吃水

T_1、浮心垂向坐标 z_{c1}、横稳心半径 r_1 和纵稳心半径 R_1 的值。

(5) 计算潜艇的横稳心高 h_1 和纵稳心高 H_1：

$$h_1 = z_{c1} + r_1 - z_{g1} - \delta h \quad (4-35)$$

$$H_1 = z_{c1} + R_1 - z_{g1} - \delta H \quad (4-36)$$

式中　δh、δH——自由液面对横稳心高、纵稳心高的影响。

(6) 确定潜艇的横倾角和纵倾角：

$$\theta = 57.3 \frac{M_{xq}}{\rho \nabla_1 g h_1}, \varphi = 57.3 \frac{M_{zq}}{\rho \nabla_1 g H_1} \quad (4-37)$$

(7) 计算潜艇的艏、艉吃水：

$$T_b = T_1 + \left(\frac{L}{2} - x_f\right)\tan\varphi, T_s = T_1 - \left(\frac{L}{2} + x_f\right)\tan\varphi \quad (4-38)$$

2. 当失事潜艇的横倾角小，而纵倾角较大时

当失事潜艇的横倾角处于小倾角范围内，而纵倾角较大（$0.5° < \varphi < 90°$）时，可根据型线图和包括凸体在内的横剖面面积曲线，计算得出的水上抗沉图解（图 4-13）和浮力与稳度万能图解（图 4-14）来计算潜艇进水后的浮态和稳性。

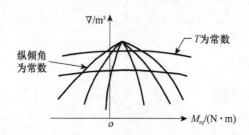

图 4-13　水上抗沉图解

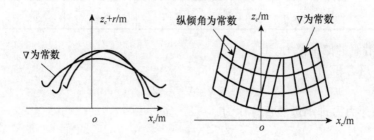

图 4-14　浮力与稳度万能图解

水上抗沉性图解是在以纵倾力矩 M_{zq} 为横坐标，以排水体积 ∇ 为纵坐标的直角坐标系内，绘制的平均吃水 T 和纵倾角 φ 的等值曲线。图解上每一点给出在一定

排水体积 ∇ 和纵倾力矩 M_{zq} 数值下,艇的平均吃水和纵倾角 φ 值。

浮力与稳度万能图解由两个曲线图组成:一个曲线图是绘制在以浮心的纵向坐标 x_c 为横坐标,以浮心的垂向坐标 z_c 为纵坐标的直角坐标系内的排水体积 ∇ 和纵倾角 φ 的等值曲线,图上每一点给出在一定的浮心位置 x_c、z_c 的数值下,潜艇的排水体积 ∇ 和纵倾角 φ 的值;另一个曲线图是在以浮心的纵向坐标 x_c 为横坐标,以 $z_c + r$ 为纵坐标的直角坐标系内绘制的排水体积 ∇ 的等值线,曲线上的点给出一定的浮心位置 x_c 和 $z_c + r$ 数值下的排水体积 ∇ 的值。

利用水上抗沉性图解和浮力与稳度万能图解确定失事潜艇的浮态和稳度的方法如下:

(1)确定失事潜艇的排水量和重心位置。同样,由表 4-1 计算潜艇进水后的排水体积 ∇_1 和纵倾力矩 M_{zq}。在水上抗沉性图解上可内插求得平均吃水 T 和纵倾角 φ。由已知的 ∇_1、φ 值在浮力与稳度万能图解的下图中插值得到 x_c、z_c,然后,由求得到 x_c,∇_1 值在浮力与稳度万能图解的上图中求得 $z_c + r$ 值。

(2)失事潜艇其他要素的计算。潜艇进水后其他有关浮性和稳性的参数,仍可参照上面当失事潜艇横倾角不大时的相关计算公式进行计算。

4.4.2 失事潜艇的扶正

对失事潜艇,必须尽可能地堵住破口和排空失事隔舱,并采取措施进行扶正,以使潜艇在失事后,最大限度地恢复其原有的航海性能。一般当失事潜艇的纵倾角大于 0.5°~1°、横倾角大于 2.5°~3°时,则需要对失事潜艇进行扶正,即把纵倾和横倾角尽可能减小。通常采用下面三种扶正方法或这三种扶正方法的组合:

(1)在潜艇内部移动载荷;
(2)排出一些载荷;
(3)向未破损的主压载水舱注水。

第 1 种方法不消耗潜艇的储备浮力;第 2 种方法会使储备浮力有所增加。但这两种方法占用的时间较长,且因艇内可移动或排除的载荷是有限的,因此很少采用。第 3 种方法是事先假设有代表性的失事情况进行扶正计算,向未破损的主压载水舱注水,使造成的纵倾和横倾与失事造成的纵倾和横倾方向相反,这样艇的储备浮力会进一步减小,但是,可以改善艇的稳性、操纵性、快速性和摇摆等水上航行性能。扶正后,潜艇的储备浮力应足以保证安全航行,其稳性应不小于潜势状态的稳性值。由于事先进行了有针对性的扶正计算,在潜艇失事时,可以立即采取相应措施,在较短时间内扶正潜艇。

在设计中,通常将水面抗沉性计算结果编制成水面抗沉性表,供潜艇航行中参考使用,如表 4-2 所列。这里的抗沉性是指采取抗损措施后所得的特性。

表 4-2 水面抗沉性表

	方案	1	2	3	4	5	6
破损后情况	破损舱名称						
	排水量						
	储备浮力						
破损后情况	艏吃水						
	艉吃水						
	横倾角						
	纵倾角						
	横稳性高						
	纵稳性高						
	横倾1°力矩						
	纵倾1°力矩						
扶正后情况	破损舱名称						
	排水量						
	储备浮力						
	艏吃水						
	艉吃水						
	横倾角						
	纵倾角						
	横稳性高						
	纵稳性高						
	横倾1°力矩						
	纵倾1°力矩						

4.5 潜艇水下抗沉性

与水面抗沉性类似，当耐压隔舱及其相邻的一个或两个主压载水舱破损进水后，在采取一定措施后，潜艇仍具有上浮、下潜和水下操纵航行的能力称为水下抗沉性。

在潜艇设计阶段就应采取措施保证潜艇的水下抗沉性，这些措施包括：使潜艇壳体具有足够的坚固性和水密性；设置耐压的水密舱壁将耐压艇体分成数个水密舱段；保证具有足够的储备浮力；主压载水舱沿艇长合理分布；保证具有足够的高压空气的储备量及有效的主压载水舱吹除系统；具有足够的横稳性和纵稳性；装备有效的疏水设备等。

4.5.1 潜艇水下抗沉的基本措施

潜艇在水下破损进水后,其后果是迅速产生负浮力和纵倾力矩,使破损潜艇碰撞海底或超越极限深度而沉没;如果艇内还存在大面积自由液面,则可能会使破损潜艇因丧失稳度而倾覆。为此,潜艇水下抗沉的主要措施是:迅速进行堵漏、封舱和支顶、排水和平衡潜艇4项抗沉活动,以阻止艇内进水,限制进水在艇内漫延,消除负浮力和纵倾力矩,恢复潜艇战斗力和生命力,这就是人们通常说的潜艇水下的静力抗沉。

如果潜艇在水下破损进水,则首先利用车、舵、气,再结合上述4项抗沉斗争活动,操纵潜艇迅速建立起正浮力和纵向扶正力矩,以消除负浮力和纵倾力矩,挽救潜艇免遭沉没的危险,这就是人们通常称为的潜艇水下的动力抗沉。

潜艇水下抗沉涉及的内容较多,其中包括堵漏、封舱和支顶、排水和平衡潜艇的相关计算和具体措施、高压气在抗沉中的应用计算、潜艇水下破损进水后可以上浮(或下潜)最大深度的确定、破损潜艇从水下自行上浮的条件等很多内容。考虑到本书的篇幅有限,所以只对潜艇从水下自行上浮的条件作简要介绍。

4.5.2 潜艇从水下自行上浮的条件

1. 必须设置耐压隔舱,增加水下抗沉的允许深度

根据抗沉性要求,将耐压艇体各舱段的隔舱壁做成耐压的水密隔壁,限制耐压艇体破损时的进水范围。当潜艇的水密舱段在水下破损时,其水密舱壁也要与耐压壳体承受同样大小的深水压力,如水密舱壁与耐压壳体是等强度的,则在极限深度以内,壳体破损后水密舱壁是安全的,但由于多种原因,潜艇耐压舱壁的强度一般比耐压壳体强度低,因而限制了水下抗沉性的允许深度。为了增加水下抗沉性的允许深度,一旦当某一耐压舱段破损进水时,可以采用向相邻舱段输入高压空气的办法,提高相邻舱段内的空气压力,以支撑破损舱段的水密舱壁。充气压力的大小,视耐压水密舱壁的强度,以及空气隔舱中艇员生理上对压缩空气适应的程度而定。如耐压水密舱壁的可承受压力为 p_1,潜艇所处水深为 h,则破损舱的水密舱壁所承受的压力为

$$P = P_a + 0.1\rho gh \qquad (4-39)$$

相邻舱段内的空气压力 P_d 应满足的关系:

$$P_d \geq P_a + 0.1\rho gh - P_1 \qquad (4-40)$$

同时,它应在舱中艇员所能承受的范围之内。

2. 保证失事潜艇自行上浮所需的浮力

失事潜艇要能从水下自行上浮,必须有足够的克服破损舱段中灌进的水的重

力,以及坐沉海底时泥浆对艇体的吸力(在极限深度内)。这个升力是靠压缩空气吹除必要的未破损的主压载水舱的水来获得的。该升力 F_L 应大于进水破损舱段的水的重力 $\rho v g$、海底吸力 F_1 以及潜艇失事前的剩余浮力 ΔQ 的和,即

$$F_L > \rho v g + F_1 + \Delta Q$$

海底吸力与海底的物理性质,潜艇坐沉海底的姿态,即倾角大小以及剩余浮力的大小、进水量等有关,一般可按下式估算:

$$F_1 = K(\Delta Q + \rho v g)$$

式中 K——吸力系数,由表4-3给出。

3. 无纵倾或小纵倾上浮

潜艇的水下纵稳心高与横稳心高相等,耐压壳体破损进水造成的纵倾角可能远大于横倾角,所以对潜艇水下纵稳性必须予以高度重视,而要求潜艇自水下能无纵倾或小纵倾上浮,就必须在潜艇克服下沉力,脱离海底上浮之前,先迅速进行均衡,使吹除主压载水舱造成的纵倾力矩与破损进水造成的纵倾力矩能全部或部分抵消,尽可能减小纵倾角。

表4-3 海底吸力系数

海底	吸力系数	海底	吸力系数
岩石带有鹅卵石和砂	0~0.05	淤泥下面有软的黏土	0.15~0.2
大砂	0.05~0.1	淤泥带有黏稠的黏土	0.2~0.25
鹅卵石带细砂	0.1~0.15	黏稠的黏土带有砂或贝壳	0.25~0.45
细砂	0.15~0.20		

4.6 习题及思考题

1. 破损舱的分类有哪几种?并分析哪类破损舱室对舰船的不沉性危害最大。
2. 已知某潜艇 $V = 1630 \text{m}^3$, $L = 69\text{m}$, $T = 2.3\text{m}$, $S = 685\text{m}$, $x_f = -1.4\text{m}$, $h = 0.6\text{m}$, $H = 132\text{m}$。战斗中右舷某舱室破损进水,破损舱诸元为:舱长 $l = 4.5\text{m}$,舱宽 $b = 2.4\text{m}$, $v = 16\text{m}^3$, $x_v = 6.11\text{m}$, $z_v = -1.6\text{m}$, $s = 15\text{m}^2$, $x_s = 6.11\text{m}$, $y_s = 1.62\text{m}$。求破损进水后该潜艇浮态和稳度的变化。
3. 简述潜艇水面状态采用的扶正方法。
4. 简述潜艇水下抗沉的基本措施。
5. 潜艇水下自行上浮需要满足哪些条件?

第 5 章　潜艇阻力

从本章开始,我们将研究潜艇原理中的动力学知识,包括潜艇航海性能中的快速性、操纵性和耐波性等。本章研究快速性。

1. 什么是快速性?

提起潜艇的快速性,人们往往直观地将它与潜艇所能达到的最大航速相联系。其实,作为一种性能优劣的评论,所谓潜艇快速性,确切地说应该是指:既定排水量的潜艇,在既定主机的功率条件下所能达到的最大航速的高低,或是达到既定航速所需主机功率的大小。可见,潜艇的快速性是极为重要的战术技术性能之一,良好的快速性是潜艇在进攻和防御中掌握主动的主要手段。

众所周知:潜艇在水中以一定航速航行时,必然会受到一定大小的阻力作用,这就需要,由主机驱动推进器(最常见的为螺旋桨)产生推力以克服阻力。可见,大功率和性能优良的主机、高效率的推进器和阻力小的艇形,这三者是保证快速性的基本条件。关于主机性能的讨论,非属本书研究范围,本书只研究潜艇阻力和推进器的有关知识。本章讨论潜艇阻力,下一章再讨论潜艇推进器。

2. 研究潜艇阻力和推进器的目的要求

为什么要学习潜艇阻力和推进器知识呢？如上所述,动力装置的根本作用在于:向螺旋桨提供必要的转速和转矩(功率),使之产生一定的推力以克服潜艇所遭受的阻力,维持所需的航速。因此,掌握各种情况下潜艇阻力和螺旋桨性能的变化规律,以明确对动力装置的相应要求,具体的学习要求可简述如下:

(1)理解潜艇航行时遭受水阻力的原因,以及螺旋桨工作时需要吸收转矩并能产生相应推力的原理;

(2)掌握各种情况下潜艇阻力及螺旋桨工作特性的变化规律;

(3)了解影响阻力和螺旋桨工作特性的各种因素及其影响规律;

(4)会粗略地估算潜艇阻力并能作各种工况下的机—桨匹配情况的分析;

(5)初步掌握利用图谱选择螺旋桨几何要素(形状)的方法。

5.1　基本概念

在具体讲述潜艇阻力的主要内容之前,有必要对所涉及的流体力学基础知识作一简要介绍,以便于对阻力和螺旋桨基本理论的理解。

5.1.1 相似理论简述

对于潜艇快速性问题的研究,如同其他科学技术问题一样,无非是理论研究与试验研究两大类。解决快速性方面的工程实际问题,目前主要依靠试验研究,而且更多的是依赖于模型试验研究。而如何安排模型试验？怎样将模型试验结果用之于实船？需由相似理论来指导。

关于相似理论的详尽阐述及导引,可参考流体力学方面的教材,此处不再一一重复,只是结合研究潜艇阻力问题的需要,把相似理论的有关结论复述如下。

1. 关于相似条件

由于我们研究的潜艇阻力问题是定常运动,且水是"不可压"流体,水阻力仅与水的黏性和重力作用有关,因此所涉及的相似准数仅有雷诺数(Re)和弗劳德数(Fr)两个。因此,船模(系统)与实船(系统)实现力学相似的条件为：

(1) 船模与实船几何相似；

(2) 船模与实船的雷诺数和弗劳德数分别相等。即有：

$$\frac{V_s \cdot L_s}{v_s} = \frac{V_m \cdot L_m}{v_m}; \quad \frac{V_s}{\sqrt{gL_s}} = \frac{V_m}{\sqrt{gL_m}}$$

式中 $\frac{VL}{v} = Re$ ——称雷诺数；

$\frac{V}{\sqrt{gL}} = Fr$ ——称弗劳德数；

V——航速(m/s)；

L——艇长(m),水面状态时为设计水线长,水下状态为总长；

v——水的运动黏性系数(m^2/s),因水质与水温而异；

g——重力加速度(通常为 $9.81 m/s^2$)；

下标"s"——实船；

"m"——船模。

2. 关于力的比例关系

满足相似条件而实现了力学相似的船模与实船之间"力"的比例关系为：流体动力系数相等。阻力系数的定义为

$$C_R = \frac{R}{\frac{1}{2}\rho V^2 S}$$

式中 R——艇体所受的阻力(N)；

ρ——水的密度(kg/m^3)；

S——艇体的浸湿表面积(m^2)；

V——航速(m/s)。

也即满足了相似条件应有：

$$\frac{R_s}{\frac{1}{2}\rho_s V_s^2 S_s} = \frac{R_m}{\frac{1}{2}\rho_m V_m^2 S_m}$$

由于船模与实船几何相似，则显见有：

$$\frac{S_s}{S_m} = \left(\frac{L_s}{L_m}\right)^2 ; \frac{L_s}{L_m} = \lambda_l \text{——几何缩尺}$$

也即：$S_s = \lambda_l^2 \cdot S_m$

同理：$\overline{V}_s = \overline{V}_m \cdot \lambda_l^3$

式中　$\overline{V}_s$、$\overline{V}_m$——实船、船模的排水容积。

3. 讨论——关于部分相似的概念

由以上的讨论得知：若船模与实船几何相似，且有 $F_{rm} = F_{rs}$ 和 $R_{em} = R_{es}$，则它们全部阻力成比例——总阻力系数相等。我们称这种情况为完全(力学)相似。然而，在实际的工程问题中，要实现这种全相似往往是不可能的。这是因为：

按 $\dfrac{V_m}{\sqrt{gL_m}} = \dfrac{V_s}{\sqrt{gL_s}}$ 要求，应有 $V_m = \dfrac{V_s}{\sqrt{\lambda_s}}$

按 $\dfrac{V_m L_m}{v_m} = \dfrac{V_s L_s}{v_s}$ 要求，应有 $V_m = \dfrac{v_m}{v_s} \cdot \lambda_l \cdot V_s$

因此，若要同时满足 $F_{rm} = F_{rs}$ 和 $R_{em} = R_{es}$，则必然应有：$v_s \lambda_l^{-1/2} = \dfrac{v_m}{v_s} \cdot \lambda_l \cdot v_s$

即应满足：$v_m = \lambda_l^{-3/2} \cdot v_s$

而通常 $\lambda_l = L_s/L_m \cdot 1$，这就要求 $v_m \cdot v_s$，即要求供船模试验用的流体具有极小的黏性(比实船所在的"水"的黏性小得多)，这实际上是办不到的。可见，工程上不可能实现全相似而只能实现部分相似。"阻力"问题中常用的部分相似概念可表述如下：

1) 黏性相似——雷诺相似定律。

若船模与实船几何相似，且有 $R_{em} = R_{es}$，则由流体黏性引起的那一部分阻力(称黏性阻力)成比例，即 $\dfrac{R_{vm}}{\frac{1}{2}\rho_m V_m^2 S_m} = \dfrac{R_{vs}}{\frac{1}{2}\rho_s V_s^2 S_s}$ 或简写成 $C_{vm} = C_{vs}$

式中　R_v 和 C_v——黏性阻力和黏性阻力系数。

2) 重力相似——弗劳德相似定律。

若船模与实船几何相似，且有 $F_{rm} = F_{rs}$，则由流体重力作用引起的那一部分阻

力(称为兴波阻力)成比例——兴波阻力系数相等,即有:

$$\frac{R_{wm}}{\frac{1}{2}\rho_m V_m^2 S_m} = \frac{R_{ws}}{\frac{1}{2}\rho_s V_s^2 S_s} \text{ 或简写成 } C_{wm} = C_{ws}$$

式中　R_w 和 C_w ——兴波阻力与兴波阻力系数。

$C_{wm} = C_{ws}$ 也可表示成 $\frac{R_{wm}}{\Delta_m} = \frac{R_{ws}}{\Delta_s}$(其中 Δ_m、Δ_s 分别为船模与实船的重量)。这不难证明如:

$$\because \frac{V_m}{\sqrt{gL_m}} = \frac{V_s}{\sqrt{gL_s}} = Fr(\text{统一记作 } Fr)$$

$$\therefore V_m^2 = Fr^2 \cdot gL_m; \quad V_s^2 = Fr^2 \cdot gL_s$$

而在这种条件下又有:

$$\frac{R_{wm}}{\frac{1}{2}\rho_m V_m^2 S_m} = \frac{R_{ws}}{\frac{1}{2}\rho_s V_s^2 S_s}$$

则只要将上式中的"V"代之以"$Fr^2 \cdot gL$",便可写成:

$$\frac{R_{wm}}{\frac{1}{2}\rho_m Fr^2 gL_m S_m} = \frac{R_{ws}}{\frac{1}{2}\rho_s Fr^2 gL_s S_s}$$

而 $\rho g = \gamma$ 为流体重度。

由此可得:

$$\frac{R_{wm}}{\frac{1}{2}\gamma_m L_m S_m} = \frac{R_{ws}}{\frac{1}{2}\gamma_s L_s S_s}$$

或

$$\frac{R_{wm}}{R_{ws}} = \frac{\gamma_m}{\gamma_s} \cdot \lambda_l^{-3} = \frac{\gamma_m}{\gamma_s} \frac{\overline{V}_m}{\overline{V}_s} = \frac{\Delta_m}{\Delta_s}$$

亦即有:

$$\frac{R_{wm}}{\Delta_m} = \frac{R_{ws}}{\Delta_s}$$

可见,重力相似定律也可表述如下:

若船模与实船几何相似,且有 $Fr_m = Fr_s$,则它们单位(重量)排水量的兴波阻力相等——通常称此定律为弗劳德比较定律。

5.1.2　平面边界层的主要特性

水是黏性流体,因此艇体周围的流动是黏性流动。由《流体力学》知识可知:

黏性作用主要表现在贴近壁面的一薄层内,这一薄层即称为边界层。那么,对边界层内的流动,应如实当作黏性流动来处理;而对边界层外的流动,我们可忽略黏性影响而当作理想流体来处理。下面将平面边界层的主要特性简要地介绍如下:

根据《流体力学》有关知识可知:边界层内的流动有层流与湍流之分,取决于黏性稳定作用与外界扰动力两方面的因素。

黏性稳定作用的大小可用所谓局部雷诺数 $R_x = \dfrac{v \cdot x}{\upsilon}$(其中 x 表示讨论的平面上某一点处至该平面前缘的距离;v 为该点处的流速)表示。R_x 大,表示该处黏性稳定作用小,易呈湍流;反之亦然。流态由层流转变为湍流时所对应的 R_x 称为临界雷诺数,记作 R_{xct}。

由于流态还取决于外界扰动的大小,因此临界雷诺数 R_{xct} 的大小也必然与外界扰动情况有关。通常条件下,对平板边界层而言,大致有:

$$R_{xct} = 2.0 \times 10^5 \sim 2.8 \times 10^6$$

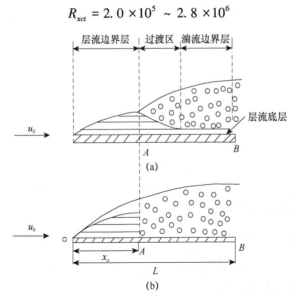

图 5-1 平板边界层

由此可见:对某一既定的平板边界层而言,其前段 R_x 小,易呈层流;而后段 R_x 大,易呈湍流。此外,贴近壁面处由于强烈的黏性稳定作用,总呈层流状态,形成所谓层流底层。可见,通常平板边界层的流态往往呈混合状态,如图 5-1(a)所示,不过,为计算方便,通常将其简化成图 5-1(b)所示状态。联系到实际的艇体边界层,可以想见:由于实艇的航速、长度很大,因此其边界层除艏部有很小一段层流外,绝大部分均为湍流——层流段在整个艇长范围所占比例极小,故可视实艇的边界层流态为湍流;船模则不然,由于其速度、长度均比实艇小得多,因此其层流段长度占有相当比例。为消除船模与实艇边界层流态的差别,通常在船模试验时均需采取人工激流措施。

关于不同流态的平面边界层内部,其速度、压力分布等项特性可简要地归纳成表5-1。

表5-1 平面边界层主要特性

特 性		流 态	
		层 流	湍 流
速度分布规律(沿法向)		近似于抛物线规律,如:$$\frac{v}{u}=2\left(\frac{y}{\delta}\right)-\left(\frac{y}{\delta}\right)^2$$	指数律:$$\frac{v}{u}=\left(\frac{y}{\delta}\right)^{1/n}$$ 对数律:$$\frac{v}{v_\tau}=A\ln\frac{v_\tau y}{v};v_\tau=\sqrt{\frac{\tau}{\rho}}$$
诸厚度	δ	$5.49R_x^{-1/2}\cdot x$	$0.37R_x^{-1/2}\cdot x$
	$\delta^0=\int_s^\delta\left(1-\frac{v}{u}\right)\mathrm{d}y$	$\frac{1}{3}\delta$	$\frac{1}{8}\delta\left(\delta^0=\frac{1}{1+n}\delta\right)$
	$\theta=\int_\theta^\delta\frac{v}{u}\left(1-\frac{v}{u}\right)\mathrm{d}y$	$\frac{5}{12}\delta$	$\frac{7}{72}\cdot\delta\left(\theta=\frac{n\cdot\delta}{(1+n)(2+n)}\right)$
沿法向的压力分布		$\frac{\partial p}{\partial y}=0$,由此得 $p\vert_{y=0}=p\vert_{y=\delta}$	
壁面切向应力 τ_0 分布		$0.365\left(\frac{\mu\rho U^2}{x}\right)^{1/2}$	$0.0288\rho U^{1.8}\left(\frac{7}{x}\right)^{1/3}$

表5-1中各符号的意义为

$R_x=\dfrac{U\cdot x}{v}$,其中 x 为距平板缘的距离;

U 为边界层外边界上的势流速度,对平板而言,即为来流速度;

v 为边界层内一点的流速;

τ、τ_0 分别为边界层内和壁面上的切应力(摩擦应力);

δ、δ^0、θ 分别为边界层厚度及边界层排挤厚度和动量损失厚度;

y 至壁面的法向距离。

p、ρ、v 的意义与前同。

表5-1中所列湍流数据是按指数分布律且取 $n=7$ 所得。随着 $R_L=\dfrac{U\cdot L}{v}$(L 为平板长度)的增大,指数 n 将增大,则对应的 δ、τ_0 等数据也将相应改变。例如:当 $R_L>10^9$ 时,可取 $n=10.8$,则相应地有:

$$\delta=0.221R_x^{-1/7}\cdot x$$

$$\tau_0 = 0.0136 R_x^{-1/7} \cdot \rho U^2$$

不过,从表 5-1 可以看出边界层特性有如下主要规律:

(1) 边界层的厚度随来流速度的增大而减薄(相应地 δ^0、θ 也减小);在同一来流速度下,随着离平板前缘距离(x)的加大,边界层将加厚,且湍流加厚得更快,如图 5-1 所示。

(2) 壁面上的切应力随来流速度的增大而加大,且湍流切应力加大得更快;在同一来流,随着距平板前缘距离(x)的加大,切应力逐渐减小,且层流切应力减小得更快。

(3) 边界层内部压应力(p)沿法向保持不变,即:边界层可将其外边界上(势流部分)的压力不变地传递到壁面上来,壁面上的压力纵向分布规律与边界层外边界上的压力分布相同。

5.1.3 船波特性

由船舶运动而在静水表面掀起的波浪称之为船波,它有如下主要特性。

1. 波形

根据观察统计,船波的波形近似于坦谷曲线,俗称坦谷波。所谓坦谷曲线,其构成情况是:某大圆沿直线作纯滚动时,其同心小圆上某一点的轨迹即为坦谷曲线,如图 5-2 所示。

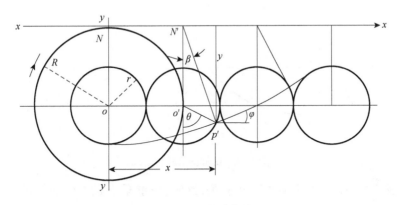

图 5-2 坦谷波曲线

可见此波形"峰"尖而"谷"坦,上下并不对称,坦谷波之名即由此而来。同时,由此也不难看出:当波形传播时,水质点实际上作圆周运动(或称轨圆运动)。

2. 波长 λ 与波速 C 的关系

当水深不受限制(俗称"深水")时,可从理论上推得:

$$C = \sqrt{\frac{g\lambda}{2\pi}} \approx 1.25\sqrt{\lambda}$$

当水深有限(俗称"浅水")时,水质点的运动由于受底面的限制,不能再呈圆周运动,而只能是椭圆运动,此时 λ 与 C 的关系与上述深水相比,差一因子,即:

$$C = \sqrt{\frac{g\lambda}{2\pi}\tanh\frac{2\pi H}{\lambda}}$$

式中　H——水深。

根据双曲式切函数的特点: $0 \leqslant \left|\tanh\frac{2\pi H}{\lambda}\right| \leqslant 1$(图5-3),可见随着水深 H 的加大, $\tanh\frac{2\pi H}{\lambda}$ 很快趋于1。例如:

当 $H \geqslant \frac{\lambda}{2}$ 时,则 $\tanh\frac{2\pi H}{\lambda} \geqslant \text{th}\pi = 0.9963$。

可见此时已与"深水"几无差别。

当水深极浅时,也即当 $\frac{H}{\lambda} \to 0$, 此时 $\tanh\frac{2\pi H}{\lambda} = \frac{2\pi H}{\lambda}$(图5-3),则:

$$C = \sqrt{\frac{g\lambda}{2\pi}\tanh\frac{2\pi H}{\lambda}} = \sqrt{\frac{g\lambda}{2\pi}\cdot\frac{2\pi H}{\lambda}} = \sqrt{gH}$$

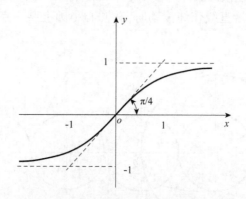

图5-3　双曲正切函数曲线

也即在极浅水中,波速仅与水深 H 有关,此时,波形呈小丘状向前推进,称为"独波"。

3. 轨圆半径变化与轨圆中心线升高

当水表面产生波浪运动时,表面以下原来静止的水层也会发生波动,形成所谓次波面,但次波面的轨圆运动半径比水表面小,它们的关系为

$$r = r_0 e^{\frac{2\pi}{\lambda}y}$$

式中　y——次波面轨圆中心线到水表面的距离。

由上式看出:波浪随水深加大而迅速衰减。例如:当 $y = \lambda$ 时, $r = r_0 e^{-\frac{2\pi}{\lambda}\cdot\lambda} =$

$$r_0 e^{-2x} = \frac{r_0}{535}。$$

也即在水表面以下相当于一个波长的深处,其波浪运动的轨圆半径只及水表面波浪的1/535,几乎无波动。

不过,此处尚需说明:由于坦谷波峰尖谷坦,上下不对称,因此这里的"y"并非原静止水层的深度,而是轨圆中心线的位置,它较原静止时的水层位置高,其差值即所谓"轨圆中心线升高",记作 Δh,且可推得:

$$\Delta h = \frac{\pi r^2}{\lambda}$$

4. 波能及波能传播速度

波浪的能量由动能 E_k 和势能 E_p 两部分组成。对柱面(二元)波来说,一个波长范围内的波能为

$$E_k = E_p = \frac{1}{16}\rho g \lambda b H^2$$

式中　　ρ——水的密度;
　　　　b——波宽;
　　　　H——波高;
　　　　λ——波长。

所以总能量为:$E = E_k + E_p = \frac{1}{8}\rho g \lambda b H^2$

波能传播速度为:$u = \frac{1}{2}C$（C 为波速）

以上列举了坦谷波的主要特性。这里尚需补充说明的是,对于船波问题的处理,有时为了数学解析上的方便处理,往往将船波看成正弦波(即波形为正弦曲线)。坦谷波与正弦波相比,除波形不同、轨圆中心线升高(正弦波上下对称,无轨圆中心线升高)以及正弦波为无旋微幅波而坦谷波为有旋的有限振幅波等差别外,其余波速、波能等特性两者均相同,故此处不再赘述正弦波的特性。

5.2　阻力的产生原因及组成

5.2.1　潜艇在水中运动时的受力

如图5-4所示,当艇体在水中运动时,使水的质点获得加速度,而在艇体浸湿的微面积 ds 上将受到水的反作用力 F。显然,F 可分解为垂直于 ds 表面的压力 p;平行于 ds 表面的切应力 τ_0。这样,微面积 ds 上所受的压力和切应力分别为 pds 和 $\tau_0 ds$。它们在潜艇运动方向(x 方向)上的分力则分别为 $p\cos(p;x)ds$ 和

$\tau_0\cos(p;x)\,\mathrm{d}s$。于是整个艇体浸湿表面 s 上作用有两个 x 方向的力,即:

$$\begin{cases} R_\mathrm{f} = \int_S \tau_0\cos(\tau_0,x)\,\mathrm{d}s \\ R_\mathrm{p} = \int_S p\cos(p,x)\,\mathrm{d}s \end{cases} \quad (5-1)$$

式中　R_f——摩擦阻力,由船体浸湿表面上所受切应力构成;

R_p——压差阻力,它是由于艇体浸湿表面所受压力艏艉不对称,形成艏艉压差而构成的阻力。

由此可见,当艇体在水中运动时,将受到 R_f 和 R_p 这样两种阻力的作用。实际上,以上分析仅是从受力方向着眼的,如果从受力的物理属性出发,则可将艇体所受阻力分得更细一些,即可分为:摩擦阻力、形状阻力和兴波阻力。

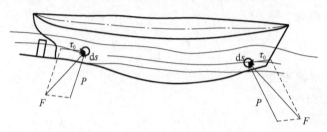

图 5-4　船在水中运动的阻力成因

5.2.2　摩擦阻力的产生

我们以最简单的平板绕流为例来说明摩擦阻力的产生原因。

当平板以速度 V 在静水中作等速运动时,根据运动转换原理,我们可视平板为不动,而水以速度 V 从反向流经平板,如图 5-5 所示。根据流体力学知识可知:由于水有黏性,板面附近形成一薄层"边界层"。在边界层内,沿板面法向,水质点有明显的速度梯度,从而产生摩擦切应力 τ,且这种速度梯度在板面处表现明显(图 5-5),因此板面上所受的切应力尤大,记作 τ_0。由此,板面上各点所受 τ_0 之和即构成水对平板的摩擦阻力。

艇体在水中运动时,其浸湿表面虽然并非平板,然而其物理实质与平板绕流相同,即:艇体表面也要形成边界层、也受切应力 τ_0 的作用。只是 τ_0 的方向是沿艇体表面的切线方向,而不像平板的 τ_0 与水流的速度方向一致,因此只是 τ_0 在运动方向上的分量沿艇体浸湿表面的积分值才构成水对艇体的摩擦阻力(参见式(5-1)中第一式)。实验数据表明:在长度、速度和浸湿面积相等的条件下,艇体摩擦阻力约比平板摩擦阻力大 1%~4%。

由以上分析可知:艇体所受的摩擦阻力是由水的黏性引起的,因此就其物理属性而言,摩擦阻力是一种黏性阻力。

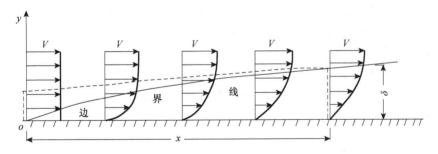

图 5-5 边界层的速度梯度

5.2.3 形状阻力的产生

水的黏性除了引起切应力从而形成艇体的摩擦阻力以外,还会导致环绕物体周围压力分布的前后压差。现在,我们来分析这种压差的产生原因。图 5-6 显示了类似艇体的曲面绕流情况。如果为理想流体绕流,则按伯努利定理:艏艉端点处为"驻点",流体速度为零,压力最大;中部最宽,流速最大而压力最小。沿整个曲面的压力分布如图中曲线 I 所示,其 x 方向分量沿表面的积分结果为零,无压差阻力。但考虑水的黏性时,则情况有很大改变。如前所知,由于黏性使曲面上形成一薄边界层,边界层内是黏性流动,外部则可视为势流。显然, C 点处边界层外的势流速度值达最大值 U_{max},压力为最小值 P_{min}。所以从 A 到 C 的外部势流是加速的,压力梯度 $\partial P/\partial x < 0$,为顺压梯度;超过 C 点后,则压力沿流动方向不断增加,$\partial P/\partial x > 0$,为逆压梯度。而根据薄边界层特性—— $\partial P/\partial x = 0$,因此边界层内的压力纵向变化规律与外部势流同。这样,在边界层内顺压梯度这一段(即 $C-C$ 剖面之前)虽因受黏性的影响而减速趋势,但是在顺压梯度的帮助下仍能顺利地流动;而在 $C-C$ 剖面之后的逆压梯度区段内情况就不同了,流体受到黏性和逆压梯度的双重减速影响,因此紧邻壁面的流体质点在某点 D 处,速度可能先降为零。以后,下游的流体质点在逆压梯度作用下产生倒流现象。在 D 这一点上,边界层内的流线开始与壁面分离,故称为分离点。

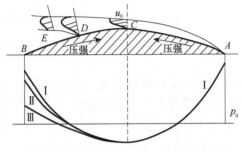

图 5-6 形状阻力的成因

边界层发生分离后,物体后部形成许多无规则的涡,其中涡的能量以热的形式耗散掉,因此分离点下游的压力已不能逐渐回升到驻点那样高的程度,而只能如图 5-6 中曲线Ⅲ所示,形成前后压差,其在运动方向上分量的积分即构成压差阻力。

由以上分析也不难想见:这种压差阻力的大小很大程度上取决于分离点的位置。如果物体的形状能使分离点位置尽可能后移,这样涡区(又叫尾流)很小,则压差阻力也小。

随着物体细长程度的增大,$\partial P/\partial x$ 随之减小,分离点不断后移。因此,若物体有足够的细长度,则物体壁面上可能不产生边界层分离,尾部不形成涡区,然而压差阻力却仍然存在。究其原因,不难从图 5-7 的示意中得解释:若为理想流体,A 与 B 均为驻点,压力相等;若为黏性流体,形成边界层,则 B' 点的速度不为零,而 B' 处为势流,则按伯努利定理:$P_{B'} < P_A$,又根据薄边界层特性有 $P_B = P_{B'}$ 由此可知 $P_B < P_A$,可见前后仍有压差。但这种情况下的压差要比有边界层分离情况的压差小得多,其压力分布将如图 5-6 中的曲线Ⅱ所示。事实上,对潜艇及大多数水面作战舰艇来说,由于船形均较细长,因此船体表面基本无边界层分离现象,其形状阻力的产生原因即如上第二种情况所述。

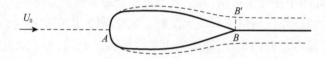

图 5-7 细长体的流态

通常,我们根据是否产生了边界分离现象而将物体形状区分成"流线体"与"非流线体"。产生分离现象的称为"非流绕体"(或称"钝体"),否则即为"流线体。"

综上所述,由于黏性影响,将使物体表面产生前后压差,从而构成一种压差阻力,而这种阻力的大小与物体的形状密切相关,故习惯上称之为"形状阻力",记作 R_e。不过,为突出其物理属性(机理),目前也常称之为"黏压阻力"记作 R_p。

5.2.4 兴波阻力的产生

兴波阻力只有当潜艇在水面航行(或水面舰艇航行)时才产生。对于深潜航行的潜艇来说,并无兴波阻力,此时艇体自身的阻力仅由摩擦阻力和形状阻力两部分组成。

当潜艇在静水面航行时,水面会掀起波浪(简称兴波)。波浪运动是水的一种运动形式,组成波浪的无数水质点不但产生了运动,而且其位置相对于静止水面也发生了变化。因此,水质点不仅因兴波而具有了动能,而且还增加了势能。动能与势能变化的总和构成波浪的总能量,这些能量需由船体来提供。这就是说,潜艇在水面航行时,除了要提供因水的黏性而消耗的能量(即克服摩擦阻力和形状阻力)

外,还须提供因不断兴波而消耗的能量。设单位时间内因兴波而消耗的能量为 E_w,航速为 V_s,则潜艇因兴波而受到的阻力 R_w 即为

$$R_w = E_w/V_s$$

式中　　R_w——兴波阻力。

以上我们从能量观点说明了兴波阻力的产生原因。为便于今后对兴波阻力特性和变化规律的理解,有必要对兴波的形成和特点作进一步的说明。

1. 兴波的形成及兴波图形

为便于讨论,我们将水视为理想流体,并采用运动转换原理——视艇体不动而水自前方流来。如前所述,水流流到艏艉柱附近时,速度要减慢,压力要升高,艏艉柱处为"驻点"(压力最高)而水表面(自由表面)上的压力处处均为大气压力,因此,艏艉柱附近水压力的升高必将导致水面的升高。于是在艏柱略后形成一个波峰;其后升高的水面要下落,在重力和惯性力的共同作用下,垂向产生波动而形成波浪。艉端的情况与艏端类似,在艉柱稍后处有艉波的第一个波峰(图 5-8)。

由上述分析可知:舰艇在水面航行时掀起的波浪大体上有艏艉两组波系。仔细观察又可发现:每组波系又各包含横波与散波。散波由互相平行的小段波浪组成,各段中点的连线组接近于直线,与舰艇的对称面成 18°~20°角;而每段散波本身则又与此连线夹 18°~20°角(即与对称面夹 36°~40°角)。横波则垂直于对称面并被限制在散波中心连线所构成的三角形范围内(图 5-9)

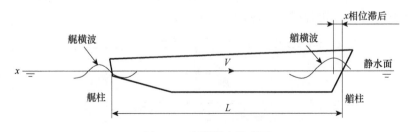

图 5-8　兴波阻力的成因

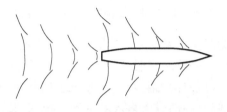

图 5-9　船波示意图

由以上兴波图形可知:随着舰艇的运动,艏艉散波呈梯次传播,互不干扰而清晰可见;艏艉横波则在传播时会在艉部相遇而互相干扰。因此,实际上我们在船后看到的已不是单独的艉横波,而是艏艉横波干扰而成的组合波,在艏柱之前,则可

见艏横波的一个或几个(视航速而定)波峰。由图 5-8 可知,既然兴波后艏部处于波峰中(水压力较高),艉部处于波谷中(水压力较低),艏艉有压差,这也就不难从力的角度理解兴波阻力的成因了。

2. 航速与兴波波长的关系

由兴波原因可知,当舰艇在静水面航行时,舰艇航行到哪里,兴波现象也就"跟"到那里,即舰艇兴波的传播速度 C 与舰艇的航速 V 相等。而根据 5.1 节所述船波特性可知:

波速 C 与波长 λ 有关系: $C = \sqrt{\dfrac{g\lambda}{2\pi}}$

因 $C = V$

故有:

$$\left. \begin{array}{l} \lambda = 2\pi V^2/g \\ \text{或 } \lambda = 2\pi L Fr^2 \end{array} \right\} \quad (5-2)$$

式中　L ——舰艇的水线长度(m);

$Fr = \dfrac{V}{\sqrt{gL}}$ 舰艇的(长度)弗劳德数。

可见舰艇航行所掀起波浪的波长 L 将随航速的增高而加大,即航速越高,兴波波长 L 越大,反之亦然。图 5-10 表示不同航速(或 Fr)时在舰艇范围内波浪外形的情况,图中虚线为静浮时船形轮廓。

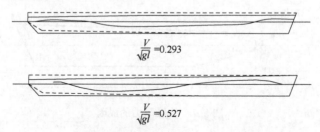

图 5-10　兴波波长随航速(Fr)的变化

由以上对兴波阻力产生原因的分析可知:兴波阻力也是一种压差阻力,只是这种压差是由于兴波引起。兴波后使艏部处于波峰中,压力较大;艉部处于波谷中,压力较小,从而形成艏艉压差构成阻力。因此,水面航行时艇体实际所受的压差阻力是由两部分原因形成的:一部分来自水的黏性影响,即形状阻力;另一部分来自兴波,即兴波阻力。而兴波的原因就水的物理属性来说,是因为重力作用,即兴波阻力与重力作用有关。

因此,对于水面航行的潜艇或水面舰艇,其光滑船体所受的基本阻力(习惯上称之为裸船体或光体阻力)如图 5-11 所示。

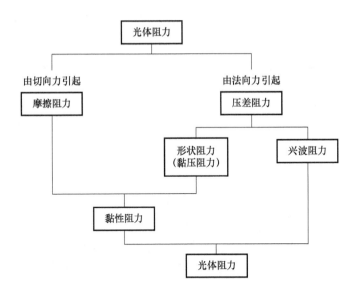

图 5-11　船体所受基本阻力

至于深潜状态下的潜艇,则只有黏性阻力而无兴波阻力。

5.2.5　附体阻力的产生

所谓附体是指突出于船体之外的一些部件,故又称突出物。潜艇的附体比水面舰船多得多,主要有指挥台围壳、各种升降装置、稳定翼、艏艉水平舵、垂直舵以及推进器轴等等。可见潜艇的附体阻力问题显得比水面舰艇更突出。对一些老式的潜艇说来,附体阻力可占总阻力的 50% 左右;对新式潜艇说来,附体阻力所占比例虽有下降,但仍占相当大的比例。表 5-2 给出某些美国核潜艇的附体阻力相对于"光体阻力"的百分数。其中"大青鱼"Ⅰ号和"大青鱼"Ⅱ号的艉附体系统分别如图 5-12(a)和(b)所示。

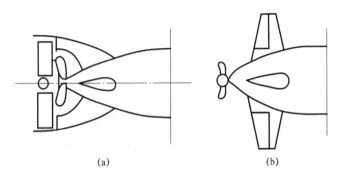

图 5-12　潜艇的尾附体

表 5-2　某些美国核潜艇的附体阻力相对于光体阻力的百分数

附体名称	潜艇名称及其水中最大航速 V_{max}/kn				
	"大青鱼"Ⅰ号 $V_{max}=25$	"大青鱼"Ⅱ号 $V_{max}=25$	"白鱼"号 $V_{max}=20$	"飞鱼"号 $V_{max}=20$	"釭鱼"号 $V_{max}=20$
艉水平舵	2	2	5	9	12
指挥台围壳	14	14	28	27	13
艉部附体	43	12	14	20	8
总　计	59	28	47	56	33

附体阻力的产生来自附体自身的黏性阻力和干扰影响两方面的原因。

首先,当潜艇航行时,附体潜没于水中并随艇体一起运动。不言而喻,由于水的黏性作用,附体与艇体一样会受到水对它的黏性阻力(摩擦阻力与形状阻力)作用。

其次,为说明干扰影响,我们先举一并列圆柱的试验为例。图 5-13 中为两个直径为 d 的圆柱,在 $R_{eD}=\dfrac{V\cdot d}{v}=10^5$ 时的试验结果。此时流动处于层流状态。由图可见,对前柱说来,当两个圆柱间距增大时,其阻力系数 $C_D=\dfrac{R}{\dfrac{1}{2}\rho V^2(l\cdot d)}=$

1.17(其中 l 为圆柱长度)——相当于单个圆柱在层流状态时的阻力系数;当两圆柱间距缩小时,阻力也减小,这说明后柱的存在对前柱阻力有影响。再来看后柱的情况,由于前柱的存在,使其阻力比单个圆柱层流状态的阻力小得多,大致相当于

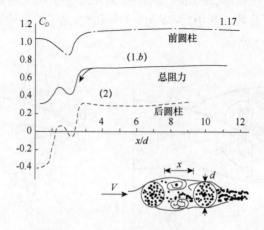

图 5-13　两圆柱体阻力干扰

单个圆柱湍流状态的阻力。尤其是当两柱很接近时,则后柱还会出现"负阻力"。此例充分说明:一个附体(此例为圆柱)的阻力大小除与其自身的形状有关外,还受另一附体的存在及相对位置的影响。

图 5-14 表示指挥台围壳与艇体干扰现象。试验中发现:当水流经围壳时会在围壳后发生流线扩张的现象,并由此很易引起边界层分离,造成阻力增加——干扰影响。尤其是当围壳最大剖面与艇体最大剖面重合时,这种干扰的影响尤为严重。试验指出:由于围壳与艇体相互干扰而引起的阻力增值与单个围壳自身的黏性阻力可属同一量级,不容忽视。

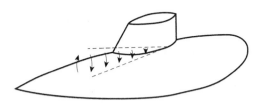

图 5-14 指挥台围壳与艇体间的干扰影响

总之,附体阻力不仅来自附体自身的黏性阻力而且还来自附体与艇体、多个附体相互之间的干扰影响。因此,对于附体阻力,不仅要考虑单个附体本身的阻力性能,更要顾及该附体与艇体以及其他附体组合后的综合影响。

5.2.6 流水孔阻力的产生

潜艇的上层建筑甲板、舷侧以及指挥台围壳等处开有很多流水孔,这是潜艇在潜浮时为迅速注排水所必须的。但是,由于这些流水孔的存在,将破坏艇体表面的光顺性,从而使阻力增加。通常流水孔的总面积约占全艇总浸湿表面积的2%~3%,可是它却可使潜艇的总阻力增大15%~20%左右。因此,流水孔阻力又是潜艇的一个不可忽视的特殊问题。

流水孔阻力的产生原因可结合图 5-15 来理解。设流体以速度 U_0 沿壁面流来,当其流到间断处时,速度为 U_0 的流体与间断处原静止流体相接触,这样,由于流体的黏性作用,使界面以原来静止的流体被带动——有了速度,而界面以上的流动速度都稍有降低。研究表明:这一区域的流速分布与边界层极相似,如图 5-15 中 AOB 扇形所示,称混合区。

显然,潜艇运动时,流水孔处即出现上述混合区,即孔内原静止流体将因外部流动扩散而具有动能,从而出现孔内壁面的摩擦阻力和黏压阻力(主要因孔内旋涡所致),也即形成所谓流水孔阻力。

依流体是否可较自由地流入并流出孔内,可将流水孔相应地区分为渗流孔和无渗流孔(图 5-16)。对渗流孔而言,孔内流体动能较大,一方面明显增大摩擦阻力,另一方面因流体在孔内流过肋骨、支架以及管系等物件时产生旋涡而出现较大

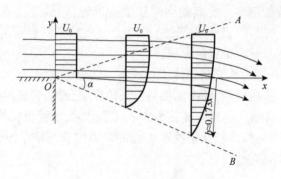

图 5-15 流水孔阻力的成因

的黏压阻力,故渗流孔的阻力较大;至于非渗流孔,则孔内流体功能比渗流孔小得多,从而流水孔阻力也小。

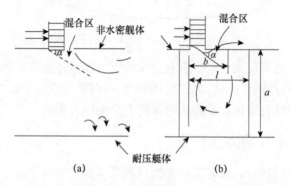

图 5-16 渗流孔 a 和无渗流孔 b 内的流动示意图

5.2.7 潜艇所受总阻力的组成

综上所述可知:潜艇航行时,除了受光体阻力外,还受到附体阻力和流水孔阻力的作用。而且,随着航行状态(水下或水上)的不同,光体阻力由摩擦阻力、形状阻力和兴波阻力三部分组成;水下航行时则无兴波阻力;另一方面,水下航行时,附体阻力和流水孔阻力问题则比水面航行时更突出。

习惯上常把流水孔阻力作为一种"粗糙度补贴"一并计入艇摩擦阻力,即认为艇体的摩擦阻力由两部分组成:其一是光滑艇体的摩擦阻力,记作 R_{f0},其二是由艇体表面粗糙度引起的附加阻力,计作 ΔR_{f0}。但是,艇体表面粗糙度不仅来自流水孔,也还来自艇体表面的焊脚、钉头、局部的凹凸以及壳板变形等多种原因。不过,就潜艇而言,流水孔是粗糙度的主要原因,因此习惯上总是把流水孔阻力作为"粗糙度补贴"计入摩擦阻力之中。

至此,我们可把潜艇总阻力的组成表达成:

$$R_{t\uparrow} = (R_{f0} + \Delta R_f) + R_e + R_w + R_a \left.\right\} \quad (5-3)$$
$$R_{t\downarrow} = (R_{f0} + \Delta R_f) + R_e + R_a \left.\right\}$$

式中 R_t——总阻力,下标"↑"和"↓"分别表示水面和水下状态;
R_a——附体阻力。

需要特别指出的是:每种阻力的大小及其在总阻力中所占的比例,不仅因航行状态而不同,即使在同一航行状态下,也因航速而异。图 5-17 为某潜艇在水面航行状态下,各种阻力成分所占比例的变化情况。

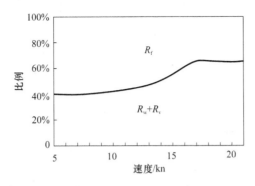

图 5-17 某潜艇水面状态阻力成份分配比例

由图可见:
(1)摩擦阻力在潜艇总阻力中地位显著;
(2)黏压阻力所占比例不大,通常不超过总阻力的 10%;
(3)附体阻力和流水孔阻力在水下状态时显得很突出,因为水下状态时附体和流水孔更多;
(4)兴波阻力的比例随航速的增大迅速增长。这是因为:随着航速的提高,兴波阻力的增大远较其他阻力成分快得多。

5.2.8 关于附加阻力的说明

潜艇航行时,除受上述各种主要阻力成分的作用外,还有其他附加阻力的作用,主要是空气阻力和汹涛阻力(对水面舰船说来,往往把附体阻力也算作附加阻力)。

当潜艇在水面航行时,其水线以上部分的船体和上层建筑在空气中运动,会受到空气的黏性阻力(空气阻力)的作用。但是,因为空气的密度在常温下约仅为水的 1/800,且潜艇干舷极小,上层建筑很少,水面的航速又不高,所以与水阻力相比,潜艇的空气阻力可忽略不计。

所谓汹涛阻力指的是:当潜艇(或其他舰艇)在大风浪中以水面状态航行时,由于艇体的剧烈运动(如横摇、纵摇、垂荡和摇艏等)和波浪遇到艇体而发生的反射或绕射以及波浪与艇体兴波的相互干扰等原因,使艇体所受的阻力比静水航行时大为增加,其所增加的这部分阻力即称为汹涛阻力。不过潜艇在大风浪中进行水面航行的机会极少,因此通常在潜艇设计中不单独计算汹涛阻力。

5.3 阻力的变化规律

这一节要讨论的阻力变化规律是指阻力与航速的关系。

我们先举一实例。表5-2为某船模试验测得的某艇在各种航速下的总阻力变化情况。

表5-2 某艇船模试验测量的阻力

水面状态												
航速/kn	6	7	8	9	10	11	12	13	14	15	16	17
阻力/kgf	1970	2620	3390	4270	5310	6600	8190	10280	11920	14700	19100	22800
水下状态												
航速/kn	2	3	4	5	6	7	8	9	10	11	12	13
阻力/kgf	380	824	1440	2210	3150	4240	5500	6900	8460	10200	12050	14000

由上表可以看出:阻力随航速提高而增大,然而这种"增大"并不均匀,同是提高一节航速,而阻力的增值在不同航速时却不相同,如果我们把阻力R与航速V的关系表示成:

$$R = k \cdot V^n \tag{5-4}$$

即认为阻力与航速的"n"次方成正比则由上表可以看出:

以水面状态而言,上表数值表明当航速提高时,指数n约从1.85增大至3.04,且航速越高,指数"n"越大。对于水下状态,上表数值表明航速提高时,指数n基本稳定在"1.92~1.96"的范围内,这表明:水下状态的潜艇阻力与航速有一个基本稳定的函数关系,且粗略地可认为$R \propto V^2$。

为什么会有上述规律呢?如前所述:潜艇的总阻力是由多种成分组成的,且它们在总阻力所占的比例又各不相同,更重要的是:各种阻力成分与航速的关系有很大差异,因此要理解总阻力的变化规律,必须先了解各阻力成分的变化规律。

5.3.1 摩擦阻力的变化规律

根据相似理论可知:几何相似的实船与船模之间,若相似准数相等,则对应的阻力系数相等。可见研究阻力系数与相似准数间的关系比直接研究阻力与航速的关系更有意义,因为后者只适用于所研究的某一特定舰艇,而前者却适用于所有几何相似的实船或船模。

因此,我们先来研究摩擦阻力系数与对应的相似准数——雷诺数(R_e)间的关系。

按阻力系数的定义,摩擦阻力系数 C_f 为

$$C_f = \frac{R_f}{\frac{1}{2}\rho V^2 S}$$

由此,摩擦阻力可写成:

$$R_f = C_f \cdot \frac{1}{2}\rho V^2 S \qquad (5-5)$$

在 5.2 节中已说明:艇体摩擦阻力从机理上说与平板相同,只是数量上约差 1%~4%。因此,实际上对于艇体摩擦阻力,通常当作"相当平板"来处理;至于曲度引起的差别,则计入形状阻力之中。何谓"相当平板"？长度和浸湿面积均与艇体对应相等的光滑平板,称为该艇体的相当平板。

平板的 C_f 与 R_e 的关系,不少学者已通过对平板边界层的研究获得一些半经验半理论的关系式,较著名的有:

1. 层流边界层

伯拉休斯(Blasius)公式

$$C_f = 1.328 R_n^{-1/2} \qquad (5-6)$$

2. 湍流边界层

(1)法克纳尔(Falkner)公式。

$$C_f = 0.0315 R_e^{-1/7} \qquad (5-7)$$

(2)普朗特-许立汀(Prandtl-Schlichting)公式。

$$C_f = \frac{0.455}{(R_e)^{2.58}} \qquad (5-8)$$

(3)桑海(Schoenherr)公式。

$$\frac{0.242}{\sqrt{C_f}} \lg(R_e \cdot C_f) \qquad (5-9)$$

此式在 $R_e = 10^6 \sim 10^9$ 时亦可写成:

$$C_f = \frac{0.4631}{(\lg R_e)^{2.6}} \qquad (5-10)$$

(4)许夫(Hughes)公式。

$$C_f = \frac{0.066}{(\lg R_e - 2.03)^2} \qquad (5-11)$$

3. 混合流态的边界层

$$C_f = \frac{0.455}{(\lg R_e)^{2.58}} - \frac{1700}{R_e} \quad (5-12)$$

上述公式中 $R_e = \dfrac{V \cdot L}{v}$ 为雷诺数,其中:

V——艇(或船模)的航速(m/s);

L——艇(或船模)的设计水线长度(水下状态为总长)(m);

v——水的运动黏性系数(m^2/s),因水质和温度而异。

对于实艇而言,由于 L 和 V 均较大,因此其 R_e 很大(大多在 10^8 以上),足见其边界层几乎全属湍流,也即对实艇摩擦阻力而言,多用湍流公式。

图 5-18 绘出了若干 C_f 公式的比较情况,图中曲线 5 所对应的公式为

$$C_f = \frac{0.075}{(\lg R_e - 2.0)^2} \quad (5-13)$$

此式并非由边界层理论导出,而是由第八届国际拖曳水池会议(8th ITTC)为提高船模试验预报的精确度而推荐的 C_f 计算公式,纯属经验公式。

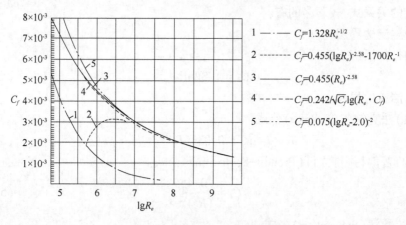

图 5-18 典型 $C_f \sim \lg R_e$ 曲线

由图看出:在实艇雷诺数范围内,各公式的计算结果差别不大。因此,虽然大多数湍数 C_f 公式中的 C_f 与 V 关系并不显见,但参照法克纳尔公式,我们可概略地认为:

$$C_f \propto V^{-0.15}$$

而

$$R_f = C_f \cdot \frac{1}{2} \rho V^2 S$$

则不难得到:

$$R_f \propto V^{1.85}$$

实际上在第 5.1 节的平板边界层特性中已阐明:壁面上的切应力 τ_0 为

$$\tau_0 = 0.0136\rho V^{1.85}\left(\frac{v}{x}\right)^{0.145} \tag{5-14}$$

而 τ_0 的积分即为摩擦阻力,故由此也可直接推得"摩擦阻力与航速的'1.85'次方成正比"的结论。

5.3.2 形状阻力的变化规律

先研究形状阻力 C_e 与雷诺数 R_e 的关系。如前所述,流线体与非流线体形成压差的原因不同,故它们的 C_e 规律也应不同。考虑到实际的艇体(或船模)基本上都是流线体,故此处只讨论流线体的 C_e 与 R_e 之关系。至于非流线体的 C_e 规律,在《流体力学》书中可查到,此处不再累述。

图 5-19 为某回转体黏性阻力系数($C_v = C_f + C_e$)的变化规律。图中同时画出了相当平板的 C_f 规律(曲线 1 为湍流;曲线 2 为层流)。

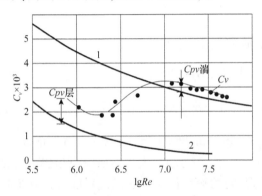

图 5-19 黏性阻力系数 C_v ~ $\lg R_e$ 曲线

由图可见:除过渡流态外,随着 R_e 的增大,C_v 曲线与 C_f 曲线并不完全平行,但有这样的规律:$\dfrac{C_v}{C_f} = r$ 且 r 只取决于物体的形状而与 R_e 基本无关,即 $r = const$。这个结论也可变换成如下形式:

$$\frac{C_v}{C_f} = \frac{C_f + C_e}{C_f} = \left(1 + \frac{C_e}{C_f}\right) = (1 + k) = r = const$$

式中 $k = \dfrac{C_{pv}}{C_f}$ 称形状因子,为常数(只取决于艇体形状)。

不过,从图中也可发现:当 R_e 很大时,也可把 C_v 与 C_f 线视为平行,即认为 $C_{pv} = C_v - C_f = const$。

从以上的讨论中还可以发现:所谓的形状阻力系数 C_{pv},实际上已不仅仅是黏压阻力系数了,而且还包含了曲度对摩擦阻力系数的影响。通常把曲度对摩擦阻力的影响计入形状阻力之中,而考虑摩擦阻力时仅当作平板来处理。

有了 C_{pv} 的规律,便可推得 R_{pv} 与航速 V 的关系:

$$R_{pv} = \frac{1}{2}\rho V^2 S C_{pv} \tag{5-15}$$

若按 $C_{pv} = const$,则 $R_{pv} \propto V^2$

若按 $\dfrac{C_{pv}}{C_f} = k = const$,则应有 $R_{pv} \propto V^{1.85}$

究竟以何者为准?目前有两种观点。但对通常比较瘦长的潜艇或其他水面作战舰艇而言,按 $C_{pv} = const$ 处理较为方便,而且也不致引起总阻力很大的误差。这是因为:瘦长船形的 k 值很小,C_{pv} 在总阻力(系数)中的所占比例也就很小,故若视 $C_{pv} = const$,则即使有误差也不致对总阻力引起重大影响。不过,对肥胖的民用船舶(如大型油轮、集装箱船等),由于其 k 很大,则以采用 $C_{pv}/C_f = const$ 的处理方法为宜。

5.3.3 兴波阻力的变化规律

由于兴波阻力与水受重力作用有关,因此与 C_w 有关的相似准数应为 $F_r = \dfrac{V}{\sqrt{gL}}$。图 5-20 为 C_w 曲线的典型形状。由图可见:C_w 的规律比 C_f、C_e 复杂得多。虽然从总的趋势看,C_w 随 F_r 的增大(相应地 V 增大)而增加,而且增加得很快,但却有起伏。如图中 a、c、e 点,该处阻力大(即在这些点之前,兴波阻力系数 C_w 增长急剧),称这些"点"为"阻力峰";图中 b、d 点,该处阻力小(即在此之前,兴波阻力系数 C_w 增长缓慢甚至反而稍有减小),称它们为"阻力谷"。

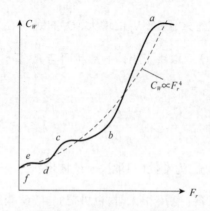

图 5-20 典型 $C_w \sim F_r$ 曲线

兴波阻力这种"峰"、"谷"现象是由横波干扰所致。如前所述：艇体兴波大体上可分为艏艉两组，每组又各由横波和散波组成。散波梯次传播而互不干扰；艏艉横波却要在艉部相遇而发生干扰，其极端情况是：

（1）在艇艉处，艏横波波谷与艉横波波谷相重合（参见图 5-20 的 a、b 所示），合成波波幅大，因而兴波阻力也大，表现为阻力"峰"。

（2）在艇艉处，艏横波波谷与艉横波波谷相重合（如图 5-20 的 c、d 所示），合成波波幅小，因而兴波阻力也小，表现为阻力"谷"。

由于兴波波长随航速的提高（相应于 F_r 增大）而加大，致使"峰""谷"现象重复出现，如图 5-20 所示。

如果我们把兴波看成是二元进行波，则可以得到 C_w 与 F_r 的关系如下：

$$C_w = \left[C + D\cos \frac{2\pi mL}{\lambda} \right] F_r^4 \qquad (5-16)$$

写成阻力形式则有：

$$R_w = \left[A + B\cos \frac{2\pi mL}{\lambda} \right] F_r^6 \qquad (5-17)$$

式中：A、B、C、D 均为比例常数。

"mL"为艏艉第一（横波）波峰间的距离（参见图 5-20），称为兴波长度，它与船形及航速有关。

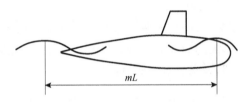

图 5-21　潜艇的兴波长度

由以上两式可以看出：兴波阻力平均地随航速的 6 次方增加，也即 C_w 随 F_r^4 而增加。而式中第二项"$\cos \frac{2\pi mL}{\lambda}$"在"+1"和"-1"间变动，因此兴波阻力或阻力系数的增长趋势也就有"急"与"缓"之分。显然，当 $\frac{mL}{\lambda} = 1、2、3、\cdots\cdots$（据 mL 的定义可知，此时相当于艏艉波谷在艉部重合），C_w 得极大值——呈现阻力"峰"；当 $\frac{mL}{\lambda} = 0.5、1.5、2.5\cdots\cdots$时（相当于艏波峰与艉波谷在艉部重合），$C_w$ 得极小值——呈现阻力"谷"。不言而喻，无论是舰艇的设计或使用，均希望使之尽可能处于阻力"谷"处，这样可以消耗较少的功率而获得较高的航速（图 5-22）。

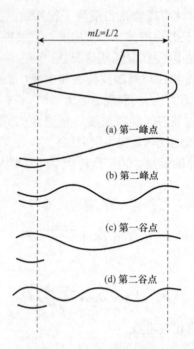

图 5-22　兴波干扰示意图

通常阻力"峰"点大体出现在 $F_r \approx 0.22$、0.30、0.50 的情况下。但这只在较丰满肥胖的船舶上表现才明显,而对尖瘦修长的军用作战舰艇说来,$F_r = 0.22$、0.30 这两个"峰"点并不明显地呈现(如图 5-23 所示)。因为尖瘦船舶在这种 F_r 下,兴波波幅本身不大而干扰的影响也就不明显。

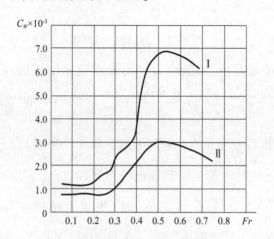

图 5-23　丰满与尖瘦船的兴波阻力特点

至于 C_w 规律中当 $F_r > 0.5$ 后反而减小这一事实,考虑到潜艇水面航行时不可

能达到这么高的 F_r,故不再详加讨论。

通过以上讨论可知:随着航速的提高,兴波阻力的增长比摩擦阻力和形状阻力快得多,这也正是水面状态时各种阻力成分在总阻力中所占比例随航速不同的主要原由。

5.3.4 附体和流水孔阻力的变化规律

对附体和流水孔阻力,目前尚缺乏理论研究而主要依靠模型试验。试验表明:
附体阻力系数:

$$C_a \approx const \quad (5-18)$$

流水孔(连同粗糙度补贴)阻力系数 $\Delta C_f \approx const$。
因此有:

$$R_a \propto V^2 \quad (5-19)$$
$$\Delta R_f \propto V^2 \quad (5-20)$$

即流水孔和附体阻力均大体上与航速的平方成正比。

5.3.5 总阻力的变化规律

如上所述,既然总阻力由多种阻力成分组成,它们所占的比例不同,变化规律也各异,可见很难得出统一的规律,通常可以表示为如下两种状态。

1. 水下状态

由于

$$R_{t\downarrow} = R_{f0} + \Delta R_f + R_{pv} + R_a$$

而各阻力成分与航速的关系比例接近,即正比于航速的"1.85"或是"2.0"次方,这就不难推断:

$$R_{t\downarrow} \propto V^n, 而 n = 1.9 \sim 2.0$$

或更粗略地可认为

$$R_{t\downarrow} \propto V^2 \quad (5-21)$$

回到本节开始所举的数例,可见该实例的规律与此处的分析完全一致。

2. 水面状态

由于

$$R_{t\downarrow} = R_{f0} + \Delta R_f + R_{pv} + R_a + R_w$$

而其中 R_w 的规律比较复杂,它随航速的增长比其他阻力成分快得多,由此可见:

$$R_{t\uparrow} \propto V^n, 而 n \geqslant 2。$$

在潜艇实际可能有的水面航速范围内,可以认为 $n = 2 \sim 3$,且航速越高,指数"n"越大。

5.4 阻力的计算

5.4.1 船模试验的概念

船舶阻力理论的发展,迄今为止,尚未达到可完全依靠数学解析方法或数值仿真方法(CFD)来计算阻力的程度。要准确确定(或预报)船舶阻力,目前还得依靠船模试验。

所谓船模试验就是:作一个与实船几何相似(即将实船按一定比例缩小若干倍)的船模,放在专门的船模试验水池(通常为船模拖曳水池)中拖动,并在拖动过程中测定船模等速运动时的阻力。然后,再按相似理论将测得的船模阻力换算成实船的阻力。

关于船模试验池的具体设备情况、船模的制作和具体试验、换算的方法步骤等,在专门的《船舶阻力》书中均有详细说明,故此处不再详述,必要时可查阅有关书籍。

5.4.2 阻力的近似估算法之海军部系数法

如前所述,潜艇总阻力的构成与水面舰船有很大的差异:水面舰船总阻力中主要是光体阻力而附体阻力占的比例很小,故只要准确估算出光体阻力,则总阻力的近似计算问题也就基本解决;潜艇则不同,其附体阻力与流水孔阻力等均占相当大的比例,而它们目前都只能直接依靠模型试验来解决,否则只能粗略地直接参照母型艇估算。因此,对于潜艇总阻力的估算,目前尚缺少普遍认可的通用方法,大多只是根据一些统计数据参照母型艇估算,具体方法也不尽一致。这里仅介绍一种较简便实用的方法——海军部系数法。

海军部系数法也是一种近似计算法,但它计算的不是阻力,而是由阻力导出的功率。

1. 阻力与功率的关系

若潜艇在航速 V(m/s)时受到阻力 R(kgf),则为克服此阻力 R 而维持航速 V 所需提供的功率为 $R \cdot V$,以马力计则为

$$P_E = \frac{R \cdot V}{75}(\text{hp})① \tag{5-22}$$

P_E 即纯粹为克服阻力所需的功率,称为有效功率。

有效功率当然由主机来提供,不过主机所发出的功率需经减速装置(也有不经减速而直接传动者)、推力轴承、中间轴承及艉轴套等的摩擦损耗而传至螺旋桨

---

① 马力(hp)是一种功率单位,1hp 相当于每秒钟把 75kg 中的物体提高 1m 所做的功。在国际标准单位制中,采用瓦特(简称瓦,用 W 表示,1W = 1N·m)作为功率单位,马力与瓦的换算关系为,1hp = 735.9875W。

(参见图 5-24),最后由螺旋桨的工作而转换成有效功率。

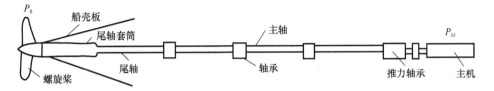

图 5-24 船—机—桨系统

显然,有效功率比主机功率 P_M 小得多,其比值称为推进系数记作 P.C.。

$$P.C. = \frac{P_E}{P_M} \qquad (5-23)$$

如上所述,P.C. 是由减速、传动以及螺旋桨工作特性等原因引起的,其间每一环节均有"效率"问题,其详情在下一章中予以讨论。

2. 什么是海军部系数?

定义:

$$C_E = \frac{D^{2/3} \cdot V^3}{P_E} \qquad (5-24(a))$$

$$C_M = \frac{D^{2/3} \cdot V^3}{P_M} \qquad (5-24(b))$$

C_E、C_M 均称为海军部系数,只是所对应的功率不同而已。

式中　D——潜艇的排水量(t);

V_s——潜艇的航速(kn);

P_E、P_M——分别为有效功率与主机功率,均以马力计。

可见,若已知潜艇在某航速 V_s 时的 C_E 或 C_M,便可据此算出该艇在航速 V_s 时所需的有效功率 P_E 或主机功率 P_M。此法首先为英国海军部所采用,故而得名。

如果将 C_E、C_M 定义式中各物理量的计量单位稍作变换,便不难看出它们的物理意义。即令:$D = \rho \bar{V}$ 其中 ρ 为水的密度(t/m³);$\bar{V}$ 为艇的容积排水量(m³)。

$V = V_s \cdot 0.5144$,其中 V(m/s), V_s(kn)

$R = \frac{1}{2}\rho V^2 C_t \cdot S$。其中 ρ 为水的密度,采用工程单位时,通常淡水可取作 102 (kgf·s²/m⁴),海水取作 104(kgf·s²/m⁴);S 为艇体浸湿面积(m²),C_t 为潜艇总阻力系数。

将以上关系代入原 C_E 定义式,并取 $\rho = 1.025$t/m³,$\rho = 104$kgf·s²/m⁴,则可得:

$$C_E = 10.8 \frac{\bar{V}^{-2/3}}{S} \cdot \frac{1}{C_t} \qquad (5-25)$$

对既定的艇体而言，$\dfrac{\overline{V}^{-2/3}}{S} = const$，由此得：

$$C_E \propto \dfrac{1}{C_t}$$

可见，C_E 反映了潜艇阻力性能的优劣。C_E 越大，表示阻力性能越佳（C_t 越小）；反之亦然。

同理可知：

$$C_M \propto \dfrac{P \cdot C}{C_t}$$

可见 C_M 综合反映了潜艇快速性能的优劣。C_M 大说明 $P.C.$ 大（推进效率高）而 C_t 小（阻力小）；反之亦然。

根据上述 C_E、C_M 的物理意义并结合相似理论，我们不难想见：作为实用上的近似估算，若两艘艇的艇形类似，且 R_e 和 F_r 分别相近（对水下状态，则对 F_r 无要求），则可认为它们的海军部系数相等；若对同一艘艇而言，则只要它的航速、排水量或主机功率变更不大，则可以认为其海军部系数不变。由此，海军部系数可用于下列各种情况下的估算：

（1）潜艇在航行中，当排水量或主机功率有小量改变时，可用改变前的海军部系数以估计航速的变化；

（2）当艇的排水量不变而要小量改变航速时，则可用原来的海军部系数以估计所需增减的主机功率；

（3）在根据母型设计新艇时，可用母型艇的海军部系数以粗略估算新艇的航速或所需的主机功率。

类似的问题还可以举出一些。总之只要海军部系数为已知，便可用以估算航速、排水量和主机功率（或有效功率）三者间的小量变化关系。

3. 例子

[例 5-1] 某艇原水面状态设计排水量为 1300t，最大航速为 15kn，主机功率为 2×2000 = 4000hp。

今因超载等原因，排水量增大 1350t，试估算这种情况下（主机不变）可能达到的 $V_{\max}$。

解：首先求出设计状态下的 C_M：

$$C_M = \dfrac{1300^{2/3} \cdot 15^3}{4000} = 100.5$$

据此算出排水量增为 1350t 时的航速：

$$V_{1\max} = \sqrt[3]{\dfrac{4000 \cdot 100.5}{1350^{2/3}}} = 14.87\text{kn}$$

实际上，按超载前后海军部系数不变，直接可写出：

$$V_{2\max} = V_0 \cdot \left(\frac{\overline{V_0}}{V_1}\right)^{2/9} = 15 \cdot \left(\frac{1300}{1350}\right)^{2/9} = 14.87\text{kn}$$

[例 5-2] 今欲设计一常规潜艇,水下排水量为 1500t,要求水下最大航速为 14kn,试粗略估算水下航行时所需这功率。

解:据本设计方案的艇型、排水量和航速情况看,与"XX"艇极相似,故可以 "XX"艇为母型,即以"XX"艇的海军部系数来粗略估算设计艇的主机功率。

已知"XX"艇水下全航速的海军部系数为 126,则本设计艇所需水下功率 $P_{M\downarrow}$ 为

$$P_{M\downarrow} = 1500^{2/3} \cdot 14^3/126 = 2854\text{hp}$$

由以上的分析及数例可明显地看出:海军部系数法估算的近似程度(或准确性)取决于计算艇与母型的"近似"程度——包括艇形、尺度和航速等方面的近似程度;或对同一艘艇来说,取决于排水量、航速和功率变化量的大小。

5.5 阻力的影响因素

5.5.1 艇形的影响

艇形与阻力的关系极其密切,而且表征艇形特点的参数又很多,在此仅就艇形问题简要讨论。

由于艇体阻力由多种阻力成分组成,且水面和水下状态的阻力组成情况不同,加之各种阻力成分与艇形的关系各异,导致不同航行状态对艇形的要求各不相同。

就摩擦阻力而言,影响其大小最重要的艇形因素是艇体浸湿面积。因此,为减小摩擦阻力应使艇形尽可能肥满、粗短,以便在同一排水容积下尽量减小表面积。由此推断:如艇体只受摩擦阻力作用,则艇体应做成球形。

就形状阻力而言,影响最大的是边界层分离现象。为此,应使后体有足够的细长度,以减小逆压梯度而防止边界层分离。通常对潜艇的后体长 L_k 和去流角 α_k 有如下要求:

$$L_k \geq 4.08\sqrt{A_\Phi}\,;\alpha_k < 16° \sim 18°$$

L_k 与 α_k 的意义如图 5-25 所示。

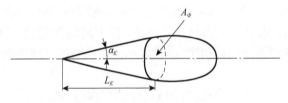

图 5-25 潜艇的 L_k 和 α_k

A_ϕ 为潜艇的舯(横)剖面(浸湿部分)面积。就兴波阻力而言,它对艇形的要求又不同于摩擦阻力和形状阻力。通常艇体越细长兴波越小,兴波阻力也越小,尤其是艏部形状对兴波阻力影响更敏感、更显著。

由上分析可知:若为适应水面航行的需要,为减小兴波阻力,艇体应细长,艏部应尖削;若为适应水下航行的需要,为减小占绝大部分的摩擦阻力,同时又为避免艉部发生边界层分离而导致形状阻力明显增大,则艇体的形状应当是:横剖面呈圆形、艇艏圆钝、艇部尖削、最大横剖面在艇舯前,以保证后体有足够的长度。总之,即呈所谓的"水滴形"。

自潜艇问世以来,随着科学技术的发展,潜艇的战术使命发生了很大变化,从而活动方式也发生了根本改变,由主要在水面活动转变成基本上在水下活动。与此相应,艇形也发生了根本的变化,图 5-26 是美国各个时期潜艇艇形的典型代表,这种艇形的沿革情况充分反映了艇形与阻力的关系。

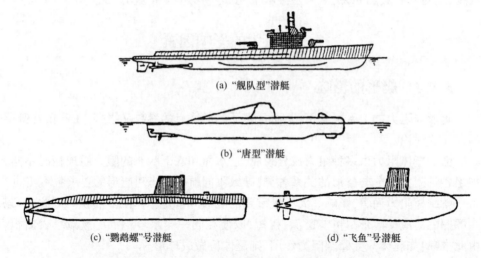

(a) "舰队型"潜艇

(b) "唐型"潜艇

(c) "鹦鹉螺"号潜艇   (d) "飞鱼"号潜艇

图 5-26 美国潜艇外形的变革

5.5.2 流水孔的影响

由流水孔阻力的产生及其在总阻力中所占的比例可知:流水孔的数量(或面积)、形状、布置位置及结构形式等将影响潜艇阻力的大小。

根据对某艇作的一次试验:当将该艇的流水孔减小(封闭)85%时,水下的最大航速提高了 1.2kn,水下续航力增加了 30%,但下潜时间增加了 1.5~2.0 倍。可见,在保证潜艇潜浮性能的前提下,尽量减小流水孔面积是减小流水孔阻力的重要措施之一。

试验还发现:同样的流水孔,竖向布置比横向布置的阻力要小些,尤以梅花状排列为佳(参见图 5-27)。就位置而言,应尽量开设在压力梯度($\partial p/\partial x$)较平缓的区域,以减小孔内流体的动能。

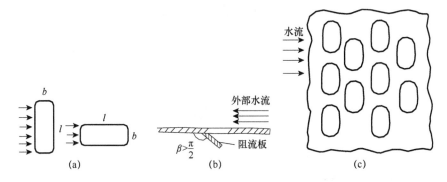

图 5-27　不同的流水孔形式

此外,在流水孔内侧安装阻流板,如图 5-27(b)所示,在耐压艇体与非耐压艇体间设置水密肋板等均有助于减小流水孔阻力。

现代核潜艇常采用长缝式流水孔,它可使同一流量下的开孔面积大大减小,且也便于采用自动启闭机构(潜航时流水孔自动关闭,需排水时又可自动开启)。

5.5.3　艇体表面光洁度及"污底"影响

艇体表面的光洁度对阻力的影响是显而易见的。一般而言,粗糙会增大摩擦阻力;局部的凸起会在该处引起边界层的局部分离从而增大形状阻力。因此,在船体建造和修理过程中,要力求保持艇体光顺、清洁,所有在修理过程中造成而在潜艇使用中不必要的凹陷、马脚、焊迹等都必须在下水前清除干净。

对使用中的潜艇,则特别要注意"污底"的影响。

所谓"污底"指的是:潜艇下水后因壳板日久锈蚀和海生物(虫壳和海藻)附着生长而使阻力增加,航速降低,这种现象称为"污底影响"。必须指出:污底的影响是相当严重的。根据对部分船舶的考察,新船下水六个月后,因污底而增加的总阻力甚至可达 10% 以上,从而使航速明显降低。所以,新艇试航须在下水(或出坞)后一个月内进行,否则其阻力将因污底而增加很多,从而影响测试的准确性。

除了下水(出坞)的日期长短外,海生物的附着生长情况还与航速、航行区域、在航率、季节以及是否经常出入淡水港等因素有关。通常,水温越高、盐度越大、航速和航率越低则海生物生长越快;反之亦然。

污底的防除方法是:在船体表面,除涂刷防锈漆外,下水前还要涂二道防污漆。防污漆的作用在于:一面利用其光滑的漆面使海生物不易附着;另一方面因其一定毒素,可使幼小的贝类、海草等致死。不过,由于污底情况复杂,而防污漆的性能经一定时间便失效,因此污底不能完全避免。为此,艇体必须定期进行保养(如出坞清污并重新油漆等)。

5.6 习题及思考题

1. 相似理论成立的基础是什么？为什么在潜艇阻力中仅有部分相似才能得到工程应用？
2. 潜艇阻力由哪几种组成？简述各阻力的产生原因。
3. 潜艇在水面航行和水下航行，其阻力成分有哪些异同？
4. 附体阻力和附加阻力是同一种阻力吗？简要分析它们的特点。
5. 简述摩擦阻力、形状阻力和兴波阻力以及总阻力随潜艇航速的变化规律。
6. 影响阻力的因素有哪些？
7. 某型潜艇水下排水量 D_1 = 2100t，水下航速 V_{S1} = 12kn，主机功率 P_{S1} = 3600hp，今以该艇为母型设计一新艇，水下排水量 D_2 = 2200t，设计水下航速 V_{S2} = 13kn。试估算此时所需的主机功率 P_{S2} 应为多少？
8. 某型潜艇原水下状态设计排水量为2300t，最大航速为12kn，主机功率为4500hp。今因超载等原因，排水量增大至2500t，试估算这种情况下(主机不变)可能达到的最大航速 $V_{\max}$。

第6章 潜艇推进

6.1 推进器的功用及种类

舰船在水面或水中航行时将受到水对其运动的阻力,为使舰船能保持一定的速度向前航行,必须供给舰船一定的推力(或拉力),以克服其所遭受的阻力。作用在舰船上的推力是依靠能源来产生的(例如:人力、风力以及各种类型的发动机),但是仅有能源还不能直接产生推力,故在舰船上还需要设有专门的装置或机构,把能源(发动机)发出的功率转变为推动舰船前进的功率,这种专门的装置或机构统称为舰船推进器,例如:风帆、明轮、螺旋桨等。

快速性是舰艇重要的航海与战术技术性能,为了保证舰艇具有良好的快速性,不仅要有良好的舰体线型,效能好的动力装置,而且还必须配上效能高的推进器。舰艇推进器效能的好坏,不仅影响舰艇的快速性,而且影响舰艇的机动性、隐蔽性等。

舰艇推进器的类型很多,为了解推进器的发展沿革,首先介绍水面舰船用推进器的情况,然后重点介绍潜艇上常见的推进器。

6.1.1 水面舰船用推进器简介

1. 风帆

自远古时代至 19 世纪初期,风帆一直是船舶主要的推进器(图 6-1)。风帆推进器虽然能够利用风力和风向推进,但是也导致船舶的速度和操纵性受到限制。

(a) 郑和船队所用风帆

(b) 风帆助航船舶

图 6-1 风帆

其后由于蒸汽机作为船舶主机以后,帆被其他型式的推进器所代替,仅在游艇、教练船和小渔船上仍有采用。但自1973年石油危机以来,燃油价格急剧上涨,为了节能的需要,在现代船舶上采用风帆推进装置的方案又被重新提出,在国外已成功地发展了以机为主、以帆为辅的风帆助航船舶。

2. 明轮

明轮是局部没水的推进器,外形略似车轮,其水平轴沿船宽方向置于水线以上,轮的周缘装有蹼板(或称桨板),如图6-2(a)所示。明轮在操作时,其蹼板向后拨水,而自身受到水流的反作用力,此反作用力经轮轴传至船体,推船前进,如图6-2(b)所示。明轮曾广泛用作海船的推进器,但由于本身的机构十分笨重,在波浪中不易保持一定的航速和航向,其蹼板又易损坏,故目前仅用于部分内河船舶。

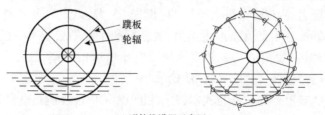

(a) 明轮推进器示意图

(b) 采用明轮推进的船舶"大西方"号

图6-2 明轮

3. 螺旋桨

由于明轮推进器存在种种不足,19世纪初期开始,各国竞相从事螺旋桨的研究并试用于船舶。初期螺旋桨推进器的形式如图6-3所示。1836年英国工程师弗兰西斯·佩蒂特·史密斯(图6-4(c))采用木质单螺纹蜗杆型螺旋推进器(图6-4(a)),以8kn的速度航行了400n mile,在试航中其推进器碰坏了一部分(图6-4(b)),但航速反而增加了。在史密斯的协助下,1839年成功建成了世界上第一艘螺旋桨蒸汽船"阿基米德"号(图6-4(d))。其后,经过研究改进,螺旋桨的航行成效日益显著,故从19世纪中叶以后,螺旋桨就获得了广泛应用。在长期的实践过程中,螺旋桨的形状不断改善,桨叶螺旋面的长度逐步减小,桨叶的形状也逐渐趋于完善,目前典型的螺旋桨外形如图 6-5 所示。和其他类型的推进器相比,螺旋桨的构造简单,效率较高,故目前仍是军舰和商船上应用最为广泛的推进器。

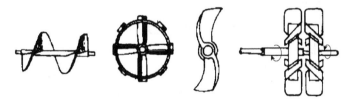

图 6-3　初期螺旋桨的几种形式

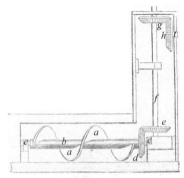

(a) 木质单螺纹蜗杆性螺旋推进器

(b) 改进后的螺旋推进器

(c) 弗兰西斯·佩蒂特·史密斯

(d) "阿基米德"号

图 6-4　史密斯与它的螺旋推进器

螺旋桨是由若干桨叶(二叶至七叶)组成,桨叶固定的桨毂上,各叶片之间相隔的角度相等,如图 6-5 所示,当螺旋桨转动时,桨叶向后拨水,而自身则受到水流的反作用力即推力,推力通过桨轴和推力轴承传递到船体上。螺旋桨构造简单、造价低廉、使用方便可靠、效率较高,是目前应用最广的舰船推进器。

随着推进器的不断发展,在螺旋桨的基础上发展出了很多形式的新型螺旋桨,称为特种螺旋桨,

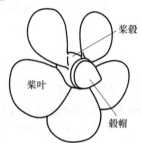

图 6-5　典型的螺旋桨外形

另外还出现了其他形式的推进器,如直叶推进器、喷水推进器等。

4. 特种螺旋桨

(1)可调螺距螺旋桨

可调螺距螺旋桨,简称调距桨,这种螺旋桨的桨叶是插在桨毂内的,利用设置于桨毂中的操纵机构能使桨叶绕垂直于桨轴的轴线转动以改变桨叶的角度(螺距),如图6-6所示。由于桨叶的螺距可根据需要进行调节,故在不同航行条件下,主机均能充分发挥功率和转速,并可以在主机转动方向不变的条件下使舰船倒航。这种螺旋桨愈来愈多地用于各种类型的舰艇,但机构较复杂,造价和维修费用较高。

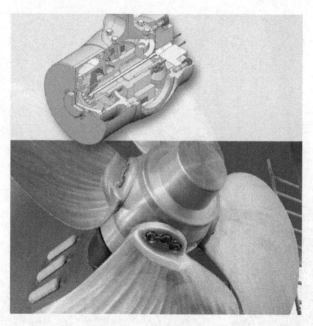

图6-6 可调距螺旋桨

(2)串列式螺旋桨

串列式螺旋桨是将两个或多个螺旋桨串列装于同一轴上,以相同的转速运转的推进器,如图6-7所示。

(3)半浸式螺旋桨

半浸式螺旋桨(简称半浸桨)是指部分桨叶露出水面而正常工作的螺旋桨,如图6-8所示,其主要优点有:(1)高速时可以获得较高的敞水效率;(2)减小由桨毂等附体引起的附加阻力;(3)直径可以不受结构的限制;(4)减小了桨叶表面的空蚀。自美国海军100T表面效应船(SES-100B)上采用两只可调螺距半浸桨成功以来,以及其他相关研究表明,在高速时使用半浸桨的船舶整体性能明显优于其他类型推进装置的船舶,因此半浸桨在高速船推进装置中所占的比重越来越大。现在

第 6 章 潜艇推进

图 6-7 串列式螺旋桨

半浸桨被广泛应用于赛艇上，其速度通常高达 100kn 以上，这是其他类型的推进装置很难达到的。

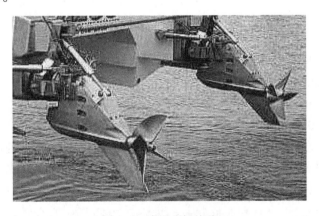

图 6-8 半浸式螺旋桨

(4) 全回转推进器

全回转推进器又称 Z 形推进器、全向推进器、舵推进器、转向螺旋桨、旋回螺旋桨，如图 6-9 所示，是通过齿轮系统传动机构使螺旋桨或导管推进器能在水平面内绕竖轴作 360°转动，用以推进并操纵船舶的推进器。全回转推进器可同时起推进和操纵的作用，而且能任意改变推力的方向，使船原地调头，进退自如。对于船舶航行时的操纵性，全回转推进器较导管推进器和平旋推进器为好，这是因为导管推进器虽然顺车时推力较大，但在倒车时推力较差，操纵性能也不够理想。平旋推进器虽可以获得良好的操纵性能，但机构复杂，造价高，易损坏。而全回转推进器尽管没有舵，但却可以使螺旋桨的推力完全转换为相当于舵力的作用，有利于操纵船舶，而且全回转推进器单位功率推力大，后退推力和前进推力基本相同。这种推进

233

装置可在车间中整个组装完成,不需水下作业,安装及维修也十分方便。但因传动机构和大毂径带来较大的损失,全回转推进器效率一般较低,而且机构复杂,造价高。常用于对操纵性要求很高的船,如渡船等。

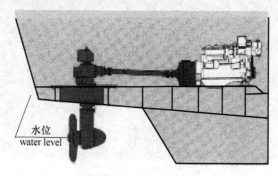

图 6-9　全回转推进器

(5) 吊舱推进器

吊舱推进器(又称 POD 推进器)是近年来发展起来的一种新型的船舶电力推进系统,如图 6-10 所示。吊舱推进器利用发电机把其他形式的能量转变为电能,再通过电动机把电能装换成机械能,实现了能量的非机械式传递。它提高了推进器的水动力性能,弥补了传动电力推进系统效率不高的缺陷。吊舱推进器主要由支架、吊舱和螺旋桨等部件构成。其中吊舱通过支架悬挂在船体下面,舱体内置电机直接驱动舱体前端和(或)后端的螺旋桨。其设计思想在于,把螺旋桨驱动电机置于一个能 360°回转的吊舱内,悬挂在船下,集推进装置和操舵装置与一体,省去了通常所使用的推进器轴系和舵,节省了船体内大量的空间,极大地增加了船舶设计、建造和使用的灵活性。与常规轴系式推进器相比,吊舱推进器由于螺旋桨工作在稳定的流场中,可提高螺旋桨的效率,由于省去了长轴系,提高了传动效率,取消

(a) 单桨式

(b) 双桨式

图 6-10　吊舱推进器

了螺旋桨支撑等附属装置和舵,提高了推进效率,并且具有布置方便、噪声降低等优点。与 Z 型全回转舵桨推进器相比,吊舱推进器由于省去了机械传动,减少了机械损耗,降低了振动和噪声,改善了船体结构,使尾部线型优化,吊舱的流线型设计,提高了流体动力效率。

5. 直叶推进器

直叶推进器也称竖轴推进器或平旋推进器,是由若干垂直的叶片(四叶至八叶)组成,叶片在圆盘上等间距分布,圆盘与船体底部齐平,如图 6-11 所示。圆盘绕垂直轴旋转,各叶片以适当的角度与水流相遇,因而产生推力。直叶推进器的偏心装置可以控制各叶片与水流相遇的角度,故能发出任意方向的推力。装有推进器的效率较高(约与螺旋桨相同)。目前这类推进器常用于港口作业或对操纵性有特殊要求的船舶。其缺点是结构复杂,造价高,叶片的保护性差,极易损坏。

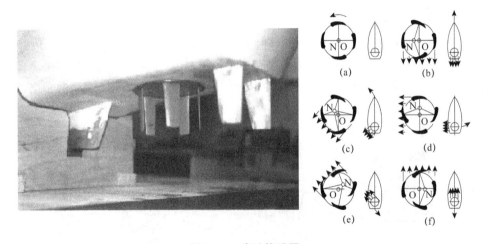

图 6-11　直叶推进器

6. 喷水推进器

利用水泵吸水并向船后喷射获得水的反作用力而推船前进称为喷水推进(Waterjet),而实现吸水和喷水的装置称为喷水推进器。如图 6-12 所示,喷水推进器的类型很多,但大致是由进口、吸入导管、泵、喷出导管及喷嘴以及其他附件组成。图 6-12 中(a)、(b)、(c)、(d)、(e)、(f)分别为低速船,滑行艇、水翼艇、侧壁气垫船、驱逐舰及鱼雷的喷水装置示意图。早期的喷水推进装置比较笨重,管路损失严重,推进效率很低,故很少使用。但 20 世纪 70 年代以来专用推进泵的研制取得了相当的进展,从而大大提高了喷水推进的效率,在一些高速艇上其效率可以与螺旋桨匹敌。因而喷水推进在高速艇及低噪声推进船上得到日益广泛的应用。

潜艇原理

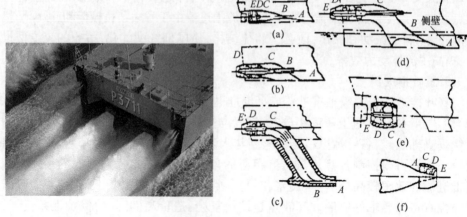

图 6-12　喷水推进器

7. 水力锥形推进器

水力锥形推进器是一种形式较好的推进器,如图 6-13 所示。其外壳 2 作成圆锥形,锥筒内部装有翼轮 3。当主机 1 驱动翼轮旋转时,水由进水孔 4 进入锥筒,水流经过翼轮在锥筒内造成旋转运动,在翼轮的作用下水自排水孔 5 向船后排出,其反作用力即推船前进。

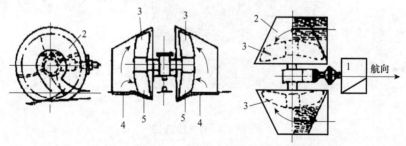

1—主机；2—外壳；3—翼轮；4—水孔；5—排水孔。

图 6-13　水力锥形推进器

水力锥形推进器构造简单,设备轻便,由于船内无喷管,其效率较一般喷水推进器高,航行于阻塞航道中的船只常采用此种推进器。

6.1.2　潜艇用推进器

建造能够在水下航行的潜艇,自古以来就是许多发明家和科学家的梦想和孜孜以求的目标。1578 年,英国人威廉·伯恩在他出版的一本著作中对潜艇的原理作出了明确的阐述,这是人类历史上对潜艇原理的第一次系统的描述。大约在 1620 年,荷兰物理学家克尼里斯·德雷布尔根据威廉·伯恩描述的潜艇原理建造

第6章 潜艇推进

了世界上第一艘具有实用性的潜艇。

世界上第一艘用于军事行动的潜艇,是1776年在美国独立战争期间由戴维·布什内尔设计和建造的"海龟"号潜艇,"海龟"号潜艇采用人力摇动螺旋桨前进,艇上装有一个炸药包(图6-14)。其推进用螺旋桨与史密斯设计的螺旋桨类似,是早期的螺旋桨形式。

图6-14 美国"海龟"号潜艇的推进器

作战用潜艇从出现开始就采用螺旋桨作为推进器,其外形在实践中不断改进。早期的潜艇采用人力推进,如1864年美国南北战争期间,南军采用的"亨莱"号潜艇就是一种人力推进潜艇,利用艇内的8名艇员摇动一根曲轴,转动一个三叶螺旋桨推动潜艇前进(图6-15)。其螺旋桨形式较"海龟"号潜艇的螺旋桨形式有所改进。

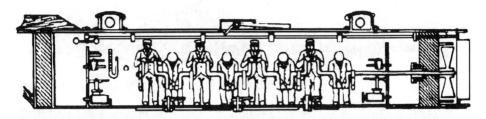

图6-15 美国"亨莱"号潜艇

随着内燃机动力在潜艇上的应用,以及第一次世界大战和第二次世界大战中潜艇在海军作战中的出色表现,潜艇越来越受到各国海军的重视,其推进装置也不断发展完善。螺旋桨外形已经与现代螺旋桨相差不大。螺旋桨多采用效率较高的三叶桨形式,如一战期间德国著名的U级潜艇采用的就是三叶桨(图6-16所示)。

潜艇推进器形式也越来越多样,如法国"Surcout"级潜艇(1929年)采用了串列式螺旋桨,如图6-17所示,美国"小鲨鱼"级(Gato)潜艇(1941年)采用了双螺旋桨形式,如图6-18所示。

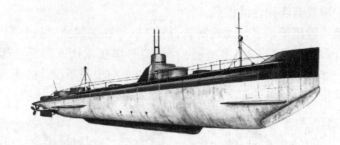

图 6-16　一战中的德国 U 级潜艇

图 6-17　法国"Surcout"级潜艇

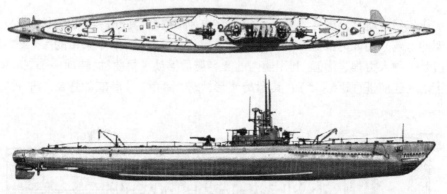

图 6-18　二战中美国"小鲨鱼"级(Gato)潜艇

二战后,各国海军潜艇的推进器不断发展,为减少推进器的振动噪声,螺旋桨由三叶桨发展到五叶桨、七叶大侧斜螺旋桨,还出现了其他形式的螺旋桨如对转桨、导管螺旋桨和新型推进器——泵喷推进器等。

其中最具代表性的"大青花鱼"号潜艇,是美国在二战之后,为验证水滴线型等潜艇新技术而建造的一条试验潜艇(1953年),如图6-19所示。"大青花鱼"号潜艇的艇体采用水滴形,是现代潜艇自1900年以来最具特色的一种形状。"大青花鱼"号潜艇建成之后,美国海军有计划地对该艇开展了多方面的试验,试验的新技术包括:检验利用HY-80型高强度钢制造潜艇耐压艇体的适用性;检验"大青花鱼"号潜艇上采用对称性回转体形的艇体外形、单螺旋桨以及艉舵设在螺旋桨后面

第6章 潜艇推进

布置方式的可行性;验证 X 形艉操纵面的优点;验证对转螺旋桨的性能等。

下面主要就现代潜艇所采用的推进器形式进行介绍,包括普通螺旋桨、对转螺旋桨、导管螺旋桨七叶大侧斜螺旋桨和泵喷推进器。

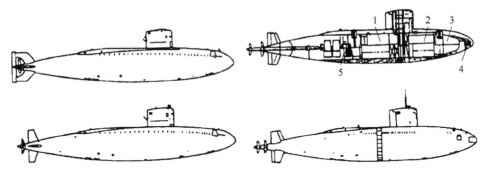

图 6-19 不同试验阶段的"大青花鱼"号潜艇

1. 普通螺旋桨

螺旋桨构造简单、造价低廉、使用方便可靠、效率较高,是目前应用最广的舰船推进器,也是潜艇广泛采用的推进器。潜艇采用的普通螺旋桨通常为五叶桨,如图 6-20 所示。

图 6-20 潜艇上的五叶螺旋桨

2. 对转螺旋桨

对转螺旋桨(Contra Rotating Propeller,CRP)是在同轴线的内外两轴上装设的旋向相反的一对螺旋桨。作为一种有效的船舶推进的节能方案,对转桨一直受到业界的关注。在传统的单螺旋桨推进系统中,螺旋桨尾流中涡动能量无法得到利用,而在对转螺旋桨推进系统中,前螺旋桨产生的未被有效利用的涡动能量在后一螺旋桨上得到了利用,转化为有效的推进动力。对转螺旋桨的工作原理如图 6-21 所示,研究表明,其节能效果可达 10%~20%。

图 6-21　对转螺旋桨的工作原理图

目前主要有三种形式的对转螺旋桨系统获得了实际应用,包括:(1)同心轴式 CRP 系统;(2)双端式对转螺旋桨系统;(3)吊舱式 CRP 系统。

同心轴式 CRP 系统的前后螺旋桨分别安装在同一轴线上的内外两根轴上,后螺旋桨安装在内轴上,通过推力轴承和主机相连,类似于单螺旋桨系统的结构;前螺旋桨则是安装在外轴上,通过反转齿轮机构使其转动方向和后螺旋桨的转动方向相反,柴油主机的输出功率按比例分配给前后螺旋桨。其结构原理如图 6-22 所示。

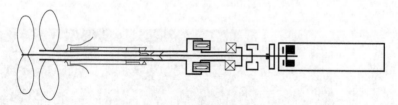

图 6-22　同心轴式 CRP 系统结构原理

潜艇上已经采用的是同心轴式 CRP 系统,如图 6-23 所示。

图 6-23　美国"大青花鱼"号潜艇采用的对转螺旋桨

CRP系统可以提高螺旋桨推进效率,节能达到14%左右,但机械结构复杂、设计和制造成本高、可靠性下降,船舶的安全性也存在着很多不确定因素。在系统构成上,它主要有三个缺点:(1)主机到螺旋桨间的轴过长,对于单螺旋桨推进系统来讲,这个问题并不明显,但对于同心的内外轴结构,其复杂性、维护管理的难度则大大增加;(2)连接螺旋桨的内外轴间需要密封,由于前后螺旋桨的旋转方向相反,内外轴衬套间的相对速度加倍,实现可靠的轴间密封难度很大;(3)反转齿轮机构的结构复杂,给维护管理带来了相当的难度。由于以上问题会造成对转螺旋桨振动噪声较大,目前潜艇已很少采用这种推进形式。

3. 导管螺旋桨

根据不同舰船工作条件要求,一些特殊结构形式的推进器是在普通螺旋桨的基础上发展起来了,例如导管螺旋桨:在普通螺旋桨的外围套上一个环,环的纵切面为机翼型,圆周方向是对称的,其外形如图6-24所示。在螺旋桨的负荷较重时,导管螺旋桨的效率比普通螺旋桨的效率要高,主要用于拖船。在潜艇也有采用导管螺旋桨的,如俄罗斯的"台风"级核潜艇就采用了导管螺旋桨,如图6-25所示。

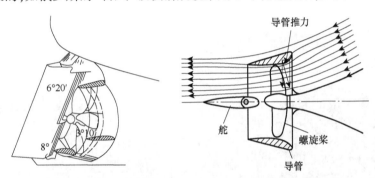

图6-24 导管螺旋桨

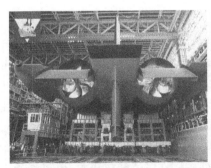

图6-25 潜艇上采用的导管螺旋桨(俄罗斯"台风"级核潜艇)

在一些小型潜艇(如033型潜艇)和特种潜艇(如救生潜艇)上也采用了导管螺旋桨,如图6-26所示。

(a) 033型潜艇

(b) 特种潜艇

图 6-26　导管螺旋桨在潜艇上的应用

4. 七叶大侧斜螺旋桨

七叶大侧斜螺旋桨作为一种低噪声推进器，在潜艇上得到了广泛应用，如图 6-27 所示。

图 6-27　潜艇上的七叶大侧斜螺旋桨

七叶大侧斜螺旋桨能够降低振动和噪声的机理与其桨叶外形和叶片数目密切相关。由于潜艇尾部有不均匀的流场存在，螺旋桨叶片在不均匀流场中工作就会产生非定常的推力和转矩这样波动的载荷，这种载荷会引起桨叶、轴系的振动从而产生噪声。普通的对称性叶片的螺旋桨，在旋转过程中，整个桨叶在径向会同时通过不均与来流，推力和转矩波动所引起的桨叶振动会很大。而七叶大侧斜螺旋桨的桨叶叶片采用了大侧斜形式，使叶片在径向不会同时到达不均匀流场的高压区或低压区，即不会造成整个桨叶处在高压—低压—高压的循环状态，如图 6-28(a) 所示，这样就能有效抑制桨叶的振动，从而降低了螺旋桨的噪声。大侧斜螺旋桨的桨叶其振动峰值比对称性桨叶要小很多，如图 6-28(b) 所示。叶片数为七叶的七叶大侧斜螺旋桨，比常规的五叶螺旋桨的叶数增加，使得整个螺旋桨上承受推力的叶片面积增大,因而每一叶上的推力减少了,能够减少螺旋桨的激振力。另外螺旋桨桨叶旋转时,桨叶上的压力降低,当压力低于水的汽化压力,便会形成空泡,不稳定的空泡产生、溃灭,就会形成空泡噪声。七叶大侧斜螺旋桨的单个桨叶上的推力减小了,相对于同样推力的五叶螺旋桨单个桨叶上压力的降低要小一些,因此可以延迟空泡的产生,避免了空泡噪声。根据以上三个原因,七叶大侧斜螺旋桨能够达到降低振动和噪声的目的。

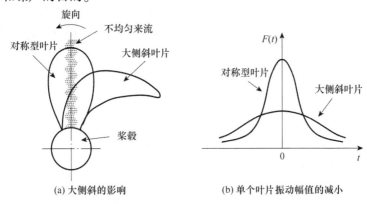

图 6-28　七叶大侧斜螺旋桨降噪机理

5. 泵喷推进器

20 世纪 80 年代,英国在"特拉法尔加"(Trafalgar)级攻击型核潜艇上率先装备了一种新型的泵喷推进器(Pumpjet Thruster)。这种推进方式可以有效降低潜艇的辐射噪声,因而倍受世界各海军强国的关注。随后,英国在"前卫"(Vanguard)级以及"机敏"(Astute)级核潜艇上,法国在"凯旋"(LeTriomphant)级核潜艇上,美国在"海狼"(Seawolf)级、"弗吉尼亚"(Virginia)级核潜艇上,纷纷采用泵喷推进器取代已被广泛应用的七叶大侧斜螺旋桨,如图 6-29 所示。据不完全统计,至今世界上以泵喷推进器作为推进方式的核动力潜艇已达几十艘之多。

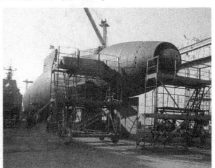

(a) 美国"弗吉尼亚"级核潜艇　　　　(b) 俄罗斯"基洛"级改装的泵喷推进器

图 6-29　潜艇上的泵喷推进器

采用泵喷推进的潜艇与采用大侧斜螺旋桨推进的潜艇相比,最大的优点是可以大幅度降低辐射噪声、提高潜艇的低噪声航速。以美国"海狼"级攻击型核潜艇为例,该艇水下最高航速 30kn 以上,水下 30m 时的低噪声航速大于 20kn,辐射噪声接近于海洋环境噪声,被美国官方称为当今世界上最安静、最快的潜艇。

潜艇泵喷推进器是由环状导管、定子和转子构成的组合式推进装置,如图 6-30 所示。环状导管的剖面为机翼型,罩住转子和定子,它是泵喷推进器内外流场的控制面。如采用具有吸声和减振的材料制造,则可以屏蔽转子及内流道产生的噪声。为了推迟转子叶片的空化、降低转子的噪声,通常采用能降低转子入流速度的减速型导管;定子为一组与来流成一定角度的固定叶片,使转子入流产生预旋或吸收转子尾流的旋转能量,同时用于固定导

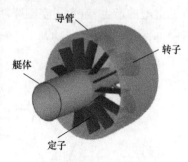

图 6-30 泵喷推进器示意图

管;转子为类似于螺旋桨的旋转叶轮,通过与水流的相互作用产生推力,推动潜艇达到要求的航速。

泵喷推进器可根据转子和定子的前后位置分为两类:定子布置在转子的前面称为"前置定子式",如图 6-31(a)所示,定子布置在转子的后面则称为"后置定子式",如图 6-31(b)所示。"前置定子式"泵喷推进器的定子可以使潜艇尾部流入转子的水流产生预旋,起到均匀来流的作用、改善转子的进流条件,从而提高潜艇的推进效率、降低推进装置的噪声;但转子的推进效率稍低。"后置定子式"泵喷推进器由于定子可以回收转子尾流中的部分旋转能量,转子的推进效率相对较高,但噪声稍高。潜艇上大多采用"前置定子式"泵喷推进器,而鱼雷上则采用"后置定子式"泵喷推进器。

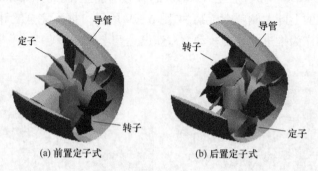

(a) 前置定子式　　　(b) 后置定子式

图 6-31 泵喷推进器示意图

与七叶大侧斜螺旋桨相比,采用泵喷推进器具有以下特性:

(1)推进效率高。泵喷推进器的定子(无论前置或后置)可以减少推进器尾流中的旋转能量损失,增加有效的推进能量,泵喷推进器的导管(无论是减速导管还

是加速导管,如图 6-32 所示)可以减少转子叶稍滑流损失、增加有效推力,从而提高泵喷推进潜艇的推进效率。泵喷推进器与艇体匹配良好的泵喷推进潜艇,其推进效率可达到 0.8~0.85。典型泵喷推进器的流场分布如图 6-33 所示。

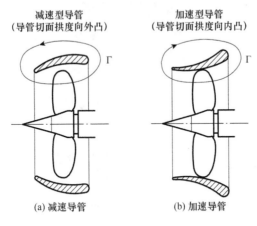

图 6-32 不同导管形式示意图

 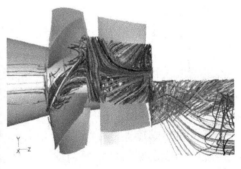

图 6-33 泵喷推进器的流场

(2) 辐射噪声低。泵喷推进器的辐射噪声低是由于:①泵喷推进器的转子在导管内部,导管可起到屏蔽和吸声的作用,另外,位于前方的定子可以使转子进流场更均匀,从而减少转子的脉动力(图 6-34),降低推进器的线谱辐射噪声;②泵喷推进器旋转叶轮(转子)的直径一般小于螺旋桨,在相同转速下,泵喷推进器桨叶的旋转线速度较低,可以降低推进器的旋转噪声。国内外研究和应用的结果表明:低航速下,泵喷推进器的低频线谱噪声比七叶大侧斜螺旋桨小 15dB 以上,宽带谱声级总噪声下降 10dB 以上;高航速下,泵喷推进器的降噪效果更为明显。

(3) 临界航速高。潜艇的临界航速是指潜艇在一定潜深下推进器不产生空泡

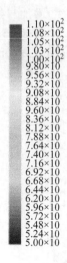

图 6-34 泵喷推进器压力分布云图

的航速。泵喷推进器采用减速导管和前置定子,使转子叶片处的进流场速度相对较低且更均匀,从而有效推迟了叶片梢涡空泡和桨叶空泡的产生,提高了潜艇的低噪声航速。

(4)构造复杂、重量大。泵喷推进器是一种组合式推进器,构型和结构比螺旋桨要复杂得多;而且对于导管、定子和转子以及艇体之间的相互配合要求很高,给泵喷推进器的设计、制造和安装带来一定困难。泵喷推进器的重量是普通螺旋桨的 2~3 倍,对艇体的配平、艇体尾部的结构强度和推进器轴系的振动等带来较大影响。

6. 复合材料螺旋桨

传统船用螺旋桨材料主要为镍-铝-铜合金和锰-铝-铜合金,具有出色的耐腐蚀性、高屈服强度、可靠性和经济性。金属螺旋桨的设计和分析具有很强的实践性,然而金属螺旋桨也具有其局限性,例如机加工金属材料复杂构型的成本是非常高的,此外,金属螺旋桨更易受腐蚀、空穴破坏和疲劳裂纹的影响。相对于传统金属材料,复合材料有其特殊优势。复合材料易于成型,不需要复杂的机械加工。复合材料螺旋桨能够消除原电池反应并且能够因此减少钢制船舶的腐蚀和寿命成本。复合材料螺旋桨也能减少重量,这意味着可以将桨叶设计得更厚,以降低维护成本,并且提高气穴发生的速度。最重要的是,复合材料螺旋桨可以通过复合材料固有的各向异性的弯扭耦合效果进行水弹性剪裁以提高螺旋桨性能,并且在非设计工况下,可以通过流固耦合提高螺旋桨的效率。同时,复合材料本身具有较高的阻尼特性,可以提高船舶的声隐身性能。

苏联最早将复合材料螺旋桨用于实船,20 世纪 60 年代他们就在一艘渔船上安装了一个直径 2m 的复合材料螺旋桨用以检验复合材料螺旋桨的性能。美国科学技术组织 QinetiQ 成功完成了世界上最大的复合材料螺旋桨的海上测试,该桨直径 2~9m,由 5 个复合材料桨叶组成,重量明显轻于传统的金属螺旋桨。德国的 AIR 公司采用碳纤维增强复合材料设计制造了用于超级游艇或轮船的 contur 系列螺旋桨,这种螺旋桨的重量仅为传统镍铝青铜螺旋桨的三分之一,可减少螺旋桨噪音达 5dB。德国在其 209A、212A 和最新的 214A 型潜艇上就采用了复合材料螺旋桨,如图 6-35 所示。

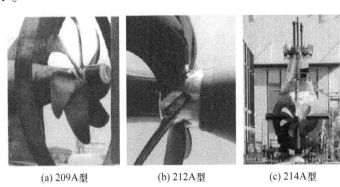

(a) 209A型　　　　(b) 212A型　　　　(c) 214A型

图 6-35　德国潜艇采用的复合材料螺旋桨

6.1.3　潜艇推进器的发展趋势

随着声探测技术的飞速进步,在未来海战中,潜艇的声隐身性能将是决定战斗胜负的关键,努力降低潜艇的噪声必将成为潜艇研究的主要课题,而推进器是潜艇的一个主要噪声源,低噪声推进器的研究和应用势在必行。因此,研究低噪声潜艇推进器,将成为未来几十年潜艇推进器的一个重要发展方向。

1. 泵喷推进器的进一步发展

泵喷推进器虽然已成功应用于核潜艇上,但是其仍然在不断发展完善,其主要的发展方向包括:

(1)完善泵喷推进器的设计技术。潜艇泵喷推进器的导管、定子和转子之间存在复杂的相互作用,另外,泵喷推进器工作在潜艇艇体的尾部,推进器和艇体之间又存在复杂的相互作用。导管、定子和转子的设计及相互间的最佳配合、艇体线型的设计以及与泵喷推进器的最佳配合,将直接影响泵喷推进器的水动力性能、空泡性能和噪声性能。为了使泵喷推进器在核潜艇上得到广泛应用并取得显著的降噪、增效效果,需要发展和完善基于水动力学和水声学的交叉学科,以及能优化艇体和泵喷推进器综合性能的潜艇泵喷推进器设计方法。

(2)应用新材料和先进制造技术。结构复杂、重量大、制造费用高是泵喷推进器的最大缺陷,据说俄罗斯核潜艇上没有采用泵喷推进器就是由于这个原因。因此,采用耐腐蚀、重量轻、有减振和降噪效果的复合材料、智能材料,也是泵喷推进器的重点研究方向。英国海军新一代"机敏"级核潜艇上装备的泵喷装置,由于采用了精密铸造技术铸造的镍铝青铜铸件、导管采用了新型复合材料,耐腐蚀寿命从原来的2年增加到25年、重量减少了11t,而且大大改善了抗冲击性能。

(3)采用大功率、低轴转速的动力装置。泵喷推进器的旋转噪声与转速的4次方成正比,因此降低转速可以使旋转叶片的线速度下降,叶片产生的涡流强度减弱,从而降低作为推进器主要声源之一的涡流噪声,同时提高推进器的推进效率。美国采用七叶大侧斜螺旋桨推进的"洛杉矶"级和"俄亥俄"级潜艇的推进器转速为150r/min,而采用泵喷推进器推进的"海狼"级潜艇的推进器转速在130r/min左右。

2. 轮缘驱动推进装置(RDP)

轮缘驱动推进装置(Rim-Driven propulsor Pod,RDP),也称之为电机/螺旋桨集成推进器(Integrated Motor/Propeller,IMP),亦可称为机电一体式无轴推进器,是一种新型的、高度综合性的概念。

在传统的船舶电力推进方式中,电机与螺旋桨为轴向联接的两个完全独立的设备。这种方式不仅体积臃肿,而且效率低。而 RDP 通过将电机和螺旋桨集成在一起,使推进器结构紧凑、效率提高。RDP 可以采用多种形式,如无轴导管螺旋桨形式,如图6-36所示。

图6-36 RDP 的无轴导管桨形式　　图6-37 RDP 的管式多叶栅推进装置

RDP 也有采用类似于泵喷推进器的管式多叶栅推进器,其与安装在桨叶叶梢上,通过轮缘并嵌于管壁内的永磁辐射状电机转子,以及安装在推进器导管内的电机定子成为一体,如图6-37所示。转子和定子各自单独封装,其间充满了海水,因此,轮缘驱动装置不要求进行旋转密封。转子轴和轴承被放置在相对较小的套管内。这一套管可以自由溢流,并有一系列的顺流静叶片(定子)支撑。静叶既可以利用来自旋转桨叶的涡能,也可以传递来自转子的推力。这种装置能够完全置于舱外,节省舱室体积,主要优点在于:效率高;扭矩大;减少涡流损失;空泡性能好;振动噪声小;装置紧凑;整体重量轻。

3. 磁流体推进装置

船舶磁流体推进是近三十年出现的一种新型的船舶推进方式,它的原理是把电能转换成脉动磁场,脉动磁场在管道内产生行波,海水在管道前面被吸入,由电磁感生的行波向后拨动海水,从而产生推力,如图6-38所示。磁流体推进装置可分为内部式和外部式两种,其中内部式又可分为直管式和螺旋管式两种,外部式又可分为直流式和交流式两种。

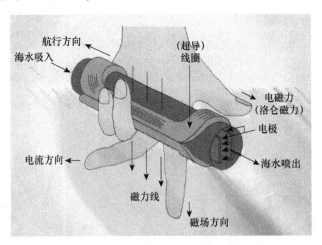

图6-38 磁流体推进装置原理图

磁流体推进不再需要电源、能量转换器、减速齿轮、轴与螺旋桨之间的刚性连接以及螺旋桨轴穿过艇体,它具有推力较大、可高速、振动小、噪声低、水的紊流较小、操纵灵活、布置方便等特点。1992年世界第一艘超导磁流体推进船"大和一号"的试航成功(图6-39),证实了磁流体推进船的可行性,标志着磁流体推进研究进入了一个新阶段。中科院从1996年开始超导磁流体推进技术的研究,研制成功世界上第一艘超导螺旋式电磁流体推进实验船,如图6-40所示。建成了用于磁流体推进器水动力学研究的海水循环试验装置和用于试验船综合性能研究的航试水池。但磁流体推进器仍然存在一些问题。

(1)理论上说,推进效率可提高到80%,但至今尚未被实践证实。其原因主要有:海水的电导率低,使大多数的电能变为焦耳热;超导磁体产生的磁场强度不够强;电流密度过大,使焦耳热损失成平方关系增加;航速偏低,从原理上说磁流体推进器更适用于高速船。

(2)电解气泡问题。海水电解产生的气泡可以引起航迹而被对方察觉,另外,气泡破裂会产生噪声,并且气泡和多气泡的海水对噪声有放大作用而引起新的噪声源。

(3)磁场泄漏问题。磁流体推进器需要强磁场,并且由于海水流动的关系,一

图6-39　超导磁流体推进船"大和一号"

图6-40　中科院的超导螺旋式电磁流体推进实验船

且磁场泄漏,将很难屏蔽,并且会直接影响军用舰船的隐蔽性。

(4)强度腐蚀问题。磁体支撑装置在强磁场中要承受极大的电磁应力,以致无法用普通方法解决。另外,电极持续暴露在海水中腐蚀问题突出,而且可能会因为海水电解而引起污染,需要进一步解决。

如果上述问题能够得到解决,一旦未来潜艇使用了这种推进器,便从根本上消除了因机械转动而产生的振动、噪音以及功率限制,而能在几乎绝对安静的状态下以极高的航速航行。据理论计算其航速可达150kn,而这是任何机械转动类推进器不可能实现的。

由于螺旋桨仍然是目前各种水面舰艇和潜艇上应用最广泛的一种推进器,所以本章将集中研究有关螺旋桨的问题,其中包括几何构成,基本工作原理及特性,以及关于舰艇航速性的规律。

6.2 螺旋桨的几何特征及螺旋桨图

6.2.1 螺旋桨各部分名称

螺旋桨由桨毂、桨叶两部份构成(图6-41)。桨毂是具有一定锥度(通常为1/10~1/15)的截头锥体,其大小常以毂径 d_k 及毂长 l_k 表示。桨叶固接在桨毂上,桨叶数目(以 Z 表示)为2~7叶不等,最常见的是3~5叶。从船艉看,直接看到的桨叶表面称为叶面(又称压力面),另一面为叶背(或称吸力面);桨叶与桨毂的连接处称为叶根,桨叶的外端称为叶梢。螺旋桨正车时桨叶边缘的前面者称为导边,另一边称为随边。

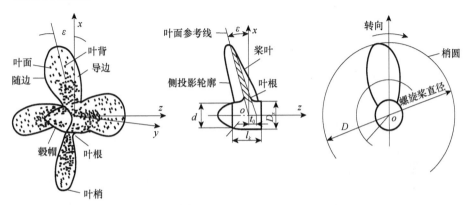

图 6-41 螺旋桨各部分名称

螺旋桨原地旋转时由叶梢所描绘的圆形轨迹称为梢圆,此圆的直径即为螺旋桨的直径,以 D 表示。梢圆的面积称为螺旋桨的圆盘面积,以 A_d 表示:

$$A_d = \frac{\pi}{4}D^2 \qquad (6-1)$$

6.2.2 桨叶的几何构成

1. 螺旋线和螺旋面

螺旋桨桨叶叶面是由某种螺旋面的一部份构成,因而得名。为了清楚地了解螺旋桨的几何特征,有必要先介绍一下螺旋面的形成及特点。线段 ABC(图6-42(a))一方面绕轴线 0-0 旋转另一方面沿 0-0 轴线往下移动,这样由 ABC 所划出的空间轨迹就成为一个螺旋面,由线段 BC 所划出的部分螺旋面称为螺旋桨带,线段 ABC(或 BC)称为螺旋面(带)的母线,0-0 轴称为螺旋面(带)的轴线。在母线上的任一点,例如 B 点(距离轴线为 r_1)或 C 点(距离轴线为 r_2),就在以相应的半径所构成的圆柱表面上运动,其所构成的空间曲线,(如 BB′及 CC′)称为半径为 r_1 及 r_2 的螺旋线。所以螺旋面(带)也可看作是无数不同半径的螺旋线的组合。

2. 螺距、螺距角和螺距三角形

母线旋转一周,其轴间移动的距离称为螺旋面(线)的螺距,以 H 表示。

如果把螺旋线所在的圆柱表面以平面 $ACC'A'$ 切开,并展平在纸面上,那么螺旋线就变成某直角三角形斜边(图 6-42(b)),在母线的两种运动均为匀速运动时它表现为直线,此三角形的底边是螺旋线所在圆柱面的周长 $2\pi r$,而高即等于螺旋线的螺距 H,通常将此三角形称为"螺距三角形",角 θ 称为螺距角,显然存在如下关系:

$$\tan\theta = \frac{H}{2\pi r} \tag{6-2}$$

由式(6-2)可见,对 $H(r)$ =常数的螺旋面,其螺距角随所在半径增大而下降。

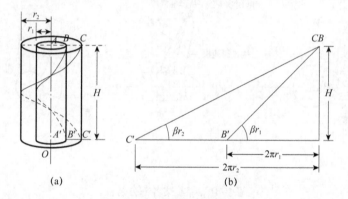

图 6-42 螺旋面及螺旋桨

螺旋桨桨叶叶面即由某种螺旋带的一部分所组成(图 6-43(a)),构成桨叶叶面的螺旋面的螺距就称为螺旋桨的几何螺距,也以 H 表示。H/D 称为螺距比,是螺旋桨的重要几何参数。

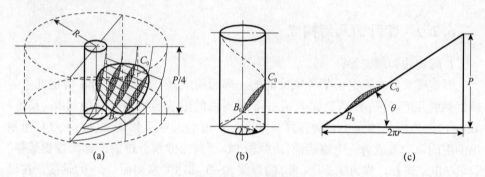

图 6-43 桨叶构成

3. 螺旋桨旋向

螺旋桨正车旋转时,由船尾向船首看,其旋转方向为顺时针者称为右旋桨;反之则为左旋桨。装于船尾两侧之螺旋桨,在正车旋转时,右舷桨右旋而左舷桨左旋者称为外旋桨;反之,则为内旋桨。

螺旋面的轴线即为螺旋桨的轴线。右旋螺旋桨由右旋螺旋面构成,左旋螺旋桨由左旋螺旋面构成。要判断一个具体的螺旋桨是右旋或左旋,可用如下方法:

将螺旋桨平放于地面,如图6-44所示,人站在桨的旁边看,若靠近人的那个桨叶的右边缘高而左边缘低则为右旋桨,反之,为左旋桨。

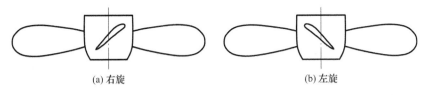

(a) 右旋   (b) 左旋

图 6-44 左右旋的判别

4. 叶切面

若以与螺旋桨同轴的圆柱面与桨叶相截,则圆柱面与桨叶叶面的交线为螺旋线段,圆柱面与桨叶的截交面习惯上称为桨叶的横切面(或简称为叶切面),将不同半径的圆柱面与桨叶相截得到的不同半径处的桨叶切面展平并叠在一起,其螺距三角形(桨叶切面)如图 6-43(b)所示,叶切面的螺旋角 θ 随其所在半径增大而减小。

螺旋桨叶切面的主要类型如图6-45所示。表征叶切面几何特征的主要参数是最大厚度 t,宽度 b,最大厚度在宽度上的位置 X_m,平均线的拱度 f 以及它们与宽度 b 的相对比值 $\delta = t/b$ 即相对厚度, $\delta_c = f/b$ 即相对拱度, $\overline{X}_m = \dfrac{X_m}{b}$ 等。

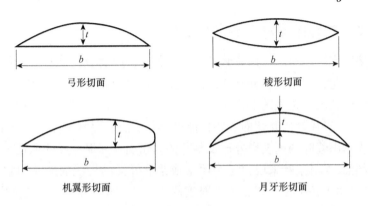

弓形切面   棱形切面

机翼形切面   月牙形切面

图 6-45 叶切面型式

5. 伸张外形

如果把不同半径处的叶切面平行的旋转在相应半径处,并用一光滑曲线连接各切面的导边及随边,就得出所谓桨叶的"伸张外形",如图 6-46(a)所示。

由于螺旋面不能被准确地展成一平面,因而桨叶的真实面积也难以计算,通常就以桨叶伸张外形所包围的平面面积作为桨叶的面积,称为桨叶伸张面积。所有桨叶伸张面积之和为螺旋桨的桨叶面积,以 A 表示。A 与 A_d 之比值 A/A_d 称为螺旋桨的盘面比,也是螺旋桨的重要几何参数。

螺旋桨桨叶的伸张外形有两类:对称型与非对称型见图 6-46(b),后者也称为侧斜桨。

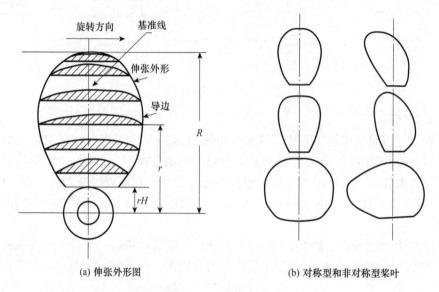

(a) 伸张外形图　　　　　　　　(b) 对称型和非对称型桨叶

图 6-46　桨叶伸张外形

6.2.3　螺旋桨图及主要几何参数

螺旋桨图完整地表示了螺旋桨的几何形状、尺寸和构造,是制造和检验螺旋桨的依据。一般包括总图及各种叶切面的详图。典型的总图如图 6-47 所示,图上包括正视图和侧视图。正视图上表示出桨叶的数目、旋向、一片桨叶的伸张外形、正投影轮廓、若干半径处的叶切面主要特征以及各切面最大厚度在叶宽上的位置等。侧视图上表示出桨叶的侧投影外形及桨叶的纵切面。习惯上桨的纵切面对桨毂来说是真实剖面,而对桨叶来说只是表明形成桨叶叶面的母线的形状和它与桨轴线的关系,并表示出各半径叶切面最大厚度的半径方向的分布,而不是真实剖面。

螺旋桨总图上还应注上各种必要的结构尺寸(含桨毂),以及列出专门的数据表格以表明螺旋桨的主要几何参数,它们通常包括:

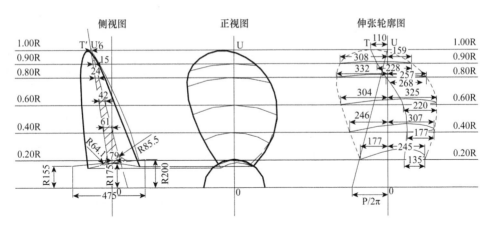

图 6-47 螺旋桨线型图

(1) 直径：D (m)；
(2) 毂径：d_k (m)；
(3) 叶数：Z；
(4) 螺距：$H(r)$ (m)；
(5) 伸张面积：A (m²)；
(6) 螺距比：H/D；
(7) 盘面比：A/A_d；
(8) 毂径比：d_k/D；
(9) 叶切面型式；
(10) 旋向。

以及制造材料和其他技术要求等。

6.3 螺旋桨材料、检验与安装

6.3.1 螺旋桨的材料

制造螺旋的材料有铜合金、铸造铜及铸铁。军舰通常用特殊黄铜制造螺旋桨。铜合金有良好的铸造性及加工性，可以获得光滑的表面且机械强度高、延伸率大、抗冲击性能好、耐海水腐蚀等。目前国内常用的几中螺旋桨铜合金材料如表 6-1 和表 6-2 所列。

其中锰黄铜的抗空泡剥蚀性能差一些。曾用钛合金制造螺旋桨，提高了螺旋桨抗空泡剥蚀的性能，但铸造、加工困难，因而未获广泛应用。为了降低螺旋桨的噪声而采用低噪声材料，如上海交通大学所研制的 MC-77 高阻尼低噪声螺旋桨合金材料，能有效地降低螺旋桨的振动和噪声。

表6-1 几种常用材料的成份表

材料名称	牌号	化学成份/%									
		铜	锡	锌	铅	镍	铝	锰	铁	锑	杂质
锰黄铜	ZHMn 55-3-1	53~58	<0.5	其余	<0.5		<0.6	3~4	0.5~1.5		<2.0
铝锰黄铜	ZHAl 67-5-2-2	67~70		其余			5~6	2~3	2~3	<0.1	<1.0
高锰铝青铜	2Q41 12-8-3-2	其余				1.5~2.5	5.5~7.56	11~14	2~4		

表6-2 几种常用材料的机械性能表

材料名称	牌号	机械性能	
		抗拉强度/(kgf/m^2)	延伸率/%
锰黄铜	ZHMn 55-3-1	>45	>15
铝锰黄铜	ZHAl 67-5-2-2	55~65	>12
高锰铝青铜	2Q41 12-8-3-2	>68	>20

6.3.2 螺旋桨的测量与检验

新螺旋桨铸造加工完毕或旧螺旋桨经过修复后均应按螺旋桨图纸要求或国家标准进行检查和验收。除检验铸造材料的化学成份、机械性能外,对各种几何尺寸也要进行测量检验。具体验收项目、要求及允许偏差可参见表6-3。

表6-3 螺旋桨验收项目及允许偏差

	验收项目	铜合金桨	不锈钢桨	铸钢、铁桨
允许偏差	螺旋桨直径	±0.5%	±0.5%	±0.75%
	螺旋桨螺距	±1.0%	±1.0%	±1.5%
	叶切面宽度	±1.0%	±1.0%	±1.5%
	切面厚度	+3.0% −2.0%	+4.0% −2.0%	+5.0% −3.0%
	相邻桨叶中心线在梢圆上的相互位置(度)	±0.5°	±0.5°	±0.5°

（续表）

	验收项目	铜合金桨		不锈钢桨	铸钢、铁桨
光洁度	在 $r > 0.3R$ 的桨叶表面	$r = 300 \sim 1000\text{mm}$	∇_5	∇_5	∇_1
		$r > 1000\text{mm}$	∇_6	∇_4	小于 500μ
	在 $r \leqslant 0.3R$ 的桨叶表面	$r = 300 \sim 1000\text{mm}$	∇_5	∇_5	小于 500μ 小于 500μ
		$r > 1000\text{mm}$	∇_4	∇_4	
	$1\mu = \dfrac{1}{1000}\text{mm}$				

桨叶宽度的检验可以用软样条沿几个不同半径的切面测量,桨叶切面厚度可能外卡钳或专门的样板来检验,螺旋桨的直径、螺距及桨叶中心线间的夹角等则用专用的螺距仪来测量。螺距仪的构成及使用如图 6-48 所示。它有一根与螺旋桨轴线相重合的铅垂轴和一根可以绕船垂轴旋转的水平摇臂,在此水平摇臂上有刻度以指示量针尖到轴线的距离 r。量针可以铅垂上下转动并可在水平臂上移动,另外还有一个与轴线垂直安装的角度盘。测螺距时将螺旋桨旋放平,叶面朝上,需要测那一半径处的螺距时就把量针固定在水平摇臂的该半径距离上,并使量针下面的尖端与桨叶叶面相接触,然后转动水平摇臂,使其从叶片的一边到另一边,并记下量针上下移动的高度 h 和相应的水平摇臂旋转的角度 φ,则这一半径处桨叶的螺距为

$$H = \frac{360°}{\varphi}h \qquad (6-3)$$

一般来说,为了保证螺旋具有较高的效率,桨叶表面的研磨光洁度应为 ∇_6,桨毂表面光洁度应为 ∇_5,桨叶和桨毂的表面不应有凹凸和气孔,特别对导边和随边处的加工质量应予重视,否则将影响螺旋桨的性能。

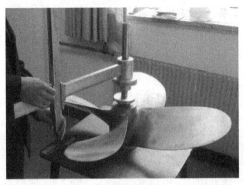
(a) 螺距仪

(b) 三坐标测量仪

图 6-48　螺旋桨检测仪器

6.3.3 螺旋桨的安装

通常螺旋桨毂与尾轴各开键槽加键连接,并于尾轴末端作螺纹装大螺丝帽以固定螺旋桨,如图6-49所示。尾轴末端螺帽的作用一方面压桨毂向前,另一方面承受倒车工作时由螺旋桨产生的反向推力,不使桨从尾轴上脱落下来。尾轴末端的螺纹常作成与螺旋桨正转方向相反。螺帽装妥后尚需加插销防止松动。尾轴在桨毂内的部分作成一定锥度(通常是 1/10~1/15)的斜锥形,以利于承受螺旋桨的推力和拆卸。键的长度通常为尾轴斜锥部分长的 90%~98%,不应小于尾轴直径的 1.5 倍;其宽度约为尾轴直径的 1/4。尾轴键槽前端应逐渐升高,并将槽底及两端八成圆角以免应力集中。通常以埋头螺钉把键固定在尾轴键槽内。

在桨毂的后端装流线罩(也称为导流帽、毂帽)以保护轴末端及大螺帽等,并使得从托架至桨毂到流线罩这一整体成为良好的流线型体以减小水阻力。导流帽的长度约为螺旋桨直径的 14%~17%。

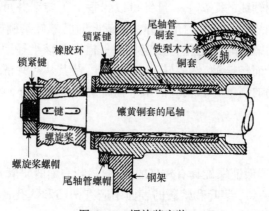

图 6-49 螺旋桨安装

螺旋桨、尾轴及其他附件凡有铜与钢相连接处应避免与海水接触,否则会产生电解作用而使钢料迅速腐蚀。因此,导流帽与桨毂的连接应该极其紧密,并在导流帽内空隙处填满黄油,以防导流帽漏水时尾轴末端及螺帽与海水接触。

6.4 螺旋桨基本工作原理及特性

本节将讨论螺旋桨产生推力、消耗主机功率的基本原理,并说明螺旋桨水动力性能的规律,它是今后我们理解许多实际问题的基础。

通常螺旋桨是处于船尾流场中工作的,螺旋桨与船体、舵之间存在相互影响,为了简化问题,弄清基本原理,这一节先介绍孤立螺旋桨的性能,或称为螺旋桨的"敞水"性能,即假定单独一只螺旋桨在原来是静止的无限水域中一面前进一面旋转时的水动力性能。下一节再讨论螺旋桨与船体间的相互影响(即船后螺旋桨性能问题)。

螺旋桨的工作是靠桨叶打水来完成的,而每一桨叶相当于飞机的一片机翼,只不过机翼运动比较单纯而螺旋桨桨叶的运动比较复杂一些,因此在讨论螺旋桨的工作原理与性能之前,先简要回忆一下有关机翼的流体动力作用和特性是有用的。

6.4.1　机翼水动力作用及特性简介

设有一机翼,翼展为 l,翼弦长为 b,以匀速 W 和某一不大的功角 α_k(功角是指切面弦线与运动方向之间的夹角)在静止的直线运动,如图 6-50(a)所示。为研究方便,我们运用运动转换原理,视机翼为静止不动而水流以均匀的速度 W 向机翼冲来,如图 6-50(b)所示,这种转换就流体对机翼的作用力而言,其结果是完全一样的。

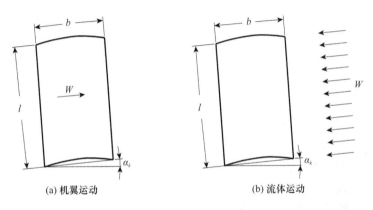

(a) 机翼运动　　　　　　　(b) 流体运动

图 6-50　机翼及其运动转换

当流体以速度 W 和功角 α_k 流向机翼时,在机翼下表面(翼面)流速降低,而上表面(翼背)的流速增加。根据流体力学的伯努利定理,翼面的流体压力将较远前方来流的压力大,而翼背上的流体压力将较远前方来流的压力小,所以翼面也称压力面,翼背也称吸力面,如图 6-51(a)所示。这样,翼面和翼背形成了压力差,这种压力差的合力就形成方向向上的升力 Y(或称举力),如图 6-51(b)所示。飞机起飞并在空中飞行而不下跌即依靠这种升力的支持。

在实际流体中还存在黏性,故机翼还受到摩擦阻力与黏压阻力的作用,通称为翼型阻力,用 X 表示,它作用在平等于来流速度的方向。这样,升力 Y 和阻力 X 就组成了作用于机翼的总的流体动力 R。流体动力合力 R 的作用点 O 称为压力中心。

根据理论和试验证明:升力 Y 和阻力 X 与动压力 $1/2\rho W^2$ 及机翼的面积 S 成正比,即:

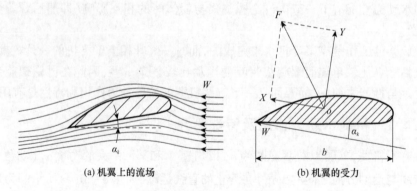

(a) 机翼上的流场　　　　(b) 机翼的受力

图 6-51　机翼上产生升力

$$Y = C_y \cdot 1/2\rho W^2 S \qquad (6-4)$$
$$X = C_x \cdot 1/2\rho W^2 S \qquad (6-5)$$

或写成

$$C_y = \frac{Y}{1/2\rho W^2 S} \qquad (6-6)$$
$$C_x = \frac{X}{1/2\rho W^2 S} \qquad (6-7)$$

式中　C_y——升力系数(亦称举力系数);

C_x——阻力系数;

ρ——流体密度,$kgf \cdot s^2/m^4$;

W——流速,m/s;

S——机翼面积,即 $b \times l$,m^2;

b——翼弦;

l——翼展。

阻力系数 C_x 与升力系数 C_y 之比称为阻升比,以 ε 表示:

$$\varepsilon = \frac{C_x}{C_y} \qquad (6-8)$$

也就是阻力与升力之比,ε 愈小机翼性能愈好,ε 最小值所对应的功角称为最佳攻角,以 α_{opt} 表示。

若压力中心 O 到导边的距离为 d,则

$$C_d = \frac{d}{b} \qquad (6-9)$$

称为压力中心系数。

试验和理论研究结果证明:系数 C_y、C_x、C_d、ε 之值随机机翼的展弦比($\lambda = l/b$)、剖面型式及相对厚度 δ、相对拱度 δ_c 以及攻角 α_k 而变。对于几何形状一定

的某个翼来说,则C_y、C_x、C_d只随攻角α_k而变,其典型关系如图6-52所示。从图中可看出:

(1)升力系数C_y随攻角α_k的增大而增加,在一般攻角较小的范围内,它们基本上是直线关系。当攻角大到某一极限角α_{kp}后C_y反而下降,这是由于攻角过大,流线遭到破坏,翼背上产生涡流的缘故。

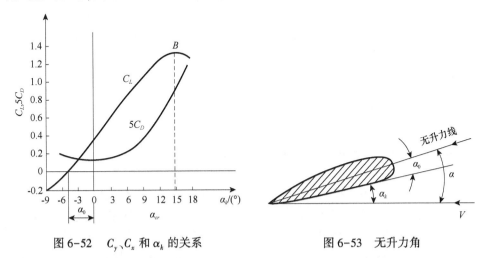

图6-52 C_y、C_x和α_k的关系   图6-53 无升力角

(2)当$\alpha_k = 0$时,C_y并不等于零,而是等于某一正值,也就是当水流顺着翼剖面弦线方向冲向机翼时升力Y并不等于零而仍有一定大小,这是由于翼型有拱度所造成的。当水流顺着某一负攻角α_0冲向机翼时C_y达到零,通常将此来流方向为翼型的无升力方向,如图6-53所示,α_0称为无升角,α_0可近似按下式计算:

$$\alpha_0 = C_0 \delta_c \tag{6-10}$$

式中 δ_c——剖面平均线的相对拱度;

C_0——比例系数,随剖面类型而异,对普通机翼剖面$C_0 = 90$,对弓型剖面$C_0 = 100$。

(3)阻力系数C_x也随α_k而变,在零攻角前后达到最小且变化比较平缓,但随着攻角的增大而迅速增大。一般来说阻力系数C_x要比升力系数C_y小得多。

(4)图6-52上未作出C_d随α_k而变的情况,通常压力中心O随α_k的增加而稍向后移动,在一般攻角条件下,$C_d = 0.20 \sim 0.30$。

6.4.2 螺旋桨运动及水动力分析

下面我们讨论螺旋桨一面前进一面旋转时产生推力和吸收主机功率的原因。

螺旋桨由几个桨叶构成,每一桨叶的作用可以看作是无数"叶元体"作用的总和。所谓"叶元体"是指以半径r和$r + dr$的圆弧所截取的一小块桨叶,见图6-54(a)。叶元体可以看作是以r处桨叶截面为剖面,以dr为翼展的一小块机翼,见图

6-54(b),为了弄清桨叶上所受的水动力,应当首先分析桨叶的运动。

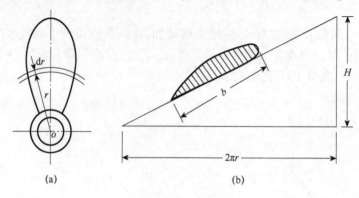

图 6-54 叶元体

设螺旋桨在原来是静止的水中一方面以轴向前进速度 V_p(m/s)向前运动,一方面由主机带着以角速度 ω($\omega = 2\pi n$,n 为螺旋桨每秒钟转数,rps)旋转,其中轴向前进速度 V_p 简称为螺旋桨进速。应用运动转换原理,设桨叶原地不动,而流体以进速 V_p 由前方向桨叶冲来,并按与螺旋桨转向相反的方向,以角速度旋转。这时,对于在 r 半径处的叶元体而言(图 6-54),则流体是以进速 V_p(与轴线平行)及圆周方向的线速度 $\omega r = 2\pi rn$(称为切向速度,其方向与轴线相垂直)向叶元体冲来。其合速度为

$$\vec{W_0} = \vec{V_p} + \vec{\omega r}$$

此 $\vec{W_0}$ 对叶元体切面的攻角为 α_k,与切向速度的夹角为 β,称为进角;以 $\vec{V_p}$、$\vec{\omega r}$ 及 $\vec{W_0}$ 为边的三角形称为叶元体的速度三角形,如图 6-55 所示。这样 r 处的叶元体就相当于来流速度为 $\vec{W_0}$,攻角为 α_k 的一小块机翼。

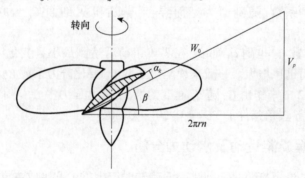

图 6-55 速度三角形

实际上原来静止的水,由于受到桨叶的拨动,将产生运动,这种运动可以分成两个分量。其一是轴向的,称为轴向诱导速度,它的方向是从桨前流向桨后,它的

大小是由桨前远处为零逐渐增大到桨后远处达到最大值,设在桨后之最大值是 u_a,则在桨叶处为 $u_a/2$。其二是圆周切线方向的,称为切向诱导速度,它的方向是与螺旋桨的旋转的方向一致的,设在桨后达到 u_t,则在桨叶处为 $u_t/2$。因此,考虑桨叶拨水作用产生的诱导速度后, r 处叶元体的速度三角形应改为图 6-56 所示的速度多角形。此时冲向叶元体的来流合速度为 $\vec{W}$。

$$\vec{W} = \vec{V_p} + \vec{\omega r} + u_a/2 + u_t/2$$

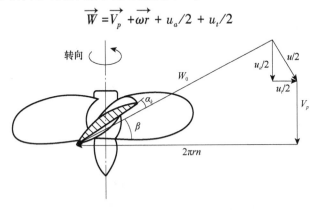

图 6-56 速度多角形

$\vec{W}$ 与叶元体的攻角为 α_k 的一块机翼,通常诱导速度 $u_a/2$、$u_t/2$ 相对于 $\vec{V_p} + \vec{\omega r}$ 是小量,在用理论方法计算螺旋桨的性能时要考虑它们的影响。由于本书不涉及诱导速度的影响,而以图 6-55 的叶元体速度三角形来代替图 6-56 的叶元体速度多角形,以定性分析说明叶元体上所受的流体动力及其规律。

如前分析所得,当螺旋桨在静止的水中一面以进速 V_p 前进,一面以 $\omega = 2\pi n$ 旋转时,在 r 半径处的叶元体的运动受力相当于流速度为 $\vec{W}$,攻角为 α_k 的一小块机翼,其翼展方向尺寸为 dr。根据机翼的水动力特性,此时有升力 dY 和翼型 dX 作用,dY 的方向垂直于 $\vec{W}$ 向上,dX 的方向与 $\vec{W}$ 平行,并与来流方向一致,见图 6-57。

如图所示,这两个力的作用方向既不与螺旋桨轴线平行,也不与轴线垂直。分别将 dY、dX 分解为与轴线平行的轴向分量 $dT_Y = dY\cos\beta_i$ 及 $dT_X = dX\cos\beta_i$,及与轴线相垂直的切向分量 $dF_Y = dY\sin\beta_i$,及 $dF_X = dX\cos\beta_i$。不难看出,轴向分量之和即为叶元体所受到的流体在轴线方向的作用力,也就是叶元体所产生的推力元,以 dT 记之,即有:

$$dT = dT_Y - dT_X = dY\cos\beta_i - dX\sin\beta_i = dY\cos\beta_i(1 - \varepsilon\tan\beta_i) \quad (6-11)$$

而切向分量这和即为流体阻止叶元体旋转的阻力元,记作 dF,即有:

$$dF = dF_Y - dF_X = dY\sin\beta_i + dX\cos\beta_i = dY\sin\beta_i(1 + \varepsilon\tan\beta_i) \quad (6-12)$$

由于此阻力是作用于高螺旋桨轴中心线的距离为半径 r 的叶元体,故流体对螺旋

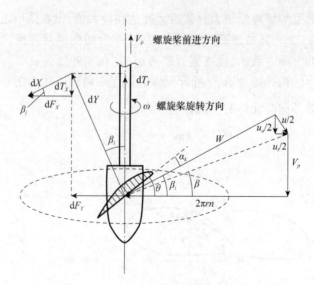

图 6-57 叶元体"速度—力"关系图

桨的阻力矩元(扭矩元) dQ 是:

$$dQ = r \cdot dF = rdY\sin\beta_i(1 + \varepsilon/\tan\beta_i) \quad (6-13)$$

下面讨论叶元体的效率。叶元体效率定义为:叶元体所作的有效功率与其所须吸收(消耗)的功率之比。显然,叶元体所作的有效功率是"推力元×进速"(即 $dT \cdot V_p$)而它所需吸收的功率则是"阻力矩元×旋转角速度"(即 $dQ \cdot \omega$),叶元体效率 η_{pr} 表示,则有:

$$\eta_{pr} = \frac{dT \cdot V_p}{dQ \cdot \omega} \quad (6-14)$$

式(6-11),(6-12),(6-13)中 $\varepsilon = dX/dY$ 是叶元体的阻升比。

为了分析螺旋桨效率的组成,将式(6-11)、式(6-13),代入式(6-15),并注意到图 6-58 中有如下关系:

$$\tan\beta = \frac{V_p}{\omega r} \quad (6-15)$$

$$\tan\beta_i = \frac{V_p + u_a/2}{\omega r - u_t/2} \quad (6-16)$$

则有:

$$\eta_{pr} = \frac{dT \cdot V_p}{dQ \cdot \omega} = \frac{\tan\beta}{\tan\beta_i} \cdot \frac{1 - \varepsilon\tan\beta_i}{1 + \dfrac{\varepsilon}{\tan\beta_i}} \quad (6-17)$$

或

$$\eta_{pr} = \frac{V_p}{V_p + \frac{u_a}{2}} \cdot \frac{\omega r - \frac{u_t}{2}}{\omega r} \cdot \frac{1 - \varepsilon \tan\beta_i}{1 + \frac{\varepsilon}{\tan\beta_i}} \qquad (6-18)$$

由上述式子可见:叶元体的效率(也反映了整个螺旋桨效率的组成)由三个因子组成,其中第一项 $\eta_a = \frac{V_p}{V_p + u_a/2} < 1$ 反映了螺旋桨打水造成原来静止的水流得到一个轴向诱导速度 u_a 而造成的能量损耗,称为轴向诱导效率;第二项 $\eta_g = \frac{\omega r - u_t/2}{\omega r} < 1$,反映了螺旋桨桨叶旋转打水造成原来静止的水流得到一个圆周切向诱导速度 u_t 而造成的能量损耗,称为周向诱导效率;这两个因子乘起来 $\eta_i = \eta_a \cdot \eta_t = \tan\beta/\tan\beta_i$ 也称为诱导效率(或称理想效率)。它说明既使螺旋桨在无黏性的理想流体中工作也会有能量消耗,因为桨叶要打水,使原来静止的水得到诱导速度,增加了水的动能,这部分能量被流过螺旋桨的水带走成为螺旋桨工作时的能量损失。第三项 $\eta_\varepsilon = \frac{1 - \varepsilon \tan\beta_i}{1 + \varepsilon/\tan\beta_i} < 1$,称为叶元体的结构效率,是由于实际流体有黏性,所以 $\varepsilon = \frac{\mathrm{d}X}{\mathrm{d}Y} \neq 0$ 而造成的。显然 ε 愈大这部份的损失也就愈大。

对整个桨叶从叶提到叶梢所有半径 r 处的叶元体作上述类似的分析,则整个螺旋桨的推力将是:

$$T = Z \int_{r_k}^{R} \mathrm{d}P \qquad (6-19)$$

而整个螺旋桨的阻力矩(扭矩)是:

$$Q = Z \int_{r_k}^{R} \mathrm{d}Q \qquad (6-20)$$

式中　Z——叶数;

r_k——桨毂半径,$r_k = \frac{d_x}{2}$;

R——螺旋桨的半径,$R = \frac{D}{2}$。

而整个螺旋桨的效率,以 η_0 表示,按定义为

$$\eta_0 = \frac{\text{螺旋桨所作的有效功率}}{\text{螺旋桨所须吸收的功率}} \qquad (6-21)$$

显然,螺旋桨所作的有效功率 $= T \cdot V_p$,而螺旋桨所须吸收的功率 $= Q \cdot \omega$,因此

$$\eta_0 = \frac{T \cdot V_p}{Q \cdot \omega} = \frac{T \cdot V_p}{Q \cdot 2\pi n} \qquad (6-22)$$

螺旋桨所须吸收的功率通常称为螺旋的收到功率,若以马力计,则称为"收到马力",记作 DHP,则:

$$DHP = \frac{Q \cdot \omega}{75} = \frac{Q \cdot 2\pi n}{75} \qquad (6-23)$$

按螺旋桨效率的定义,收到马力也可用下式计算:

$$DHP = \frac{T \cdot V_p}{75 \cdot \eta_0} \qquad (6-24)$$

上述公式中的单位:推力 T(kgf);进速 V_p(m/s);扭矩 Q(kgf·m);n 为螺旋桨每秒转数;收到马力 DHP 为公制马力。

6.4.3 螺旋桨推力、转力矩随螺旋桨进速、转速变化的规律

在第 6.4.2 节中分析了螺旋桨产生推力、阻力矩的基本原理。下面进一步讨论几何形状一定的螺旋桨所产生的推力 T 及阻力矩 Q 与其运动参数(V_p 及 n)的关系。

首先要指出,在这里我们要研究的是螺旋桨本身的水动力特性,即所谓螺旋桨的敞水性能。我们认为螺旋桨的进速 V_p 及转速 n 是两个相互独立的变量,实际上这也是可能的,因为螺旋桨在水中的运动与螺钉在固体螺母中的运动不一样:若螺钉的螺距为 H,则每转一周它在螺母中的前进距离必为 H,若每秒 n 转,则进速等于 Hn;而螺旋桨是在水中运动的,它每旋转一周所前进的距离可以大于、小于或等于它的螺距,也即它的进速 V_p 可以大于、小于或等于 Hn。例如舰艇处于系泊状态或开车启航的时候,主机带螺旋桨转起来了,但进速为零;或者把螺旋桨刹住而把舰艇拖至各种速度前进也是可以的。下面讨论既定的螺旋桨所产生的推力 T 与阻力矩 Q 随进速 V_p 及转速 n 的变化规律,即螺旋桨的水动力性能。对既定的螺旋,其水动力性能可以通过螺旋桨的模型试验,或理论计算得到,螺旋桨的敞水模型试验一般在拖曳式船模试验水池中进行,利用专门的螺旋动力仪进行测试,如图 6-58 所示。

敞水箱与拖车固定连接,电拖车拖动,螺旋桨模型装在敞水箱前面的轴上,叶背朝前,动力仪上有直流电机 M_1 通过传动装置带动螺旋桨转动。试验时螺旋桨一面前进,一面转动。进速由拖车控制,转速由电机 M_1 控制,然后测量螺旋桨的推力 T 及阻力矩 Q。试验通常采用两种方法进行:(1)保持桨模的转速 n 不变,改变进速;(2)保持进速不变,改变转速。典型的试验曲线如图 6-59 所示。

如图 6-55 可见,一定转速下螺旋桨的推力 T,阻力矩 Q 均随其进速 V_p 增大而下降。当 $V_p=0$ 时 T 和 Q 达到最大值,而当 V_p 大到一定程度时 T 及 Q 相继小到等

(a) 实物图　　　　　　　　(b) 三维模型图

图 6-58　螺旋桨动力仪

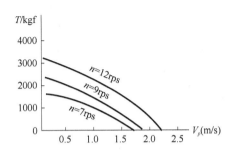

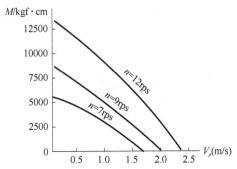

图 6-59　螺旋桨 P、$Q \sim V_p$、n 变化曲线

于零，V_p 再增大时 T 及 Q 变成负值。

螺旋桨推力 T，转矩 Q 的这种变化规律可以由其基本工作原理得到解释。为此作出螺旋桨某一代表半径（通常取 $r=0.7R$ 处的叶元体作为螺旋桨的代表叶元体）处叶元体速度三角形，如图 6-56 所示。显然，当 n 一定而 V_p 增大时，如图 6-60(a) 所示，叶元体来流速度 W 改变不大但攻角则明显下降，因此作用于叶元本上的升力 $\mathrm{d}Y$ 均下降，从而推力、力矩均下降。而当 V_p 一定，n 增大时，如图 6-60(b) 所示，叶元体来流速度 W 及攻角 α_k 均增大，所以 $\mathrm{d}Y$ 增大导致推力、力矩增大。

6.4.4 螺旋桨敞水性征曲线

为了应用方便,螺旋桨模型的敞水试验结果——推力、力矩与进速、转速的关系,通常用一些元因次系数间的关系整理表达出来。最广泛应用的是如下一些无因次系数:

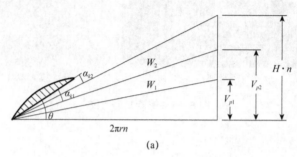

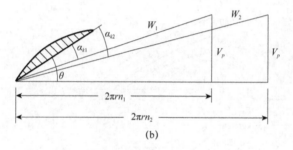

图 6-60　V_p、n 改变的影响

推力系数 $\qquad K_T = \dfrac{T}{\rho n^2 D^4}$ （6-25）

力矩系数 $\qquad K_Q = \dfrac{M}{\rho n^2 D^5}$ （6-26）

进速系数 $\qquad J = \dfrac{V_p}{nD}$ （6-27）

式中　T——螺旋桨推力,N;

Q——螺旋桨扭矩,N·m;

ρ——水的密度,kg/m³;

n——螺旋桨转速,rps;

V_p——螺旋桨的进速,m/s;

D——螺旋桨的直径,m。

由螺旋桨敞水效率 η_0 的定义式(6-22)及上面 K_T、K_Q、J 的定义式,不难导出如下关系式:

$$\eta_0 = \frac{K_T}{K_Q} \cdot \frac{J}{2\pi} \tag{6-28}$$

通常我们将螺旋桨每转一周所前进的距离称为螺旋桨的"进程",并用 h_p (m) 表示,即

$$h_p = \frac{V_p}{n} \tag{6-29}$$

因此进速系数 $J = \frac{V_p}{nD} = \frac{h_p}{D}$ 是进程与直径之比,故 J 也称为"相对进程"。它表示了螺旋桨的运动特征。它与叶元体来流的进角 β (图6-55)存在如下关系:

$$\tan\beta = \frac{V_p}{2\pi rn} = \frac{1}{\pi x}J \tag{6-30}$$

式中　$x = r/R$——叶元体的相对半径。

对于一定位置的叶元体而言(x一定),J越大 β 角越大,则叶元体攻角 α_k ($\alpha_k = \theta - \beta$,定性讨论,略去诱导速度)越小,故推力系数、力矩系数下降,典型的 K_T、K_Q 和 η_0 随 J 而变化的曲线如图6-61所示。这组曲线通常称为螺旋桨敞水性征曲线或简称为性征曲线。

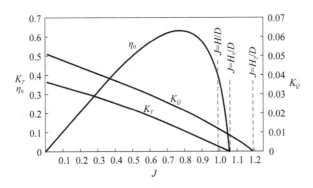

图6-61　螺旋桨性征曲线

由图可见当 $J = 0$ 时(即 $\beta = 0$) K_T、K_Q 最大,随 J 增大(即 β 增大) K_T、K_Q 均下降;当 J 大到一定的时候相继出现 $K_T = 0$ 和 $K_Q = 0$ 的情况;J 再大,则 K_T、K_Q 为负值,相当于 $K_T = 0$、$K_Q = 0$ 这两种工况时叶元体速度三角形及受力情况如图6-62、图6-63所示。

图6-62相当于 V_p 相对于 n 很大,以致来流速度 W 的方向接近于叶元体无升力方向,此时升力 dY 很小,而翼型阻力 dX 仍有一定大小,结果 dT_Y 和 dT_X 正好相互对消,叶元体推力 $dT = dT_Y - dT_X = 0$,这时对旋转的阻力 $dF > 0$,整个螺旋桨推力等于零的工况我们称为"无推力工况。"达到这种工况的"进程",对于既定的螺旋桨是一定的,称为螺旋桨的"无推力螺距"(或称为实效螺距),以 H_1(m)表示,

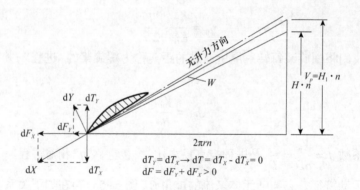

图 6-62 无推力工况

H_1/D 称为"无推力螺距比"或"实效螺距比"。既然：

$$(J)_{K_T=0} = \left(\frac{h_p}{D}\right)_{K_T=0} = \frac{H_1}{D} \qquad (6-31)$$

图 6-63 相当于 V_p 相对于 n 达到更大的情况，以致来说流速度 W 的方向超过的叶元体的无升力方向，此时 dY 和 dX 所产生的 dF_Y 和 dF_X 正好对消，而对叶元体阻力 $dF = dF_Y + dF_X = 0$ 因此流体对叶元体旋转的阻力矩 $dQ = r \cdot dF = 0$，这时螺旋桨的推力 $dT < 0$，推力元与桨前进的方向相反。我们称此种工况为螺旋桨的"无力矩工况"。相应于此时的"进程"称为"无力矩螺距"，以 $H_2(\mathrm{m})$ 表示。H_2/D 称为"无力矩螺距比"即 $(J)_{K_Q=0} = H_2/D$。通常螺旋的正常工作范围是在 $0 \leqslant J < H_1/D$，此时螺旋桨桨产生正推力，吸收转力矩。

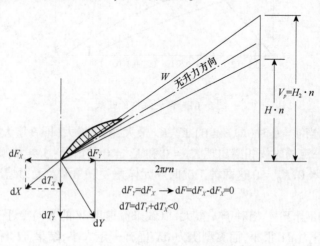

图 6-63 无力矩工况

螺旋桨的敞水效率 η_0，可由式(6-29)按 K_T、K_Q、J 计算。其随 J 的变化如图 6-57

所示。当 $J = 0$ 时,$\eta_0 = 0$;当 $K_T = 0$(即 $J = H_1/D$)时,$\eta_0 = 0$;J 从 0 到 H_1/D 之间先是增大,达到最大值,然后很快下降到零。

根据相似理论的研究结果,螺旋桨的性征曲线具有如下重要性质;如果两个螺旋桨几何相似,则不管两者的绝对大小是否一样,它们的性征曲线总是一样的。因此用较小尺度的螺旋桨模型进行试验,得到它的性征曲线,就可以用来计算实桨的水动力性能。

[例题6-1] 某螺旋桨的性征曲线如图6-57所示,其直径 $D = 3.0$m,进速 $V_p = 11.0$m/s,转速 $n = 300$r/min,问它产生推力多少? 效率多少? (设水密度 $\rho = 1000$kg/m³)。

解:① 计算进速系数:

$$J = \frac{V_p}{nD} = \frac{11.0}{5.0 \times 3.0} = 0.735$$

式中 $n = 300$ r/min $= 5.0$ r/s

② 由 $J = 0.735$,查图6-61,得 $K_T = 0.135, K_Q = 0.0250, \eta_0 = 0.630$。

③ 根据式(6-25)、(6-26)计算螺旋桨产生的推力:

$$T = K_T \rho n^2 D^4 = 0.135 \times 1000 \times 5.0^2 \times 3.0^4 = 273375\text{N}$$

此时螺旋桨须吸收的转力矩为

$$M = K_Q \rho n^2 D^5 = 0.0250 \times 1000 \times 5.0^2 \times 3.0^5 = 151875\text{N} \cdot \text{m}$$

[例题6-2] 设上题的螺旋桨,若规定桨轴上的转力矩不准超过题中所得的数值,问当进行码头试车(带桨)时,最大转速不得超过多大? 此时推力多大?

解:码头试车时,舰艇被系住不动 $V_p = 0$,即 $J = 0$。由图6-57可得此时 $K_T = 0.380, K_Q = 0.0525$。

设此时允许最大转数为 n,则:

$$Q = 0.0525 \times 1000 \times n^2 \times 3.0^5 \leq 0.0525 \times 1000 \times 5.0^2 \times 3.0^5$$

即

$$\left(\frac{n}{5}\right)^2 \leq \frac{0.0250}{0.0525}$$

$$n \leq \sqrt[5]{\frac{0.0250}{0.0525}} = 3.45\text{r/s} = 207\text{r/min}$$

即,码头试车时为了不超过转矩,转数不应超过上例情况的70%。

当 $n = 207$r/min 时,推力 T 为

$$T = 0.380 \times 1000 \times 3.45^2 \times 3.0^4 = 366359\text{N}$$

此是推力约比上例情况超过34%。

6.5 螺旋桨与船体的相互作用

上节中我们研究了孤立螺旋桨在敞水(未受干扰的均匀流场)条件下的水动力性能。但实际上螺旋桨是装在船艉工作的。由于船体的存在,使艉部螺旋桨处的水流情况与敞水情况不同;另一方面,我们在第7章舰船阻力中则只研究了孤立船体(不带螺旋桨)航行时所遭受的阻力,而螺旋桨在船艉工作,也必将使船体周围的水流速度与压力分布发生变化,因而影响船体所受的阻力。可见,螺旋桨装在船艉工作,螺旋桨与船体间互有作用,它们的性能与我们以前分别讨论的孤立船体与孤立螺旋桨的性能是不同的。为了确定船后螺旋桨的推进性能,就必须研究螺旋桨和船体的相互作用问题。

严格说,这个问题应该把螺旋桨与船体作为一个统一的整体来处理,但是由于这样处理问题比较复杂,目前可以采用船模试验或计算流体力学(CFD)仿真的方法进行研究,在此不详细介绍。工程上仍采用近似方法来解决,即:在分别研究船体和螺旋桨各自的单独性能的基础上,考虑两者之间的相互影响。这种近似方法的实质是:把船体与螺旋桨仍看作是孤立的,只是一方面要考虑由于船体的存在对流向螺旋桨盘面的水流所产生的影响;另一方面考虑由于螺旋桨的工作对船体受力的影响。在考虑上述两种影响后仍然利用螺旋桨的敞水特性和孤立船体的阻力特性来解决"船体—螺旋桨"作为一个统一的推进特性问题。

6.5.1 伴流——船体对螺旋桨的影响

船在水中以某一速度 V 向前航行时,附近的水受到船体的影响而产生运动,其表现为船体周围伴随着一股水流,这股水流称为伴流或迹流。由于伴流的存在,使螺旋桨与其附近水流的相对速度和船速不同。实际测量表明,船后伴流的速度场是很复杂的,它在螺旋桨盘面各点处的方向是不同的。通常,伴流速度场可以用相对于螺旋桨的轴向速度、周向(切向)速度和径向速度三个分量来表示,其中切向和径向速度与轴向速度相比为小量,所以一般所谓伴流是指轴向伴流。伴流的速度与船速同方向者称为正伴流,反之则为负伴流。产生伴流的原因有三方面的因素:

(1)船身周围的流线运动:船在水中以速度 V 向前航行时,船体周围水流的流线分布情况大致如图 6-64 所示。艏艉处的水流具有向前速度,即产生正伴流,而在舷侧处水流具有向后速度,为负伴流。由流线运动产生的伴流也称为位势流或势伴流。

(2)水的黏性作用:因水具有黏性,故当船运动时沿船体表面将形成边界层,边界层内的水质点具有向前的速度,形成正伴流,称为摩擦伴流,见图 6-65。

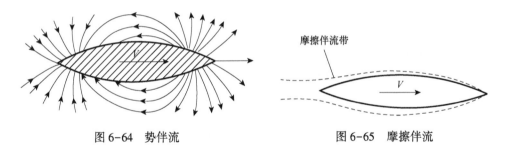

图 6-64　势伴流　　　　　　　图 6-65　摩擦伴流

(3) 船舶的兴波作用:船在水面航行时形成波浪,而波浪传播时水质点实际上作轨圆运动,因此若螺旋桨附近恰恰为波峰,则水质点具有向前的速度;如恰恰为波谷,则具有向后的速度,由于船本身的兴波作用而形成的伴流称为波浪伴流,波浪伴流可能为正也可能为负。

在船艉螺旋桨盘面位置处,这三种伴流速度之和在整个盘面积上的平均值称为伴流度,以 u 表示。

设船以速度 V 运动,运用运动转换原理,则由于伴流的存在,此时在船艉螺旋桨盘面处的水流速度为 $V-u$。因此,船后螺旋桨随船以速度 V 一起运动,其相对于水的实际速度(即进速 V_p)并不等于船速 V,而是

$$V_p = V - u \tag{6-32}$$

通常伴流的大小用伴流速度 u 和船速 V 的比值 w 来表示,w 称为伴流系数,即:

$$w = \frac{u}{V} = \frac{V-V_p}{V} = 1 - \frac{V_p}{V} \tag{6-33}$$

若已知船体速度 V 及伴流系数 w,则螺旋桨的进速 V_p 为

$$V_p = V(1-w) \tag{6-34}$$

上式说明:由于船体的存在,对船后螺旋桨的影响首先表现为螺旋桨的速度不等于船速,在利用螺旋桨敞水性征曲线时必须考虑到这一点。

通常,航船伴流系数 w 的大小可以由实船试航或模型试验求得,根据统计,各类舰船的伴流系数如表 6-4 所列。

伴流系数也可用下列近似公式估算:

(1) 巴布米尔公式。

$$w = 0.165 C_B^2 \sqrt[3]{\frac{\nabla}{D}} - \Delta w \tag{6-35}$$

式中　C_B——船体方形系数,$C_B = \dfrac{\nabla}{L \times B \times T}$;

　　　∇——容积排水量,m^3;

L——水线长，m；

B——水线宽，m；

T——吃水，m；

D——螺旋桨直径，m；作为第一近似可取 $D = (0.6 \sim 0.7T)$；

$$x = \begin{cases} 1, & \text{对中间螺旋桨} \\ 2, & \text{对两侧螺旋桨} \\ 1.5, & \text{对隧式艉螺旋桨} \end{cases}$$

式中 Δw 是对波浪伴流的修正，它随弗劳德数（$F_r = \dfrac{V}{\sqrt{gL}}$）而变，

$F_r > 0.2$ 时，$\Delta w = 0.1(F_r - 0.2)$；

$F_r \leq 0.2$ 时，$\Delta w = 0$。

(2)泰勒公式(适用于海上运输船舶)。

对单螺旋桨船：

$$w = 0.50C_B - 0.05 \tag{6-36}$$

对双螺旋桨船：

$$w = 0.55C_B - 0.20 \tag{6-37}$$

表 6-4 各种舰船的 w、t 值

舰　　种	w	t
轻巡洋舰	0.035~0.10	0.05~0.10
大型驱逐舰	0~0.10	0.07~0.08
驱逐舰,护卫舰	0~0.08	0.07~0.08
快艇	0~0.04	0.01~0.03
潜艇(常规型、水面状态)	0.10~0.25	0.10~0.18
潜艇(水滴型、水下状态)	0.20~0.50	0.07~0.30

船体对螺旋桨工作性能的影响除上述平均轴向伴流之外，还存在伴流不均匀性的影响。这种影响通常表现为：船后工作的螺旋桨，在相同转速 n，及进速 V_p（考虑平均伴流的影响按式(6-34)确定）时其推力与敞水推力相等，但两者的转力矩却仍不相同。设敞水和船后的转力矩分别以 Q_0 及 Q_B 表示，则：

$$Q_B = i_2 Q_0 \tag{6-38}$$

或

$$Q_0 = \eta_R Q_B \tag{6-39}$$

称 i_2 为伴流不均匀性对转力矩的影响系数，或称 $\eta_R = 1/i_2$ 为相对旋转效率。一般 $\eta_R = 0.98 \sim 1.05$，在近似计算中常取 $\eta_R = 1$。

6.5.2 推力减额——螺旋桨对船体的影响

设船模以速度 V 运动时,测得其阻力为 R;若在船模尾部装上螺旋桨,进行自航试验,则在同一速度 V 时测得螺旋桨的推力为 P,可以发现 $P \neq R$,而是 $P > R$,这就是说由于螺旋桨在船后工作使船体的阻力有所增加。螺旋桨在船后工作为什么会使船体阻力有所增加呢?原因可以解释如下:螺旋桨在工作时产生吸水作用,使桨前方的水流速度增加,根据伯努利定理,流速增大则压力下降,设没有螺旋桨工作时船体表面压力沿船长方向的分布如图 6-66 中曲线 II 所示。图中阴影部分即表示由于螺旋桨的工作使船艉压力降低的部分,因而增大了船体艏艉的压力差,也即增加了舰船的压差阻力。

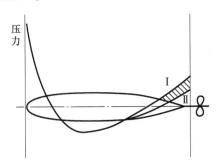

图 6-66 推力减额的形成

因为此项阻力增额是由于螺旋桨的工作而产生的,这笔帐就算在螺旋桨的身上,即我们就认为螺旋桨发出的总推力 T 中,有一部分推力 ΔT 是用来克服船体的阻力增额 ΔR 的($\Delta T = \Delta R$),这部分推力我们就称为螺旋桨的推力减额。或者说,船后螺旋桨发出的总推力 T,应分成两部分,一部分是推力减额,另一部分是真正可以用来克服船体阻力的,称为"有效推力",以 T_e 表示,即:

$$T = T_e + \Delta T \tag{6-40}$$

定义如下比值:

$$t = \frac{\Delta T}{T} \tag{6-41}$$

上式说明螺旋桨推力与有效推力之间的关系。

若舰船以航速 V 航行时所受之阻力为 R,船上螺旋桨的数目为 Z_P,那么保持稳定航速的条件应是:

$$Z_P T_e = R \tag{6-42}$$

或

$$T_e = \frac{R}{Z_P} \tag{6-43}$$

而每个螺旋桨实际发出的推力应是：

$$T = \frac{T_e}{1-t} = \frac{R}{Z_P(1-t)} \quad (6-44)$$

推力减额系数 t 的大小与船型、螺旋桨工况及螺旋桨与船体、舵的配置等有关。一般由实船试航模自试验结果的分析得到。各类舰艇在设计工况下的 t 值大致如表6-4所列。

近似估算可用如下商赫公式：

对于单螺旋桨船：$t = Kw$

式中，K 为系数，视舵的形式而定，

$K = 0.50 \sim 0.70$，适用于装流线型舵或反应舵；

$K = 0.70 \sim 0.90$，适用于装方形舵柱之双板舵；

$K = 0.90 \sim 1.05$，适用于装单板舵者。

对于双螺旋桨船采用轴包架者：

$$t = 0.25w + 0.14$$

对于双螺旋桨船采用轴支架者：

$$t = 0.70w + 0.06$$

式中　w ——伴流系数。

6.5.3　舰船功率传递及推进效率的成份

设舰船以航速 V（m/s）前进时，主机的转数为 n_1（r/min），发出的功率为 P_S（hp）。主机经离合器、减速齿轮箱、推力轴承及各支承轴传到船尾螺旋桨的转速为 n（rps），转力矩为 Q_B（kgf·m，船后螺旋桨的转力矩），船后螺旋桨的"收到马力"为 P_{DB}（hp），则 $P_{DB} = \dfrac{Q_B \cdot 2\pi n}{75}$。此时螺旋桨发出的推力为 T，克服了船体在航速 V 时所遭受的阻力 R，使船保持此航速前进这一平衡系统中，功率的传递及各种效率成分可分析如下。

1. 传送效率

主机发出的功率 P_S 经轴系传送至螺旋桨，由于轴系的摩擦损耗等因素，致使螺旋桨在船后实际收到的功率为 P_{DB}，两者关系为

$$P_{DB} = \eta_T P_S \quad (6-45)$$

式中　η_T ——传递效率，它又分为减速齿轮及轴承两个部分，即 $\eta_G \cdot \eta_B$。其中 η_G 为减速装置的效率，取决于装置的类型及减速比 $j = \dfrac{n}{n_1}$，η_B 为轴承效率。通常 η_T 的数值如下：

机舱在舯部时，$\eta_B = 0.95 \sim 0.97$；

机舱在艉部时，$\eta_B = 0.97 \sim 0.98$；
单级齿轮传动，$\eta_G = 0.97 \sim 0.98$；
双级齿轮传动，$\eta_G = 0.94 \sim 0.97$。

2. 推进效率

螺旋桨在船后收到马力 P_{DB}，而其真正作的有用功率是能克服船体阻力 R 使船以航速 V（m/s）前进，若以 kn 为单位则用 V_s 表示，即有用的功率为船体的有效马力（拖曳功率）$P_E = \dfrac{R \cdot V}{75}$（单桨的有效马力为 P_e）。设船上有 Z_p 个螺旋桨，则比值：

$$\eta_D = \frac{P_E}{Z_p P_{DB}} \tag{6-46}$$

称为推进效率。而把比值：

$$P.C. = \frac{P_E}{Z_p N_e} \tag{6-47}$$

称为推进系数。

推进系数 $P.C.$ 表示了包括机械性的轴系传送损失在内的总推进性能；而推进效率 η 则表示了推进系数中总的水动力性能。

3. 推进效率成份分析

在上一节中我们定义螺旋桨的敞水效率 η_0 为

$$\eta_0 = \frac{T \cdot V_p}{Q_0 \cdot 2\pi n} \tag{6-48}$$

按上面分析，螺旋桨装在船后总的水动力效率由推进效率 η 表达，若以如下一些关系式：

$$P_E = \frac{R \cdot V}{75}$$

$$R = Z_p \cdot T_e = Z_p \cdot T(1-t)$$

$$V = V_p/(1-w)$$

$$P_{DB} = \frac{Q_B \cdot 2\pi n}{75} = \frac{Q_0 \cdot 2\pi n}{75 \cdot \eta_R}$$

代入式(6-46)，则推进效率 η_D 为

$$\eta_D = \frac{P_E}{Z_p \cdot P_{DB}} = \eta_R \cdot \frac{1-t}{1-w} \cdot \frac{T \cdot V_p}{Q_0 \cdot 2\pi n} = \eta_R \cdot \eta_H \cdot \eta_0 \tag{6-49}$$

式中　　η_R ——相对旋转效率；

$\eta_H = \dfrac{1-t}{1-w}$ 称为船体效率。

而推进系数 $P.C.$ 为

$$P.C. = \frac{P_E}{Z_P \cdot P_S} = \eta_G \cdot \eta_B \cdot \eta_R \cdot \eta_H \cdot \eta_0 \quad (6-50)$$

6.5.4 船后螺旋桨性能计算

下面通过例 6-3 说明如何应用螺旋桨敞水性征曲线,计算船后螺旋桨的性能。

[例题 6-3] 某护卫舰,动力为两轴蒸汽透平装置,其螺旋桨数据为:$D = 2.34\text{m}, H/D = 1.32, A/A_d = 0.8, Z = 3$,其敞水性征曲线如图 6-67 所示,具体数据见表 6-5。设 $w = 0.06, t = 0.07, \eta_R = 1.0, \eta_B = 0.98, \eta_G = 0.98$;通过舰艇测速知:当螺旋桨转速 $n = 366\text{r/min}$ 时,航速 $V_s = 26\text{kn}$,求该舰在此航速时的推进效率 η_D、推进系数 $P.C.$,每轴螺旋桨的有效推力 T_e、转力矩 Q_B、收到马力 P_{DB}、主机马力 P_S 分别为多少?

表 6-5 敞水性征曲线数值表

J	0.40	0.50	0.60	0.70	0.80	0.90	1.00	1.10	1.20	1.30
K_T	0.466	0.420	0.370	0.322	0.275	0.225	0.180	0.131	0.086	0.038
$10K_Q$	0.836	0.777	0.707	0.641	0.570	0.490	0.415	0.325	0.238	0.143
η_0	0.355	0.430	0.500	0.560	0.614	0.658	0.691	0.705	0.690	0.550

解:计算步骤及方法如下:

(1)计算进速。

$$V_p = V(1-w) = 0.5144 V_s (1-w)$$
$$= 0.5144 \times 26(1-0.06) = 12.6\text{m/s}$$

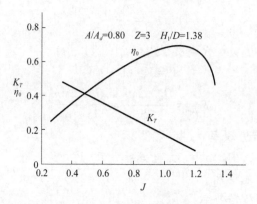

图 6-67 敞水性征曲线

(2) 计算进速系数。

$$J = \frac{V_p}{nD} = \frac{12.6}{\frac{366}{60} \times 2.34} = 0.882$$

(3) 求 K_T、K_Q 和 η_0。

由 $J = 0.882$，查敞水性征曲线可得：

$$K_T = 0.235, K_Q = 0.0508, \eta_0 = 0.649$$

(4) 计算有效推力 T_e 及船后转力矩 Q_B。

$$T_e = T(1-t) = K_T \rho n^2 D^4 (1-t)$$
$$= 0.235 \times 104.5 \times \left(\frac{366}{60}\right)^2 \times 2.34^4 \times (1-0.07) = 25500(\text{kgf})$$

$$Q_B = \frac{Q_0}{\eta_R} = \frac{1}{\eta_R} K_Q \rho n^2 D^5 = 0.0508 \times 104.5 \times \left(\frac{366}{60}\right)^2 \times 2.34 = 13860(\text{kgf})$$

(5) 计算推进效率 η_D 及船后收到马力 P_{DB}。

$$\eta_D = \eta_R \eta_H \eta_0 = \eta_R \times \frac{1-t}{1-w} \times \eta_0 = 1.0 \times \frac{1-0.07}{1-0.06} \times 0.649 = 0.642$$

(6) 船后收到马力可按如下公式计算。

$$P_{DB} = \frac{Q_B \cdot 2\pi n}{75} = \frac{13860 \times 2\pi \times \left(\frac{366}{60}\right)}{75} = 7083\text{hp}$$

也可按下式由推进效率来计算：

$$P_{DB} = \frac{P_B \cdot V}{75\eta} = \frac{25500 \times 0.5144 \times 26}{75 \times 0.642} = 7083\text{hp}$$

(7) 计算推进系数 $P.C.$ 及主机马力 P_S。

$$P.C. = \eta_T \eta_D = \eta_G \eta_B \eta_D = 0.98 \times 0.98 \times 0.642 = 0.6166$$

主机马力 P_S 可按下式计算：

$$P_S = \frac{P_{DB}}{\eta_T} = \frac{7083}{0.98 \times 0.98} = 7375\text{hp}$$

或者

$$P_S = \frac{T_e \cdot V}{75\eta_T \eta_D} = \frac{T_e \cdot V}{75 P.C.} = \frac{25500 \times 0.5144 \times 26}{75 \times 0.6166} = 7375\text{hp}$$

6.5.5 螺旋桨性能检查图线

为了应用的方便，螺旋桨在船后的性能常常用所谓"螺旋桨性能检查图线"的形式表示，上面例题的某护卫舰的螺旋桨性能检查图线如图 6-68 所示。图分为两部分：上图以螺旋桨转速(或以主机转速)分参数，表明在螺旋桨转速一定的条件下有效推力 T_e 与舰速 V_s 的关系。有了这张图，我们就能很方便地查出已知航速 V_s 及螺旋桨转速 n 时螺旋桨所发出的有效推力 T_e 及所需吸收的主机马力 P_s 是多少？这种图线在研究舰艇航速性问题时是很有用处的。

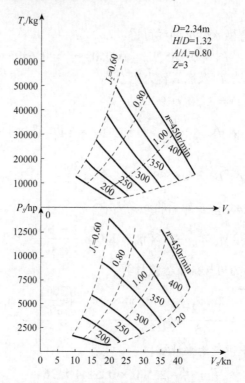

图 6-68　螺旋桨性能检查图线

下面以例题[6-3]中的某护卫舰螺旋桨为例说明螺旋桨性能检查图线的计算及绘制的方法步骤：

首先，根据对实际可能的螺旋桨转速范围及航速范围的分析，分别取定一系列螺旋桨转速：200r/min、250r/min、300r/min、350r/min、400r/min、450r/min，及一系列进速系数 $J = 0.60$、0.80、1.00、1.20 进行相应的螺旋桨有效推力 T_e、航速 V_s 及所须主机马力 P_s 的计算，具体计算可列表进行，见表 6-6。

在表 6-6 计算中应用了如下一些公式：

(1)有效推力 T_e。

$$T_e = T(1 - t) = K_T \rho n^2 D^4 (1 - t) = aK_T (\text{kgf})$$

其中

$$a = \rho n^2 D^4 (1 - t)$$

(2)舰速 $V(\text{m/s})$ 及 $V_s(\text{kn})$。

$$V = \frac{V_p}{1-w} = \frac{JnD}{1-w} = bJ \text{ (m/s)}$$

其中

$$b = \frac{nD}{1-w}$$

由 V(m/s)转化为 V_s(kn)

表 6-6 螺旋桨性能检查图线计算表

计算工况	计算项目	转速 n_m/(r/min)	200	250	300	350	400	450
		转速 n/(r/s)	3.33	4.16	5.00	5.83	5.66	6.50
		常数 $a\,10^{-4}$	3.25	5.04	6.32	9.97	13.00	15.40
		常数 b	7.30	10.40	12.45	14.50	15.60	17.65
$J = 0.60$		$T_e = aK_T$ (kgf)	1200	18700	27100	36900	48100	60700
$K_T = 0.37$		$V = bJ$ (m/s)	4.98	5.22	6.47	7.70	9.95	11.20
$\eta_0 = 0.50$		$P_S = \dfrac{T_e \cdot V}{75\text{P.C.}}$ (hp)	1680	3270	5700	9010	13400	19100
P.C. = 0.475		$V_s = \dfrac{V}{0.5144}$ (kn)	9.65	12.10	14.50	15.90	19.35	21.80
$J = 0.80$		$T_e = aK_T$ (kgf)	8840	13900	20200	27400	35800	45200
$K_T = 0.275$		$V = bJ$ (m/s)	5.64	7.30	9.95	11.60	13.25	14.90
$\eta_0 = 0.614$		$P_S = \dfrac{T_e \cdot V}{75\text{P.C.}}$ (hp)	1340	2640	4590	7240	10850	15400
P.C. = 0.656		$V_s = \dfrac{V}{0.5144}$ (kn)	12.90	15.10	19.35	22.60	25.80	27.90
$J = 1.00$		$T_e = aK_T$ (kgf)	5850	9070	13200	18000	23400	29500
$K_T = 0.180$		$V = bJ$ (m/s)	7.30	10.40	12.45	14.50	15.60	17.65
$\eta_0 = 0.691$		$P_S = \dfrac{T_e \cdot V}{75\text{P.C.}}$ (hp)	980	1910	3330	5300	7870	11100
P.C. = 0.656		$V_s = \dfrac{V}{0.5144}$ (kn)	15.10	20.20	24.20	27.20	32.20	35.20
$J = 1.20$		$T_e = aK_T$ (kgf)	2800	4340	6300	8570	11200	14100
$K_T = 0.086$		$V = bJ$ (m/s)	9.96	12.45	14.95	16.40	19.90	22.40
$\eta_0 = 0.690$		$P_S = \dfrac{T_e \cdot V}{75\text{P.C.}}$ (hp)	565	1100	1900	3020	4520	6400
P.C. = 0.656		$V_s = \dfrac{V}{0.5144}$ (kn)	19.35	24.10	29.00	33.80	37.60	43.50

(3) 螺旋桨所须吸收的主机功率 P_S。

其中

$$P.C. = \eta_G \eta_B \eta_R \eta_H \eta_0 = 0.980 \times 0.980 \times \frac{1-0.07}{1-0.06}\eta_0 = 0.95\eta_0$$

为方便计算,将先效计算中的一些常数 a、b 在表6-6的表头上先算出来,表中各 J 时的 K_T、η_0 值是由图6-64或表6-5中查出的。

根据表6-6的计算结果就可以在方格纸上分别作出 $J = 0.60$、0.80、1.00 及 1.20 时各转速下的 T_e 及 P_S 随 V_s 而改变的曲线,并将相同转速的点联起来就得到等转速曲线;将等 J 线连起来就得等 J 线。

在作图时尚可注意曲线的如下性质:

$n=$ 常数时的 $T_e \sim V_s$ 曲线与 $K_T \sim J$ 曲线的规律是一致的。

$J=$ 常数时:$T_e \sim V_s$ 是二次抛物线,而 $P_S \sim V_s$ 是三次抛物线。因为此时有 $V_s \propto n$ 而 $T_e \propto n^2$,故 $T_e \propto V_s^2$;而 $P_S \propto V_s^3$。

最后应着重指出:由上述计算及制图可见,螺旋桨性能检查图线所表达的 T_e、P_S 与 V_s、n 这四个变量之间的关系只是一个螺旋桨本身在各航速 V_s 和转数 n 时所能产生的有效推力 T_e 和它必须吸收的主机功率 P_S 之间的关系。其一是一个螺旋桨的,不是舰上所有螺旋的;其二是螺旋桨本身的特性,没有涉及舰体的阻力是多大,也没有涉及主机能否提供这么多马力等问题。它只是表明:具有这样几何特征的螺旋桨装在这样一艘舰上后,则在不同航速和转速下就能产生图上规定的有效推力和需要吸收的主机马力。

6.6 应用螺旋桨性能检查图线作舰艇航速性分析

在舰艇管理工作中常常要知道如下一些性能:如舰艇在各种工作条件下其航速 V_s 与螺旋桨(或主机)转速 n 及相应的主机功率之间的关系。又如在主机不超负荷、不超转速等条件下舰艇所能达到的最大航速是多大?相应的主机转速及马力是多少?诸如这类舰艇航速、转速、主机功率之间的关系问题在此我们统称为舰艇的航速性问题。应用螺旋桨性能检查图线来研究、分析舰艇的航速性问题是比较方便的。下面我们将举一些例子来说明问题。

6.6.1 舰艇航速与螺旋桨转速及主机功率之间关系的确定

舰艇的某一稳定航行状态(直航向等航行状态)是"主机—螺旋桨—舰体"三方面协调工作的结果,其中舰体是能量的需求者;主机是能量的提供者;螺旋桨则是能量的转换装置,而三者将各自按其自身的性能特点工作。为了便于弄清三者是怎样协调工作的,先简要回顾一下其各自的特性。

1. 舰体的阻力特性

由上一章知道：舰体在一定工作条件下（指排水量及浮态、污底、水深、风浪等条件）有一条阻力 R 与航速 V_s 之间的关系曲线。不同工作条件有不同的 $R \sim V_s$ 关系曲线如图 6-69 所示。

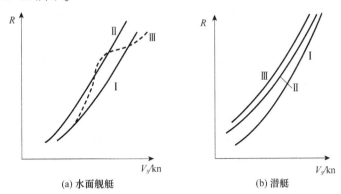

(a) 水面舰艇　　　　　　　　(b) 潜艇

图 6-69　舰体阻力曲线

2. 船用主机的工作特性和工作范围

主机所能输出的功率 P_S（或转力矩 M），随其转速 n 及燃油消耗率 ε 而变。表明 P_S（或 Q）$= f(n, \varepsilon)$ 关系的曲线我们称为主机的外特性线。各类船用主机（目前常用的有柴油机、蒸汽轮机、燃气轮机及推进电机等）各有其自身的特性。具体某一型号主机的外特性应由生产厂根据试验台试验结果给出。各类主机特性可近似表达如下：

柴油机（普通非增压机）：

$$\frac{Q}{Q_{\max}} = a\left(\frac{\varepsilon}{\varepsilon_{\max}}\right)^2 + b\left(\frac{\varepsilon}{\varepsilon_{\max}}\right) + c \qquad (6-51)$$

蒸汽轮机：

$$\frac{Q}{Q_{\max}} = \frac{a\left(\dfrac{\varepsilon}{\varepsilon_{\max}}\right) + b}{\dfrac{n}{n_{\max}}} \qquad (6-52)$$

燃气轮机：

$$\frac{Q}{Q_{\max}} = \left\{a\left(\frac{\varepsilon}{\varepsilon_{\max}}\right) + b\right\} \cdot \frac{n}{n_{\max}} + c\left(\frac{\varepsilon}{\varepsilon_{\max}}\right) + d \qquad (6-53)$$

式中　$a、b、c、d$ ——常数，由机型而定；

$\varepsilon, \varepsilon_{\max}$ ——燃油消耗率及最大燃油消耗；

$n, n_{\max}$ ——转速及最大转速；

$Q, Q_{\max}$ ——转力矩及最大转力矩。

式(6-51)表明普通柴油机,在 ε 一定时,Q =常数,亦即 P_S 与 n 成正比线性关系。而蒸汽轮机,则在一定 ε 时,P_S =常数,亦即 Q 与 n 成反比,推进电机的特性大致如蒸汽轮机。

任何一部主机其工作能力总是有限的,为了保证机器案例可靠的工作,并具有一定的寿命,生产厂均规定机器的允许工作范围,如图 6-70 所示为 8-300 型增压柴油机的工作特性及工作范围。图中点 0 为额定工作点,0123450 为允许工作范围,它是这样组成的:中、高转速时,允许的最高负荷是限制在额定工作点的等转矩线上,即图中的 0~1 线;低转速时,最高负荷受的排气冒烟的限制,如图中 1~2 线段所示。另外最低负荷限制是:中、低转速时,最低负荷是 22% 额定转矩线(3~4 线段);高速时最低负荷制在线段 4~5 上,还有最低稳定转速限制线 2~3 和最高允许转速线 0~5。主机在允许的工作范围内的任一点上均可工作以适应外部负载(螺旋桨)的要求。超出此允许工作范围工作时可统称为超负荷。

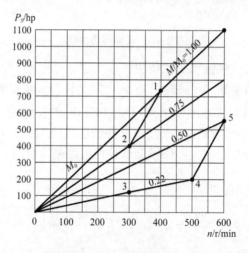

图 6-70　8-300 型柴油机工作范围

螺旋桨装备在船上基本身的特性已如上一节介绍,由"螺旋桨必能检查图线"来表明,应当特别指出船后螺旋桨的性能是以四个参数来说明的,即"n、V_s、T_e、P_S"是一个工作点,若已知其中两个则其他两个参数就随之确定。例如已知 V_s、T_e 时就可唯一地确定一对 n,P_S 与之对应。

下面我们研究舰艇达到某一稳定航行状态所必须满足的条件,即"船体—螺旋桨—主机"三者在这种工作状态下的协调工作关系:

(1)舰艇航速等于螺旋桨航速。

$$V_{s\text{舰}} = V_{s\text{桨}} \qquad (6-54)$$

(2)所有工作螺旋桨所产生的有效推力之和等于该航速时舰体的总阻力,即

第6章 潜艇推进

$$\sum T_e = Z_P \cdot T_e = R \quad (6-55)$$

或者,每一桨的有效推力应为

$$T_e = R/Z_P \quad (6-56)$$

式中 Z_P——工作螺旋桨的数目。

(3)主机转速 n_1 与螺旋桨的转速 n,应是:

$$n_1 = n/j$$

式中 j——减速器的减速比,若直接传动装置无减速器时,则

$$n_{机} = n_{桨} \quad (6-57)$$

(4)主机输出功率应等于螺旋桨所须吸收的主机功率:

$$P_{S机} = P_{S桨} \quad (6-58)$$

这样,根据上述条件,如果我们知道了舰船在某种工作条件下船体阻力 R 和航速 V_s 之间的关系,则根据式(6-56)可求出在各航速下要求每个桨产生的有效推力 $T_e(V_s)$,将这一关系曲线画在螺旋桨性能检查图线的 $T_e \sim V_s$ 图上,就能根据桨的特性确定各航速下主机尾轴的转速及相应功率。这就是问题的解答。下面通过具体数例说明之。

[例题6-4] 在第6.7.4节和第6.7.5节计算实例中的护卫舰,其正常排水量清洁船体深水条件时,有效马力 $EHP = f(V_s)$ 曲线如下表所列。

V_s/kn	14	16	18	22	26	28	30	32
EHP/hp	740	1157	1885	4060	9150	11530	13900	16400

试确定舰艇拓各航速时螺旋桨转速及主机功率。

解:

计算 $P_e = f(V_s)$,如下表:

V_s	14	16	18	22	26	28	30	32
$R = \dfrac{EHP \times 75}{0.5144 V_s}$ (kgf)	7700	10540	15260	26800	51200	60000	67600	74600
$P_e = \dfrac{R}{Z_p}$ (kgf)	3850	5270	7630	13400	25600	30000	38800	37300

在螺旋桨性能检查图线的 $T_e \sim V_s$ 图线上见图6-68,按上述计算作出各航速下要求每个桨产生的有效推力 $T_e = f(V_s)$ 曲线见图6-71(a)中的①线。由此线确定了螺旋桨的转速。

将图6-71(a)上①线诸点对应(同 V_s 与 n)投到图6-71(b)上,得图6-71(b)上的①线。它就是为保证螺旋桨在该航速下产生要求的有效推力而螺旋桨所必须吸收的主机功率与航速的关系。

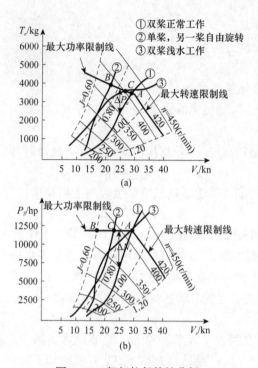

图 6-71 舰艇航行特性分析

实际,由图 6-71(b)图的①线已完全确定了航速、螺旋桨转速 n 及主机必须提供的功率 P_S 三者之间的关系。

有时,将上述关系曲线转画成如图 6-72 的形式,即将"$V_s \sim n \sim P_S$"关系分别以"$P_S \sim n$"和"$V_s \sim n$"两条曲线的形式表示。

这样,不管从图 6-71(b)的①线或相应地从图 6-72 的①线上,只要给定一个航速就可以求出相应的螺旋桨转速及每轴主机的功率(如 V_s = 30kn,则 n = 420r/min,P_S = 11200hp);或相反,由给定的螺旋桨转速就能确定相应的航速及每轴主机功率(如 n = 300r/min,则 V_s = 23kn,P_S = 3900hp)。

曲线①有时我们称为舰艇的航行特性曲线或推进特性曲线,具有如下规律:如果舰体阻力 R 与航速 V_s 的关系是二次方关系,那么螺旋桨转速 n 与航速 V_s 成正比,而主机功率 P_S 与转速的三次方成正比。这是因为:如果 $R \propto V_s^2$,则要求每一桨所产生的 T_e 也与 V_s^2 成正比,这样在图 6-71(a)上的①线必与 J = 常数线平行,或者说①线就相当于某 J = 常数的线。即在①线上各点之 J 相等,因而 n 与 V_s 成正比,此时相应的功率线(图 6-71(b)的①线)也与某 J = 常数线重合,则 $P_S \propto V_s^3$,也即 $P_S \propto n^3$。为此,在一些动力专业的教材中常常把过主机额定工作点的 $P_S = cn^3$(其中 c 为常数)曲线称为推进特性线,当然,这对一般舰艇而言是近似的(因为实际舰艇的阻力 R 未必与 V_s^2 成正比)。

6.6.2 舰艇可能达到的最大航速的确定

下面我们研究这样的问题:主机的限制特性线(工作范围)已知,舰艇在主机允许工作范围内操作,此时舰艇所能达到的最大航速 V_{smax} 是多少?

这类问题的解答,最方便的是利用图 6-72,在"$P_s \sim n$"图上画出主机的允许工作范围,则推进特性线与主机允许工作范围上限的交点就是舰艇所能达到的最大工况点,相应于此点的航速 V_s 即为 V_{smax},及相应的转速 n 和功率 P_s。

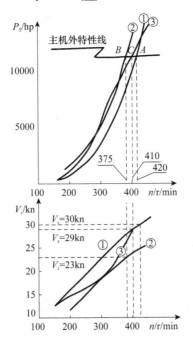

图 6-72　舰艇航行特性曲线

例如:上述数例中的护卫舰是两部蒸汽主机,尾轴额定转数 $n_0 = 420\text{r/min}$,发出最大功率 $P_{S0} = 11200\text{hp}$,若在客定转数附近主机最大负荷限制线为等功率线,则在图 6-72"$P_s \sim n$"图上表现为 $P_S = 11200\text{hp}$ 的水平线。图中推进特性线(①线)与主机最大负荷限制及最大转速限制线的交点在"A"点,正好是主机的额定工作点,由此点可得,相应的尾轴转速为 $n = 420\text{r/min}$,功率为 $P_S = 11200\text{hp}$。

这样的问题也可以直接由图 6-71 来解决。为此,先在图 6-71(b)上作出主机的限制特性线(最大负荷限制线及最大转速限制线),并可在图 6-71(a)上相应地作出主机限制特性线,再根据①线与限制线的交点"A"得到 V_{smax} 及相应的转速与功率。此时仍有 $V_{smax} = 30\text{kn}$,$n = 420\text{r/min}$,$P_S = 11200\text{hp}$。

6.6.3 螺旋桨与主机匹配的概念

螺旋桨与主机匹配与否通常可以这样理解：

如图6-73,设 AB 线为主机的最大负荷限制线, E_{n0} 是额定转速线, E 点(相应的转速、功率分别为 n_0、P_{S0})是主机的额定工作点。若螺旋桨推进特性线为 CD,此时 CD 与主机限制特性线恰好交于 E 点,则称此螺旋桨与该主机是完全匹配的;如果螺旋桨的推进特性线如 $C'D'$ 所示,它和主机的限制特性线交于 E' 点,(相应的 $n' < N_0$),则此时主机不可能开到额定转数 n_0,因为如果开到 n_0 时则螺旋桨要求的功率将大大超过主机所允许的范围,这种情况称为螺旋桨对于主机来说"重载";相反,如果螺旋桨的推进特性线如 $C''D''$ 所示,与主机的限制特性线交于 F 点(此时 $n = n_0$,但 $P_S < P_{S0}$),此时主机转速达到额定转速,但功率发不到 P_{S0},则称这种状态为螺旋桨对于主机是"轻载"的。无论是"重"还是"轻",主机的额定效能均不能充分发挥,从而降低了舰艇可能达到的最大航速。由于下面将要讲到的原因,我们希望在舰艇设计与试航工况下(正常排水量、清洁船体、平静海面)螺旋桨应稍轻一些为好。过轻当然是不可取的,但"重"是应当避免的。

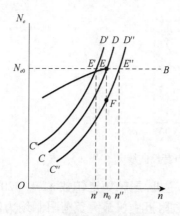

图6-73 机—桨匹配的概念

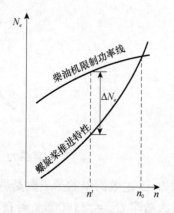

图6-74 柴油机的"余功"

6.6.4 舰艇在排水量及浮态改变等状态下的航行特性问题

舰艇在排水量及浮态改变状态,以及风浪、污底、浅水下工作,均将使舰艇的 $R = f(V_s)$ 有所变化。因此要求螺旋桨的 $T_e = f(V_s)$ 相应变化。只要能估算出各种情况下 R 和航速 V_s 的关系,就可按上述第6.5.1节、第6.5.2节中的方法利用螺旋桨性能检查图线求出该状态下的 $V_s \sim n \sim P_S$ 关系,并根据主机的限制特性确定所能达到的 V_{smax} 和相应的 n 及 P_S。例如图6-71、图6-72上标出的该护卫舰以桨浅水工作条件下的航行特性曲线③。

不难理解,当舰艇遇有风浪费、污底、排水量增大等等情况时,舰艇阻力均会增大,因此其推进特性线必将上移,如果在设计(试航)工况下螺旋桨与主机是匹配的,那么遇有上述情况时螺旋桨负荷必然变重,为了适应在上述情况下工作,把螺旋桨设计稍轻一些是有好处的。

6.6.5 部份螺旋桨工作时舰艇的航速性问题

多轴多桨的舰艇有时采用部份螺旋桨工作制,如三机三桨舰艇用单机单桨工作,而其余二轴二桨不工作;四机四桨舰艇只用双机双桨工作等等,此称为部份螺旋桨工作制。对多轴多桨的舰艇也往往需要估计部份螺旋桨工作时舰艇的航行特性。解决这个问题的方法原则上与第6.5.1节、第6.5.2节是相同的,只是在确定工作螺旋桨的 $T_e = f(V_s)$ 时不仅要考虑原来舰体的阻力,而且要考虑到不工作螺旋桨所带来的补加阻力与可能的舰艇操舵所带来的补加阻力等。因此要求每个工作螺旋桨应产生的有效推力为

$$T_e = \frac{R + \Delta R}{Z_P} \tag{6-59}$$

式中　R——舰体总阻力;
　　　ΔR——各种补加阻力;
　　　Z_p——工作螺旋桨的数目。

不工作的螺旋桨通常有两种方式:刹轴或脱轴。拖轴的情况时很少使用。刹轴(将螺旋桨卡住不转)时螺旋桨产生的补加阻力(即负推力)比较,脱轴(即螺旋桨轴与主机脱开,螺旋桨带子尾轴自由旋转)时螺旋桨补加阻力较小。

螺旋桨刹轴或脱轴时其外加阻力可用如下近似公式估算:

刹轴($n = 0$):

$$\Delta R_1 = 50 V_P^2 \cdot \frac{A}{A_d} \cdot D^2 \tag{6-60}$$

刹轴力矩:

$$Q_{刹} = 0.05 \rho V_P^2 \frac{A}{A_d} D^3 \tag{6-61}$$

脱轴:

$$\Delta R = (0.25 \sim 0.5) \Delta R_1 \tag{6-62}$$

式中　ρ——水的密度,kg/m³;
　　　V_p——螺旋桨进速;
　　　A/A_d——螺旋桨盘面比;
　　　D——螺旋桨直径,m。

例如:图 6-71、图 6-72 中曲线②为该双桨护卫舰在单桨工作(另一桨自由旋转)时的航行特性曲线。此时与额定额定功率等功率限制线交于"B"点,相应的最大航速 $V_{smax}=23\text{kn}$, $n=375\text{r/min}$,功率为 $P_S=11200\text{hp}$。当然此时转力矩将大大过额定工况下的转力矩。

6.6.6 舰艇拖带时的航速性问题

在很多情况下舰艇必须进行拖带作业,如拖带扫具、靶船、其他失事舰艇和民船等等。全面地研究和实施拖带作业必须考虑舰艇的稳性、强度和有关的设备,需要舱面及机电管理人员的密切协同配合。这里仅针对航行特性有关的若干问题进行讨论。例如舰艇在某一规定航速下从主机和螺旋桨性能来看拖带能力有多大?又如舰艇拖带某一已知的被拖物时(其他舰艇或靶船、扫雷具等等)最大能达到多大的航速?

(1)已知被拖物,确定舰艇的最大拖速及相应的转速和功率。

这一问题的解决原理和前述问题完全一样,即此时要求拖船的工作螺旋桨所产生的有效推力不仅要克服本舰的阻力而且还要加上被拖物的阻力。因此,解这一问题的方法如下:

①求出拖船自身的阻力: $R_1=f_2(V_s)$

②求出被拖物的阻力: $R_2=f_2(V_s)$

③计算每一工作螺旋桨应产生的有效推力和航速的关系:

$$P_e=\frac{R_1+R_2}{Z_P}=f(V_s) \quad\quad (6-63)$$

④按第 6.5.1 节、第 6.5.2 节中的方法可求出舰船拖带时的" $V_s \sim n \sim N_e$ "关系曲线,并求出可达到的最大航速及相应的转速与功率。

(2)舰艇在规定航速下的拖带能力。

舰艇在规定航速下的拖带能力用"剩余功率"或"剩余推力"来表示。所谓"剩余功率"是指在某一航速下主机所能提供的最大功率和为保证舰艇自身在该航速航行螺旋桨所须吸收的功率之差。如图 6-71(b)上主机功率限制线与①线在一定航速下的差值 ΔP_S;同理,所谓"剩余推力"是指图 6-71(a)上相应的差值 ΔT_e。

显然, ΔT_e 和 ΔP_S 就表示舰艇在该航速下除保证自身航速外,当发挥主机最大效能时(在限制线上工作)螺旋桨尚能提供的多余的有效推力(或马力),因此它也就表示了在该航速时的拖带能力。例如已知被拖物(如靶船)在规定航速时的阻力 R_2,则将它与舰艇在该航速时"总剩余推力"($Z \cdot \Delta T_e$)相比较,只要 $R_2 \leqslant Z_P \cdot \Delta T_e$,就能在规定航速下拖带。

6.6.7 潜艇航速性特点

潜艇通常有三种典型的航行状态：水下航行状态、水上航行状态及通气管航行状态。这三种航行状态的艇体排水容积、形状及阻力成分不同，阻力大小相差也较大（如图 6-71(b) 所示）；艇体与螺旋桨的相互影响系数（ω、t、η_R）也不同；对于现代回转体线型的潜艇而言，螺旋桨常常用单桨、低转数、大直径，由于三种航行状态桨的埋水深度不同对桨的水动力性能也有较大影响；再者为了适应各种航态下不同的环境、航速、充电等方面的要求，主推进动力也不同，如对于常规动力（柴油机—电动机）直接传动系统而言，水面及通气管航行时以柴油机为主动力，它一方面提供潜艇航行所需的功率同时可能拖动主电机（作发电机用）对蓄电池组充电或向潜艇的电网供电。而在水下航行时则由蓄电池组供电机带动螺旋桨工作以推动艇前进，为了改善在水下低速航渡时的经济性，还可能设置水下经航电机以拖动螺旋桨工作。因此对潜艇的航行特性计算分析必须针对潜艇的不同航行状态，同时考虑到螺旋桨性能，船—桨影响系数，船体拖曳功率的变化以及所使用的主推进动力的特性来分别研究。其计算原理与方法如前所述。

对于柴电常规动力直接传动潜艇而言，常常需要研究水面或通气管航行状态下"柴油机的余功"，所谓"余功"是指柴油机以某一转速 n 带螺旋桨时，除提供给螺旋桨所需的功率之外尚能发出的潜在功率。柴油机余功是柴油机在一定转速下除带动螺旋桨推进潜艇外，尚能拖动主电机（作发电机用）向艇上电网供电或向蓄电池组充电或向另一轴的主电机供电以拖动螺旋桨（后一种情况可能在双轴双桨艇上混合工作制时出现）的功率。

6.7 螺旋桨的空泡现象

随着高速功率机器的使用、舰艇航速的提高，螺旋桨出现了"空泡"现象，有时也称为空化现象。这种现象的产生有时会对螺旋桨的性能带来严重影响。如1894年英国驱逐舰"勇敢"号试航，原设计主机转速 384r/min，指示马力 3840hp 时航速为 29kn，但试航结果只达到 24kn。当时虽然提高了螺旋桨转速，但航速仍不能再提高。后来改用另一桨，直径、螺距大体相同，只是桨叶面积加大 45%，最高航速就达到了 29.25kn。究其原因就是原桨出现了严重的空泡现象，使桨的推力降低而影响了航速。有的螺旋桨则因空泡使桨叶金属材料受到损坏甚至断裂。此外螺旋桨空泡还会使舰艇尾部激振加剧，水中辐射噪声明显提高等。因此对付螺旋桨空泡已成为进一步提高舰艇航速、减振、降低潜艇噪声及防止螺旋桨金属受损等问题的重要研究课题。空泡现象不仅在螺旋桨上发生，而且在高速潜艇的指挥台围壳甚至艇体上均有可能发生，并将引起不良后果。本节将简介桨叶空泡的成因、影响及对付螺旋桨空泡问题的技术措施等。

6.7.1 桨叶空泡的成因

所谓螺旋桨空泡现象,就是桨叶周围的水有一部分"沸腾"汽化,形成了充满水汽和空气的空穴,也称空泡,如图6-75所示,因而破坏了螺旋桨周围的流线情况,影响螺旋桨的水动力性能及其他一些性能。

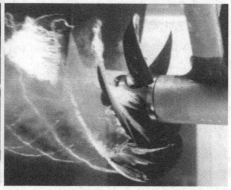

图 6-75　螺旋桨空泡

为了弄清问题实质,让我们从"桨叶—水"作用的两方面来研究。首先研究水的物理性质方面,由物理学知识知道水具有如下性质:水在一定温度与压力下是会"沸腾"汽化的,沸腾汽化的湿度称为沸点,而水的沸点温度是随其压力而变的。例如通常在海平面压力为一个大气压,则水的沸点温度是100℃;而在高原上压力小于一个大气压,则沸点温度就低于100℃。这说明使水沸腾汽化有两种可能的物理途径,其一是在常压下加温使水达到沸点而汽化,这就是我们通常所说的沸腾;另一种是在常温下极度地下降其压力,只要压力到一定程度,水也是会"沸腾"汽化的,这个压力即称为水的汽化压力,也即饱和蒸汽压力,以 P_d 表示,它随水的温度而变,如表6-7所列。

表 6-7　水的汽化压力表

水温 $t/℃$	5	10	15	20	30	40	50	60	100
$P_d/(kgf/m^2)$	89	125	174	238	433	752	1258	2031	10330

这就是说,水的物理性质决定了:在一定温度下,水可以允许的压力降低是有限度的,如果低到其汽化压力 P_d,则水就不成其为水而要汽化了。例如,在常温15℃条件下,只要把水的压力降低到1.7%个大气压(即1722Pa)时水就要汽化。在常温下由于压力下降而引起水的沸腾汽化现象我们就称为空泡现象或空化

现象。

下面讨论桨叶工作时对水的作用。在第 6.4 节中介绍过，螺旋桨工作时其桨叶打水犹如机翼，依靠叶背流速增大而压力降低和叶面流速下降而压力增大来产生升力。通常桨叶表面上压力增大和降低的情况如图 6-76 所示。

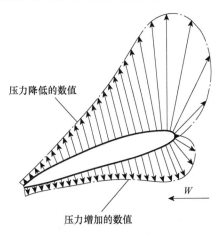

图 6-76　桨叶表面压力增减图

上下阴影面积之和即构成作用于叶片的上升力。其中主要部分是由叶背的压力降低产生的(约占 70%~80%)，桨叶叶背压力降低的多少取决于螺旋桨的运动速度(主要是旋转速度)和攻角 α_k。显然，速度愈大、攻角愈大则叶背压力降低愈大，而叶背上的绝对压力就愈小。若速度增加到这样大，以致叶背上某处的绝对压力已降到了等于水的汽化压力 P_d，那么该处的水流就要迅速汽化，而在该处形成充满汽体的"空泡"，这就是螺旋空泡现象的开始。若水流速度继续增大，则空泡的范围将会扩大，以致由局部空泡发展成为布满整个桨叶叶背甚至空泡区域超出叶背的空泡(也称超空泡)。

综上所述，螺旋桨工作时，对周围的水流有扰动作用，使局部水流压力下降，当某处的绝对压力下降到一定程度(一般工程上认为是水的饱和蒸汽压 P_d)时水就会汽化，形成局部的或大面积的"空泡"，这就是螺旋桨空泡现象。实际上螺旋桨空泡有各种类型：从发生的部位来说，可能在叶背最大厚度处，也可能发生在叶背导边；如果桨叶攻角迹小也可能发生在叶面导边，称为面空泡；也可能发生在螺旋桨的尾流中，如梢涡空泡及毂涡空泡。从空泡的外观形状来说，有泡状、片状、云雾状等等。

6.7.2　空泡对螺旋桨水动力性能的影响

图 6-77 是根据螺旋桨模型在"空泡水洞"(一种专门研究螺旋桨空泡现象及影响的试验装置)中试验观察和测量所得的结果。它表示了某一螺旋桨在一定进

速系数 J 条件下叶背上空泡区域的发展情况以及其推力系数 K_T、力矩系数 K_Q 和效率 η_0 随着螺旋桨的"空泡数" σ 而变化的情况。其中螺旋桨空泡数 σ 定义为

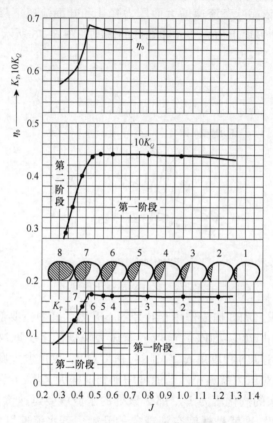

图 6-77　螺旋桨模型在空泡水洞中观测结果

$$\sigma = \frac{P_0 - P_d}{\frac{1}{2}\rho V_p^2} \qquad (6-64)$$

式中　V_p——螺旋桨进速,m/s;

$P_0 = P_a + \rho g h_3$——螺旋桨轴线处的静水压力,其中 P_a 是大气压,h_3 是轴线的埋水深度(m),见图 6-78,ρ 是水的密度,kg/m³;

P_d——水的饱和蒸汽压,随水温而变,Pa。

压力差 $P_0 - P_d$ 所表示的是不产生空泡条件下叶背压力降低的最大允许值。显然如果此值大一些对不产生空泡是有利的;而如前所述,螺旋桨进速 V_p 大,则容易产生空泡。因此,综合起来,螺旋桨空泡数 σ 是衡量螺旋桨空泡现象的一个衡准数,σ 愈小螺旋桨愈易发生空泡,反之,σ 愈大螺旋桨愈不易发生空泡。

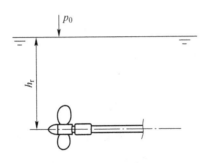

图 6-78 螺旋桨轴线浸深

由图 6-77 可见,当 σ 由大变小时,桨叶叶背由不空泡到发生空泡,由少量空泡到空泡区扩大乃至布满整个叶背。相应的 K_T、K_Q、η_0 的变化规律是:当叶背发生局部空泡时,这些水动力性能基本不变(与无空泡一样)。但当空泡发展到一定的叶背面积时,K_T、K_Q、η_0 就下降(比无空泡时要下降)。相应于 K_T、K_Q、η_0 开始下降的空泡数我们称之为临界空泡数,以 σ_K 记之。因此,我们常把空泡对螺旋桨性能的影响分为两个阶段来讨论。对虽有空泡但仍不影响其水动力性能的阶段,谓之空泡第 I 阶段或称局部空泡阶段,此阶段也有重要影响,将留待稍后再予讨论(见第 6.6.3 节);对空泡已充分发展而使 K_T、K_Q、η_0 下降的阶段,称其为空泡第 II 阶段。图 6-79 为某螺旋桨,以 σ 为参数而作的 K_T、K_Q、η_0 随其 J 而变化的性征曲线,其中证明 $\sigma=\infty$ 的线相当于无空泡条件下的性征曲线(即第 6.4 节中所说的敞水性征曲线),其他,$\sigma=0.4$、0.5、0.6……曲线表示空泡第 II 阶段的螺旋桨性征曲线。由图可见:对既定螺旋桨来说,在一定的进速系数 J 时,随着 σ 的下降,K_T、K_Q、η_0 和均明显下降,这样,如果原设计时以为螺旋桨无空泡而实际上却工作在空泡第 II 阶段,那么该螺旋桨在相同转数、进速下将产生不了原定的推力,也吸收不了给定的主机功率。这就是前面提到的"勇敢"号试航中出现的现象。

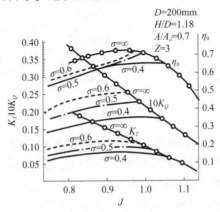

图 6-79 螺旋桨空泡性征曲线

对于螺旋桨工作在空泡第Ⅱ阶段的舰艇,其航速性分析(见第6.6节),应当应用如图6-79所示的螺旋桨空泡性征曲线来进行。此时,按螺旋桨相似理论有如下的结论:几何相似的螺旋桨,不论其绝对大小如何,在相同的J和σ条件下,它们的K_T、K_Q和η_0相等。

6.7.3 空泡对螺旋桨其他性能的影响

螺旋桨空泡实际上是一种非定常现象,每一个"空泡"均经历"产生→发展→溃灭→再生→再溃灭"的过程。特别对于工作在周向不均匀尾流场中的螺旋桨或处在斜流条件下的螺旋桨,所发生的空泡更是一种不定常的现象。空泡发生的部位、空泡的体积在螺旋桨旋转一周的过程中均可能发生变化,因此螺旋桨的空泡现象,不仅如前所述在发展严重时会使螺旋桨的推力、效率下降,而且即使不严重时,如桨叶上局部空泡(或称第Ⅰ阶段空泡)、或仅在尾流中发生梢涡或毂涡空泡等现象时,对螺旋桨的工作性能也会带来一些不利影响,如:

(1)造成桨叶、桨毂、桨后舵甚至艇体的剥蚀:经验证明,如果空泡在桨叶表面范围内溃灭(闭合),那么将对桨叶表面造成很大的冲击压力,桨叶表面金属受到适当频率的这种冲击压力的作用,经一定时间就会剥落。这种由于空泡在金属表面溃灭而造成的金属材料损坏我们通常称之为"空泡剥蚀"。它和一般的化学腐蚀不一样。由于空泡剥蚀的作用,轻则桨叶局部表面毛糙,使螺旋桨效率下降;重则经数小时或数十小时工作后,桨叶卷边或桨叶根部造成很深的沟漕,甚至桨叶断裂,图6-80是桨叶表面产生了空泡剥蚀沟漕的照片。如果空泡在桨毂上溃灭,或在桨后舵面上溃灭,或在艇体表面上溃灭,也可能使该处的金属材料遭到剥蚀。

 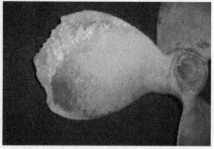

图6-80 螺旋桨桨叶的空泡剥蚀

(2)螺旋桨空泡可能引起舰艇强烈振动,螺旋桨的激振力(即螺旋桨的周期性作用力和力矩)是引起舰体振动的主要原因之一。这种激振力从力的传递途径来看,可分成轴承力与表面力两类。轴承力是指由于伴流场周围不均匀等使桨叶在旋转一周中将遇到不断变化的水流速度与攻角,因而桨叶上的推力、转矩发生周期性变化、经桨轴、通过轴承座而传到船体结构上的周期性不定常力和力矩。所谓表面力,是指桨叶对水的扰动作用,使周围的流场压力发生周期变化,而引起螺旋桨附近船体表面上的压力作周期性变化产生的激振力。经验证明,通常在不发生空泡时,螺旋桨的激振力是不太大的,不致引起舰艇强烈振动;但当螺旋桨发生空泡后,特别是在非均匀流场中发生变体积空泡时由于空泡时生时灭,体积变化大而迅速,使表面激振力的幅值大大增大,而引起舰艇的强烈振动。

(3)螺旋桨空泡使舰艇的水中辐射噪声增大

舰艇向水中辐射噪声其声源大致有如下三类:其一是机械噪声,由各类机械的振动引起舰体壳板的振动而向水中辐射噪声;其二是边界层湍流噪声,由边界层中的湍流运动的压力脉动激发壳体振动而辐射的噪声;其三是螺旋桨噪声,由于螺旋桨工作时产生的脉动力和空泡的发生与溃灭而激发的噪声。实践证明:在舰艇低速航行,螺旋桨不发生任何空泡时,噪声水平是不高的;但随着航速增高,舰艇总噪声水平就提高,其中螺旋桨噪声往往就成为主要声源,特别当螺旋桨发生空泡时,舰艇的总噪声水平就大大提高。

6.7.4 螺旋桨空泡的检验

由于空泡对螺旋桨工作性能有害,所以一般在设计制造螺旋桨时力争避免空泡。为此在设计螺旋桨时要对其空泡情况进行预测。目前,比较可靠的办法是进行螺旋桨模型的空泡水洞试验观察预测;其次就是利用一些经验的近似方法估算。这类方法很多,下面介绍几种:

1. 临界空泡数或临界转速法

所谓临界空数 σ_K 或临界转速 n_k 是指螺旋桨空泡第 Ⅱ 阶段开始时的空泡数或转速,巴布米尔建议按如下一套公式来近似计算:

$$\sigma_K = \frac{0.5}{C_k^2 \lambda_p^2} \quad (6-65)$$

或

$$n_K = \frac{2C_K}{D}\sqrt{\frac{P_0 - P_d}{\rho}}(r/s) \quad (6-66)$$

其中

$$C_k = \frac{1}{2\pi \bar{r}_0 \sqrt{\frac{\bar{\xi}}{2}\left[1+\left(\frac{\lambda_p}{\pi r_0}\right)^2\right]}} \quad (6-67)$$

式中　D——螺旋桨直径,m;

$\bar{\xi}$ 是桨叶面积中心所在剖面的叶背减压系数的平均值,可按下式近似估算:

$$\bar{\xi} = 0.5C_y(1+0.5C_y) + 2\delta \quad (6-68)$$

$$C_y = \frac{0.22K_T(1+K_T)}{\overline{r_0}^2 \cdot A/A_d} \tag{6-69}$$

式中 δ ——桨叶面积中心处的剖面相对厚度;

K_T ——螺旋桨计算工况(J)时的敞水推力系数。

将螺旋桨的工作空泡数 σ 或转速 n 与临界空泡数 σ_K 或临界转速 n_k 进行比较,当 $\dfrac{\sigma}{\sigma_K} = \left(\dfrac{n_K^2}{n}\right)^2 \leqslant 1.0$ 时,说明螺旋桨处于空泡第Ⅱ阶段。

为了避免空泡,建议应有如下余度:

$$\frac{\sigma}{\sigma_K} = \left(\frac{n_K^2}{n}\right)^2 > 1.2 \sim 1.4$$

2. 凯勒尔(Keller)公式:

荷兰试验水池推荐凯勒尔公式,为了不产生空泡剥蚀,螺旋桨盘面比 A/A_d 应不小于下式:

$$(A/A_d)_{\min} = \frac{1.3 + 0.3Z}{(P_0 - P_d)D^2}P + K \tag{6-70}$$

式中:Z、P_0、P_d、D 的意义与前同;P 为螺旋桨的推力,系数 K 为

$$K = \begin{cases} 0, \text{高速双桨船} \\ 0.1, \text{一般双桨船} \\ 0.2, \text{单桨船} \end{cases}$$

3. 按单位桨叶面积上的推力估算:

根据经验,一般认为如果单位桨叶面积上的推力不大于 $8000 \sim 9000 \text{kgf/m}^2$(即 $\dfrac{P}{A} < (8000 \sim 9000)\text{kgf/m}^2$)则螺旋桨将不致空泡。据此,我们可求得为避免空泡所需的螺旋桨最小盘面比为

$$\left(\frac{A}{A_d}\right)_{\min} \geqslant \frac{1}{2000 \sim 2250} \cdot \frac{P}{\pi D^2} \tag{6-71}$$

6.7.5 避免或减轻空泡危害的技术措施

目前采取的主要技术措施有:

(1)从螺旋桨设计方面说,选取合适的盘面积 A/A_d、叶数 Z、桨叶剖面,并采用适当的侧斜和叶梢卸载以及增加桨轴的埋水深度 h_s 等措施,以尽量避免和推迟空泡的发生。

(2)从舰体线型设计和附体及螺旋桨的布置来说,要求船艉伴流场尽可能周向均匀,并尽可能地减小桨轴的倾斜度;增大桨叶与船体及附体间的间隙,必要时

可在桨前装导流片(鳍)等以使进入桨盘的水流更均匀。

(3) 在螺旋桨制造与修理后,除必须保证图纸要求的尺寸外,应注意消除桨叶表面局部的凹凸不平,否则容易造成局部空泡的出现。

(4) 即使采取上述措施后,对高速水面舰艇往往仍难消除叶根背面的剥蚀(对桨轴有较大斜度的舰艇尤其如此)。对此,目前较有效的办法是在叶根部打防剥蚀孔。孔的打法大致如图6-81所示。只要孔的位置和孔型正确,是会有成效的。

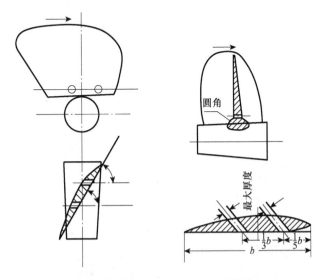

图 6-81 螺旋桨叶根部的防剥蚀孔

(5) 为了降低螺旋桨在船壳板上诱导的表面激振力的影响,在有些艇上采取了特殊的结构措施:如在螺旋桨上方开"吸振穴"(图6-82),有一定效果。

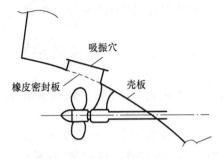

图 6-82 防空泡的吸振穴

(6) 为了降低已经发生空泡的螺旋桨的辐射噪声,有人采用充气法,其结构示意图如图6-83~图6-85所示。其中图6-83为鱼雷的桨前充气示意图;图6-84为某猎潜艇轴毂充气示意图;图6-85为桨叶导边叶背充气示意图。充气降噪的基本原理是:含有气体分子的空泡在溃灭时释放的声能比纯"汽"空泡要小。因

299

为泡内的气体起了缓冲作用,所以适当充气往往也能缓解剥蚀。另外,在螺旋桨尾流周围形成的气幕对空泡噪声的辐射也有一定的屏蔽作用。

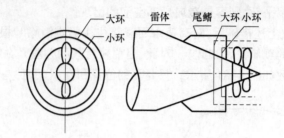

图 6-83　鱼雷的桨前充气示意图

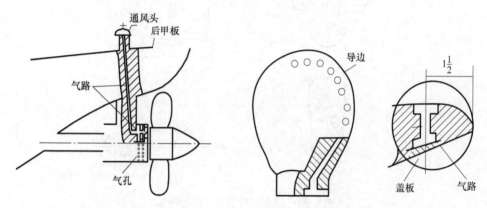

图 6-84　某猎潜艇轴毂充气示意图　　图 6-85　桨叶导边叶背充气示意图

此外,在制造螺旋桨的材料方面,还可以采用耐空泡剥蚀性能好的或对振动阻尼大的所谓高阻尼材料以改善螺旋桨的抗剥蚀性与噪声。

6.8　主要几何参数对螺旋桨性能的影响

以上我们着重介绍了既定螺旋桨性能(含舰艇航速性等)的各个方面。本节介绍螺旋桨主要几何参数对其性能的影响。

实践证明,影响螺旋桨性能的主要几何参数是:直径 D、螺距 H 或螺距比 H/D、桨叶面积 A 或盘面比 A/A_d、叶数 Z 以及旋向;其次是桨叶剖面的型式、相对厚度、毂径比以及侧斜、纵斜等。现分别介绍如下。

1. 螺旋桨直径 D

显然,这是螺旋桨最主要的几何参数,它表明桨的大小。由于推力 $P = K_T \rho n^2 D^4$;转矩 $Q = K_Q \rho n^2 D^5$,因此在一定的 V_p、n 下,螺旋桨的推力、转矩随 D 增大而显著增大。可见,对于同一舰艇,如果装上直径偏大(相对于原设计)的螺旋桨,则在相同转速下舰速增大,同时要吸收的主机功率也增大,从而使主机负荷变重。

2. 螺距比 H/D 的影响

H/D 的影响在 D 一定条件下就是螺距 H 的影响,模型实验表明,仅 H/D 不同的几个螺旋桨,其敞水性能曲线如图 6-86 所示。由图可见,随 H/D 增大,K_T、K_Q、η_0 的关系曲线几乎平行上移。因此在相同 V_p、n、D 条件下,螺距 H 大的螺旋桨将产生更大的推力,同时要吸收更多的主机功率。所以与螺旋桨直径一样,同一舰上,如果装上螺距偏大的螺旋桨,则在相同转速下航速将增大,同时要吸收主机更多的功率,从而使主机负荷变重。

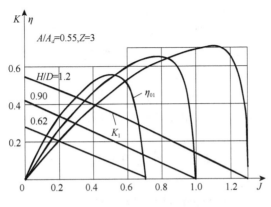

图 6-86 H/D 的影响

3. 盘面比 A/A_d 的影响

A/A_d 的影响,在 D 一定时也就是桨叶总伸张面积 A 的影响;若在叶数 Z 一定的条件下也就是桨叶宽度的影响。模型试验表明,Z、H/D 一定的若干桨模,仅 A/A_d 不同,其敞水性能曲线如图 6-87 所示。由图可见,随 A/A_d 的增大在相同 J 条

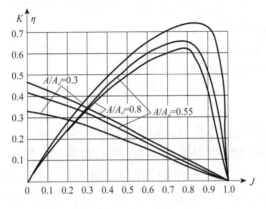

图 6-87 A/A_d 的影响

件下，K_T 稍有增大，而效率 η_0 则下降，所以 K_Q 也增大，如 6.7 节介绍，A/A_d 的大小与螺旋桨空泡有密切关系，所以通常螺旋桨的盘面比是由其空泡要求决定的。在满足空泡要求的条件下，A/A_d 小一些对效率有利，但过小的 A/A_d 对空泡不利。

4. 叶数 Z

螺旋桨的叶数从结构要素来说是个重要的参数，但对螺旋桨水动力性能的影响而言，模型试验表明其影响并不大。但在 D、H/D、A/A_d 一定的条件下，Z 的多少对螺旋桨的空泡、激振力、噪声水平等影响很大。因此，过去潜艇通常用 3~4 叶桨，而现在基本上都采用更多叶数如 5 叶~7 叶螺旋桨。

5. 其他

螺旋桨的旋向(左旋或右旋)在敞水条件下对其性能是没有影响的；但结合具体的船艉伴流场情况而言，从螺旋桨方面说，则应予认真考虑。如果伴流场具有左旋流，则用右旋桨可提高总的推进效率，节省燃料。对于双桨或多桨船，应特别注意在螺旋桨拆卸修理及返装时别装反了。

其他如：桨叶切面型式、相对厚度、毂径比以及桨叶侧斜、纵斜等等都对螺旋桨的性能有或多或少的影响，不过相对而言比较次要，在此就不一一讨论了。

6.9 习题及思考题

1. 潜艇的推进器有哪几种？各自有什么特点？
2. 螺旋桨的几何构成可以用哪些参数来表示？
3. 从动量定理的角度，分析螺旋桨产生推力的力学机理。
4. 从叶元体的角度分析螺旋桨各叶片产生推力的机理。
5. 螺旋桨进速系数具有怎样的物理意义？
6. 螺旋桨敞水性能曲线反映了螺旋桨产生推力过程中的哪些规律？
7. 伴流是如何分类的？它反映了船体对螺旋桨产生了怎样的影响？
8. 推力减额是怎样产生的？
9. 舰船功率传递过程中会有哪些损失？分别用哪些量来表示？
10. 如何理解螺旋桨性能检查曲线？
11. 螺旋桨空泡是如何产生的？有哪些种类？会产生怎样的危害？如何减小螺旋桨空泡的影响？
12. 螺旋桨直径等几何参数对螺旋桨性能有怎样的影响？
13. 已知某潜艇的螺旋桨直径 D = 2.40m，螺旋桨转速 n = 280r/min 时，航速 V_S = 16.0kn，伴流分数 w = 0.15，推力减额分数 t = 0.20，该桨的敞水性征曲线如图 6-88 所示。试计算转速 n = 280r/min 时，船后螺旋桨收到功率 P_D，实船有效功率 P_e，其中海水密度为 ρ = 104.61kgf·s²/m⁴。

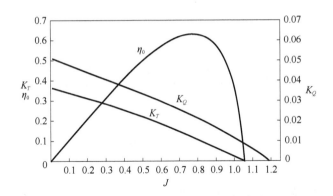

图 6-88 螺旋桨敞水性征曲线图

14. 某潜艇的螺旋桨数据为:直径 $D = 2.34\text{m}$,伴流分数 $w = 0.06$,推力减额系数 $t = 0.075$,轴系传递效率 $\eta_B = 0.97$,推进系数与进速系数的关系为

$$K_T = 0.5 - 0.3J$$
$$K_Q = 0.068 - 0.02J$$

当螺旋桨转速 $n = 160\text{r/min}$ 时,潜艇航速 $V_S = 6\text{kn}$,海水密度 $\rho = 104.61\text{kgf} \cdot \text{s}^2/\text{m}^4$。求:潜艇此航速下的有效推力 T_E,船后收到马力 P_D 和推进系数 $P.C.$。

第7章 潜艇操纵性

7.1 概述

7.1.1 操纵性的含义和范围

潜艇操纵性是指潜艇通过其操纵装置改变或保持艇的运动速度、姿态、方向和深度的性能,主要包括下列三方面的重要性能:

(1)运动稳定性——潜艇保持一定航行状态(如航向、纵倾及深度等)的性能;

(2)机动性——潜艇改变航行状态(如航向、纵倾及深度等)的性能,或执行专门机动的能力;

(3)惯性(或制动)特性——推进器工况发生改变(停车或倒车)、舵保持零舵角时的潜艇运动特性。

操纵性是潜艇的重要航海性能之一,对于保证航行安全、充分发挥潜艇的战术技术性能、提高经济性,都有非常重要的意义,是潜艇的重要总体性能之一。

由于艇体本身不能实施航行操纵,所以不论是航向、深度的保持或改变,都是借助操纵装置不断操艇的结果。一般把潜艇在操纵装置控制下艇的运动称为操纵运动,以便与耐波性中因风浪的扰动而产生的潜艇摇荡运动相区别。考虑到潜艇是在海洋空间运动,故其航行状态的保持或改变,除涉及到主机、舵(升降舵和方向舵)外,还有各种辅助水舱,高、中、低压气,对单桨艇还有其通常设有的侧向推力器等。在潜艇操纵性的研究中,主要涉及舵力或其他外力作用下的运动特性,研究艇体、舵、翼等艇形参数与操纵性能的关系,介绍保证良好操纵性能的指数和衡准。

实际上,对潜艇的操纵是包括多个环节的复杂操纵系统(图7-1)。例如对于航向(或深度)的调整是这样进行的:

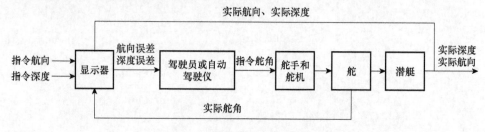

图 7-1 潜艇操纵系统方框图

指挥员(或驾驶员)根据需要的航向(指令航向)和实际航向(由罗经显示)的差别,发出指令舵角,舵手根据命令操动舵轮,给出舵角指令,舵机按此指令转动舵轮,同时将实际舵角值送到舵角显示器上,供指挥员了解。舵的偏转使舵和艇体产生水动力,形成转艇力矩,使艇改变航向(或航迹),并把实际航向送到显示器与要求的航向比较。指挥员再根据两者之间的差别,考虑发出新的指令,直到实际航向和要求的航向一致为止。当采用自动操舵时,上述比较航向误差和发出指令舵角的任务则由自动驾驶仪代替驾驶人员执行,并将航向和深度进行集中控制(图7-2)。

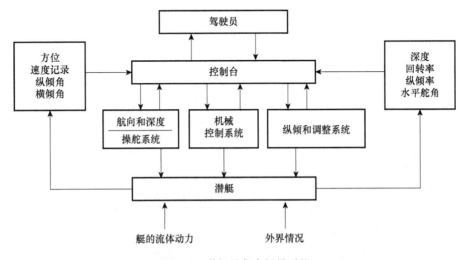

图7-2 潜艇的集中操纵系统

由上可知,整个潜艇操纵系统是由艇体、舵、舵机、驾驶人员(或自动驾驶仪)和各种显示仪表等多个环节组成,构成一个输入、输出信号的封闭回路。在自动控制原理中,这种输出量(航向值或深度值)对控制作用(舵角)有直接影响的系统称为闭环系统,也称为反馈系统。组成系统的各个环节:驾驶员、舵机、艇体、舵等也都分别是一个系统,都接受输入信号和产生输出信号。当不考虑这些系统的输出量对系统的控制作用有反馈影响时,称为开环系统。据此潜艇操纵性也可分成:

(1) 闭环操纵性:潜艇中包括人或自动驾驶仪等反馈环节的操纵性;
(2) 开环操纵性:潜艇中不包括人或自动驾驶仪等反馈环节的操纵性。

本章只扼要介绍舵力(或其他外力)使艇转动的开环特性。

7.1.2 坐标系和操纵运动主要参数

1. 坐标系

为了研究潜艇操纵运动的规律,确定运动潜艇的位置和姿态,并考虑到计算潜艇所受外力的方便性,采用两种右手坐标系:固定坐标系 $E-\xi\eta\zeta$,固定于地球。简称"定系"或静止坐标系;运动坐标系 $G-xyz$,固联于潜艇,随潜艇一起运动,简称

"动系"或船体坐标系。如图7-3所示，各坐标轴均按右手系确定。

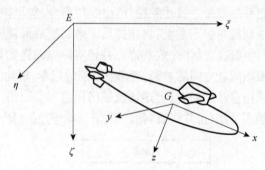

图7-3　固定坐标系和运动坐标系

（1）静止坐标系，定系$E-\xi\eta\zeta$。

原点E可选地球上某一定点，如海面或海中的任意一点；$E\xi$轴位于水平面，并常以潜艇的主航向为正向；$E\eta$轴也位于$E\xi$轴所在的水平面，按右手法则将$E\xi$轴顺时针旋转90°即是；$E\zeta$轴垂直于$\xi E\eta$坐标平面，指向地心为正。

（2）运动坐标系，动系$G-xyz$。

原点G一般选在艇的重心处；Gx、Gy和Gz轴，分别是经过G点的水平面、横剖面和纵中剖面的交线，正向按右手系的规定，即Gx向艏、Gy向右舷、Gz指向水平龙骨为正。并认为Gx、Gy和Gz是潜艇的惯性主轴。

对于潜艇运动的速度、角速度和所受的力、力矩分别采用以下符号：

①艇重心处的速度$\vec{V}$，在动系上的三个投影分量称为纵向速度u、横向速度v、垂向速度w；②潜艇（绕原点G）的角速度为$\vec{\Omega}$，它在动系上的投影为横倾角速度p、纵倾角速度q、偏航角速度r；③作用在潜艇上的外力$\vec{F}$在动系上的投影为纵向力X、横向力Y、垂向力Z；④外力对于动系原点的力矩$\vec{M}$的三个投影分量为横倾力矩K、纵倾力矩M、偏航力矩N。速度和力的分量以指向坐标轴的正向为正，角速度和力矩的正负号遵从右手系的规定。例如q和M的正方向是绕Gy轴使Gz轴转向Gx轴。各符号如表7-1所列。

表7-1　速度等物理量在各坐标轴中的分量列表

矢量	x轴	y轴	z轴
速度$\vec{V}$	u	v	w
角速度$\vec{\Omega}$	p	q	r
力$\vec{F}$	X	Y	Z
力矩$\vec{M}$	K	M	N

2. 平面运动假设

潜艇在水中的操纵运动,在一般情况下,可看作刚体在流体中的空间运动。如艇体在下潜时,由于两舷注水不均匀、风浪流等影响,潜艇不仅前进、变深,还将产生横倾和水平横移;当艇水下旋回时,不但有偏航、前进和横移,同时伴随出现横倾、纵倾和潜浮现象。有时根据战术的要注,需同时改变艇的航向和下潜深度,进行空间机动。因此与刚体的一般运动一样,潜艇的操纵运动也可以分解成沿通过潜艇重心 G 的三根垂直相交轴方向的移动及绕各轴转动,即六个自由度的运动,各运动的名称如表 7-2 所列。

表 7-2　移动和转动在各坐标轴中的表示名称列表

	x 轴	y 轴	z 轴
移动	进退(纵荡)	横移(横荡)	升沉(垂荡)
转动	横倾(横摇)	纵倾(纵摇)	回转(首摇)

但是,空间运动是比较复杂的,同时各自由度的大小也有很大的差别。从实际的航行来看,保持或改变航向与保持或改变深度是潜艇最基本的运动方式,并可认为改变航向时,潜艇的重心在同一水平面内运动,改变深度时,潜艇的重心在同一垂直面内运动。所以,为了简化问题的研究,引入下述平面运动假设:

潜艇在水中的空间运动,可分解为互不相关的两个平面运动,即水平面运动和垂直面运动;

(1)潜艇在水平面 $\xi E \eta$ 内的运动,简称水平运动,这时与舰船在水面状态运动时一样,主要研究航向的保持或改变,而不涉及深度的变化;

(2)潜艇在垂直面 $\xi E \zeta$ 内的运动,简称俯仰运动。主要研究纵倾和深度的保持或改变,而不涉及航向的变化。

显然,此时忽略了横倾(摇),以及两个平面运动间的相互耦合影响。

3. 表示水平面运动和垂直面运动的坐标系及其主要参数

(1)确定潜艇位置的参数。

对于作平面运动的潜艇,任一时刻 t 在平面中的位置需用定系中三参数来确定。

①水平面运动。

ξ_G、η_G 为潜艇重心 G 的坐标;

$\psi(E\xi, Gx)$ 为 $E\xi$ 轴和 Gx 轴之间在水平面的夹角称为首向角。规定自 $E\xi \to Gx$ 顺时针转(即向右转向)为正,反之为负,如图 7-4(a)所示。

②垂直面运动

ξ_G、ζ_G 为潜艇重心 G 的坐标;

$\theta(E\xi, Gx)$ 为 $E\xi$ 轴和 Gx 轴之间在垂直面的夹角称为纵倾角。规定自 $E\xi \to Gx$ 逆时针转(即向艉纵倾)为正,反之为负,如图7-4(b)所示。

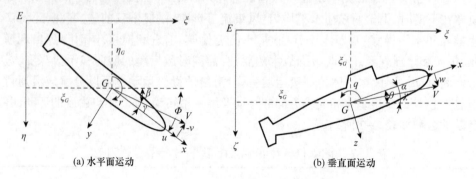

(a) 水平面运动　　　　　　　　　　(b) 垂直面运动

图 7-4　两个平面的坐标系及主要参数

在实艇操纵中角 θ 可达 20°~30°,在我国沿海地区航行,受海区深度的限制,有关条例规定为±(7°~10°)以内。许用纵倾角的大小主要取决于海区深度、操纵熟练的程度,以及动力装置的工作特性(如有些潜艇的主电机当纵倾角30°时,只允许短时工作三分钟)。

(2)表示平面运动的参数。

①水平面运动。

表示操纵运动的参数除航速 $\vec{V}$ 及其分量 u、v 外,还有水动力角 $\beta(\vec{V}, G_x)$ 为艇速 V 的方向和 Gx 轴之间的夹角称为漂角,规定自 $\vec{V} - Gx$ 顺时针转为正,反之为负。显然,航速 $\vec{V}$ 在动系上的投影为:$u = V\cos\beta$,$v = V\sin\beta$。

$r = \dfrac{d\psi}{dt}$ 为潜艇转动的角速度,按右手法则在水平面内顺时针方向旋转为正。

方向舵角 δ' 为规定右舵为正(注:在有些资料中以左舵为正,这对于操纵性的研究没有实质的影响)。

$\gamma(E\xi, \vec{v})$ 为艇速 V 的方向与 $E\xi$ 轴之间的夹角称为航迹角(或航速角,因 $\vec{V}$ 是艇重心 G 的运动轨迹的切线方向)。规定自 $E\xi \to \vec{V}$ 顺时针转为正,反之为负。显然当 γ 为正时,艇艏偏向潜艇运动方向的右侧。

由上可知,表示潜艇水平面操纵运动的主要参数是:

位置参数:ξ_G、η_G、ψ;

运动参数:u、v(或 β)、r、δ 以及 γ。

从图7-4(a)中可知各参数间有如下关系:

$$\dot{\xi}_G = V_\xi, \quad \dot{\eta}_G = V_\eta, \quad V_\xi = V\cos\gamma, \quad V_\eta = V\sin\gamma$$

$$u = V\cos\beta, \quad v = -V\sin\beta, \quad \dot{\psi} = r, \quad \gamma = \psi - \beta \quad (7-1(a))$$

②垂直面运动。

根据图 7-4(b),参照水平面运动参数的定义类似的有:

水动力角 $\alpha(\vec{V}, Gx)$ 为称为冲角。遵从右手法则,自 $\vec{V} - Gx$ 逆时针转为正,反之为负。

$q = \dfrac{d\theta}{dt}$ 为潜艇转动的角速度,按右手法则,逆时针方向旋转为正。

$\chi(E\xi, \vec{V})$ 为潜浮角。同理自 $E\xi \rightarrow \vec{V}$ 逆时针转为正。因此 $\chi > 0$ 表示上浮;$\chi < 0$ 表示下潜。

首升降舵角 δ_b 和尾升降舵角 δ_s 的正负号也按右手法则决定,但它们的名称由舵力矩的作用效果来决定。

	上浮舵角	下潜舵角
艏舵角 δ_b	+	-
艉舵角 δ_s	-	+

各参数之间也有如式(7-1(a))类似的关系:

$$\dot{\xi}_G = V_\xi, \quad \dot{\xi}_G = V_\xi, \quad V_\xi = V\cos\chi, \quad V_\xi = V\sin\chi$$
$$u = V\cos\alpha, \quad w = -V\sin\alpha, \quad \dot{\theta} = q, \quad \chi = \theta - \alpha \quad (7-1(b))$$

7.1.3 平面操纵运动情况

1. 潜艇的操纵面

潜艇操纵面是指舵、稳定翼,或它们的组合体(简称鳍)。它可用来控制潜艇的运动,是最常用的简单而可靠的操纵装置。

潜艇上设有方向舵和升降舵。方向舵的舵叶垂直布置,所以又叫垂直舵,现代单桨回转体尾型艇尚有垂直稳定翼,统称为垂直尾鳍,并且常分成上、下两部分;升降舵的舵叶水平布置,所以又叫水平舵,和水平稳定翼的组合体统称为水平尾鳍。升降舵按其位置分为艏升降舵(即艏舵)和艉升降舵(即艉舵),艏舵又有艏端艏舵和围壳舵之分。

方向舵用来保持和改变水平面内潜艇的航向,而升降舵用来实现潜水深度的改变和保持,即用来保持和改变垂直面内潜艇的航向。当有横倾的情况下,操升降舵也可使潜艇作水平回转。通常尾部线型为回转体的潜艇的艉升降舵、水平稳定翼及螺旋桨布置在潜艇艏艉轴线的同一高度上或稍低些,并与方向舵、垂直稳定翼组成对称的十字形。此外也有把艉操纵面布置成"X"形(见图 7-5)的或三叶形(H 形)的,这种舵同时具有方向舵和升降舵的两种功能。

稳定翼是用来保证潜艇具有足够的运动稳定性,也为水下倒航提供方便。

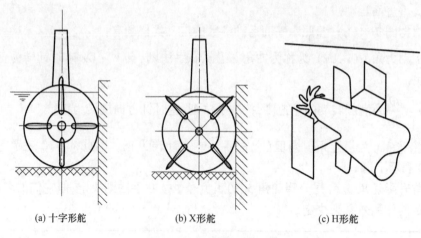

(a) 十字形舵　　(b) X形舵　　(c) H形舵

图 7-5　两种操纵面的布置

现代潜艇上一般采用升力大、阻力小的 NACA 翼型系列的平衡舵。所谓平衡舵是指舵轴由舵叶前边缘移向舵叶后部的舵，确切地讲，只有当舵轴位于舵叶的水动力中心时，即绕舵轴的水动力矩为零，才称作平衡的。鉴于舵必须能产生在两相反方向中任一方向的升力，因此都选用对称流线型的翼剖面。

作用于孤立舵上的水动力和作用于有限长机翼上的水动力在原理上是一样的，这里从略。但须提及的是布置在潜艇上的舵，由于艇体和螺旋桨的影响，将使艇后舵的舵效与孤立舵有较大的区别，现简介如下：

(1) 当舵翼紧贴艇体布置时，可把舵(翼)板紧靠艇体一端看作无限平板边界，则有水动力的镜像效应，使得有效展弦比增大，其中有效展弦比=镜像系数 $(2.0 \sim 1.5) \times$ 舵的几何展弦比。转舵后，舵与艇体间的间隙增大，镜像效应将减小（舵角 $\delta = 0$ 时，取系数为 2，$\delta = 30°$ 时约取 1.5）。

(2) 艇尾的艇体伴流降低了舵与水的相对来流速度，一般艇体伴流系数约为 $0.3 \sim 0.33$。然而螺旋桨的尾流又使舵区流速增大，此时舵力随螺旋桨负荷的增大而增加，但随舵与桨之间的距离增大而减小。如舵不直接位于桨的后方，艇后舵的舵力将比孤立舵的舵力降低很多，约为一半左右。

(3) 位于艇体边界层内的操纵面，相当于减小操纵面的有效面积。因此，艉操纵面的翼展应尽量外伸布置，一般两舷的幅度与艇的最大宽度相等，或酌情少量超宽，尤其是对尖尾的回转体艇形的潜艇，由于保证运动稳定性的要求，往往是这样。但过大的超宽会给潜艇离靠码头（或潜艇补给船）带来诸多不便，甚至造成严重事故，尤其是多艇同向并靠时，故应严加控制。

(4) 当潜艇作水平面曲线运动时，尾部将有较大的漂角，如图 7-6 所示，舵处的几何漂角 β_R 为：

$$\beta_R = 重心处漂角 \beta + 回转运动引起的附加漂角 \Delta\beta$$

注：以图中的符号计，$\Delta\beta = \arctan[x_R r\cos\beta/(v + x_R r\sin\beta)]$，其中 x_R 是舵到重心 G 的距离。

而舵处的几何攻角 α 为：

$$\alpha = 舵角\,\delta \pm \beta_R$$

当回转方向和转舵角方向相同（操右舵艇向右回转或 δ 与 r 同号）时取负号，这表时操舵定常回转时，舵的攻角远小于舵的名义转舵角 δ。但当 δ 与 r 反号时，如 Z 形操纵中刚反向操舵时应取正号，此时舵的实际攻角远大于名义转舵角。所以方向舵的最大舵角是按定常回转运动来规定的，一般比舵的失举角稍大些。

实际上，由于船体和螺旋桨的存在，使尾部水流向艇体顺拢，称为拉直效应。舵处实际来流方向为 $(\beta_R - \varepsilon)$ 角度（ε 为拉直角），或用拉直效应系数 $\in$（单桨海船的 $\in$ 约为 $0.15\sim 0.35$）表示成 $\in\beta_R$，所以在舵处的实际漂角比 β_R 要小一些，如图 7-6 所示。

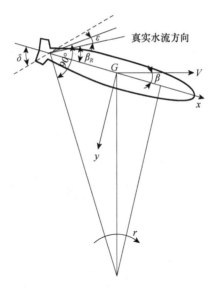

图 7-6　舵的实际转角和几何转角

2. 平面操纵运动情况

如上所述潜艇在水平面运动的航向是用方向舵来保证的。为什么转动方向舵能对潜艇实现操纵？操舵后艇是怎样运动的，有何特点？现以正在上线航行的潜艇向右转舵角 δ（或 $\Delta\delta$）为例，介绍平面操纵运动的基本特征。

当潜艇沿 x 轴作等速直线航行时，艇的阻力 X_0 与螺旋桨的推力 X_T 平衡，同时应有横向力的合力为零，并对重心的偏航力矩之和也平衡（图 7-7(a)），可用下列平衡方程表示

$$\begin{cases} \sum X = X_T + X_0 = 0 \\ \sum Y = 0 \\ \sum N = 0 \end{cases} \tag{7-2}$$

为了简化问题,假定艇直航时方向舵在中线,现将舵向右偏转舵角 δ,舵上产生水动力 $F(\delta)$,其在轴的分量为 $Y(\delta)$。力 $F(\delta)$ 对艇的重心 G 的力矩,使潜艇向顺时针方向旋转,逐渐使艇的纵中剖面与艇速 V 的方向之间形成一个夹角,称为漂角 β。若把艇体看成是个小展弦比的机翼(艇高是展,艇长是弦),则漂角相当于机翼的冲角。所以艇体上又产生附加的水动力 $Y(\beta)$。水动力 $Y(\delta)$、$Y(\beta)$ 等破坏了等速直航时的平衡状态,其使潜艇产生加速度,艇的重心 G 将作变速曲线运动。同时它们对重心 G 的力矩又使潜艇产生角加速度,使艇绕重心作变角速度转动,这也将产生附加的阻尼力 $Y(r)$ 和阻尼力矩 $N(r)$。所以潜艇的水平面操纵运动可看成刚体在流体中的平面运动。此时潜艇所受的水动力不仅与速度有关,还与角速度 r 有关。

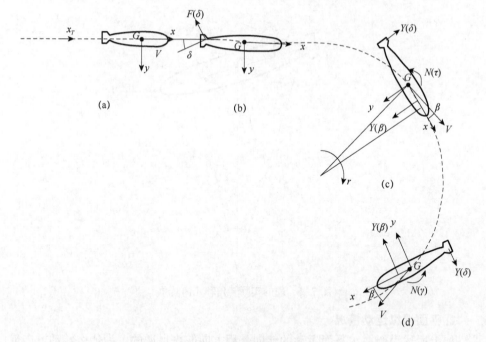

图 7-7 水平面的操纵运动

此外,请注意潜艇的纵中剖面上各点的速度的大小和方向沿艇长是变化的,即漂角 β 沿艇长方向是改变的。这是因为潜艇作变速曲线运动时,还有绕重心的转动。所以沿 x 轴的横向速度 v 的分布可分解成:以重心处漂角 β_c 为等漂角直航的均匀分布,和以等角速度 r 绕重心旋转的线性分布两者的迭加,即:$v(x) = -V\sin\beta + xr$。实际上,平面运动的时物体上各点的速度可以看成是物体绕瞬时速度中心作转动的速度,如图 7-8(b)所示。

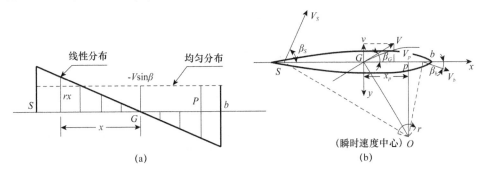

图 7-8 纵中剖面上 x 轴各点速度的大小和方向

对于潜艇在垂直面的操纵运动来讲,与水平面运动一样,也是个刚体在流体中的平面运动,但具有与水平面运动显著不同的特点,是舰艇驾驶中最特别的。例如,运动的潜艇,在一定条件下,浮力大于重力,即艇有正的剩余浮力时,潜艇不一定上浮,或重力大于浮力时,艇不一定下潜;(见第 7.4.4 节)操下潜的升降舵舵角,在一定航速下潜艇不都是下潜的,反而上浮或不能变深;操升降舵不会出现像水平面操方向舵而作回转运动那样的运动,即在垂直面不会出现 360°的翻滚运动。定深直航中的潜艇,若把升降舵转到一定的舵角,潜艇经历非定常运动,当海区深度、艇的下潜深度允许时,最终将进入定常直线潜浮运动状态。

此外,潜艇在垂直面运动时,不仅用升降舵,还常用静载的调节,如浮力调整水舱、速潜水舱的注、排水,艏艉纵倾平衡水舱间的调水,主压载水舱的排水及可弃固体载荷,实现各种情况下的深度改变。而且升降舵的使用按其所起的潜浮作用分为上浮舵、下潜舵、平行下潜(上浮)舵和相对下潜(上浮)舵,如图 7-9 所示,有关垂直面运动的情况详见第 7.4 节所述。

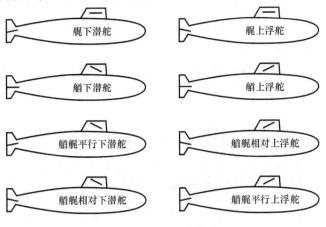

图 7-9 升降舵的操舵方式

7.2 操纵性平面运动方式程式

7.2.1 潜艇操纵运动一般方程

1. 水平面运动一般方程

由于潜艇在水平面内的操纵运动是个刚体的平面运动,因此由理论力学可知,平面运动可分解为随质点的平移和绕质心的定轴转动。所以在定系中潜艇运动的方程为

$$\begin{cases} F_\xi = m\ddot{\xi}_G \\ F_\eta = m\ddot{\eta}_G \\ N = I_z\ddot{\psi} \end{cases} \quad (7-3)$$

式中 F_ξ、F_η ——分别是作用于潜艇的外力在 $E\xi$、$E\eta$ 上的分量;
m ——潜艇的质量;
N ——外力对 Gz 轴的偏航力矩,或外力矩 $\vec{M}$ 在 Gz 轴上的分量;
I_z ——潜艇的质量对 Gz 轴的转动惯量。

由于牛顿定律只适用于惯性坐标系,这里定系就是一个近似的惯性参考系。然而作用于潜艇的水动力取决于潜艇的形状及其与流体的相对运动,用定系来表示水动力将使问题复杂化。因为艇的形状在定系中是时间的函数,作用于潜艇的水动力在各定系坐标轴的分量将随艇的运动位置而改变,潜艇的转动惯量也随之变化,但在动系中,它们是常量。因此在操纵性研究中引入了两种坐标系。然而,请注意潜艇的速度和加速度等仍是相对于定系的,只是投影到动系上去了。同时在应用牛顿关于质心运动的动量和动量矩定理时,对时间求导数也必须是对于定系的,所以需要进行两种坐标对时间求导数的变换。

现在将外力加速度转换成用动系上的分量来表示,由图 7-10 可知,用于潜艇的外力和速度在两种坐标系轴上的投影有下列关系

$$\begin{cases} F_\xi = X\cos\psi - Y\sin\psi \\ F_\eta = X\sin\psi + Y\cos\psi \end{cases} \quad (7-4(a))$$

及

$$\begin{cases} \dot{\xi}_G = u\cos\psi - v\sin\psi = V_\xi \\ \dot{\eta}_G = u\sin\psi + v\cos\psi = V_\eta \end{cases} \quad (7-4(b))$$

并将式(7-4(b))对时间求导得到加速度:

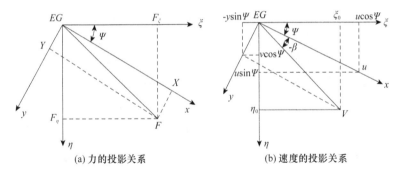

(a) 力的投影关系　　　(b) 速度的投影关系

图 7-10　矢量在两种坐标系的投影关系

$$\begin{cases} \ddot{\xi}_G = \dot{u}\cos\psi - \dot{v}\sin\psi - (u\sin\psi + v\cos\psi)\dot{\psi} \\ \ddot{\eta}_G = \dot{u}\sin\psi + \dot{v}\cos\psi + (u\cos\psi - v\sin\psi)\dot{\psi} \end{cases} \quad (7-5)$$

将式(7-4)、式(7-5)代入式(7-3)中得到

$$[X - m(\dot{u} - v\dot{\psi})]\cos\psi - [Y - m(\dot{v} - u\dot{\psi})]\sin\psi = 0$$

对于任意的 ψ，使上式成立应有

$$X - m(\dot{u} - v\dot{\psi}) = 0$$
$$Y - m(\dot{v} + u\dot{\psi}) = 0$$

在两种坐标系中 $Gz//E\zeta$，根据质心运动的动量矩定理，绕 Gz 轴的力矩方程不变，即 $\vec{M}$ 在两铅垂轴上投影相等。同时代入 $\dot{\psi} = r$，于是得到原点在重心 G 处的动坐标系中的潜艇水平面操纵运动一般方程式为

$$\begin{cases} m(\dot{u} - rv) = X \\ m(\dot{v} + ru) = Y \\ I_z \dot{r} = N \end{cases} \quad (7-6)$$

式中：$\dot{u}$ 是 Gx 方向速度 u 的大小变化产生的 x 方向的加速度；$-rv$ 是由于艇体以角速度 r 转动，引起 y 方向的速度 v 的方向改变而产生的 x 方向的加速度。即第一项是通常熟知的物体作直线变速运动时的惯性力 $m\dot{u}$，第二项是由于转动（或者说非惯性系的动系相对于惯性系的定系存在转动）而产生的惯性离心力。

2. 垂直面运动一般方程

类似地可导出垂直面运动的一般方程，或在式(7-6)中作下列置换：

$$v \to w, r \to (-q), Y \to Z, N \to (-M), I_z \to I_y, 则有$$

$$\begin{cases} m(\dot{u} + wq) = X \\ m(\dot{v} - uq) = Z \\ I_y \dot{q} = M \end{cases} \quad (7-7)$$

此外,就一般情况而言,动坐标系原点并不一定和艇的重心重合。如用船模试验测定水动力和力矩时,经常是对舯船(即艇的中点)测定水动力的。同时,通常也不只是水平面运动,而是六个自由度的空间运动。根据刚体空间运动原理,Abkowitz 针对动坐标轴选择在艇的三个主惯性轴方向的情况,假设动系原点为 O,船(艇)的重心是 $G(x_G, y_G, z_G)$,导出了下列潜艇空间运动方程式

$$\begin{cases} X = m[\dot{u} + qw - rv - x_G(q^2 + r^2) + y_G(pq - \dot{r}) + z_G(pr - \dot{q})] \\ Y = m[\dot{v} + ru - pw - y_G(r^2 + p^2) + z_G(qr - \dot{p}) + x_G(qp - \dot{r})] \\ Z = m[\dot{w} + pv - qu - z_G(p^2 + q^2) + x_G(rp - \dot{q}) + y_G(rq + \dot{p})] \\ K = I_x \dot{p} + (I_x - I_y)qr + m[y_G(\dot{w} + pv - qu) - z_G(\dot{v} + ru - pw)] \\ M = I_y \dot{q} + (I_x - I_z)rp + m[z_G(\dot{u} + qw - rv) - x_G(\dot{w} + pv - qu)] \\ N = I_z \dot{r} + (I_y - I_x)pq + m[x_G(\dot{v} + ru - pw) - y_G(\dot{u} + qw - rv)] \end{cases} \quad (7-8)$$

式中:I_x、I_y、I_z 分别是潜艇质量绕动系 ox、oy、oz 轴的转动惯量,其余符号如第 7.1 节所述。

如果动坐标系的原点取在艇的重心处,则式(7-8)可简化成

$$\begin{cases} m(\dot{u} + qw - rv) = X \\ m(\dot{v} + ru - pw) = Y \\ m(\dot{w} + pv - qu) = Z \\ I_x \dot{p} + (I_x - I_y)qr = K \\ I_y \dot{q} + (I_x - I_z)rp = M \\ I_z \dot{r} + (I_y - I_x)pq = N \end{cases} \quad (7-9)$$

上式的前三式是质心运动定理在动坐标系上的投影表示式,后三式就是著名的刚体绕定点转动的欧拉动力学方程。比较式(7-7)与式(7-9),由于重心不是动系的原点,重心相对原点存在加速度,从而在原点处感受到离心惯性力及其力矩。

操纵运动方程式(7-6)、式(7-7)表示了潜艇的平面运动和所受外力之间的关系。若已知外力,即可解得诸运动参数,这就是刚体平面运动动力学第二类问题。相对于水平面和垂直面运动分别可解得 $V(t)$、$\beta(t)$ 及 $\psi(t)$;$V(t)$、$\alpha(t)$ 及 $\theta(t)$,从而获得艇在平面中的操纵运动规律。

7.2.2 作用于运动潜艇的力

作用于运动潜艇的外力及力矩大致可分成两类,其一是艇在静水中运动时艇体、舵和螺旋桨上所受的流体动力,还有风、浪、流等引起的流体动力;另一类是非

流体动力,如浮力、重力、拖索的拖力等。就潜艇的水动力来讲,认为潜艇在深、广、静的水下运动,即不考虑流场边界(岸、底、海面)及流、内波等的影响,只考虑艇体—舵—桨的流体动力。在潜艇操纵性研究中通常把艇体—舵作为一个整体,操舵看作艇形的改变,而把螺旋桨的力分开来计论。

为了简化研究,将潜艇在实际流体中作非定常运动时所受的水动力,分为互不相关的两类:由流体惯性引起的惯性类力,和由流体黏性引起的非惯性类力,即黏性类流体动力。此外,当潜艇在无限流场中作平面运动时,艇体—舵系统的水动力取决于艇形、运动情形及舵角。由于不考虑流场边界,水动力与潜艇在流场中的位置无关。考虑水动力和运动参数的关系时,通常引用准定常假设:认为潜艇具有很大的惯性,运动的变化率比较小,属于缓慢运动,因此潜艇运动过程中所受到的水动力只和运动的当时状态(即速度、加速度)有关,而和运动的历史无关。按照这个假设,水动力表达式除了各速度、加速度外,不含速度对时间的二阶及二阶以上各导数项。

1. 作用在垂直面运动潜艇上的力和力矩

1) 静力及其力矩

作用于运动潜艇的静力,就是指静止漂浮于水中的潜艇所受的力和力矩,如图7-11 所示。

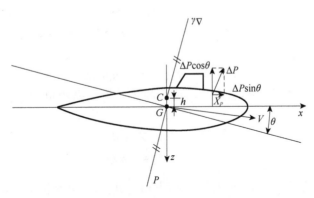

图 7-11　作用于运动潜艇的静力

(1) 潜艇的重力 $P = mg$。包括压载水舱和非水密艇体中的水重,即整个潜艇所排开水的重量,称为水下全排水量。重力作用于全排水量的重心 G。

(2) 潜艇的浮力 $B = \rho g \nabla$。包括非水密艇体和附体的容积,即水下全排水容积 ∇ 浮力作用于相应的浮心 C 上。

(3) 剩余静载和剩余静载力矩。

习惯上把潜艇航行时实际浮力与重力之差称为剩余浮力 ΔB(或称为浮力差):

$$\Delta B = \rho g \nabla - P$$

这种情况的产生是因为浮力 B 和重力 P 皆是变量。引起浮力差的内因是艇内可变载荷,如鱼水雷、导弹、食品淡水、燃滑油、高压气、蒸馏水等的消耗和代换,以及调节水量的变化使艇产生浮力差;其外因则是由于海水密度、温度的变化和潜水深度的改变引起艇壳的压缩等造成的。

由于本章采用的坐标系和符号规则的缘故,当 $|\rho g \nabla| > p$ 时,称"艇轻",艇将上浮,然而剩余浮力 $\Delta B < 0$。为此改用剩余静载代替剩余浮力这一术语,用 ΔP 替换 ΔB,则有:

$$\Delta P = P - \rho g \nabla \qquad (7-10(\text{a}))$$

当 $\Delta P > 0$ 时,$P > |\rho g \nabla|$,艇重,将下沉;
当 $\Delta P < 0$ 时,$P < |\rho g \nabla|$,艇轻,将上浮;
当 $\Delta P = 0$ 时,$P = |\rho g \nabla|$,中性浮力,艇将处于悬浮状态。
但是,对运动的潜艇不一定就是这样,详第见 7.4 节。

由于剩余静载不一定恰好作用于艇的重心处,因此一般还有剩余静载力矩 ΔM_p,(或称力矩差)。如图 7-11 所示,ΔM_p 可近似取为

$$\Delta M_p = -\Delta P \cdot x_p \qquad (7-10(\text{b}))$$

此外,有时为了操艇的需要,在潜艇内移动载荷,人为地造成剩余静载和剩余静载力矩。

(4) 纵向扶正力矩 $M_H(\theta)$。对应于设计状态的艇的重力与浮力不作用在同一铅垂线上所构成的力偶矩。由静力学可知,在水下的潜艇其纵向扶正力矩与横向扶正力矩基本相等,并有

$$M_H(\theta) = M_h(\theta) = -mgh\sin\theta \qquad (7-11)$$

式中:h 是对应于水下全排水量的初稳心高。对于小纵倾角,$M_H(\theta)$ 与 θ 成线性关系

$$M_H(\theta) \approx M_\theta \cdot \theta \qquad (7-12)$$

而
$$M_\theta = -mgh$$

为了便于相互比较分析,以 $\frac{1}{2}\rho V^2 L^2$ 和 $\frac{1}{2}\rho V^2 L^3$, 分别除力 Δp 和力矩 ΔM_p、$M_H(\theta)$。今后为了简化,去掉前置符号"Δ",于是可得无因次静力 P'、M_p'、M_θ' 如下:

$$P' = P / \frac{1}{2}\rho V^2 L^2$$

$$M_p' = M_P / \frac{1}{2}\rho V^2 L^3$$

$$M_\theta' = M_\theta / \frac{1}{2}\rho V^2 L^3 = -m'gh/V^2$$

$$m' = m / \frac{1}{2}\rho L^3, M_H'(\theta) = M_\theta'\theta \qquad (7-13)$$

式中:水的密度ρ、艇速V、艇长L为无因次化的特征物理量。

2. 潜艇的流体动力

如前所述,对于一定的潜艇而言,船形已经一定,水动力取决于艇的运动情况$\vec{V}、\dot{\vec{V}}、\vec{\Omega}、\dot{\vec{\Omega}}$、舵的转动(舵角$\delta$及转舵速度$\dot{\delta}$)和螺旋桨的工作(转速$n$),因此关于艇体—舵—桨这样一个大系统的水动力可表成

$$\vec{F} = f(\vec{V}, \dot{\vec{V}}, \vec{\Omega}, \dot{\vec{\Omega}}, \delta, \dot{\delta}, n) \tag{7-14}$$

当把螺旋桨的水动力单独处理时,对艇体—舵系统,若忽略转舵速度的影响,则可写成

$$\vec{F} = f(\vec{V}, \dot{\vec{V}}, \vec{\Omega}, \dot{\vec{\Omega}}, \delta, \dot{\delta}) \tag{7-15}$$

对于垂直面运动为

$$F = f(\dot{u}, \dot{w}, u, w, \dot{q}, q, \delta_b, \delta_s) \tag{7-16}$$

这是个多元函数,为了求得水动力的近似表示式,可将其展开成泰勒级数。选择潜艇的某一等速直航的平衡状态,即$u_0 \neq 0$($u_0 = V$)、$w_0 = q_0 = \delta_{b_0} = \delta_{s_0} = 0$,$\dot{u}_0 = \dot{w}_0 = \dot{q}_0 = 0$为基准运动,作为泰勒级数的展开点,这样运动参数对于初始状态的改变量可写成较为简洁的形式:

$$\Delta u = u - u_0 (\text{或} u - V)$$
$$\Delta w = w - w_0 = w$$

同样有$\Delta \dot{u} = \dot{u}$,$\Delta \dot{w} = \dot{w}$,$\Delta q = q$,$\Delta \dot{q} = \dot{q}$,$\Delta \delta_b = \delta_b$,$\Delta \delta_s = \delta_s$。

考虑到流体惯性力与黏性力的分离假设和准定常假设,并考虑到操纵运动是个弱机动,认为改变量$\Delta u、w、\dot{q}$等很小,可忽略水动力泰勒展开式中的二阶以上各项,于是水动力的线性表达式为

$$\begin{cases} X = X_0 + X_u \Delta u + X_w w + X_{\dot{u}} \dot{u} + X_{\dot{w}} \dot{w} + X_q q + X_{\dot{q}} \dot{q} + X_{\delta_b} \delta_b + X_{\delta_s} \delta_s \\ Z = Z_0 + Z_u \Delta u + Z_w w + Z_{\dot{u}} \dot{u} + Z_{\dot{w}} \dot{w} + Z_q q + Z_{\dot{q}} \dot{q} + Z_{\delta_b} \delta_b + Z_{\delta_s} \delta_s \\ M = M_0 + M_u \Delta u + M_w w + M_{\dot{u}} \dot{u} + M_{\dot{w}} \dot{w} + M_q q + M_{\dot{q}} \dot{q} + M_{\delta_b} \delta_b + M_{\delta_s} \delta_s \end{cases}$$

$$(7-17)$$

式中:X_0、Z_0、M_0是潜艇以$u = u_0 = V$而w等皆为零,作等速直线运动时,作用于艇上的水动力。

其中:

$X_0 = X(u_0) = \frac{1}{2} \rho V^2 L^2 X_0'$为潜艇直航时的纵向力,即阻力,但快速性中阻力的浸湿面积常用S表示。即$R = \frac{1}{2} \rho V^2 S \cdot C_t$。故两者在数值和符号上不一样;

$Z_0 = \frac{1}{2}\rho V^2 L^2 Z_0'$ 为零冲角升力,因艇体上、下不对称而产生;

$M_0 = \frac{1}{2}\rho V^2 L^3 M_0'$ 为零冲角力矩,因艇体上下、前后不对称而产生。而且 X_0'、Z_0' 和 M_0' 分别为无因次纵向力系数、零升力系数和零力矩系数。X_u 等系数采用 ITTC 规定的标准符号:

$$X_u = \frac{\partial x}{\partial u} \quad u = u_0$$

$$\Delta u = w = \dot{u} = \dot{w} = q = \dot{q} = \delta_b = \delta_s = 0 \qquad (7-18)$$

$$M_{\delta_s} = \frac{\partial M}{\partial \delta_s} \quad u = u_0$$

$$\Delta u = w = \dot{u} = \dot{w} = q = \dot{q} = \delta_b = \delta_s = 0$$

为了书写简便,以后写成:

$$\frac{\partial Z}{\partial W} = Z_w$$

对于后面要介绍的水动力非线性表示式中的高阶情形也写成类似的形成,例如:

$$\frac{\partial^3 Z}{\partial w^3} = Z_{www}$$

导数 Z_w 表示力函数 $Z(u,w,\dot{u},\dot{w},q,\dot{q},\delta_b,\delta_s)$ 对 w(即冲角 α)的偏导数在展开点($u = u_0 = V, w = \cdots = \delta_s = 0$)处的值,称为水动力导数。$Z_{www}$ 称为高阶导数,Y_{vvv} 称为高阶交叉耦合导数(即水动力或力矩对于两种或两种以上运动参数的高阶偏导数,表示几种运动参数对水动力的相互干扰),这些导数统称为水动力系数或水动力导数。根据产生一阶水动力系数的原因,大致可分为四种类型:

a. 速度系数(或位置导数),如 Z_w, M_w;

b. 角速度系数(或旋转导数),如 Z_q, M_q;

c. 舵角系数(或控制导数),如 $Z_{\delta_b}, Z_{\delta_s}, M_{\delta_b}, M_{\delta_s}$;

d. 加速度系数,如 $Z_{\dot{w}}, Z_{\dot{q}}, M_{\dot{w}}, M_{\dot{q}}$。

其中 a、b、c 三类连同 X_0'、Z_0'、M_0' 属于黏性产生的流体动力系数,而 d 类则是流体惯性力系数。当用水池或风洞的船模试验确定 M_w、Z_q(水平面的 N_v、Y_p)时,在这些黏性水动力(矩)中还包含了部分惯性所致的流体动力。下面首先介绍加速度系数,然后分析黏性力系数。

(1) 流体惯性力和加速度系数——附加质量。

首先说明流体惯性力和附加质量的概念,然后建立附加质量与加速度系数之间的对应关系式。

由流体力学知道,当物体在理想流体中作非定常运动时,物体将受到流体惯性力的作用,可用附加质量来度量,与加速度、角速度线性相关。因为当物体(潜艇)在静水中作变速运动时,增加了水的动能,这是运动物体对水做功的结果;作用必产生反作用,物体因而受到水的反作用力,其大小与(角)加速度成正比,方向与加速度方向相反,比例常数称为附连水质量(或附加质量),用 λ_{ij} 表示。

λ_{ij} 可理解为物体在 i 方向以单位(角)加速度运动时,在 j 方向的附加质量、附加质量静矩、附加质量惯性矩,即 λ_{ij} 是物体在理想流体中以单位(角)加速度运动时所受流体惯性力(矩),统称为附加质量,恒取正值。同时规定:

沿 x、y、z 方向的移动用 1、2、3 表示;

绕 x、y、z 方向的转动用 4、5、6 表示。

一般情况下,对于任意形状的物体作空间运动时共有 36 个附加质量,可列成如下方阵

$$\begin{bmatrix} \lambda_{11} & \lambda_{12} & \lambda_{13} & \lambda_{14} & \lambda_{15} & \lambda_{16} \\ \lambda_{21} & \lambda_{22} & \lambda_{23} & \lambda_{24} & \lambda_{25} & \lambda_{26} \\ \lambda_{31} & \lambda_{32} & \lambda_{33} & \lambda_{34} & \lambda_{35} & \lambda_{36} \\ \lambda_{41} & \lambda_{42} & \lambda_{43} & \lambda_{44} & \lambda_{45} & \lambda_{46} \\ \lambda_{51} & \lambda_{52} & \lambda_{53} & \lambda_{54} & \lambda_{55} & \lambda_{56} \\ \lambda_{61} & \lambda_{62} & \lambda_{63} & \lambda_{64} & \lambda_{65} & \lambda_{66} \end{bmatrix} \qquad (7-19)$$

其中

$$\lambda_{ij} = -\rho \iint_S \varphi_i \frac{\partial \varphi_j}{\partial n} ds \qquad (i,j = 1,2,\cdots,6)$$

式中:S 是物体表面积;n 是微元面积 ds 的外法线方向;φ_i、φ_j 分别是 i 或 j 方向的单位速度、单位角速度运动时所引起的流体速度势。

并可证明

$$\lambda_{ij} = \lambda_{ji} \qquad (i,j = 1,2,\cdots,6) \qquad (7-20)$$

所以方阵主对角线以下各项与主对角线以上的各对应项相等,即只有 21 个独立的。

方阵中

$(\lambda)_{11,22,33}$,$(\lambda)_{12,13,23}$ 具有质量因次,称为附加质量;

$(\lambda)_{14,15,16}$,$(\lambda)_{24,25,26}$、$(\lambda)_{34,35,36}$ 具有质量静矩因次,称为附加质量静矩;

$(\lambda)_{44,55,66}$,$(\lambda)_{45,46,56}$ 具有质量惯性矩因次,称为附加质量惯性矩。

对于潜艇来讲,艇体左右对称于 $G-xz$ 平面(即纵中剖面),可以证明:

对于沿 Gx 轴移动有：$\lambda_{12} = \lambda_{14} = \lambda_{16} = 0$
对于沿 Gy 轴移动有：$\lambda_{32} = \lambda_{34} = \lambda_{36} = 0$ (7 - 21)
对于沿 Gz 轴移动有：$\lambda_{52} = \lambda_{54} = \lambda_{56} = 0$

当物体有两个对称面对，如潜艇还对称于 $G-xz$（水线面）平面。类似地有：
$$\lambda_{13} = \lambda_{15} = \lambda_{24} = \lambda_{46} = 0 \tag{7-22}$$
若物体有第三个对称面，即艇体前、后体还对称于 $G-yz$ 平面，则又有：
$$\lambda_{26} = \lambda_{35} \tag{7-23}$$

所以具有三个对称面的物体（如三轴椭球体），这时仅存在位于主对角线上的六个不等于零的附加质量。

对于潜艇在水平面和垂直面的变速运动来讲，分别具有如下的附加质量（为了方便，这里一并给出水平面的附加质量）

λ_{11}、λ_{22}、λ_{66} 及 λ_{26}（或取 $\lambda_{26} = 0$）；

λ_{11}、λ_{33}、λ_{55}（或取 $\lambda_{35} = 0$）。

根据附加质量 λ_{ij} 下标 i、j 的意义，将其与式(7-17)中各(角)加速度项水动力系数相比较，例如：

由 $\dot u$ 引起的纵向流体惯性力为 $X(\dot u) = X_{\dot u}\dot u$；

而用 λ_{ij} 表示的流体惯性力纵向分量为 $X_I = -\lambda_{11}\dot u$。可见 λ_{11} 与 $X_{\dot u}$ 数值相等，仅差一个负号，其他各项也相同，故有：

$$\begin{aligned} &\lambda_{11} = -X_{\dot u} \quad \lambda_{22} = -Y_{\dot v} \quad \lambda_{66} = -N_{\dot r} \\ &\lambda_{26} = -Y_{\dot r} = -N_{\dot v} \\ &\lambda_{33} = -Z_{\dot w} \quad \lambda_{55} = -M_{\dot q} \\ &\lambda_{35} = -Z_{\dot q} = -M_{\dot w} \end{aligned} \tag{7-24}$$

此外，附加质量 λ_{ij} 和加速度系数，当它们无因次化时，由于各自所用的无因次化特征量不同，所以它们的无因次系数不相等。无因次的加速度系数按对各流体动力项都除以 $\frac{1}{2}\rho V^2 L^2$，对各流体动力矩项都除以 $\frac{1}{2}\rho V^2 L^3$，并考虑加速度($\dot u$、$\dot v$、$\dot w$)、角加速度($\dot q$、$\dot r$)的无因次化，于是可得如下定义式：

$$X'_{\dot u} = \frac{X_{\dot u}}{\frac{1}{2}\rho L^3} \qquad Y'_{\dot u} = \frac{Y_{\dot u}}{\frac{1}{2}\rho L^3} \qquad Z'_{\dot u} = \frac{Z_{\dot u}}{\frac{1}{2}\rho L^3}$$

$$Y'_{\dot r} = N'_{\dot v} = \frac{Y_{\dot r}}{\frac{1}{2}\rho L^4} = \frac{N_{\dot v}}{\frac{1}{2}\rho L^4} \qquad Z'_{\dot q} = M'_{\dot w} = \frac{Z_{\dot q}}{\frac{1}{2}\rho L^4} = \frac{M_{\dot w}}{\frac{1}{2}\rho L^4}$$

$$N'_{\dot r} = \frac{N_{\dot r}}{\frac{1}{2}\rho L^5} \qquad M'_{\dot q} = \frac{M_{\dot q}}{\frac{1}{2}\rho L^5} \tag{7-25}$$

$$\dot{u}' = \frac{\dot{u}L}{V^2} \qquad \dot{q}' = \frac{\dot{q}L^2}{V^2}$$

但无因次的附加质量系数定义为

$$k_{11,22,33} = \frac{\lambda_{11,22,33}}{m}$$

$$k_{26,35} = \frac{\lambda_{26,35}}{m\nabla^{1/3}}$$

$$k_{55} = \frac{\lambda_{55}}{I_y} \qquad k_{66} = \frac{\lambda_{66}}{I_z} \qquad (7-26)$$

两者的换算关系如下:

$$\left.\begin{aligned} X'_{\dot{u}} &= -2k_{11}/f^3 = -k_{11}m' \\ Y'_{\dot{v}} &= -2k_{22}/f^3 = -k_{22}m' \\ Z'_{\dot{w}} &= -2k_{33}/f^3 = -k_{33}m' \\ Y'_{\dot{p}} &= N'_{\dot{v}} = -2k_{26}/f^4 = -k_{26}m'/f \\ Z'_{\dot{q}} &= M'_{\dot{w}} = -2k_{35}/f^4 = -k_{35}m'/f \\ M'_{\dot{q}} &= -k_{55}I'_y \\ N'_{\dot{r}} &= -k_{66}I'_z \end{aligned}\right\} \qquad (7-27)$$

式中 $I'_{y,z} = I_{y,z}/\frac{1}{2}\rho L^5$——对 y 轴或 z 轴的无因次转动惯性矩;

$f = L/\nabla^{1/3}$——艇体的修长度;

$m' = m/\frac{1}{2}\rho L^3 = 2/L^3 = 2/f^3$——潜艇的无因次质量。

附注:补充说明

①由流体力学可知,附加质量 λ_{ij} 的大小取决于物体的形状、尺度、坐标轴的选择(或运动方向)和流体的密度,与物体的运动情况无关。但是,物体的黏性及自由表面的存在对附加质量有一定影响,只是黏性对附加质量的影响很小(要比惯性成因的附加质量小几十倍),可略去不计。潜艇在波浪中运动时,附加质量与潜艇摇摆的频率相关,尤其对 $\lambda_{33,44,55}$ 的影响较大,但对弗劳德数较小,运动变化缓慢的操纵运动来讲,频率的影响可以忽略,即用零频率的附加质量。对于在深水运动的潜艇来讲可以认为没有影响。

②当用水池或风洞的般模试验测定潜艇的流体动力时,黏性水动力系数中包含了部分流体惯性力的成份。例如,当潜艇的漂角 β(或冲角 α)作匀速直线运动(如船模的斜拖试验)时,$v =$ 常量(或 $w =$ 常量),$r = 0$(或 $q = 0$),由质心运动定

理和相对于质心的动量矩定理推导所得的作用于运动物体上的流体惯性力表达式得知,对理想流体有:

流体惯性力为零(此即所谓达朗贝尔疑题),但存在流体惯性力矩(水平面为"$(\lambda_{22} - \lambda_{11})uv$"、垂直面为"$(\lambda_{33} - \lambda_{11})uw$"),这些力矩称为孟克(Munk)力矩。若用斜拖或风洞试验确定 $N_v v$ 及 $M_w w$ 时,显然孟克力矩也一并测出。另外,当用悬臂水池进行回转试验测定 $Y_r r$ 及 $Z_q q$ 时,同时把由于动系相对于定系存在转动所引起的离心惯性力(水平面为"$\lambda_{11} ru$"、垂直面为"$\lambda_{11} qu$"等)也一并测出。因此,当用已有的非通用坐标系中的水动力导数,换算成现在的通用坐标系中的水动力系数时,需注意这一情况。

(2)黏性流体动力及其水动力系数。

首先对式(7-16)予以简化。

考虑到水动力线性表达式,主要针对潜艇的微幅机动,由实验表明,此时纵向力为

$$X(\dot{u}、\dot{w}、u、w、\dot{q}、q、\delta_b、\delta_s) \approx x_0 + x_u \Delta u + x_{\dot{u}} \dot{u}$$

当前进速度变化不大,如中等变化时,可取

$$X_u = Z_u = M_u = 0$$

此外,如前所述 $\lambda_{12} = \lambda_{16} = 0$、$\lambda_{13} = \lambda_{15} = 0$,即 $X_{\dot{w}} = X_{\dot{q}} = 0$、$Z_{\dot{u}} = M_{\dot{u}} = 0$。

所以,式(7-16)可改写成如下的无因次形式:

$$\begin{cases} X' = X'_0 + X'_{\dot{u}} \dot{u}' \\ Z' = Z'_0 + Z'_{\dot{w}} \dot{w}' + Z'_w w' + Z'_{\dot{q}} \dot{q}' + Z'_q q' + Z'_{\delta_b} \delta_b + Z'_{\delta_s} \delta_s \\ M' = M'_0 + M'_{\dot{w}} \dot{w}' + M'_w w' + M'_{\dot{q}} \dot{q}' + M'_q q' + M'_{\delta_b} \delta_b + M'_{\delta_s} \delta_s \end{cases} \quad (7-28)$$

其中黏性流体动力为

$$\left.\begin{matrix} X'_0 \\ Z'_0 + Z'_w w + Z'_q q + Z'_{\delta_b} \delta_b + Z'_{\delta_s} \delta_s \\ M'_0 + M'_w w + M'_q q' + M'_{\delta_b} \delta_b + M'_{\delta_s} \delta_s \end{matrix}\right\} \quad (7-29)$$

式中:

$$X' = \frac{X}{\frac{1}{2}\rho V^2 L^2}, Z' = \frac{Z}{\frac{1}{2}\rho V^2 L^2}, M' = \frac{M}{\frac{1}{2}\rho V^2 L^3} \quad (7-30)$$

分别称为无因次的纵向力系数、垂向力系数和俯仰力矩系数。

$$X'_0 = \frac{X_0}{\frac{1}{2}\rho V^2 L^2}$$

$$Z'_0 = \frac{Z_0}{\frac{1}{2}\rho V^2 L^2}, \qquad M'_0 = \frac{M_0}{\frac{1}{2}\rho V^2 L^3}$$

$$Z'_w = \frac{Z_w}{\frac{1}{2}\rho V L^2}, \qquad M'_w = \frac{M_w}{\frac{1}{2}\rho V L^3}$$

$$Z'_q = \frac{Z_q}{\frac{1}{2}\rho V L^3}, \qquad M'_q = \frac{M_q}{\frac{1}{2}\rho V L^4}$$

$$Z'_{\delta_b} = \frac{Z_{\delta_b}}{\frac{1}{2}\rho V^2 L^2}, \qquad M'_{\delta_b} = \frac{M_{\delta_b}}{\frac{1}{2}\rho V^2 L^3} \qquad (7-31)$$

$$Z'_{\delta_s} = \frac{Z_{\delta_s}}{\frac{1}{2}\rho V^2 L^2}, \qquad M'_{\delta_s} = \frac{M_{\delta_s}}{\frac{1}{2}\rho V^2 L^3}$$

为黏性水动力的无因次系数。

在线性条件下，$u = V\cos\alpha = V$，$w = V\sin\alpha = V\alpha$，故有

$$\mathbf{u} = \frac{u}{V} = 1, \mathbf{W} = \frac{W}{V} = \alpha, \mathbf{q} = \frac{ql}{V}$$

现在来进一步分析各线性黏性力系数的意义。

各线性黏性水动力系数表示潜艇在 $u = u_0$ 运动的情况下，保持其他运动参数都不变，只改变其一个运动参数所引起的水动力增量与此运动参数的比值。

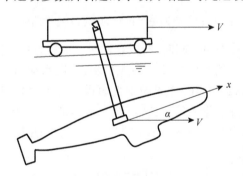

图 7-12　水下拖曳试验示意图

导数 Z_w、M_w 是潜艇以 u_0、w 运动时（如图 7-12 所示的水下拖曳试验），垂向力 $Z(w)$ 和俯仰力矩 $M(w)$ 曲线在原点（$w = 0$）的斜率（图 7-13）。因为它们与潜艇（相对来流）的位置有关，所以 Z_w、M_w 也称为位置导数。

Z_w、M_w 的正负号：潜艇以 u_0 和 w 作直线运动时，当冲角为 $+\alpha$ 时，艇受到垂向

力 $Z_w w$ 作用,艇的前体和后体所受到的垂向力都是指向 W 的负方向,所以合力 $Z_w w$ 是个负值;当冲角为 $-\alpha$ 时,$Z_w w$ 是个正值,所以

$$\alpha > 0 \rightarrow w > 0 \rightarrow Z_w w < 0 \rightarrow 必有 Z_w < 0$$
$$\alpha < 0 \rightarrow w < 0 \rightarrow Z_w w > 0 \rightarrow 必有 Z_w < 0$$

可见 Z_w 是个较大的负值。

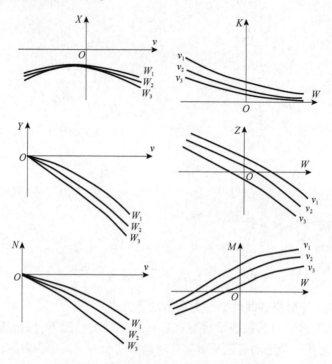

图 7-13 纵向拖曳试验的水动力特性曲线

由于前后体产生的垂向力同向,所以它们对 y 轴的力矩方向相反,但一般前体的艇形决定了前体提供的垂向力较后体大得多,所以水动力 $Z(w)$ 的作用点 F 一般在距艇首的 $(0.2 \sim 0.3) L$ 处,并叫做垂直面运动的水动力中心。一般情况它和水平面运动时的水动力中心并不重合,在不至于混淆的场合,仍简称为水动力中心。F 点到重心的距离称为水动力中心臂记为 l_x。鉴于上述情形,M_w 是个不小的正值。根据符号规则有:

$$M(w) = -l_x Z(w)$$

故

$$l'_x = \frac{l_x}{L} = -\frac{M'_w}{Z'_w} \tag{7-32}$$

称 l'_x 为垂直面的无因次水动力中心臂。

舵角导数 Z_{δ_b}、Z_{δ_s}、M_{δ_b}、M_{δ_s} 是潜艇分别具有艏舵角 δ_b(或围壳舵角 δ_{sp})、艉舵角 δ_s 作等速直线运动时,$u = u_0, w = q = 0$,垂向力 $Z(\delta_b)$、$Z(\delta_s)$ 和力矩 $M(\delta_s)$、

$M(\delta_b)$ 曲线在原点($\delta_b = 0, \delta_s = 0$)的斜率,如图 7-14 所示。

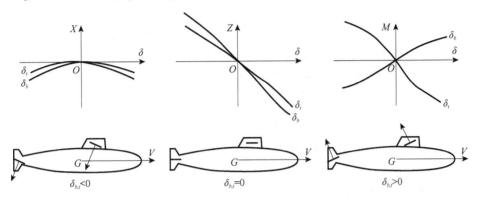

图 7-14 水平舵的舵力 X、Z、$M = F(\delta_{b,s})$

由图 7-14 可看出

$$\delta_b > 0 \to Z(\delta_b) < 0, M(\delta_b) > 0$$
$$\delta_b < 0 \to Z(\delta_b) > 0, M(\delta_b) < 0$$

所以 $\qquad Z_{\delta_b} < 0, M_{\delta_b} > 0$

类似地有 $\qquad Z_{\delta_s} < 0, M_{\delta_s} < 0$

角速度导数 Z_q、M_q 是潜艇具有速度 u_0、角速度 $q(w = \delta_{b,s} = 0)$ 在垂直面作匀速园周运动时,垂向力 $Z(q)$ 和力矩 $M(q)$ 曲线在原点($q = 0$)的斜率,故称为旋转导数。如图 7-15 所示,水动力 $Z(q)$ 和 $M(q)$ 可用回转水池的旋臂试验测定。

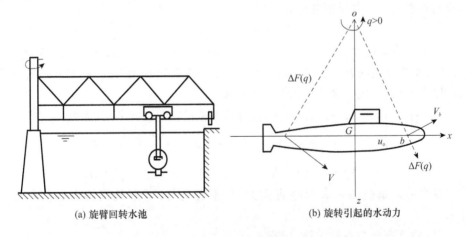

(a) 旋臂回转水池　　(b) 旋转引起的水动力

图 7-15 回转水池的旋臂试验

由图可知,当有角速度 q 时,使潜艇沿纵中剖面上各点的速度之大小和方向

(即冲角)不相同,前、后体的水动力增量 $\Delta F(q)_b$、$\Delta F(q)_s$ 的大小和方向也不相同,所以 $|Z(q)|$ 较小,可正可负,通常 Z_q 是个较小的负值。但艇首、尾由旋转引起的水动力矩 $M(q)$ 的方向一致,所以其值较大,并且力矩的方向总是阻止旋转的,故称为"旋转阻尼力矩",因此 M_q 是个较大的负值。

各水动力导数的正负号综合如下表

Z'_w	M'_w	Z'_{δ_b}	M'_{δ_b}	Z'_{δ_s}	M'_{δ_s}	Z'_q	M'_q
−	+	−	+	−	−	−	−

此外,一般有 $Z'_0 < 0, M'_0 > 0$。

3. 流体动力的非线性表达式

根据势流理论,流体动力和线加速度或角加速度线性相关。因此流体动力的非线性问题是关于黏性类水动力而言的。当潜艇在高速、大舵角下机动,通常对垂向速度 w 和纵倾角速度 q 引起的水动力引入非线性项,当不考虑交叉耦合影响时,可用下式表示:

$$\begin{cases} Z(w) = Z_0 + Z_w w + Z_{ww} w^2 + Z_{www} w^3 \\ Z(q) = Z_0 + Z_q q + Z_{qq} q^2 + Z_{qqq} q^3 \\ M(w) = M_0 + M_w w + M_{ww} w^2 + M_{www} w^3 \\ M(w) = M_0 + M_q q + M_{qq} q^2 + M_{qqq} q^3 \end{cases} \quad (7-33)$$

4. 作用在水平面运动潜艇上的力和力矩

当潜艇在深水中作水平面运动时,与垂直面运动相比,此时只有流体动力,并具有与垂直面运动时类似的形式,可写成

$$F = f(u、v、\dot{u}、\dot{v}、r、\dot{r}、\delta)$$

以等速直航运动(即 $u_0 \neq 0, u_0 = V, v_0 = r_0 = \delta_0 = 0, \dot{u}_0 = \dot{v}_0 = \dot{r}_0 = 0$)为基准运动,作为泰勒级数的展开点,若潜艇在水平面内作微幅机动,可忽略泰勒展开式中二阶以上各项,于是有水动力的线性表示式

$$\begin{cases} X = X_0 + X_u \Delta u + X_v v + X_{\dot{u}} \dot{u} + X_{\dot{v}} \dot{v} + X_r r + X_{\dot{r}} \dot{r} + X_\delta \delta \\ Y = Y_0 + Y_u \Delta u + Y_v v + Y_{\dot{u}} \dot{u} + Y_{\dot{v}} \dot{v} + Y_r r + Y_{\dot{r}} \dot{r} + Y_\delta \delta \\ N = N_0 + N_u \Delta u + N_v v + N_{\dot{u}} \dot{u} + N_{\dot{v}} \dot{v} + N_r r + N_{\dot{r}} \dot{r} + N_\delta \delta \end{cases} \quad (7-34)$$

式中各水动力系数的含义与垂直面类似,不再重复,下面就其特点和简化作一介绍。

(1)由于艇形左右舷对称,应有

$$Y_0 = N_0 = 0$$
$$Y_u = Y_{\dot{u}} = N_u = N_{\dot{u}} = 0$$

并且：

纵向力 X 是 v、$\dot{v}$、r、$\dot{r}$、δ 的偶函数，X 的表示式中不含这些参数的奇次项，即
$$X_v = X_{\dot{v}} = X_r = X_{\dot{r}} = X_\delta = 0$$

横向力 Y、偏航力矩 N 是 v、r、δ 的奇函数，若 Y、N 对 v、r、δ 取高阶导数时，偶次阶导数和偶次阶耦合导数皆为零。

此外，与垂直面一样，航速变化不大时，可取 $X_u = 0$。于是式(7-34)可改写成

$$\left.\begin{aligned}X &= X_0 + X_{\dot{u}}\dot{u} \\ Y &= Y_v v + Y_{\dot{v}}\dot{v} + Y_r r + Y_{\dot{r}}\dot{r} + Y_\delta \delta \\ N &= N_v v + N_{\dot{v}}\dot{v} + N_r r + N_{\dot{r}}\dot{r} + N_\delta \delta\end{aligned}\right\} \quad (7-35(\text{a}))$$

及其无因次表示式

$$\left.\begin{aligned}X' &= X'_0 + X'_{\dot{u}}\dot{u}' \\ Y' &= Y'_v v' + Y'_{\dot{v}}\dot{v}' + Y'_r r + Y'_{\dot{r}}\dot{r}' + Y'_\delta \delta \\ N' &= N'_v v' + N'_{\dot{v}}\dot{v}' + N'_r r' + N'_{\dot{r}}\dot{r}' + N'_\delta \delta\end{aligned}\right\} \quad (7-35(\text{b}))$$

式中

$$Y' = \frac{Y}{\frac{1}{2}\rho V^2 L^2}, \qquad N' = \frac{N}{\frac{1}{2}\rho V^2 L^3}$$

$$Y'_v = \frac{Y_v}{\frac{1}{2}\rho V L^2}, \qquad N'_v = \frac{N_v}{\frac{1}{2}\rho V L^3}$$

$$Y'_r = \frac{Y_r}{\frac{1}{2}\rho V L^3}, \qquad N'_r = \frac{N_r}{\frac{1}{2}\rho V L^4}$$

$$Y'_\delta = \frac{Y_\delta}{\frac{1}{2}\rho V^2 L^2}, \qquad N'_\delta = \frac{N_\delta}{\frac{1}{2}\rho V^2 L^3} \quad (7-36)$$

并有

$$v' = \frac{v}{V} = -\beta, \qquad r' = \frac{rL}{V} \quad (7-37)$$

(2) 线性水动力导数的正负号。

水动力导数的大小和正负，可按照垂直面的分析方法和符号规则获得如下结论：

① $Y_v < 0$、$N_v < 0$。一般 Y_v 是个较大的负值，而 N_v 是个不小的负值。

横向力 $Y(v)$ 在纵中剖面上的作用点 F，亦叫做水动力中心，并可表示成

$$l'_\beta = \frac{l_\beta}{L} = \frac{N'_v}{Y'_v} \tag{7-38}$$

称 l'_β 为水平面的无因次水动力中心臂。

② Y_r 可正可负，随艇型而异，$N_r < 0$。

而 $Y_\delta < 0$、$N_\delta > 0$。这是与本章的符号规定有关，即取右舵角为正之故（图 7-16）。

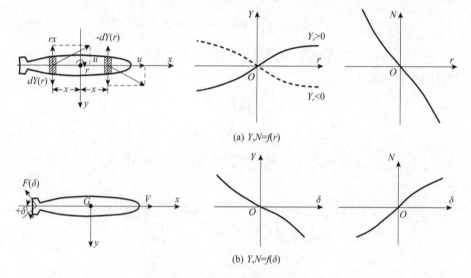

图 7-16　r、δ 引起的水动力

5. 水动力的非线性表示式

若潜艇在高速、大舵角下作强机动，需考虑水动力的非线性影响，要计及航速变化对水动力的影响，并用螺旋桨相对进程比 η 的形式来表示成

$$\begin{cases}
X = X_{\dot u}\dot u + X_{vv}v^2 + X_{rr}r^2 + X_{vr}vr + X_{\delta\delta}\delta^2 + X_T - \\
\quad - X_{uu}u^2 + [X_{vv}v^2 + X_{\delta\delta\eta}\delta^2](\eta-1) \\
Y = Y_0 + Y_{\dot v}\dot v + Y_{\dot r}\dot r + Y_v v + Y_{vvv}v^3 + Y_r r + Y_{rrr}r^3 + Y_\delta \delta + Y_{vvr}v^2 r + \\
\quad + Y_{vrr}vr^2 + Y_{r\delta}r^2\delta + [Y_{0\eta} + Y_{v\eta}v + Y_{vvv\eta}v^3 + Y_{\delta\eta}\delta + Y_{r\eta}r](\eta-1) \\
N = N_0 + N_{\dot v}\dot v + N_{\dot r}\dot r + N_v v + N_{vvv}v^3 + N_r r + N_{rrr}r^3 + N_\delta \delta + N_{vvr}v^2 r + \\
\quad + N_{vrr}vr^2 + N_{r\delta}r^2\delta + [N_{0\eta} + N_{v\eta}v + N_{vvv\eta}v^3 + N_{\delta\eta}\delta + N_{r\eta}r](\eta-1)
\end{cases} \tag{7-39}$$

式中各项系数可用带桨约束模型试验求取，其中

$\eta = J_c/J$ 为螺旋桨相对进程比；

$J = u(1-w_p)/(n \cdot D_p)$ 为螺旋桨瞬时进程比；

$J_c = u_c(1 - w_p)/(n_c \cdot D_p)$ ——螺旋桨指令进程比；

u_c 为潜艇设定的真航速度；

u 为潜艇瞬时速度；

w_p 为螺旋桨伴流系数；

n 为螺旋桨转速；

D_p 为螺旋桨直径；

$X_{vv\eta}$ 和 $Y_{v\eta}$、$N_{v\eta}$ 分别表示作为 $(\eta-1)$ 的函数的 X 的二阶系数 (X 的一阶系数为零)，Y、N 的一阶系数。

式(7-28)、式(7-33)及式(7-35)、式(7-39)中各水动力系数，只取决于艇形而与潜艇的运动情况无关，对于一条具体的潜艇来讲（艇形已定）则是常数。各水动力系数可用理论和试验方法来确定。目前理论计算方法还不完善，尚不能满足工程精度要求，而主要用约束船模试验，包括平面运动机构(简称 PMM)、或长条水池的斜拖加悬臂水池的回转试验(简称 ORT+RAT)、还有风洞试验来确定，或用水下自航船模确定。在方案设计阶段可用系列试验资料、近似公式来近似估算。水动力近似计算是以"迭加原理"和"相当值"为基础的，即认为潜艇的水动力系数等于艇体和各附体的水动力系数之和，再计入适当的相互影响系数；而艇体和各附体分别以简单几何体替代，如裸艇体→三轴椭球体、附体→平板，详细方法可参看有关资料。

7.2.3 潜艇操纵运动方程式

由于操纵运动方程是研究舰艇操纵性能的基础。因此自从1946年K·戴维逊(K·Davidson)比较完整地提出了舰船操纵运动方程以来，相继建立了在力学基本原理相同，但在表达形式上有所差别的多种操纵运动方程，其中较为典型的有：

(a) 潜艇平面运动线性方程和非线性方程；

(b) 苏联 ЦНИИ-45(第45中央科学研究所)的潜艇空间运动方程式；

(c) NSRDC(美国海军舰船研究和发展中心)的潜艇标准运动方程式；

(d) 潜艇操纵运动的响应方程。

根据水动力的表达式又可分为以下两种。

整体型数学模型：把艇体、舵、桨看成一个受力系统，水动力 X、Y、Z、M、N 等是个多元函数，按泰勒公式展开，如美国的潜艇标准运动方程式，还有 Abkowitz 空间(三阶非线性)操纵运动方程；

分离型数学模型：以艇体、舵、桨的单独性能为基础，引入适当的相互影响系数。如水面舰船用的较多的 MMG 方程(日本操纵性数学模型研讨组)。

1. 潜艇平面运动的线性方程

1) 垂直平面运动的线性方程

假设潜艇在垂直面内作微幅机动、运动参数 Δu、w、q、δ_b、δ_s 等为小量，因此原则上方程式(7-7)也可进行线性化,当略去 Δu、w、q 等二阶以上的量,式(7-7)的第二项中

$$uq = (u_0 + \Delta u)q = u_0 q + \Delta u \Delta q = u_0 q$$
$$wq = \Delta w \cdot \Delta q = 0$$

则式(7-7)可写成

$$\begin{cases} m\dot{u} = X \\ m(\dot{w} - u_0 q) = Z \\ I_y \dot{q} = M \end{cases} \quad (7-40)$$

这样式(7-40)的二、三式中已不包含 u(只含常数 u_0),而与第一式分离开。第一式用于确定航速 u,在弱机动时,u 的变化很小,一般即取 $u = u_0 = V$,$\dot{u} = 0$,从而可忽略去 X 方程,这是线性运动方程的假设之一。

将潜艇在垂直面运动时所受的静力和流体动力式(7-12)、式(7-28)代入式(7-40)可得垂直面线性运动方程组——垂向力方程和俯仰力矩方程:

$$\begin{cases} (m - Z_{\dot{w}})\dot{w} - Z_{\dot{q}}\dot{q} = Z_0 + (mV + Z_q)q + Z_w w + Z_{\delta_s}\delta_s + Z_{\delta_b}\delta_b + P \\ -M_{\dot{w}}\dot{w} + (I_y - M_{\dot{q}})\dot{q} = M_0 + M_q q + M_w w + M_{\delta_s}\delta_s + M_{\delta_b}\delta_b + M_p + M_\theta \cdot \theta \end{cases}$$
$$(7-41(a))$$

相应的无因次线性运动方程组为

$$\begin{cases} (m' - Z'_{\dot{w}})\dot{w}' - Z'_{\dot{q}}\dot{q}' = Z'_0 + (m' + Z'_q)q' + Z'_w w' \\ \quad + Z'_{\delta_s}\delta_s + Z'_{\delta_b}\delta_b + P' - M'_{\dot{w}}\dot{w}' + (I'_y - M'_{\dot{q}})\dot{q}' \\ = M'_0 + M'_q q' + M'_w w' + M'_{\delta_s}\delta_s + M'_{\delta_b}\delta_b + M'_p + M'_\theta \cdot \theta \end{cases} \quad (7-41(b))$$

并有

$$\begin{cases} \dot{\theta} = q \\ \dot{\xi}_G = u + w\theta \\ \dot{\zeta}_G = w - u\theta \end{cases} \quad (7-42)$$

当将非线性项水动力式(7-33)代替式(7-28)有关线性项,可得非线性运动方程组。

当螺旋桨布置在 Gx 轴上下时,应考虑推力 X_T 产生的纵倾力矩 $X_T e$("e"为桨轴线到 GX 轴的距离)。

当要考虑航速变化的影响时,还应计及速度方程(X 方程)。

如果潜艇在垂直面作等速直线运动,此时 $V = $ 常数 u、w(或 α)、θ 亦为常数,且 $q = 0$,$\dot{w} = \dot{q} = 0$。可由式(7-41)方程组得到俯仰定常运动方程组

$$\begin{cases} Z_0 + Z_w w + Z_{\delta_s}\delta_s + Z_{\delta_b}\delta_b + P = 0 \\ M_0 + M_w w + M_{\delta_s}\delta_s + M_{\delta_b}\delta_b + M_P + M_\theta \theta = 0 \end{cases} \quad (7-43(a))$$

相应的无因次俯仰定常运动方程组为

$$\begin{cases} Z'_0 + Z'_w w' + Z'_{\delta_s} \delta_s + Z'_{\delta_b} \delta_b + P' = 0 \\ M'_0 + M'_w w' + M'_{\delta_s} \delta_s + M'_{\delta_b} \delta_b + M'_P + M'_\theta = 0 \end{cases} \quad (7-43(\text{b}))$$

注:为了区别,定常运动参数应有下标"0",本章从略。

2)水平面运动的线性方程

根据水平面运动一般方程式(7-6)和水动力线性展开式(7-35),不考虑 X 方程,亦可得水平面线性运动方程组——横向力方程和偏航力矩方程为

$$\begin{cases} (m - Y_{\dot{v}}) \dot{v} - Y_{\dot{r}} \dot{r} - (Y_r - mV) r - Y_v v = Y_\delta \delta \\ -N_{\dot{v}} \dot{v} + (I_z - N_{\dot{r}}) \dot{r} - N_r r - N_v v = N_\delta \delta \end{cases} \quad (7-44(\text{a}))$$

相应的无因次线性运动方程组为

$$\begin{cases} (m' - Y'_{\dot{v}}) \dot{v}' - Y'_{\dot{r}} \dot{r}' - (Y'_r - m') r' - Y'_v v' = Y'_\delta \delta \\ -N'_{\dot{v}} \dot{v}' + (I'_z - N'_{\dot{r}}) \dot{r}' - N'_r r' - N'_v v' = N'_\delta \delta \end{cases} \quad (7-44(\text{b}))$$

并有

$$\begin{cases} \dot{\psi} = r \\ \dot{\xi}_G = u - v\psi \\ \dot{\eta}_G = u\psi + v \end{cases} \quad (7-45)$$

如将非线性水动力式(7-39)替代式(7-35),可得非线性方程组。

请注意,如果取前、后对称于动系原点,则式(7-41)、式(7-44)中,$Z_{\dot{q}} = M_{\dot{w}} = Y_{\dot{r}} = N_{\dot{v}} = 0$。

如果潜艇作定常回转运动,此时 $\dot{r} = \dot{v} = 0$,则由式(7-44)可得定常回转线性运动方程为

$$\begin{cases} Y_v v - (mV - Y_r) r = -Y_\delta \delta \\ N_v v + N_r r = -N_\delta \delta \end{cases} \quad (7-46(\text{a}))$$

相应的无因次方程为

$$\begin{cases} Y'_v v' - (m' - Y'_r r') r = -Y'_\delta \delta \\ N'_v v' + N'_r r' = -N'_\delta \delta \end{cases} \quad (7-46(\text{b}))$$

2. 潜艇操纵响应方程

潜行于深广水域中的潜艇,对垂直面运动来讲最关心的是纵倾与潜浮,而对水平面运动来讲莫过于航向,因此需要研究潜艇的纵倾角、首向角等对操舵或其他外力的响应,这对于自动操舵系统尤为有用,为此介绍扰动运动方程和响应方程。

1)垂直面操纵响应线性方程

扰动运动和扰动运动方程式

由于某种偶然的干扰作用,使物体的运动状态发生了微小的改变,物体的运动

参数由受扰前的定常运动常数变为

$$u(t) = u_0 + \Delta u(t)$$
$$w(t) = w_0 + \Delta w(t) \text{ 或 } \alpha(t) = \alpha_0 + \Delta \alpha(t) \quad (7-47(a))$$
$$q(t) = q_0 + \Delta q(t) \text{ 或 } \theta(t) = \theta_0 + \Delta \theta(t)$$

式中

$u(t)$、$w(t)$、$q(t)$ ——受到干扰后的运动参数,称为受扰运动;

u_0、w_0、q_0——受到干扰前的定常运动参数,称为未扰运动;

Δu、Δw、Δq——受扰运动与未扰运动之差,称为扰动运动。

造成扰动运动最寻常的因素是舵角和剩余静载的改变,如 δ_{b_0}、δ_{s_0}、P_0 为平衡状态(定常运动)时的值,若有增量 $\Delta \delta_{b,s}$、ΔP,即有

$$\delta_b(t) = \delta_{b_0} + \Delta \delta_b(t)$$
$$\delta_s(t) = \delta_{s_0} + \Delta \delta_s(t) \quad (7-47(b))$$
$$P(t) = P_0 + \Delta P(t)$$

将式(7-46)代入式(7-41),并考虑到定常运动方程式(7-43)表示的垂向力、纵倾力矩的平衡关系,并省略前置符号"Δ",从而可得潜艇俯仰(微)扰动运动方程:

$$\begin{cases} (m - Z_{\dot{w}})\dot{w} - Z_{\dot{q}}\dot{q} = (mV + Z_q)q + Z_w w + Z_{\delta_s}\delta_s + Z_{\delta_b}\delta_b + P \\ -M_{\dot{w}}\dot{w} + (I_y - M_{\dot{q}})\dot{q} = M_q q + M_w w + M_{\delta_b}\delta_b + M_{\delta_s}\delta_s + M_p P + M_\theta \theta \end{cases} \quad (7-48)$$

比较式(7-48)与式(7-41)两方程组可知,若从式(7-41)去掉零升力(矩)Z_0、M_0,即是式(7-48)。但是式(7-48)表示潜艇以某一航速作等速直航时,以该航速下的平衡舵角为基准有改变量 $\Delta \delta_b$、$\Delta \delta_s$ 以及 ΔP、ΔM_p 时的扰动运动方程,或称强迫运动方程。就力学实质来讲两者是相同的。

若从式(7-48)中消去 w 或 θ,即得潜艇垂直面操纵线性响应方程

纵倾响应线性方程

$$A_3 \dddot{\theta} + A_2 \ddot{\theta} + A_1 \dot{\theta} + A_0 \theta = (M_w Z_{\delta_s,b} Z_w)\delta_{s,b} - Z_w M_p + M_w P \quad (7-49)$$

潜浮响应线性方程

$$A_3 \dddot{w} + A_2 \ddot{w} + A_1 \dot{w} + A_0 w = -M_\theta Z_{\delta_s,b} - M_\theta P \quad (7-50)$$

式中

$$A_3 = (I_y - M_{\dot{q}})(m - Z_{\dot{w}}) - Z_{\dot{q}} M_{\dot{w}}$$
$$A_2 = -M_q(m - Z_{\dot{w}}) - (I_y - M_{\dot{q}})Z_w - M_w Z_{\dot{q}} - M_{\dot{w}}(mV + Z_q) \quad (7-51)$$
$$A_1 = M_q Z_w - M_\theta(m - Z_{\dot{w}}) - M_w(mV + Z_q)$$
$$A_0 = M_\theta Z_w$$

这里取 $\delta_{b,s} = \dot{P} = \dot{M}_p = 0$

若取式(7-47)、式(7-50)的右端为零,则得纵倾角、冲角的自由扰动运动方程式,对于下面将要介绍的水平面中的式(7-52)、式(7-53)也是如此。

2) 水平面操纵响应线性方程

由水平面运动线性方程式(7-44)中消去 v 或 r,即得潜艇水平面操纵线性响应方程(取 $Y_{\dot{r}}$、$N_{\dot{v}}$ 为零):

a) 偏航方程

$$T_1 T_2 \ddot{r} + (T_1 + T_2) \dot{r} + r = k\delta + kT_3 \dot{\delta} \qquad (7-52(a))$$

或

$$T_1 T_2 \dddot{\psi} + (T_1 + T_2) \ddot{\psi} + \dot{\psi} = k\delta + kT_3 \dot{\delta} \qquad (7-52(b))$$

b) 横漂方程 6

$$T_1 T_2 \dddot{\beta} + (T_1 + T_2) \ddot{\beta} + \dot{\beta} = k_\beta \delta + k_\beta T_{3\beta} \dot{\delta} \qquad (7-53)$$

式中

$$T_1 T_2 = \left(\frac{L}{V}\right)^2 \frac{(I'_z - N'_{\dot{r}})(m' - Y'_{\dot{v}})}{\Delta}$$

$$T_1 + T_2 = \left(\frac{L}{V}\right) \frac{[-(I'_z - N'_{\dot{r}}) Y'_v - N'_r (m' - Y'_{\dot{v}})]}{\Delta} \qquad (7-54)$$

$$T_3 = \left(\frac{L}{V}\right) \frac{N'_\delta (m' - Y'_{\dot{v}})}{N'_v Y'_\delta - N'_\delta Y'_v}$$

$$T_{3\beta} = \left(\frac{L}{V}\right) \frac{-(I'_z - N'_{\dot{r}}) Y'_\delta}{N'_v Y'_\delta + N'_\delta (m' - Y'_r)}$$

$$k = \left(\frac{V}{L}\right) \frac{N'_v Y'_\delta - N'_\delta Y'_v}{\Delta}$$

$$k_\beta = \frac{N'_r Y'_\delta + N'_\delta (m' - Y'_r)}{\Delta}$$

$$\Delta = N'_v (m' - Y'_r) N'_r Y'_v$$

1957年野本教授将经典的自动调整原理应用于船舶操纵性,对操舵—偏航运动进行了分析,认为船舶的操纵运动基本上是一个质量很大的物体在舵作用下的缓慢转首运动,从而可略去偏航角速度高阶项的影响,可近似地用 K-T 一阶方程式来代替二阶方程式(7-32)即

$$T\dot{r} + r = k\delta \qquad (7-55)$$

式中

$$T = T_1 + T_2 - T_3$$

由于一阶 K-T 方程较简单,便于求解和问题的分析,且系数 K、T 有明确的物理意义,又便于实验测定,因此曾得到了广泛应用。但是,一阶 K-T 方程毕竟是对线性响应方程式(7-52)的一种近似表示式,实践表明一阶方程只适用于操舵不是

很频繁或具有比较好的航向稳定性的船舶。

由于线性运动方程只适用于小舵角下的弱机动,对于大舵角的强机动和航向不够稳定的舰艇就不适合了。因此在水面船舶操纵性研究中发展了一些简化型的非线性操纵方程。如前所述,操纵运动的非线性来源于两方面:潜艇运动速度的变化和水动力的非线性。为此比奇(MBech)、野本和诺宾(Noorbin)等在式(7-52)的基础上,增加一些非线性项,提出了一些在实用上比较简单的非线性方程,通常称为简化型非线性响应方程。下面列出常用的两种表达式:

$$T_1 T_2 \ddot{r} + (T_1 + T_2) \dot{r} + r + \alpha r^3 = k\delta + kT_3 \dot{\delta} \quad (立方型) \quad (7-56(a))$$

或

$$T_1 T_2 \ddot{r} + (T_1 + T_2) \dot{r} + KH(r) = k\delta + kT_3 \dot{\delta} \quad (立方型) \quad (7-56(b))$$

式中 α ——系数;

$H(r)$ ——r 的非线性函数。

在定常回转时,由式(7-52)可知,定常回转角速度 r_s 和舵角 δ 成线性关系,即 $r_s = k\delta$,上述各式又可写成

$$r + \alpha r^3 = k\delta \quad (7-57)$$

及

$$H(r) = \delta$$

若取 $H(r) = \dfrac{r + \alpha r^3}{k}$,则式(7-56b)就与式(7-56a)相同。系数 α 和函数 $H(r)$,可用船模螺线试验来确定。

7.2.4 重心运动轨迹方程式

为了确定作平面运动的潜艇每一瞬时在水平面或垂直面的位置——潜艇在固定坐标系 $\xi E\eta$ 或 $\xi E\zeta$ 平面中艇的重心运动轨迹及航向角、纵倾角:

$$\ddot{\zeta}_G(t) \quad \eta_G(t) \text{ 及 } \psi(t)$$

$$\ddot{\zeta}_G(t) \quad \zeta_G(t) \text{ 及 } \theta(t)$$

当给定操舵规律 $\delta(t)$、或静载作用 $P(t)$、$M_p(t)$ 后,由平面运动方程解出运动参数 $\{u(t)、v(t)$ 及 $r(t)\}$ 和 $\{u(t)、w(t)$ 及 $\theta(t)\}$,即可确定潜艇在平面上的重心运动轨迹及其姿态。

假设 $t=0$ 时潜艇的动系与定系重合,参看图 7-4 和式(7-46)、式(7-42)、式(7-45)可得如下重心坐标和姿态表示式:

(1)水平面运动为

$$\begin{cases} \xi_G(t) = \int_0^t V_\xi(t)\,\mathrm{d}t = \int_0^t (u\cos\psi - v\sin\psi)\,\mathrm{d}t \approx Vt \\ \eta_G(t) = \int_0^t V_\eta(t)\,\mathrm{d}t = \int_0^t (u\sin\psi + v\cos\psi)\,\mathrm{d}t \approx V\int_0^t [\psi(t) - \beta(t)]\,\mathrm{d}t \\ \psi(t) = \int_0^t r(t)\,\mathrm{d}t \end{cases} \quad (7-58)$$

(2)垂直面运动为

$$\begin{cases} \xi_G(t) = \int_0^t V_\xi(t)\,\mathrm{d}t = \int_0^t (u\cos\theta - w\sin\theta)\,\mathrm{d}t \approx Vt \\ \zeta_G(t) = \int_0^t V_\zeta(t)\,\mathrm{d}t = \int_0^t (-u\sin\theta + w\cos\theta)\,\mathrm{d}t \approx V\int_0^t [\alpha(t) - \theta(t)]\,\mathrm{d}t \\ \theta(t) = \int_0^t q(t)\,\mathrm{d}t \end{cases} \quad (7-59)$$

式中近似等号后的式子,表示线性化条件下的重心运动轨迹方程。

7.3 潜艇水平面定常回转运动特性

直航中的潜艇,把方向舵转到一定舵角并保持不变,这时潜艇将偏离原航线而作曲线运动,称为水平面回转运动。潜艇作回转运动时重心的轨迹,称为回转曲线或回转圈,如图 7-17 所示。潜艇是否易于回转的性能称为回转性。

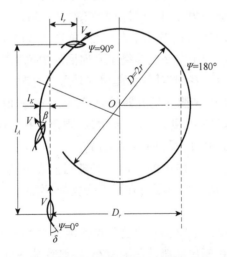

图 7-17 回转曲线及其几何特征参数

转向运动是潜艇最基本的机动方式之一,回转性是潜艇操纵性能的重要组成部分。本节主要介绍:

(1)回转运动及其特征参数;

(2)定常回转直径的确定;
(3)回转过程中的横倾。

7.3.1 水平回转运动及其特征参数

1. 回转运动的三个阶段

根据潜艇回转运动过程中运动参数变化的特点,通常把其分成以下三个阶段。

1)转舵阶段

转舵阶段:从转舵开始到舵转至规定舵角(一般约 8~15s)。设潜艇自直线航行中转一右舵,随着舵的转动,方向舵上的舵力 $Y(\delta)$ 和力矩 $N(\delta)$ 也不断增大,使艇减速并产生 $(-\dot{u})$、$(-\dot{v})$ 和 $\dot{r}$,但由于舵的水动力较小而艇的惯性很大,转舵时间又短,所以产生的 v、r 很小,潜艇几乎仍按原航线减速运动,只是由于舵力 $Y(\delta)$ 的作用,潜艇多少有些被推向外侧,由于位移的方向与回转方向相反,因此叫做"反向横移"或"外冲"(图 7-7(b))。

2)过渡阶段

过渡阶段:从转舵终了到潜艇进入定常回转运动止。一般须改变航向 90°~180°,也有的航向改变 30°~40°即进入定常回转运动,随艇型而变。

随着时间的增长,潜艇在主机及舵力(矩)作用下,边前进边顺时针旋转,并有反向横移,于是使艇速 $\vec{V}$ 与 Gx 轴分离开,产生水动力角 β,称 β 为漂角。从而在艇体上又产生了水动力;纵向力 $X(\beta)$、横向力 $Y(\beta)$ 和偏航力矩 $N(\beta)$,随着漂角的增大,这些力也增大。纵向力使航速不断降低,横向力 $Y(\beta)$ 的增大,逐渐克服了 $Y(\delta)$,制止了反向横移,$N(\beta)$ 使艇体绕重心向回转内侧加速旋转,并使用重心轨迹向回转一侧弯曲,艇首伸在回转圈内,艇尾向外甩。这时潜艇既有 $\dot{v}$、$\dot{r}$,也有 v、r 等。随着角速度 r 的增大,使阻止艇旋转的阻尼力矩 $N(r)$ 也迅速增大,当 $N(\delta) + N(\beta) = N(r)$ 时,各力矩平衡,则 $\dot{r}=0$,$r=$ 常数,漂角 β 和航速 V 也逐渐达到常值,艇的运动就进入了定常回转阶段(图 7-7(c))。

过渡阶段的特点:作用在艇上的水动力是随时间在变化的,所以艇速 V、漂角 β、角速度 r 和回转曲线的曲率半径也在不断变化的,潜艇作非定常运动,是个刚体在水中的平面运动。

此外,如第 7.1 节所述沿艇长方向上各点速度的大小和方向(即漂角)都是改变的(图 7-8)。V 和 β 由艇尾向艇首逐渐减小,在艇首某一点 p 处 $\beta=0$(即 $v=0$),对于站在 p 点上的人看来,好像潜艇一方面以 V_p 向前平动,另一方面艇上前后各点以角速度 r 绕 p 点旋转。所以称 $\beta=0$ 的点为"枢点"或"旋心"。刚操舵回转时枢心约在重心前 $L/10$ 处,以后逐渐在偏航力矩作用下,随艇首伸向回转圈内而前移,定常回转时固定不变,其位置为

$$X_p = \frac{V\sin\beta}{r} = \frac{V\beta}{r}(\text{或 } R_s\sin\beta) \tag{7-60}$$

其中：V、v、β 都是重心处的参数。定常回转时枢点大致落在距艇首 1/4~1/5 艇长处。

3）定常阶段

作用于艇上的各水动力矩平衡，使潜艇绕重心作匀速度转动。各水动力沿回转曲线的切线方向（即艇速 V 的方向）的平衡，艇速 V 达到最小值并保持不变；水动力沿回转曲线的法线方向的分量为常值，提供一个向心力，在垂直于速度方向、大小不变的力的作用下，艇的重心 G 作等速圆周运动，艇的运动轨迹是一圆形。

2. 回转运动特征参数

回转运动的主要特征可用下列空间和时间两类参数描述（图 7-17）。

(1) 定常回转直径 D_s，定常回转圆的直径。它是表示潜艇在水平面内机动性最方便、常用且最重要的特征参数。通常用相对比值 D_s/L 来表示，即回转直径与艇长之比，或 R_s/L（R_s 为定常回转半径），其大小为

水下状态：$D_s\!\downarrow = (3.5 \sim 6.0)L$

水上状态：$D_s\!\uparrow = (3 \sim 5)L$

(2) 战术直径 D_T，潜艇回转 180° 度时，艇的重心到初始直航线的距离。战术直径是易于测量、对实操很有用的重要参数，一般为

$$D_T = (0.9 \sim 1.2)D_s$$

(3) 纵距 l_A，自转舵开始的操舵点至艇向改变 90° 时，艇重心沿初始直航线前进的距离。它表示潜艇在航行中发现前方有障碍物而转舵避碰的最短距离。也叫进距，一般 $l_A = (0.6 \sim 1.2)D_\uparrow$。

(4) 正横距 l_r，艇回转 90° 时重心至初始直航线的距离。一般

$$l_r = (0.25 \sim 0.5)D_\uparrow$$

(5) 反横距 l_k，潜艇重心离开初始直航线，向回转的相反方向横移之最大距离。一般 $l_k \leq B/2$（B 为艇宽）。这一特性可用于近距避碰的紧急情况。

(6) 定常回转的航速速 V_s、漂角 β_s、横倾角 φ_s（有时为了简便可省略下标"s"）。定常回转的航速 V 比直航时的航速 V_0 大约降低 20%~30% 并可用下式估算：

水下回转：$V\!\downarrow = (1 - e^{-0.52R/L})V_0$

水上回转：$V\!\uparrow = 0.767\left(1.45 - \dfrac{L}{R}\right)V_0 \tag{7-61}$

漂角通常不大，约在 10° 以内，并可采用 $R_s/L \cdot \beta_s° = 0.3 \sim 0.5$ 或 $\beta_s° = 22.5L/R_s + (1.45 \sim 18)\dot{L}/R_s$ 来估算。

(7) 回转周期 T，从转舵起至回转 360° 所经历之时间。也有以定常回转 360°

所需的时间来定义回转周期,于是周期 T 与定常回转角速度 r_s 是应有关系式 $r_s = 2\pi/T$。回转周期可用来衡量潜艇大幅度转向的快慢程度。

(8)初始转首时间 t_a,转舵瞬时起至首向角 ψ 改变某一角度所需的时间。一般指 ψ 改变 $5°$,操方向舵 $10°$ 或 $15°$ 即 $\delta°/\psi° \rightarrow 10° \sim 15/5°$ 时所经历的时间。t_a 表示潜艇首向角对于转舵的响应之快慢程度,并可根据水平面线性运动式(7-44)推出 t_a 的近似表示式为

$$t_a \approx \sqrt{2\psi/C_{p_\psi}\delta} \quad (\text{s})$$

其中:

$$C_{p_\psi} = \frac{kT_3}{T_1 T_2} = \left(\frac{V}{L}\right)^2 \frac{N'_\delta}{I'_r - N'_r} \quad (\text{s}^2) \qquad (7-62)$$

上述各特征参数中,前五项是衡量回转区域大小的空间特征参数,其中以 D_T、l_A 尤为有用,表示了潜艇回转必须的最小水域。此外尚须计及艇尾外甩所占的海域,其宽度取决于艇长 L,大约等于:$L[\cos(90° - \beta_s)]$。特征参数、回转直径和周期,对于潜艇的机动、攻击和编队航行,都是十分重要的参数。

7.3.2 定常回转直径的确定

定常回转直径 D_s 常用两种方法计算:用定常回转的线性运动方程求解小舵角缓慢定常回转的直径;用非线性运动方程求解大舵角时的定常回转直径。

1. 线性运动方程

定常回转的线性运动方程可按等速圆周运动直接求得。这里应用第 7.2 节中水平面的线性运动方程式(7-44)导出的方程(7-46(b))),即

$$\begin{cases} Y'_v v' - (m' - Y'_r) r' = -Y'_\delta \delta \\ N'_v v' + N'_r r' = -N'_\delta \delta \end{cases} \qquad (7-63(\text{a}))$$

由此可解得

$$r_s = k\delta \qquad (7-63(\text{b}))$$

式中

$$k = \left(\frac{V}{L}\right) k' = \left(\frac{V}{L}\right) \frac{N'_v Y'_\delta - N'_\delta Y'_v}{N'_v (m' - Y'_r) + N'_r Y'_v} \quad (1/\text{s}) \qquad (7-64(\text{a}))$$

或

$$r'_s = k'\delta \qquad (7-64(\text{b}))$$

定常回转时的角速度 $r_s = \dfrac{V}{R_s}$,所以相对回转半径 R_s/L 为

$$\frac{R_s}{L} = \frac{1}{r_s} \frac{1}{k'\delta} = \frac{N'_v(m' - Y'_r) + N'_r Y'_v}{N'_v Y'_\delta - N'_\delta Y'_v} \cdot \frac{1}{\delta} \qquad (7-65)$$

同理,由方程组(7-46b)解出 v,得定常回转的漂角 β_s 为

$$\beta_s = -\frac{v}{V} = k_\beta' \delta \tag{7-66}$$

式中

$$k_\beta' = \frac{N_\delta'(m' - Y_r') + N_r'Y_\delta'}{N_v'(m' - Y_r') + N_r'Y_v'} \tag{7-67}$$

由上可知比合系数 k 在数值上表示单位方向舵角引起的定常回转角速度,所以叫做回转性指数或舵效指数。k 越大,舵效愈高,回转快,定常回转直径小。当 $k > 0$ 时,操右舵 $\delta > 0$ 潜艇顺时针方向向右回转($r > 0$),操左舵($\delta > 0$),则逆时针方向向左回转($r < 0$),称为正常操舵;若 $k < 0$ 时,操右舵艇向左旋回,操左舵艇向右旋回,此时称为反常操舵。

式(7-65)是在线性化条件下求得的,只是在较大的 D/L(例如 $D/L > 8$ 以后省略 D、R 等的下标"S")时,才不致有明显的误差。由于潜艇定常回转直径不大,所以当有 $Y(v,\delta)$、$N(v,\delta)$ 水动力试验资料时,则按下述非线性方程来计算定常回转直径。

2. 非线性运动方程

将水动力系数中的位置导数与旋转导数分离,此时可依如下水动力的非线性表示式替代式(7-35)中的黏性水动力,即

$$\begin{cases} Y' = Y'(v,\delta) + Y_r'r' \\ N' = N'(v,\delta) + N_r'r' \end{cases} \tag{7-68}$$

于是式(7-46(b))可改写成

$$\begin{cases} -Y(v,\delta) + (m' - Y_r')r' = 0 \\ N'(v,\delta) + N_r'r' = 0 \end{cases} \tag{7-69}$$

以 $r' = \dfrac{L}{R}$ 代入,则有

$$\begin{cases} \dfrac{L}{R} = \dfrac{Y'(v,\delta)}{(m' - Y_r')} = f_1(v,\delta) \\ \dfrac{L}{R} = \dfrac{-N'(v,\delta)}{N_r'} = f_2(v,\delta) \end{cases} \tag{7-70}$$

在一定舵角 δ_l 下,给出可能的一组漂角 β_1、β_2、……β_n,从而可作出曲线(见图 7-19,图中特征长度是水下全排水量 $\nabla^{1/3}$)

$$\begin{cases} \dfrac{L}{R} = f_1(v,\delta_1) \\ \dfrac{L}{R} = f_2(v,\delta_1) \end{cases}$$

这两曲线的交点就是式(7-69)的解。表示一定转舵角下潜艇定常回转时的漂角 β 和相对回转半径的倒数 $\dfrac{L}{R}$。取一系列的转解舵角 δ_i 可得相应的若干交点，从而可得关系曲线

$$\dfrac{L}{R}=f_1(\delta)$$
$$\beta=f_2(\delta)$$

并可绘成如图 7-18 所示的曲线。

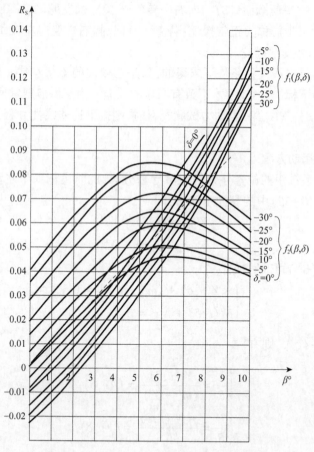

图 7-18 $f_1(\beta,\delta)$ 和 $f_2(\beta,\delta)$ 交叉曲线

通过一些艇的实际计算与实艇满舵试验结果相比较，线性方程的结果偏小较多，非线性方程的结果则有较好的一致性。

理论计算与航海实践表明，对一定的潜艇来讲，定常回转直径主要取决于转舵角的大小。水面航行时尚与纵倾密切相关，若有艏纵倾时使艇的前体提供较大的

$Y(v)$,从而使水动力中心前多,使 l_β 增大,可使回转性得以改善,使定常回转直径减小。航速对定常回转直径 D 的影响不大,当 $F_r = \dfrac{V}{\sqrt{gL}} \leq 0.25$ 时,航速对 D 无影响;当 $F_r > 0.25$ 后,由于航行中产生纵倾和兴波的影响,使 D 的所有增大,D 大致与 $V^{0.3}$ 成正比。例如,对具有圆钝回转型艇首的潜艇,增速时有埋首现象,故使回转直径减小;为了改善水面航行的适航性,将艇尾的"抗沉"压载水舱注水,再增速时回转直径则遵从通常的规律也有所增大。

7.3.3 回转过程中的横倾

操方向舵使潜艇在水面作回转运动时,同时伴有横倾,纵倾和潜浮运动,这里仅介绍回转过程中横倾角 φ 的变化情况及其计算方法,回转中的潜浮运动将在下一节研究。潜艇无论在水下或水面回转,都会产生横倾,造成横倾的原因在于回转中各横向力 $Y(v,r)$、$Y(\delta)$ 等的作用点与艇的重心不在同一高度上,横向力对重心形成了横倾力矩(图 7-19)。

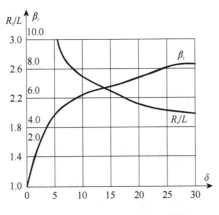

图 7-19 R_s/L、$\beta_i = f(\delta)$ 曲线

水面回转时(图 7-20)一般先向回转内侧横倾(内倾),后向回转外侧横倾(外倾);而水下回转时一般先外倾后内倾。例如水下回转时,在回转的转舵阶段,横向力只有舵力 $Y(\delta)$。舵力的作用点高于重心,其力矩使艇外倾,否则内倾。潜艇水下状态的重心总是很低的,舵力一般都是位于重心以上,所以水下回转初期潜艇多外倾,不过由于舵力不大,这个初始横倾角也较小,有时甚至实际上看不出来。从一些艇的试验结果来看,尚与进入定常回转的早晚(首向角改变不很大,如 30°~40°)有关。在回转的过渡阶段,除了舵力外,又增添了艇体的横向力 $Y(v,r)$,以及指挥台围壳提供的横向水动力(位置较高),它们与 $Y(\delta)$ 反向,其作用点大致在艇体半高处($\dfrac{H}{2}$),高于重心,对重心的力矩使艇体迅速向回转内侧横倾,这样潜艇由

外倾转为内倾。在水动力使潜艇横倾的同时,艇的扶正力矩将抵制横倾的增长。到了定常回转阶段,诸水动力力矩与横向静扶正力矩取得平衡,则使横倾角趋于常值,称为静横倾角 ϕ_s。

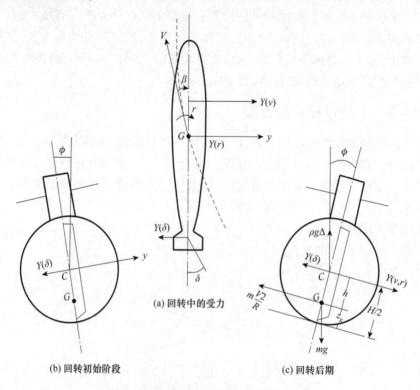

图 7-20 回转中横剖面内作用力的分布

由于潜艇回转过程中,横倾力增长的时间并不是很长的,由外倾转为内倾时潜艇会有一定的横倾角加速和角速度,即横倾力矩将有动力效应。因此,惯性作用使潜艇超过静横倾角而达到动横倾角 ϕ_d,并作几次摇摆,最后保持在 ϕ_s。作为一个例子,图 7-21 表示了水面状态操右舵时 $\phi(t)$ 的变化情形。一般 $\phi_d = (1.3 \sim 3.5)\phi_s$。

现在来近似估算定常回转横倾角 ϕ_s。

如图 7-20(c)所示,定常回转时,艇作匀速圆周运动,艇的惯性离心力作用于重心,在 y 轴上的投影为 $m\dfrac{V^2}{R}\cos\beta \approx m\dfrac{V^2}{R}$。舵力 $Y(\delta)$ 较小,而且其作用方向是使横倾角减小,为了简化计算,可略去 $Y(\delta)$。于是使潜艇横倾的力矩可看成 $Y(v,r)$ 和 $m\dfrac{V^2}{R}$ 组成的力偶,共大小为

$$m\frac{V^2}{R}\left(\frac{H}{2} - Z_g\right)$$

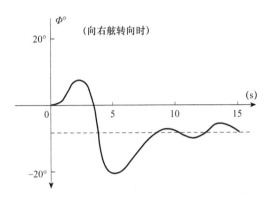

图 7-21 回转过程中横倾角的变化

也就是定常回转时各横向力应等于向心力在 y 轴上的投影,当省略 $Y_\delta\delta$ 时为

$$Y(v,r) = m\frac{V^2}{R}\cos\beta = m\frac{V^2}{R}$$

当横向力 $Y(v,r)$ 对重心的力矩与横向扶正力矩 $mgh\phi_s$ 平衡,可得横倾角 ϕ_s,为

$$\phi_{s\downarrow} = \frac{V^2}{ghR}\left(\frac{H}{2} - Z_g\right) \qquad (7-71)$$

当潜艇在水面状态回转时,一般先内倾再外倾。若假定 $Y(v,r)$ 作用于 $\frac{T}{2}$ 处,则有

$$\phi_{s\uparrow} = \frac{V^2}{ghR}\left(Z_g - \frac{T}{2}\right) \qquad (7-72)$$

式(7-71)和式(7-72)中的有关参数应分别以水下和水面状态时的相应值代入。由公式可见,为了防止回转中发生过大的横倾,特别要避免高速小半径的急回转。减小回转横倾角的唯一安全措施是尽可能地降低航速,并缓慢地减小舵角。如果试图角突然打反舵的方式减小横倾,结果反使横倾增大,甚至发生险情,因为舵力实际上是抵制横倾增加的。

7.4 潜艇垂直面定常直线运动特性

本节根据俯仰定常运动方程式(7-43),或垂直面线性运动方程式(7-41)研究潜艇在垂直面作定常运动时的操纵运动特性。主要介绍:
(1)无纵倾等速定深运动;
(2)有纵倾等速定深运动;
(3)定常直线潜浮运动及升速率、逆速;

(4)静载引起的直线潜浮运动;
(5)转向对定深运动的影响。

7.4.1 无纵倾等速定深运动

由无因次俯仰定常运动方程式(7-43(b))考虑 $\theta = \alpha = 0$,一般情况下则无纵倾等速定深运动方程为

$$\begin{cases} Z'_0 + Z'_{\delta_s}\delta_s + Z'_{\delta_b}\delta_b + P' = 0 \\ M'_0 + M'_{\delta_s}\delta_s + M'_{\delta_b}\delta_b + M'_P = 0 \end{cases} \quad (7-73)$$

在大多数情况下,如武器使用的条件(导弹的发射、鱼雷攻击)、机械的操作和最小的迎面阻力来说,无纵倾等速定深运动是最有利的航行状态。由于艇的受力特点,若不加以操纵,潜艇不能自动地保持这样的运动状态。通常控制平衡的方式有:操升降舵、或调节静载、或舵、水并操。且把实现无纵倾等速定深运动的平衡措施,在实艇操纵中叫作"均衡",已经均衡好的潜艇,航行一段时间以后也往往需要重新均衡。

1. 调节水量控制平衡

潜艇低速航行时,常用浮力调整水舱注排水和艏艉纵倾平衡水舱间的调水,来保持无纵倾等速定深航行(图7-22)。此时艇的平衡方程为

$$\begin{cases} \sum Z = Z_0 + P = 0 \\ \sum M = M_0 + M_P = 0 \end{cases} \quad (7-74)$$

由上式可知调节水量是:

$$P = -\frac{1}{2}\rho V^2 L^2 Z'_0$$

$$M_P = -\frac{1}{2}\rho V^2 L^3 M'_0 \quad (7-75)$$

如存在螺旋桨的垂向力 Z_r 和力矩 M_r 时,分别计入零升力 Z_0 和零力矩 M_0 中,但仍用 Z_0、M_0 表示。

当 $P > 0$　　舷外向舱内注水,反之排水。

当 $M_P > 0$　　由艏向艉纵倾平衡水舱调水,反之向首舱调水。当实际准确均衡时,调水量应计入注,排水所引起的附加静力矩。此时艏、艉纵倾平衡水舱之间导移的水量 Q 为

$$Q = (M_P + p \cdot x_v)/l \quad (7-76)$$

式中　x_v——浮力调整水舱容积中心对重心的坐标(m);

l——艏、艉纵倾平衡水舱容积中心之间的距离(m)。

显然当 $|Z'_0|$、$|M'_0|$ 的值较小时,调节的水量少,有利于艇的平衡控制。一般

情况下,潜艇的 Z_0、M_0 如图 7-22(b)所示,这时当潜艇增速,Z_0、M_0 随航速的增加而增大,因此将出现"艇轻"(艇的上升力大于下沉力)和"艉重"(艇的艏倾力矩小于艉倾力矩)。并且 Z_0、M_0 与 V^2 成正比,所以较高航速时,仅用水量调节,难于控制艇的平衡,实际上是不可行的,宜用升降舵控制。

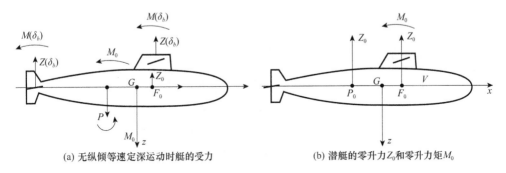

(a) 无纵倾等速定深运动时艇的受力 (b) 潜艇的零升力 Z_0 和零升力矩 M_0

图 7-22 无纵倾等速定深运动时的潜艇

2. 操舵控制平衡

对已静平衡的潜艇(即 $P = M_p = 0$),当仅用升降舵保持无纵倾等速定深航行时,由于一对艏舵或艉舵的水动力 $Z(\delta_{b,s})$、$M(\delta_{b,s})$ 与零升力 Z_0、零力矩 M_0 之间没有确定的关系,不能同时实现垂向力和俯仰力矩的平衡,因此必须操纵艏、艉两对升降舵,方能使潜艇作无纵倾等速定深运动。此时平衡方程可写成

$$\begin{cases} \sum Z = Z'_0 + Z'_{\delta_b}\delta_b + Z'_{\delta_s}\delta_s = 0 \\ \sum M = M'_0 + M'_{\delta_b}\delta_b + M'_{\delta_s}\delta_s = 0 \end{cases} \tag{7-77}$$

由上式可解出保持 $\alpha = \theta = 0$ 时等速定深运动应操的压舵角如下

$$\delta_b = \frac{-Z'_0 M'_{\delta_s} + Z'_{\delta_s} M'_0}{Z'_{\delta_b} M'_{\delta_s} - Z'_{\delta_s} M'_{\delta_b}}$$

$$\delta_s = \frac{-Z'_{\delta_b} M'_0 + Z'_0 M'_{\delta_b}}{Z'_{\delta_b} M'_{\delta_s} - Z'_{\delta_s} M'_{\delta_b}} \tag{7-78}$$

从上式可知,对于已静平衡了的潜艇,由于水动力系数 $\{Z'_0、M'_0、Z'(\delta_{b,s})、M'(\delta_{b,s})\}$ 对一定潜艇来讲是个常量,所以无纵倾定深航行的压舵角 δ_b、δ_s 与航速无关,这给操艇带来很大的方便。

压舵角 δ_b、δ_s 可能是平等舵,或相对舵,取决于 Z_0、M_0 的位置和量值。操舵保持定深,宜用小舵角,避免用大舵角,减小潜艇运动深度摆动的振幅,以减少阻力、保持航速和续航力。

3. 舵、水井操控制平衡

用舵控制平衡固然在操作上很方便,但由于有了压舵角,既增大了航行阻力,又限制了舵角的有效摆幅范围,不利于操舵机动。所以在实际航行中,则是在常航速范围选择某一适宜的航速进行均衡,用调节水量的方法消除剩余静载及其力矩,当航速改变时或有外界偶然干扰时,则用舵保持无纵倾等速定深运动,此时平衡方程为

$$\begin{cases} Z'_{\delta_b}\delta_b + Z'_{\delta_s}\delta_s = -(Z'_0 + P') \\ M'_{\delta_b}\delta_b + M'_{\delta_s}\delta_s = -(M'_0 + M'_p) \end{cases} \quad (7-79)$$

对一定的 p、M_p,在一定航速 V 时其解为

$$\delta_b = \frac{-(Z'_0 + p')M'_{\delta_s} + Z'_{\delta_s}(M'_0 + M'_p)}{Z'_{\delta_b}M'_{\delta_s} - Z'_{\delta_s}M'_{\delta_b}}$$

$$\delta_b = \frac{-Z'_{\delta_b}(M'_0 + M'_p) + (Z'_0 + p')M'_{\delta_b}}{Z'_{\delta_b}M'_{\delta_s} - Z'_{\delta_s}M'_{\delta_b}} \quad (7-80)$$

上式的舵角 δ_b、δ_s 是保持静不平衡($p \neq 0$,$M_p \neq 0$)艇作无纵倾等速定深运动的压舵角,显然它是随航速改变的。这是由于对常量的 p、M_p 来说,其无因次量 p'、M'_p 随航速的增大而减小造成的。同时说明静载 p、M_p 对艇的运动之影响,随航的增大而减小,在较低速度时静力起主要作用,这是操纵运动的重要动力学规律之一。由此可得下列很有实用价值的结论:

(1)当潜艇由高速降到低速时艇重,需及时补充均衡;

(2)当潜艇损失浮力时,应及时增速,并可根据平衡方程(7-79),求得各航速下,在舵角范围内,艇—舵水动力可以承载的剩余静载(p、M_p),并可作为抗沉措施之一。

(3)选择行进间均衡航速时,不宜过大,只要用舵可控制潜艇即可,以便于发现并消除剩余静载(p、M_p),有利于操纵。

(4)当改变深度时,亦可用调节水量、操舵和舵水并操,并改变航速等几种方式进行,且适用于各种特定的情况,如在遇到敌情或有险情等紧急情况下,可利用速潜水舱注、排水或主压载水舱排水的方式紧急改变深度。通常情况下用车、舵改变深度,很少用浮调水舱和纵倾平衡水舱的静载调节来变深,这是由于后者破坏了原有的平衡状态,操作也较不便。

7.4.2 有纵倾等速定深运动和行进间均衡

当升降舵发生故障只能用一对舵来操纵潜艇时,将被迫作有纵倾的定深航行;行进间均衡潜艇,或损失浮力时需增大带负浮力的承载能力,则是人为地造成有纵倾定深航行。

当潜艇带纵倾定深航行时,冲角 α 恰好等于纵倾角 θ(图7-23),此时艇的一般平衡方程为

$$\begin{cases} Z'_0 + P'_0 + Z'_{\delta_b}\delta_b + Z'_{\delta_s}\delta_s + Z'_w\theta = 0 \\ M'_0 + M'_p + M'_{\delta_b}\delta_b + M'_{\delta_s}\delta_s + M'_w\theta + M'_\theta\theta = 0 \end{cases} \quad (7-81)$$

由于纵倾角(即冲角)的引入,为了同时实现垂向力和俯仰力矩的平衡,操一对舵(艏舵或艉舵)也能使潜艇以一定纵倾角作定深航行。这种用来保持潜艇动力平衡的舵角、纵倾角、冲角叫做平衡角,并常加下标"0"表示,如平衡角 δ_{s_0}、δ_{b_0}、θ_0 及 α_0,为简化起见略去下标"0"。当给定 p、M_p,操一对舵(以 δ 表示 δ_b 或 δ_s),或操两对舵,但固定某一舵的舵角(通常给定艏舵角 δ_b),也即只有一对舵的舵角是可变量,从而使式(7-81)化为典型的二元一次代数方程,从而可得一定航速下的平衡角 δ 和 θ 如下:

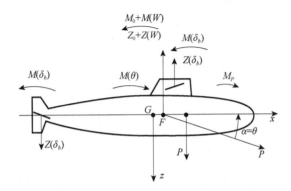

图 7-23 有纵倾等速定深运动时潜艇受力分析

$$\delta = \frac{-(Z'_0 + p')(M'_w + M'_\theta) + Z'_w(M'_0 + M'_p)}{Z'_\delta(M'_w + M'_\theta) - Z'_w M'_\delta} = f_1(V)$$

$$\theta = \frac{-Z'_\delta(M'_0 + M'_p) + (M'_w + M'_p)}{Z'_\delta(M'_w + M'_\theta) - Z'_w M'_\delta} = f_2(V) \quad (7-82)$$

将具体艇的水动力系数及其他有关值代入,即可求得随航速 V 而变化的平衡角曲线如图 7-25 所示。由平衡角曲线或公式,同样可获得前面研究无纵倾等速定深运动时所得出的若干结论。此外,平衡角趋于或大或小的常数表明,当航数增大后静载(p'、M'_p、M'_θ)的作用相对降低,当航速足够大时,它们(p'、M'_p、M'_θ)分别逐渐趋于零(显然 p、M_p)是个小量,应小于(或等于艇的的最大承载力),因此平衡角也就趋于常值了。

由平衡角曲线可知,当希望以较小的纵倾角定深航行时,低速宜用艏舵,中高速宜用艉舵;对于设置围壳舵的潜艇,从保持定深航行来讲,用围壳舵较方便且安全。因为围壳舵面积较大,舵力较艉舵大,但舵力作用点临近水动力中心 F 点,造纵倾的有效力臂 l_{Fb} 远较艉舵的 l_{Fs} 小,所以高速航行时误操艉舵可能造成大纵倾

349

的危险,若操围壳舵则使艇接近于平行潜浮地保持在预定深度上。

有纵倾等速定深平衡方程尚有两个重要应用:

1) 计算潜艇最大的承载能力

根据潜艇允许的最大纵倾角 $\theta_{\max}$,按式(7-81),可计算出某一航速下作等速定深航行时,用同时操纵艏、艉升降舵的方法,能平衡的最大进水量,这种计算称为潜艇最大承载力的计算。具体计算方法不难从平衡方程(7-81)导出,但需提及的是,当艇的纵倾角较大时,由于艇的阻力增大,致使实际航速降低,根据某型常规潜艇实操的初步经验:

理论 4kn 时每度纵倾使航速降低 0.1kn;

理论 6kn 时每度纵倾使航速降低 0.15kn;

理论 8kn 时每度纵倾使航速降低 0.2kn;

理论 10kn 以上时每度纵倾使航速降低 0.3kn;

承载力的计算应取实际航速进行(图 7-24)。

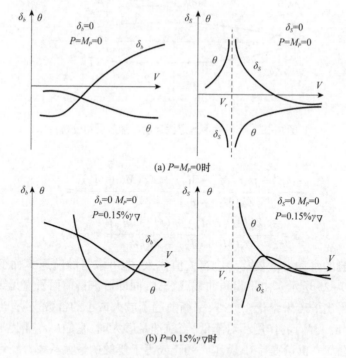

图 7-24 定深航行的平衡角曲线

2) 行进间均衡潜艇的均衡公式

在役潜艇使用过程中,艇的可变载荷是经常变化的,为了保证潜浮条件,在每次出海前进行均衡计算,确定潜艇的浮力差和力矩差,分别通过浮力调整水舱注排水、艏艉纵倾平衡水舱之间高水加以消除。由于均衡计算和预先调整难免会有种种误差或错误,因此每次出海时还必须首先进行实际的潜水均衡,消除浮力差和力矩差,使艇达到无纵倾等速定深航行的动力平衡条件。此外,经过水下一段较长时间的航行后,载荷的消耗,海区条件的变化,也须进行补充均衡。均衡可以在停止间或行进间的进行,通常都是采用行进间均衡。均衡的具体步骤和方法从略,这里仅介绍均衡的实用公式。

当潜艇在预定深度上保持等速定深运动时,平衡方程(7-81)可写成:

$$-p - \frac{1}{2}\rho V^2 L^2 Z'_0 = \frac{1}{2}\rho V^2 L^2 [Z'_w \theta + Z'_{\delta_b} \delta_b + Z'_{\delta_s} \delta_s]$$

$$-m_p - \frac{1}{2}\rho V^2 L^3 M'_0 = \frac{1}{2}\rho V^2 L^3 [(M'_w + M'_\theta)\theta + M'_{\delta_b} \delta_b + M'_{\delta_s} \delta_s]$$

令

$$\Delta P = -P - \frac{1}{2}\rho V^2 L^2 Z'_0,$$

$$\Delta M_p = -M_p - \frac{1}{2}\rho V^2 L^3 M'_0$$

引入一些符号则有

$$\Delta P = Z^0_\alpha \theta + Z^0_{\delta_b} \delta_b + Z^0_{\delta_s} \delta_s$$

$$\Delta M_p = M^0_\Sigma \theta + M^0_{\delta_b} \delta_b + M^0_{\delta_s} \delta_s \tag{7-83}$$

或将力矩差 ΔM_p 写成艏艉纵倾平衡水舱间的调水量 ΔQ 形式

$$\Delta P = Z^0_\alpha \theta^0 + Z^0_{\delta_b} \delta^0_b + Z^0_{\delta_s} \delta^0_s$$

$$\Delta Q = Q^0_\Sigma \theta + M^0_{\delta_b} \delta_b + Q^0_{\delta_s} \delta^0_s \tag{7-84}$$

式中　ΔP——潜艇的浮力差;

ΔM_p——潜艇的力矩差;

$\Delta Q = \Delta M_p / l$——力矩差的调水量(单位升),其中 l 是艏艉纵倾平衡水舱容积中心间的距离;

Z^0_α、$Z^0_{\delta_s}$、$Z^0_{\delta_b}$ 及 $M^0_{\delta_s}$、$M^0_{\delta_b}$——分别为每度纵倾角、艉舵角和艏舵角在均衡航速时的流动力及力矩;

$M^0_\Sigma = M^0_\alpha + M^0_\theta$——每度纵倾艇体的流体动力矩 M^0_α 和全排水量所对应的扶正力矩 M^0_θ 之代数和。其符号取决于它们中数值较大的一项;

Q^0_Σ、$Q^0_{\delta_s}$、$Q^0_{\delta_b}$——分别为每度纵倾、艉舵角、艏舵角的力矩对应的调水量。

式中诸单位角度的系数,可按具体潜艇的操纵性资料计算,并作归整处理,一般把这位数写成"0"或"5",简单直观易于记忆。均衡公式(7-84)每项前可冠以正负号,或不加性质符号,根据每项力和力矩的方向直观地判断。即凡产生指向海底的水动力项(艏纵倾、艏下潜舵艉上浮舵)均为注水,反之应排水;凡产生捏艏水动力矩项(艏下潜舵、艉下潜舵)应由艏向艉调水,表示艉重,反之则向艏调水。

例如某艇速度 4kn 定深航行时,均衡实用公式可写成:

$$\begin{cases} 注(排)水量 & \Delta P = 300\theta° + 30\delta°_b + 80\delta°_s (\text{L}) \\ 调水量 & \Delta Q = 20\theta° + 20\delta°_b + 60\delta°_s (\text{L}) \end{cases}$$

当艇以 4kn 速度航行在 9m 深度,在纵倾仪器和舵角指示器上得知平衡角大致是:艉纵倾 3°、艏上浮舵 15°、艉上浮舵 5°(图 7-25),试判断该艇的浮力差与力矩差并进行均衡。

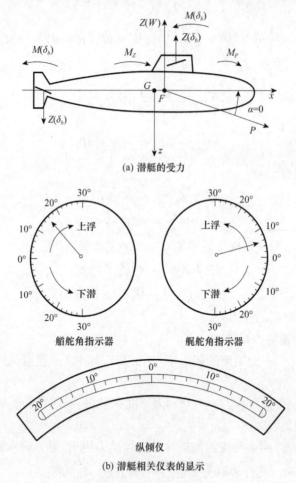

图 7-25 行进间均衡时潜艇的受力

如图所示,按同向(或同符号)相加,共向相减则有:

$$\Delta P = -300 \times 3 - 30 \times 15 + 80 \times 5 = -950(\text{L})$$

即潜艇受到向上 950L 水重的作用,照理艇应上浮,但艇却保持定深,说明艇重,应从浮力调整水舱排水 950L。

$$\Delta Q = -20 \times 3 + 20 \times 15 + 60 \times 5 = 540(\text{L})$$

即潜艇受到尾倾力矩的作用,其大小换算成调水量为540L。照理艇应逆时针转动但艇却并不转动,说明艇首重,应由首向尾调水540L。

经过良好均衡的潜艇,应达到 $\theta = \alpha = 0$、$\delta_b = 0$、$\delta_s \approx 0$(或在±5°内摆动,当有围壳舵时,则用围壳舵的或正或负小舵角)保持无纵倾等速定深航行。

7.4.3 定常直线潜浮运动及升速率与逆速

1. 定常直线潜浮运动

等速定深航行中的潜艇,把长降舵偏转到某一舵角固定,当条件许可时,潜艇将进入定常直线潜浮运动(图7-26)而不是在垂直面内作360°旋回。这时由于扶正力矩($M'_\theta \theta$)的存在,抑制纵倾增大的结果。如果艇速 $V \to \infty$,则有 $M'_\theta = -m'gh/V^2 \to 0$,那么在理论上潜艇也可在垂直面内如同飞机那样在空间作"翻滚"回转。

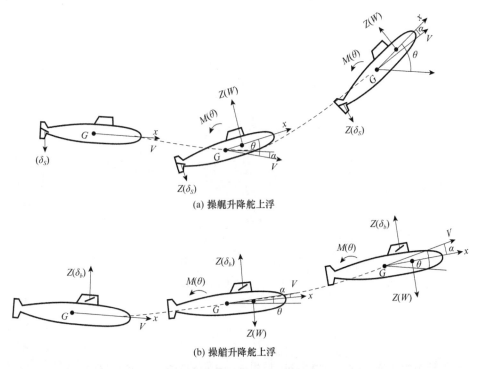

(a) 操艉升降舵上浮

(b) 操艏升降舵上浮

图7-26 潜艇操升降舵的上浮运动

如图7-26所示,对于定常直线潜浮运动来讲,由于 $\theta \neq \alpha$,$x \neq 0$,其平衡方程应为

$$\begin{cases} Z'_0 + p' + Z'_w W' + Z'_{\delta_b}\delta_b + Z'_{\delta_s}\delta_s = 0 \\ M' + M'_p + M'_w w' + M'_{\delta_b}\delta_b + M'_{\delta_s}\delta_s + M'_\theta\theta = 0 \end{cases} \quad (7-85)$$

对已在等速定深运动状态作了动平衡的艇,并依此作为基准运动,再操纵一副(或两副)升降舵到某一舵角。使艇进入潜浮定常直线运动时,则其平衡方程应为式(7-85)与式(7-73)之差,即有(以操艉舵 δ_s 为例,这里的 δ_s 是相对于平衡舵角 δ_{s0} 的增量):

$$\begin{cases} Z'_W W' + Z'_{\delta_s}\delta_s = 0 \\ M'_w W' + M'_{\delta_s}\delta_s + M'_\theta\theta = 0 \end{cases} \quad (7-86)$$

式(7-86)称为潜浮定常直线运动的扰动方程。改虑到 $W' = \alpha$,由此可解得

$$\alpha = -\frac{Z'_{\delta_s}}{Z'_w}\delta_s$$

$$\theta = \frac{1}{M'_\theta}\left(-\frac{M'_w}{Z'_w} + \frac{M'_{\delta_s}}{Z'_{\delta_s}}\right) Z'_{\delta_s}\delta_s \quad (7-87)$$

及潜浮角

$$x = \theta - \alpha = -\frac{1}{M'_\theta}\left(-\frac{M'_w}{Z'_w} + \frac{M'_{\delta_s}}{Z'_{\delta_s}} - \frac{M'_\theta}{Z'_w}\right) Z'_{\delta_s}\delta_s \quad (7-88)$$

令

$$l'_x = \frac{l_x}{L} = -\frac{M'_w}{Z'_w}$$

$$l'_{\delta_s} = \frac{l_{\delta_s}}{L} = \frac{m'_\theta}{Z'_{\delta_s}} \quad (7-89)$$

$$l'_{\delta_b} = \frac{l_{\delta_b}}{L} = -\frac{M'_{\delta_b}}{Z'_{\delta_s}}$$

$$l'_{FH} = \frac{l_{FH}}{L} = \frac{M(\theta)}{Z(W)L} = \frac{M'_\theta}{Z'_W}$$

$$l'_{Fs} = l'_x + l'_{\delta_s}$$

且有

$$l'_{Hs} = l'_x + l'_{\delta_s} - l'_{FH}$$

以上各无因次力臂如图 7-27 所示,故纵角 θ 和潜浮角 x 又可改写成:

$$\theta = -\frac{1}{m'_\theta}(l'_\alpha + l'_{\delta_s}) Z'_{\delta_s}\delta_s = \frac{V^2}{m'gh}l'_{Fs}Z'(\delta_s) \quad (7-90(a))$$

$$x = -\frac{Z'(\delta_s) l'_{Hs}}{m'_\theta} = \frac{V^2}{m'gh}l'_{Hs}Z'(\delta_s) \quad (7-91(a))$$

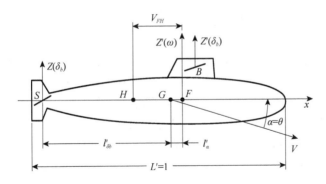

图 7-27　垂直面各无因次力臂

或

$$M'_\theta \theta = - l'_{Fs} Z'(\delta_s) \quad (7-90(b))$$

$$M'_\theta x = - l'_{Hs} Z'(\delta_s) \quad (7-91(b))$$

由此可得下列结论：

(1) 纵倾角的大小正比于舵力对水动力中心 F 点的力矩 $[Z'(\delta_s) l'_{Fs}]$，并随速度 V^2 迅速变化，操舵可造成几十度的纵倾角，所以高速时用艉升降舵要格外谨慎。

(2) 把舵力作用点 S 对于 H 点的力臂 l_{Hs}，看作是舵力用以引起潜浮角的有效力臂，称 H 点为"潜浮点"或"逆速点"。

因此，从舵的作用效果来看：

舵力对于 F 点的力矩引起了艇体旋转，产生纵倾角；

舵力对于潜浮点 H 点的力矩引起了潜浮速度方向的败变，产生潜浮角。

点 H 的位置 X_H（H 点在重心前 $X_H > 0$，反之 $X_H < 0$）可按下式确定

$$X'_H = \frac{X_H}{L} = \frac{-m'gh}{V^2(-Z'_w)} - \frac{M'_w}{Z'_w} = l'_\alpha - l'_{FH} \quad (7-92)$$

(3) 由式 (7-92) 或 $l'_{FH} = M'_\theta / Z'_\theta$ 可知，潜浮点 H 随航速的增大，使 H 点→F 点，并以 F 点为极限，反之随航速的减小，使 H 点向艇艉后移，可与艉升降舵舵力作用点 S 重合，甚至在 S 点之后。所以潜浮点是速度的函数，即 $H(V)$。

2. 升速率和逆速

当潜艇以速度 V 按某一潜浮角作定常直线潜浮运动时，速度在静坐标系 $E-\xi\zeta$ 中沿铅垂方向的分量就是潜浮速度，亦叫作"升速"。显然应有

$$V_\zeta = -V\sin x \approx -Vx$$

当操艉舵时，则有

$$V_\zeta \big|_{\delta_s} = \frac{V^3}{m'gh} \left(\frac{M'_w}{Z'_w} - \frac{M'_{\delta_s}}{Z'_{\delta_s}} + \frac{M'_\theta}{Z'_w} \right) Z'_{\delta_s} \delta_s \, (\text{m/s}) \quad (7-93)$$

$$\frac{\partial V_\zeta}{\partial \delta_s} = \frac{V^3}{57.3 m'gh} \left(\frac{M'_w}{Z'_w} - \frac{M'_{\delta_s}}{Z'_{\delta_s}} + \frac{M'_\theta}{Z'_w} \right) Z'_{\delta_s} (\text{m/s} \cdot °) \qquad (7-94)$$

叫作艉升降舵的升速率。表示操一度艉舵角能够产生的升速改变量,并可作为垂直面机动性的一项指标。由式(7-94)可以看出影响升速率的各种因素,其中尤为突出的是艇速。所以凡提到升速率必须同时说明是哪个航速下的升速率。有时以 10kn 航速时的升速率作为潜浮机动性的操纵性指标。

当潜艇在定深等速航行时,升降舵的任何转舵都不能改变潜艇的潜浮角(即不能改变深度)时的航速叫作"逆速"(或临界航速),记作 V_r。对于艉升降舵来说 V_{rs} 表示式可按其定义求得,即由

$$\frac{\partial V_\zeta}{\partial \delta_s} = 0 \quad \text{或} \quad l'_{Hs} = 0$$

得

$$V_{rs} = \sqrt{\frac{m'ghZ'_{\delta_s}}{Z'_{\delta_s}M'_w - Z'_w M'_{\delta_s}}} \qquad (7-95)$$

当 $V > V_{rs}$ 时,由式(7-88)可知,操艉下潜舵($\delta_s > 0$)艇则下潜($x < 0$),操艉上浮舵艇则上浮,谓之正常操舵;当 $V = V_{rs}$ 时,操艉舵后虽有纵倾角的改变(因 $l'_{Fs} \neq 0$)但与冲角的改变相等,故 $\Delta \theta - \Delta \alpha = \Delta x = 0$,航行深度不变,此时相当于 H 点与 S 点重合,潜浮有效力臂 $l'_{Hs} = 0$,所以操舵失效,此时既不能操舵变深,也难于操舵保持等速定深直航,故有逆速之称,当 $V < V_{rs}$ 时,H 点在 S 点之后($l'_{Hs} < 0$)操艉下潜舵艇反而上浮,操艉上浮舵艇却下潜,称为反常操舵。因此 H 点也可叫作逆速点,若力恰好作用在某航速时对应的 H 点上,则不会引起潜浮速度方向的改变,显然该航速就是逆速了。一般艉舵的逆速 $V_{rs} = 2 \sim 3\text{kn}$。

对于艏舵来说,亦有类似的定义式和表示式,只须将艉舵角有关公式中的 δ_s 置换成 δ_s 即可,对应的公式如下:

$$\alpha = -\frac{Z'_{\delta_\sigma}}{Z'_w}\delta_b$$

$$\theta = \frac{1}{M'_\theta}\left(\frac{M'_w}{Z'_w} - \frac{M'_{\delta_\sigma}}{Z'_{\delta_\sigma}}\right) Z'_{\delta_\sigma} \delta_\sigma \qquad (7-96)$$

$$x = \frac{1}{M'_\theta}\left(\frac{M'_w}{Z'_w} - \frac{M'_{\delta_\sigma}}{Z'_{\delta_\sigma}} + \frac{M'_\theta}{Z'_w}\right) Z'_{\delta_s} \delta_\sigma$$

以及

$$\frac{\partial V_\zeta}{\partial \delta_b} = \frac{V^3}{57.3 m'gh}\left(\frac{M'_w}{Z'_w} - \frac{M'_{\delta_b}}{Z'_{\delta_b}} + \frac{M'_\theta}{Z'_w}\right) Z'_{\delta_b}$$

$$V_{rb} = \sqrt{m'ghZ'_{\delta_b}/(Z'_{\delta_b}M'_w - Z'_wM'_{\delta_b})} \qquad (7-97)$$

一般说艏升降舵不存在逆速,但现代某些潜艇的围壳舵,由于布置和艉鳍超宽的原因,也可能存在逆速。要求围壳舵应无逆速,如果不可避免时,应设计在高于常用航速以外的较高航速区域。需提及的是逆速为俯仰定常运动特性,艉舵逆速在低速区,围壳舵逆速(如存在的话)处于较高航速区,逆速时操纵艏、艉舵后的过渡过程(非定常运动阶段),对艉舵来讲较短,比较快地就显示出逆速操纵的特点,而对围壳舵来讲过渡过程要经历相当长的时间,因此围壳舵在调整区出现逆速,对潜艇的实际机动不会有多大的妨碍。

分析升速率和平衡角曲线(图 7-28),可知操纵艏舵有如下特点:

(1)操艏舵时,舵力的作用与舵力矩的作用方向相同。艏舵的舵力也是促使潜艇速度改变方向的作用力之一。因此操艏舵后的初始阶段没有反向的外冲,转舵一开始就能迅速改变速度方向。这样在操舵初期,艇对舵的响应较快,因此变深机动时,应先操艏舵,用艉舵控制纵倾角的大小。

(2)操艏舵引起的纵倾角远比操艉舵为小。因为艇的水动力与中心 F 偏于艏部,艏舵的纵倾有效力臂 l_{bF} 远小于艉舵的纵倾有效力臂 l_{sF},所以艉舵对纵倾的控制比艏舵有效得多。

(3)高速时潜浮点 H 前移,使 $l_{bH} \ll l_{sH}$。所以高速时操艏舵的机动效果差。低速时由于 H 点后移,操艏舵的机动效果增大;当航速处在艉舵逆速附近时,应操艏舵。

(4)当要求无纵倾变深——平行潜浮时,如水下发射导弹、鱼雷攻击或水下重装鱼雷时,可用平行舵,并按等速直线平行潜浮运动方程来计算艏、艉舵角的大小。

按定义此时有 $\theta = 0, x = \alpha = $ 常数,则平行潜浮运动扰动方程可根据方程(7-86)类似的方法推导出来为

$$\begin{cases} Z'_W W' + Z'_{\delta_b}\delta_b + Z'_{\delta_s}\delta_s = 0 \\ M'_W W' + M'_{\delta_b}\delta_b + M'_{\delta_s}\delta_s = 0 \end{cases} \qquad (7-98)$$

给定 δ_b,则可解出 δ_s、x(或 α)。当要求快速改变深度时,应用大舵角,并可增速,一般情况下用常速和小舵角(注:若平行潜浮的航速与均衡航速不同时式(7-98)要改虑航速差别较大引起的零升力、零升力矩 Z_0、M_0 的改变量)。

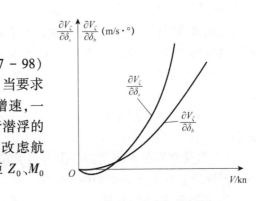

图 7-28 升速率曲线

7.4.4 静载引起的直线潜浮运动

当潜艇以一定航速作定深直航时,若在点 P 处受到静载 Δp 的持续作用,一般情况下尚有静力矩 $M_p = -l_p \cdot \Delta p$ (其中 l_p 是静载作用点 P 到重心的距离,点 P 在重心之前 $l_p < 0$,反之 $l_p < 0$)。例如速潜水舱注水或排水等,在经过一段非定常运动后(不操舵),潜艇最终将进入一新的定常直线潜浮运动,相对于原等速定深直航运动来讲,新增加的静载及其力矩应满足以下的扰动方程

$$\begin{cases} \Delta p' + Z'_w W' = 0 \\ -l'_p \Delta P' + M'_w W' + M'_\theta \theta = 0 \end{cases} \quad (7-99)$$

由此可解出

$$\alpha = -\frac{\Delta p'}{Z'_w}$$

$$\theta = \frac{\Delta p'}{M'_\theta}(l'_p - l'_\alpha) = -\frac{\Delta p'}{m'gh}l'_{pF}V^2 \quad (7-100)$$

其中力臂($l_{PF} = l_p - l_\alpha$)是静载造成纵倾的有效力臂。潜浮角 x 为

$$x = \theta - \alpha = \frac{\Delta p'}{M'_\theta}\left(l'_\alpha - l'_\alpha + \frac{M'_\theta}{Z'_w}\right)$$

$$= \frac{\Delta p'}{M'_\theta}(l'_\alpha - l'_\alpha + l'_{FH})$$

所以

$$x = -\frac{\Delta p'}{m'gh}l'_{PH}V^2 \quad (7-101)$$

上式表明潜浮角的大小取决于静载对于潜浮点 H 的力矩。$l_{PH} = (l_p - l_\alpha + l_{FH})$ 是静载造成潜浮角的有效力臂。由于潜浮点 H 是随航速而变化的,因此同样的载荷作用在同一位置,会因航速不同而产生不同的效果。这是由于潜艇的水动力也是随航速增减的,但静载一经给定就是个常量了。此外,当静载处于不同的纵向位置时其作用也将很不相同。参看图 7-29 可知:

(1)载荷作用在 F 点之前。重力引起埋首下潜,浮力引起抬首上浮,见图 7-29(a)。

(2)载荷正好作用在 F 点上。重力引起平行下潜,浮力引起平行上浮,见图 7-29(b)。

(3)载荷作用在 F 点之后。重力将引起抬首,浮力则引起埋首。潜艇是下潜或上浮取决于 P 点与 H 点的相对位置;

当航速高,H 点向首移动,以至 H 点落在 P 点之前。此时重力将引起抬首上浮,浮力将引起埋首下潜见图 7-29(c);

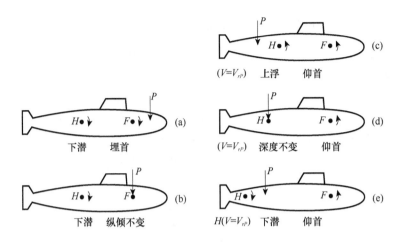

图 7-29 静载引起的潜浮运动

若航速低，H 点向尾移动，以至 H 点落在 P 点之后。此时重力将引起抬首下潜，浮力将引起埋首上浮见图 7-29(e)；

对于某一特定航速使得 H 恰好与 P 点重合。于是载荷只造成艇的纵倾，而不引起深度的改变见图 7-29(d)。令 $x=0$，由式 (7-101) 可求得对应的航速为

$$V_{rp} = \sqrt{\frac{m'gh}{M'_w + Z'_w l_p/l}} \tag{7-102}$$

称 V_{rp} 为静载逆速。与升降舵逆速 V_r 相仿，当升降舵处于艇长的不同位置时 V_r 值亦不同。同理，当载荷益不同时，它们所对应的静载逆速值也就不同了。当静载分布在 F 点之前就不存在 V_{rp} 了。作为一个特例，如当潜艇突然进入重度较大的海域，相当于在浮心上（$l_p=0$）受到一个浮力作用，此时潜艇一定会上浮吗？显然与当时的艇速有关。由于这时的静载逆速为

$$V_{rp} = \sqrt{\frac{m'gh}{M'_w}} \tag{7-103}$$

当 $V > V_{rp}$，此浮力将使潜艇埋首下潜；反之若 $V < V_{rp}$，潜艇将在浮力作用下埋首上浮。

又如损失浮力时，打算选择若干主压载水舱充气排水以紧急上浮，应按式 (7-92) 计算各航下潜浮点 H 的位置 X_H，以便判明哪些水舱位于 H 点之前，哪些在后，指导正确地进行操艇。

最后需提及的是，上述分析是在仅有静载作用时，如果升降舵参与操艇了，则另当另论；而且即使只有静载作用时，艇的运动会有一个过渡过程；上述讨论只是针对其最终形成的定常直线运动状态而言的。

7.4.5 转向对定深运动的影响

定深直航中的潜艇操方向舵转向时,除产生所周知的横倾现象外,还伴有艇重、纵倾和潜浮现象。

当潜艇在水下回转时因阻力增大,艇速降低,造成艇重。同时由于回转角速度 r 和水平漂角 β(或 v),也由于主艇体与指挥台围壳的相互相扰,使围壳前后方、主艇体的顶部和底部的流场发和生改变,会产生上下、前后的压力差,从而在围壳后方产生可观的下沉力。考虑到回转运动时局部的横向速度 $v(x)$ 可由平面运动确定,即按公式(7-3)计算。因此,总的下沉力取决于 v、β、r,常用 $Z(v,r)$ 表示,称做耦合水动力(图 7-30)。下沉力矩 $M(v,r)$ 可写成

$$M(v,r) = -l_Q Z(v,r)$$

其中 l_Q 为垂向力 $Z(v,r)$ 的作用点 Q 至重心的距离,Q 点在 G 之前 $l_Q > 0$,反之为负。潜艇在耦合水动力和力矩的作用下,将产生纵倾角和冲角,于是又产生水动力 $Z'_w\alpha$、$M'_w\alpha$ 及扶正力矩 $M'_\theta\theta$。

当冲角不大时,可认为 $Z(v,r)$、$M(v,r)$ 等水动力变化不大,从而可根据定常运动特性,写出转向引起的直线潜浮运动的扰动方程

$$\begin{cases} Z'(v,r) + Z'_w\alpha = 0 \\ M'(v,r) + M'_w\alpha + M'_\theta\theta = 0 \end{cases} \quad (7-104)$$

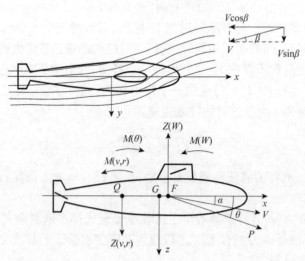

图 7-30 回转运动中的侧洗流和耦合水动力

当已知式中各水动力系数时,易于解出 θ、α,并可求得潜浮角 x 为

$$x = \theta - \alpha = -\frac{1}{M'_\theta}\left[\frac{M'(v,r)}{Z'(v,r)} - \frac{M'_w}{Z'_w} - \frac{M'_\theta}{Z'_w}\right]Z'(v,r) \quad (7-105)$$

或

$$x = -\frac{1}{M'_\theta}(-l'_Q + l'_\alpha - l'_{FH}) Z'(v,r) = \frac{V^2}{m'gh} l'_{HQ} Z'(v,r)$$

其中

$$\theta = -\frac{1}{M'_\theta}(-l'_Q + l'_\alpha) Z'(v,r) = \frac{V^2}{M'gh} l'_{FQ} Z'(v,r) \qquad (7-106)$$

从而可估算出转向时引起的潜浮垂向速度。转向时潜艇的姿态可根据式(7-106)确定。

就力的操艇效果来看,作用在点 Q 的下沉力对水动力中心 F 的力矩,引起艇体的旋转,产生纵倾角。若点 Q 在 F 点之后,使艇抬艏,反之埋艏。由于围壳一般布置在重心前$(0.15 \sim 0.25)L$处,而潜艇垂直面运动时的水动力中心 F 一般在重心前$(0.2 \sim 0.25)L$处,所以下沉力作用点 Q 一般在 F 点之后,所以水下转向时的纵倾总是抬艏。但对指挥台围壳很靠艏布置的艇,转向引起的纵倾往往是艉纵倾的。

转向时是下潜或上浮可由式(7-105)得知,下沉力对于潜浮点 H 的力矩造成潜浮角。若 Q 点在 H 点之后,艇将上浮,反之艇将下潜。由于 H 点的位置随航速而变,所以潜艇水下转向时存在一个不会引起潜浮的航速,此时 H 点与 Q 点重合,而 $x = 0$。记该航速为 V_{rQ} 显然等于

$$V_{rQ} = \sqrt{\frac{m'gh/Z'_w}{\dfrac{M'_w}{Z'_w} - \dfrac{M'(v,r)}{Z'(v,r)}}} \qquad (7-107)$$

试验和计算表明,一般艇的 V_{rQ} 值处于低速区。当艇速 $V > V_{rQ}$ 时,潜艇转向将艇重、艉重螺旋上浮;若 $V < V_{rQ}$ 时,潜艇转向将艇重、艉重螺旋下潜。某些艇实操表明,对常规动力潜艇使用主电机航行,满舵转向潜艇将艉倾上浮;当使用经航电机低速回转时,艇将艉倾下潜。

为了确定 V_{rQ} 航速,必须已知耦合水动力及其力矩,当无模型试验资料时,作为第一近似值,$Z'(v,r)$、$M'(v,r)$ 值可根据一定航速下定深转向时的艏、艉舵角 δ_b、δ_s 和纵倾角 θ,按有纵倾等速定深直线运动平衡方程确定,即

$$\begin{cases} Z'_w \theta + Z'_{\delta_b} \delta_b + Z'_{\delta_s} \delta_s + Z'(v,r) = 0 \\ M'_w \theta + M'_{\delta_b} \delta_b + M'_{\delta_s} \delta_s + M'_\theta \theta + M'(v,r) = 0 \end{cases} \qquad (7-108)$$

根据一些实艇试验结果表明:若转向前作了良好均衡的潜艇,转向中保持好深度,上述方法可望获得满足工程应用精度的水动力系数值。

7.5 潜艇运动稳定性的概念

运动稳定性是操纵性的重要组成部分。运动稳定性研究潜艇作定常运动时受到瞬时微干扰作用后艇的运动特性。本节主要介绍：
(1) 运动稳定性的一般概念；
(2) 水平面定常运动稳定性的指数；
(3) 垂直面定常运动稳定性的指数。

7.5.1 运动稳定性的一般概念

刚体位置的稳定性是物体平衡状态的属性。由物理学可知，刚体有三种不同的静态平衡方式，即稳定平衡、不稳定平衡和随遇平衡（图 7-31）。判断某平衡位置是否稳定的方法是：给刚体瞬时小扰动，使刚体相对原平衡状态造成偏离，然后看物体能否自行回到原来的平衡状态，如能回到未受扰动时的状态，则此平衡位置相对于这种微扰动来说是稳定的，反之是不稳定的或随遇的。

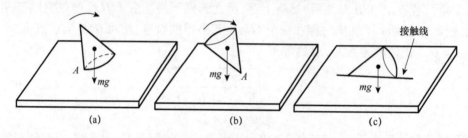

图 7-31　静态平衡位置的三种类型

物体的平衡状态可以是静止的，也可以是动平衡的。静力学研究静浮潜艇的平衡稳定性，对处于动平衡状态的潜艇作定常运动时的平衡稳定问题归结为运动稳定性。例如潜艇等速定深直航时，作用在艇上的外力和力矩原则上是平衡的，但不可避免地会受到各种偶然因素的扰动，诸如海流冲击、海水密度不均以及作用在艇上的水动力之微小改变等等，造成一个或一些运动参数的偏离，如首向角、纵倾、航行深度等的偏离，能否自行恢复到初始定常运动状态，这就是定常运动的稳定性问题。

运动稳定性：潜艇作定常运动时，受瞬时小扰动后，受扰的运动参数能否自行回到初始运动状态的性能。如重心垂向坐标 $\zeta_G(t)$（即航行深度）受扰后，最终能自行（未施加操舵等控制）回到初始的定常运动状态，则称 $\zeta_G(t)$ 具有自动稳定性。若不具有 $\zeta_G(t)$ 的自动稳定性，通过不断的操纵（操舵或静载等）保持航行深度，则称潜艇具有 $\zeta_G(t)$ 的控制稳定性。这里只介绍自动稳定性，即一定潜艇（艇体和舵翼）的自身属性。

根据潜艇受扰后的最终航迹保持其初始定常运动状态的特性,运动的稳定性可分成以下三类:

直线稳定性——航行中潜艇受到瞬时微扰动后,最终新航线保持了直线航行状态(但不保持初始航向或深度)的性能(图7-32线条(1))。

方向稳定性——航行中潜艇受到瞬时微扰动后,最终新航线仍循原航向运动(但并不与原航线重合)的性能(图7-32线条(2))。

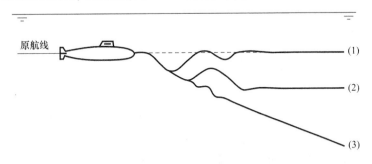

(1) 直线稳定性; (2) 方向稳定性; (3) 航线稳定性

图 7-32 潜艇受扰后的运动情况

航线稳定性——航行中潜艇受到瞬时微扰动后,最终新航线是原航线的延长线。也称为位置运动稳定性(图7-32线条(3))。

此外,还有定常回转运动的稳定性。

显然,具有航线稳定性的艇必同时具有直线稳定性和方向稳定性,具有方向稳定性的艇必同是具有直线稳定性;不具有直线稳定性的艇也一定不具有方向稳定性和航线稳定性。可见上述几种稳定性的划分是按升级次序来定义的。而且上述动稳定性的划分也适用于操舵控制或舵自由摆动的情形,但通常指的是舵固定的情况,即自动稳定性。

对于潜艇在垂直面和水平面的两种平面运动来讲,最有意义的是关于垂向深度 $\zeta_G(t)$ 和航向 $v(t)$ 的稳定性,即分别为式(7-59)、式(7-58)的第二式:

$$\xi_G(t) = -V\int_0^t [\theta(t) - \alpha(t)] \, dt + \xi_{G0}$$

$$= -V\int_0^t x(t) \, dt + \xi_{G0} \qquad (7-109)$$

及

$$\eta_G(t) = V\int_0^t [\psi(t) - \beta(t)] \, dt + \eta_{G0}$$

$$= V\int_0^t v(t) \, dt + \eta_{G0} \qquad (7-110)$$

或取 $\xi_{G0} = \eta_{G0} = 0$

也就是归结为航速 V、纵倾角 θ、攻角 α 及首向角 ψ、漂角 β 的稳定性。由于航速受扰后虽有改变,但难于确定,在微干扰情形下可以认为航速 V 改变甚小,予以忽略。下面简要介绍判断这些运动参数稳定与否的指数。

7.5.2 水平面定常运动稳定性的指数

水平面的定常运动可分为水平直航和定常回转运动两类。它们的运动稳定性各有特点,分别简介如下。

1. 水平面直航稳定性

评定运动稳定性的标准,通常沿用飞机操纵性(即飞行动力学)所使用的两种标准:即静稳定性和动稳定性。

1)静稳定性系数 l'_β

潜艇作定常运动时,受瞬时小扰动后,仅考虑一个运动参数在受扰后的初始瞬间的偏离趋向。若由扰动产生的水动力(矩),促使受扰动的那个运动参数恢复到初始运动状态,则称该运动参数是静稳定的(图7-33(a))。

水平直航定常运动时,漂角 β 受小扰动后有微小偏离 $\Delta\beta$,此时 β 是否静稳定(即 $t\to\infty$, $\Delta\beta(t)\to 0$)由上可知,取决于水动力中心 F 点的位置。

当 F 点在 G 点之前,即 $l'_\beta > 0$——漂角静不稳定;

当 F 点与 G 点重合,即 $l'_\beta = 0$——漂角静中性;

当 F 点在 G 点之后,即 $l'_\beta < 0$——漂角静稳定。

2)直线稳定性

动稳定性即运动稳定性,不论漂角在最初瞬间的偏离趋势怎样,视其扰动运动最终结果而定。这种最终的真实的稳定性,相对于静稳定性而言,称为"动稳定性"。

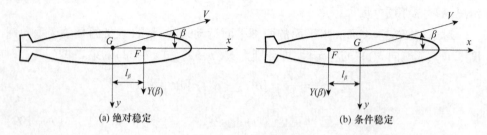

(a) 绝对稳定　　　　　　　　　　(b) 条件稳定

图 7-33　漂角的静稳定性

分析水平面的直线稳定性,在于研究漂角受扰后的扰动运动 $\beta(t)$(应是 $\Delta\beta(t)$,这里省去前置号"Δ")的变化情况数学上归结为求解式(7-53)的齐次常系数性微分方程——扰动方程或称自由运动方程

$$T_1 T_2 \ddot{\beta} + (T_1 + T_2)\dot{\beta} + \beta = 0 \qquad (7-111)$$

判断漂角是否动稳定可有两种途径：

(1) 解漂角的扰动方程(7-111)，观察当 $t \to \infty$，扰动运动 $\Delta\beta(t)$ 是否趋于零。

(2) 根据运动稳定性的理论，直接按扰动方程的特征方程的根之性质来判别。判别方法参看自动调整原理中的各种判据，如常用的代数判据——古尔维茨判据。

古尔维茨判别法(不加证明)

设有 n 次方程式

$$\alpha_n\lambda^n + \alpha_{n-1}\lambda^{n-1} + \cdots + \alpha_1\lambda + \alpha_0 = 0 \quad (设 \alpha_n > 0) \qquad (7-112)$$

作古尔维茨行列式：在主对角线上依次写出从方程的第二个系数 α_{n-1} 起的系数直至 α_0，其他各行的元素以主对角线为准，向左排列下标依次递减，向右依次递增，凡下标大于 n 或小于零时，皆以零代替，即

$$d_1 = \alpha_{n-1}$$

$$d_2 = \begin{vmatrix} \alpha_{n-1} & \alpha_n \\ \alpha_{n-3} & \alpha_{n-2} \end{vmatrix} \qquad (7-113)$$

$$d_n = \begin{vmatrix} \alpha_{n-1} & \alpha_n & 0 & 0 & \cdots & 0 \\ \alpha_{n-3} & \alpha_{n-2} & \alpha_{n-1} & \alpha_n & \cdots & 0 \\ \alpha_{n-5} & \alpha_{n-4} & \alpha_{n-3} & \alpha_{n-2} & \cdots & 0 \\ \cdots & \cdots & \cdots & \cdots & \cdots & \cdots \\ 0 & 0 & 0 & 0 & \cdots & \alpha_0 \end{vmatrix}$$

式(7-112)的所有根部是负实根或实部为负的共轭复根(即扰动运动是渐近稳定)的充要条件是：所有古尔维茨行列式都是正的，即 $d_i > 0 (i = 1, 2, \cdots n)$

对方次方程($\Delta\beta$ 的扰动方程)的特征方程为

$$T_1 T_2 S^2 + (T_1 + T_2) S + 1 = 0$$

它的代数根 S_1、S_2 可由数学的韦达定理得知

$$S_1 = -\frac{1}{T_1}$$

$$S_2 = -\frac{1}{T_2}$$

于是微分方程(7-111)有解为

$$\beta = \beta_1 e^{-\frac{t}{T_1}} + \beta_2 e^{-\frac{t}{T_2}}$$

式中积分常数 β_1、β_2 由初始条件决定。由此可给出 β 动稳定的充要条件为

$$T_1 > 0$$
$$T_2 > 0 \qquad (7-114)$$

这与按古尔维茨判别式要求

$$T_1 T_2 > 0, T_1 + T_2 > 0$$

是一致的。根据式(7-54)中的时间常数 T_1、T_2 与水动力系数的关系，$T_1 > 0$, $T_2 > 0$ 等价于要求

$$\Delta = N'_v(m' - Y'_r) + N'_r Y'_v \qquad (7-115)$$

称 Δ 为直线稳定性衡准,并改写成

$$\frac{N'_v}{y'_v} < \frac{N'_r}{-(m' - Y'_r)} \qquad (7-116(a))$$

或

$$l'_\beta < l'_r \quad \text{或} \quad \frac{l'_r}{l'_\beta} > 1 \qquad (7-116(b))$$

可见当相当阻尼力 $Y'(r) = -(m' - Y'_r)r'$ 的作用点 R 位于水动力中心 F 点之前,漂角的扰动运动 $\Delta\beta(t) \to 0$ 即漂角是动稳定的。条件式(7-116)表明,当潜艇的相当阻尼力矩(即 l'_r)大于偏航力矩(即 l'_β)时,潜艇受瞬时扰动后继续保持运动的直线性质。显然静稳定条件($l'_\beta < 0$)比动稳定条件苛刻得多,静稳定条件只是不计相当旋转阻尼力矩(有利作用)情况下的动稳定性之特殊情况。

3)方向稳定性

水平面的方向稳定性,在于研究偏航角速度受扰后的扰动运动符性。数学上归结为研究式(7-52)的齐次方程

$$T_1 T_2 \ddot{r} + (T_2 + T_2)\dot{r} + r = 0 \qquad (7-117)$$

其解为

$$r(t) = r_1 e^{-\frac{t}{T_1}} + r_2 e^{-\frac{t}{T_2}} \qquad (7-118)$$

积分常数 r_1、r_2 由初始条件决定。所以首向角 $\psi(t)$ 随时间的变化为

$$\psi(t) = \int_0^t r(t)\,\mathrm{d}t = -\left(T_1 r_1 e^{-\frac{t}{T_1}} + T_2 r_2 e^{-\frac{t}{T_2}}\right) + T_1 r_1 + T_2 r_2 \qquad (7-119)$$

不论潜艇是否具有直线稳定性,当 $t \to \infty$ 时,扰动运动 $\Delta\psi(t)$ 都不会趋于零。当具有直线稳定性时,$\Delta\psi(t) \to$ 常数(即 $T_1 r_1 + T_2 r_2$),否则 $\Delta\psi(t) \to \infty$。这是由于阻尼力矩只能阻止艇体的继续旋转,但无法把已经偏转了的艇体再转回到原方向上来。要恢复原航向必须依赖于操舵。因此,潜艇在水平面内不具有方向稳定性,唯一可能有的是直线稳定性,习惯上常常称作"航向稳定性"。但是航向稳定性这个术语的含义只是继续保持定常运动的直线性质,并具有保持航行方向的能力。

4)方向(或航向)的控制稳定性

舰艇不具有方向的自动稳定性,要保持航行方向必须不断操舵(方向舵),这就是航向控制稳定性问题。为此首先建立操舵控制情况下对艏向角 ψ 的扰动运动方程。

设潜艇受到扰动后艏向角 ψ 有增量 $\Delta\psi$,转舵角 $\Delta\delta$,代入方程(7-52(b)),然

后与原方程(7-52(b))相减即得受控扰动微风方程

$$\Delta\ddot{\psi} + 2P(\Delta\dot{\psi}) + q(\Delta\psi) = S(\Delta\delta) + ST_3(\Delta\dot{\delta}) \qquad (7-120)$$

式中

$$2P = \frac{T_1 + T_2}{T_1 T_2}$$

$$q = \frac{1}{T_1 T_2} \qquad (7-121)$$

$$S = \frac{K}{T_1 T_2}$$

那么,航向(ψ)受扰后该怎样操舵?如有"$+\Delta\psi$"即向右偏离,应操左舵"$-\Delta\delta$",使艇逐渐减小偏离并返回原航向。$\Delta\delta$通常根据航向偏离$\Delta\psi$的大小变化按比例操舵,并改虑到$\Delta\psi=0$,$\Delta\delta=0$时,艇的$\Delta\dot{\psi}$最大,潜艇在艇的惯性和水的阻尼影响下围绕原航向摆动,所以操舵角还应与角速度成比例。因此操舵规律为

$$\Delta\delta = -[K_p(\Delta\psi) + K_D(\Delta\dot{\psi})] \qquad (7-122)$$

叫作比例、微分控制,K_p、K_d是待选系数。

将式(7-122)代入式(7-120),省略前置号"Δ"可得:

$$\dddot{\psi} + 2\bar{P}\ddot{\psi} + \bar{q}\dot{\psi} + SK_P\psi = 0 \qquad (7-123)$$

式中

$$2\bar{P} = 2P + ST_3 K_D$$

$$\bar{q} = q + (ST_3 K_P + SK_D) \qquad (7-124)$$

上式的特征方程是个三次代数方程(这儿设特征根为λ)

$$\lambda^3 + 2\bar{P}\lambda^2 + \bar{q}\lambda + SK_P = 0 \qquad (7-125)$$

若使潜艇具有方向控制稳定性,如前所述应使特征方程的根全部是负实根或实部为负的共轭复根。按古尔维茨判据可知其充要条件为特征方程的系数满足如下不等式:

$$2\bar{P} > 0$$
$$2\bar{P}\bar{q} - SK_P > 0 \qquad (7-126)$$
$$SK_P > 0$$

根据水动力系数的符号可知,条件$2\bar{P}>0$,$-SK_P>0$总是满足的。于是潜艇具有方向控制稳定性的条件归结为

$$2\bar{P}\bar{q} + SK_P > 0 \qquad (7-127)$$

此外,为了消除潜艇持续干扰力矩作用下而产生的航向误差,一般在自动舵的操舵规律中还增加积分环节,即

$$\Delta\delta = K_P(\Delta\psi) + K_I\int(\Delta\psi)\,\mathrm{d}t + K_D(\Delta\psi) \qquad (7-128)$$

目前我国舰船上大量使用的自动舵即是这种控制系统,简称为 PID(比例、积分、微分)控制系统。

2. 定常回转运动的稳定性

根据稳定性的定义,当潜艇以角速度 r 作定常回转运动时,受扰有增量 Δr,在不操舵的情况先努如果 $r \to \infty, \Delta r(t) \to 0$,则称原来的定常回转运动具有自动稳定性。否则,就不具有自动稳定性(图7-34)。

潜艇在实际航行中,一般不需要作定量回转运动。讨论定常回转运动稳定性的目的在于分析直航不稳定的潜艇如何保持直航的问题。

与直航稳定性的研究一样,定常回转运动的稳定性常用简化型非线性运动方程(7-56(a))作为基准方程,给个增量 Δr,可导出关于 Δr 的扰动方程

$$T_1 T_2 \Delta\ddot{r} + (T_1 + T_2)\Delta\dot{r} + (1 + 3\alpha r^2)\Delta r = 0 \qquad (7-129)$$

由古尔维茨判据可知,定常回转的稳定充要条件为

$$\begin{cases} \dfrac{T_1 + T_2}{T_1 T_2} > 0 \\ \dfrac{1 + 3\alpha r^2}{T_1 T_2} > 0 \end{cases} \qquad (7-130)$$

通常第一个不等式恒能满足,于是第二个不等式等价于

$$\Delta' = (1 + 3\alpha r^2)\Delta > 0 \qquad (7-131)$$

Δ' 称为回转稳定性衡准数,条件(7-131)在直线运动时,$r = 0$,于是 $\Delta' = \Delta$ 与直线稳定性衡准数一致。

(1)当 $\Delta > 0$ 时,即具有直线稳定性的潜艇,同时具有定常回转的稳定性。

因定常回转运动时,$r = \dot{r} = \dot{\delta} = 0$,于是式(7-56(a))为

$$r + \alpha r^3 = K\delta \qquad (7-132)$$

或

$$\delta = \frac{r}{K} + \frac{\alpha}{K}r^3 \qquad (7-133)$$

如图7-34(a)所示,此时 $r \sim \delta$ 具有单值函数关系,改虑到舵效指数 K 为

$$K = \left(\frac{V}{L}\right)\frac{N'_0 Y'_\delta - N'_\delta Y'_0}{\Delta} > 0$$

因 $N'_v, Y'_r, Y'_v < 0, N'_\delta > 0$,而 $\Delta > 0$,即 K 与 Δ 同号成反比。此时系数 $\alpha > 0$,即 α 与 K、Δ 也同号。

于是 $\Delta' > 0$,定常回转运动是稳定的。

(2)当 $\Delta < 0$ 时,即不具有直线稳定的潜艇。此时 $K < 0$,且 $\alpha < 0$。$r \sim \delta$ 曲

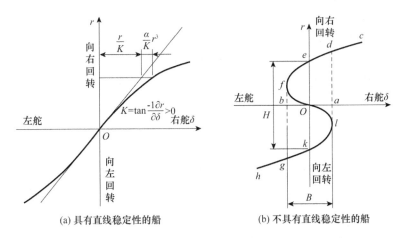

图 7-34 定常回转运动的 $r \sim \delta$ 曲线

线呈 S 形(图 7-34(b))在小舵角区域出现了"回转跃变"现象,有一"滞后环"。由图可知当以方向舵右舵角 δ 回转,并逐渐减小舵角时,r 将尚曲线 cde 逐渐减小,但舵角减小至零时,r 并不减小至零而为 r_0,对应于图中的 e 点。当舵角由零再向反方向(左舵)逐渐增大,r 将沿 ef 曲线继续减小(注意这是已是左舵而潜艇仍是向右回转,已属反常操舵了),当舵角向左增大至 $|\delta_k|$(b 点),对应的回转角速度为 r_k(f 点),称为临界角速度,潜艇由向右回转跃变为向左回转,舵角 δ_k 称为临界舵角,最后沿 gh 线改变。反之若从左舵开始,r 沿 $hgkldc$ 改变。可见对不具有直线稳定的潜艇,$r \sim \delta$ 曲线出现多值响应,在 $\pm\delta_k$ 之间构成一个滞后环。环宽 $B = \overline{ab} = 2\delta_k$,环高 $H = \overline{ek} = 2r_0$。环宽相当于操舵转向失控的舵角区,环高相当于舵角归零后剩余的回声角速度值 r_0 的两倍。它们是衡量航向不稳定程度的重要衡准,$|\delta_k|$、$|r_0|$ 愈小,不稳定程度愈小。当 $\delta_k = 0$ 时,即属直线稳定的情形。

现在来确定 δ_k 和 r_0 的表示式,如前所述,这时若使条件(7-131)成立,应有 $(1 + 3\alpha r^2) < 0$。因此当 $r \leq \dfrac{1}{\sqrt{3|\alpha|}}$ 时,$\Delta < 0$,定常回转运动不稳定,只有当 $r > \dfrac{1}{\sqrt{3|\alpha|}}$ 时,$\Delta' > 0$,定常回转运动才是稳定的,所以临界角速度 r_k 为

$$r_k = \frac{1}{\sqrt{3|\alpha|}} \tag{7-134}$$

将上式代入式(7-133)可求得相应于 r_k 的监界舵角 δ_k 为

$$\delta_k = \frac{r_k}{K}(1 + \alpha r_k^2) = \frac{2\sqrt{3}}{9} \cdot \frac{1}{K\sqrt{|\alpha|}} \tag{7-135}$$

故对航向不稳定的艇($\Delta < 0$),定常回转分为两种区域:$\delta > |\delta_k|$ 是稳定区;$\delta <$

$|\delta_k|$ 是不稳定区。

关于剩余角速度 r_0,可根据 $\delta = 0$,把式(7-132)写成
$$r + \alpha r^3 = 0$$

如前所述,对于 $\Delta < 0$ 的艇,$\alpha < 0$,将上式改写成
$$r - |\alpha|r^3 = 0$$

可解得二根为
$$r_0 = 0, r_0 = 1/\sqrt{|\alpha|} \tag{7-136}$$

第一个根 $r_0 = 0$,因 $r_0 < |r_k|$,所以是不稳定的,稍受扰动,或趋于 e 点,或趋于 K 点,实际上不能自动保持这种运动(即 $r = 0$ 的直线运动)。第二个根 $\dfrac{1}{\sqrt{|\alpha|}} > \dfrac{1}{\sqrt{3|\alpha|}} = r_k$,是稳定的。所以,对直线不稳定的船,$\delta = 0$ 时,船将以角速度 r_0 作稳定回转(相当以定常回转半径 $R_0 = V\sqrt{|\alpha|}$ 运动)。若使潜艇脱离此回转,必须向圆转的反方向转一个舵角 $\delta > |\delta_k|$。然后反复以大于临界舵角的来回操舵,才能使船回绕某一直航向运动。否则,将进入另一方向的回转运动。

7.5.3 垂直面定常运动稳定性的指数

潜艇垂直面定常运动的稳定性,就其研究方法是与水平面相仿的。对于直线稳定性可归结为求解冲角 α 的齐次扰动方程式(7-50),即
$$A_3\ddot{\alpha} + A_2\ddot{\alpha} + A_1\dot{\alpha} + A_0\alpha = 0 \tag{7-137}$$

方向稳定性则求解纵倾角 θ 的齐次扰动方程式(7-49),即
$$A_3\dddot{\theta} + A_2\ddot{\theta} + A_1\dot{\theta} + A_0\theta = 0 \tag{7-138}$$

对于扰动后的深度变化,由式(7-109)可简写成
$$\zeta_G(t) = -V\int_0^t [\theta(t) - \alpha(t)]\,\mathrm{d}t$$

这里根据古尔维茨判据,直接给出垂直面运动稳定性的下述结论:

(1)潜艇垂直面内的静稳定性可用冲角的静不稳定系数 l'_x 表示。即
$$l'_x = -\frac{M'_w}{Z'_w} \tag{7-139}$$

若

$l'_x > 0$,则潜艇静不稳定;

$l'_x = 0$,潜艇静中间;

$l'_x < 0$,潜艇静稳定。

由于潜艇在水平定深直航时,水动力 $Z(w)$ 的作用点 F 总在重心 G 之前,即

$l'_x > 0$,所以潜艇的垂直面直线运动是静不稳定的。但纵倾角 θ,显然是静稳定的。

(2)潜艇的垂直面运动同时具有直线稳定性和方向稳定性

关于冲角的直线动稳定条件是

$$\Delta + \Delta_h > 0 \tag{7-140}$$

式中

$$\Delta = M'_q Z'_w - M'_w (m' + Z'_q)$$

$$\Delta_h = \left[\frac{Z'_w (I'_y - M'_{\dot q})(m' - Z'_{\dot w})}{M'_q (m' - Z'_{\dot w}) + (I'_y - M'_{\dot q}) Z'_w} - (m' - Z'_{\dot w}) \right] M'_\theta \tag{7-141}$$

或

$$l'_x < l'_q + k l'_{FH} \tag{7-142}$$

其中 $l'_q = \dfrac{M'_q}{-(m' + Z'_q)}$ 为相当阻尼力臂

$$k = \left\{ \frac{-Z'_w (I'_y - M'_{\dot q})(m' - Z'_{\dot w})}{(m' + Z'_q)[M'_q (m' - Z'_{\dot w}) + (I'_y - M'_{\dot q}) Z'_w]} + \frac{m' - Z'_{\dot w}}{m' + Z'_q} \right\} \tag{7-143}$$

由式(7-140)及式(7-142)和式(7-137)及式(7-138)可得以下结论:

(1)若 $\Delta > 0$,则潜艇在所有航速下都动稳定,称为"绝对动稳定";

(2)若 $\Delta \leqslant 0$,但 $(\Delta + \Delta_h) > 0$,则称潜艇"有条件动稳定"。这个条件就是改虑了静扶正力矩对运动稳定性的有利作用,而且这种使用随速度的增加而减小。低于某一盘整时潜艇动稳定,大于该航速后动不稳定。潜艇由动稳定转化为动不稳定的航速称为临界航速,记为 V_{cr},并由 $l'_x = l'_q + k l'_{FH}$ 求得为

$$V_{cr} = \sqrt{\frac{m'ghk}{Z'_w (l'_q - l'_x)}} \tag{7-144}$$

当不改虑扶正力矩和阻尼力矩对运动稳定性的有利作用时,即取 $l'_q + k l'_{FH} = 0$,则有 $l'_x < 0$,这就是静稳定条件。

求解扰动方程(7-137)的特征方程,可得 S_1、S_2、S_3 三个特征根。对动稳定的艇在低速时有一对实部为负的共轭复根,另一根为负实根;高速时绝对动稳定的为三个负实根,条件动稳定的可能仍是动稳定的,也可能是动不稳定的。视临界航速而定,如图7-35所示。同时称扰动运动由周期运动(振荡)转为非周期运动的对应航速叫做特征速度 V_{ch}。

(3)由于纵倾角的扰动方程和冲角的扰动方程具有相同的特征方程,因此冲角的动稳定条件就是纵倾角的动稳定条件,并且也是潜浮角 x 的动稳定条件。即垂直面运动若具有直线稳定性,必同时具有方向稳定性。这是由于静扶正力矩作用的结果。

3. 潜艇的垂直面运动没有深度的自动稳定性

由方程(7-109)可知,当 θ、α 动稳定时,$t \to \infty$,$\Delta \zeta_G(t) \to$ 常数。这时因为一

且潜艇在水下运动的深度发生改变,并不存在能够促使深度自动复原的恢复力。若要恢复(或保持)深度必须操升降舵。

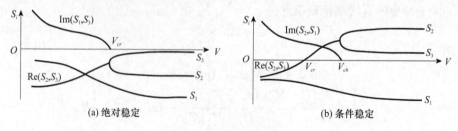

图 7-35 特征根曲线

7.6 潜艇 X 形舵的基本原理

7.6.1 X 形舵基本特点

潜艇 X 形舵是指潜艇艉舵的结构为 X 形,而不是十字形等目前使用较多的艉舵舵型,如图 7-36 所示。X 形舵的功能与十字形舵一样,都可控制潜艇的方向和深度,只是不像十字形舵那样,分别采用水平舵和垂直舵控制方向和深度,而是采用交叉 X 形舵结构综合控制方向和深度。

十字形舵潜艇的操纵面可分为方向舵和艉升降舵,且方向舵与艉升降舵呈正交布置。方向舵用于改变或保持潜艇航向,艉升降舵控制潜艇的深度和纵倾。从严格意义上来说,X 形舵潜艇不存在方向舵与艉升降舵。其艉操纵面的四个舵板呈正交布置,舵轴中心线与潜艇的中线面成±45°角。每个舵板的偏转都能引起潜艇的潜浮与转向。因此,必须采用多个(一般是四个或两个)舵板综合控制,以改变潜艇航向或深度。

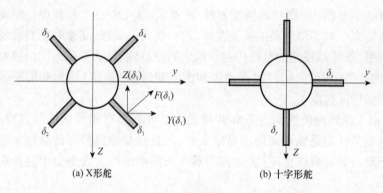

图 7-36 X 形舵和十字形舵的布局形式示意图

为什么要将潜艇艉舵设计成 X 形？那是因为 X 形舵具有很多优于十字形舵的特点,具体有:

(1) 安全性高。

在布置 X 形舵时,可以做到横向尺度不超过潜艇的艇宽,垂向尺度不突出基线。这有利于提高潜艇离靠码头、多艇并靠、进坞坐墩和坐沉海底时的安全性。

(2) 舵效高。

X 形舵采用对角化布置,可获得最大展长,因此,其展弦比大、舵效高;另外,由于展长大,对艇体边界层的不利影响小,也使舵的舵高提高。X 形舵舵效比十字形舵舵效大约提高 42%。

(3) 机动性好。

X 形舵具有良好的水动力性能。不论是在水平面还是垂直面上都具有良好的稳定性,尤其是在垂直面上具有较好的机动性。

(4) 抗沉能力强。

X 形舵有四个舵控制潜艇潜浮。一个舵卡住仍有三个舵可操纵艇的潜浮,减少了卡舵后对潜艇造成的危险,提高了潜艇抗沉的能力。

(5) 噪声低。

由于 X 形舵的舵效比十字形舵高,因此可增加与螺旋桨盘面的距离,以改善螺旋桨水流的均匀性和减少操舵后对螺旋桨的干扰,有利于降低噪声。

(6) 有利于实现标准化和系列化。

X 形舵的四套舵装置和舵板可采用相同的设计,一套设备图纸即可满足要求,而十字形舵则很难做到,有利于实现操舵装置的标准化和系列化。

X 形舵有上述诸多优势,为什么还有许多潜艇依然采用十字形舵,X 形舵有哪些不足呢? X 形舵也存在一些不足之处,主要如下:

(1) 操作复杂。

十字形舵是分别采用两个舵来控制潜艇的水平面和垂直面运动,操作策略相对简单,易于艇员操作和掌握。无论是水平面还是垂直面运动,X 形舵都需要同时采用多个舵(通常为四个)来控制,X 形舵的每个舵的控制参数不尽相同,需要有独立的操舵系统。X 形舵的控制策略较十字形舵复杂许多,要增加等效舵角等参数的显示与操控软件的强大支持,对艇员的操作和掌握能力要求更高,增加了人工操舵的难度。

(2) 设计难点大、成本高。

X 形舵对潜艇的水动力设计、舵装置设计等提出了更高的要求。十字形舵只需要两套传动装置,而 X 形舵需要四套传动装置,机械设备繁杂,造价较高。

(3) 使用范围有一定的局限性。

X 形舵不适合长期在冰下活动的潜艇,因为在潜艇破冰上浮时,X 形舵抗冲击能力较十字形舵弱,更容易损坏。

7.6.2　X形舵发展概况

随着现代潜艇的发展,对其各项性能的要求也越来越高,潜艇的艉舵也得到了快速发展。X形舵的出现,引起了人们对潜艇舵型研究的又一次热潮。美国海军最先设计和试验X形舵,通过海上试验证明了X形舵具有很多优于十字形舵的方面。瑞典最先将X形舵应用于战斗潜艇,在目前研究和应用X形舵潜艇的国家中处于世界先进水平,其X形舵技术相对比较成熟。荷兰、德国和澳大利亚等国家都进行了X形舵潜艇的探索和实践。

1961年美国海军对高速试验潜艇"大青花鱼"号进行第二次改装,把桨前十字形舵改成桨前X形舵。1962年2月进行了海上试验,试验结果表明就操艇性能而言,X形舵比以往任何一种已试过的舵方案要优越得多。但因其他种种原因,X形舵并未在美国潜艇上应用推广,但美国从攻击型核潜艇SSN-21("海狼"级)上开始采用尾操纵面为X形与十字形结合而成的木字形舵。

瑞典海军在20世纪50年代之前设计的潜艇采用十字形舵,但从20世纪60年代中期开始至今,瑞典海军设计和建造的所有潜艇毫无例外地采用X形舵。首先采用X形舵的是瑞典的"海蛇"级潜艇,主要的目的是为了在近海浅航时不毁坏具有重要附体的尾部。此后,其他潜艇国家也都纷纷进行了关于X形舵的研究与实践。

德国从212型潜艇开始,所有建造的潜艇都采用X形舵。德国海军根据意大利海军的要求对212型潜艇的设计进行了改进,称作212A型潜艇。与212型潜艇一样,212A型潜艇尾操纵面仍为X形。X形舵在瑞典和德国得到全面推广使用也说明了其应用取得了巨大成功。意大利的一家船厂以许可证方式建造两艘212A型潜艇(尾操纵面为X形)。澳大利亚与瑞典联合设计的SSK471型潜艇,也采用了X形舵。荷兰于70年代后期建造的"海象"级潜艇上曾采用过X形舵,呈X形布置的艉舵与艇首部的围壳舵相互配合使用,使该艇型具有良好的水下操纵性。挪威海军的ULA级常规潜艇也采用X形舵,并与瑞典研制的SCC-200的第四代产品相匹配。X形舵的广泛应用足以说明其具有广阔的发展空间,对于X形舵性能的研究及其与目前应用最普遍的十字形舵的性能对比是十分必要的,也是具有很大研究价值的课题。

我国潜艇目前采用的还是十字形舵,因为十字形舵的技术成熟,操舵经验较多,发生故障的风险比较小。近年来,我国也顺应了世界关于潜艇艉舵舵型发展的趋势,开展了潜艇X形舵的研究。虽然我国对于X形舵潜艇的研究起步晚,但是也取得了很大的成果,相信不久的将来X形舵必将应用于我国潜艇上。

7.6.3 X形舵操纵与控制分析

1. X形舵舵角正负号规定

X形舵的四个尾翼呈X形正交布置,舵轴中心线与艇的纵中对称面成±45°夹角的操纵面。为了分析方便,首先对X形舵各分舵舵角正负号作如下规定:δ_1、δ_2、δ_3、δ_4皆规定右舵为正,左舵为负,如图7-37所示。

由于X形尾操纵面每个舵板都与艇的纵垂直面成45°角,因此任何一个舵板偏转后都产生一个空间力F(图7-36(a)),该力可以分解成如下的形式:

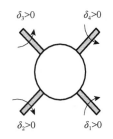

图7-37 X舵正负号的规定

$$F(\delta_i) = \begin{cases} X(\delta_i) \\ Y(\delta_i) \\ Z(\delta_i) \\ K(\delta_i) \\ M(\delta_i) \\ N(\delta_i) \end{cases} \quad i = 1,2,3,4 \qquad (7-145)$$

从上式可以看出,任何一个舵偏转都会产生潜浮、转向和横倾的操纵效应,因此X形舵产生的操纵力是一个空间力。

2. X形舵的操纵控制分析

(1)实现潜艇的空间机动(当$\delta_1 = \delta_2 \neq \delta_3 = \delta_4$时)。

由于X形舵的每个舵板的偏转都能引起潜艇的潜浮与转向,必须采用四个舵板综合控制用以改变潜艇航向或深度。当对角线上的两个舵同向转动且$|\delta_1|=|\delta_2|=|\delta_3|=|\delta_4|$时,潜艇便可以实现单平面(水平面或垂直面)机动。当$\delta_1 = \delta_2 \neq \delta_3 = \delta_4$时,可以实现潜艇的空间机动。如图7-38所示,如表7-3所列。

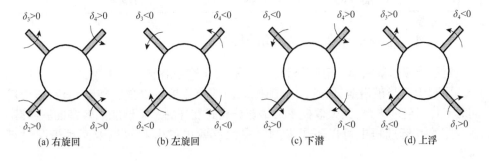

图7-38 X形舵正常操纵控制潜艇潜浮(旋回)

表 7-3　X 形舵正常操纵控制潜艇潜浮(旋回)表

操舵方式	X 形舵舵角	等效十字形舵舵角	潜艇运动形式	有无横倾产生
(a)	$\delta_1>0,\delta_3>0,\delta_2>0,\delta_4>0$	$\delta_r>0,\delta_s=0$	右旋回	无
(b)	$\delta_1<0,\delta_3<0,\delta_2<0,\delta_4<0$	$\delta_r<0,\delta_s=0$	左旋回	无
(c)	$\delta_1<0,\delta_3<0,\delta_2>0,\delta_4>0$	$\delta_r=0,\delta_s>0$	下潜	无
(d)	$\delta_1>0,\delta_3>0,\delta_2<0,\delta_4<0$	$\delta_r=0,\delta_s<0$	上浮	无

(2) 使潜艇产生横倾(当 $\delta_1=\delta_2=-\delta_3=-\delta_4$ 时)。

当对角线上的两个舵反向转动且 $\delta_1=\delta_2=-\delta_3=-\delta_4$ 时,仅仅使潜艇产生横倾,采用此种操舵方式的作用,是为了抑制潜艇在高速空间机动时产生的较大横倾。如图 7-39 所示、如表 7-4 所列。

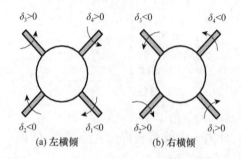

图 7-39　X 形舵操纵控制潜艇的横倾

表 7-4　X 形舵操纵控制潜艇横倾表

操舵方式	X 形舵舵角	等效十字形舵舵角	潜艇运动形式	有无横倾产生
(a)	$\delta_1<0,\delta_2<0,\delta_3>0,\delta_4>0$	$\delta_r=0,\delta_s=0$	左横倾	有
(b)	$\delta_1>0,\delta_2>0,\delta_3<0,\delta_4<0$	$\delta_r=0,\delta_s=0$	右横倾	有

7.6.4　X 形舵卡舵时的操纵措施

对于十字形舵潜艇,高速航行时艉水平舵卡舵是潜艇水下失事的主要危险之一。而对于 X 形舵潜艇,因其 X 形艉操纵面四个舵板可以独立转动,只有三个舵同时卡住时舵才失效,其失效概率乃是非分离式舵杆的十字形舵失效率的三次幂,在实际的操艇过程中可以不予考虑。在此仅就单舵卡和双舵卡两种情况进行讨论。

1. 单舵卡情形

X 形舵最常出现的故障便是单舵卡。当任一舵角卡住时,可以通过转动与其

第 7 章 潜艇操纵性

在同一垂直线上的另外一个舵来控制潜艇的深度,使潜艇不至于大纵倾下潜或上浮,这时要产生一个使潜艇转向的力,但这对潜艇的安全性不会产生影响,另外两个舵可以在一定程度上对潜艇实施控制。

2. 双舵卡情形

一般来说,X 形舵的两个分舵同时卡住的情形已属罕见。对于双舵卡来说,又可分为几种情况进行讨论:

(1) 对角线上的两个舵卡同向舵角时,可将另外一个对角线上的两个舵操同向相同舵角。这时四舵合力沿水平方向,相当于打了一个方向舵角,不会造成危险。

(2) 对角线上的两个舵卡反向舵角时,虽然这种情况下对潜艇的深度影响不是很大,但会产生一个横倾力矩,如不及时加以控制,会使潜艇产生较大横倾,这时同样可以操另外两个舵消除这种横倾。

(3) 当水平方向上相邻的两个舵(如 δ_1、δ_2)卡反向舵角或者垂直方向上相邻的两个舵(如 δ_1、δ_4)卡同向舵角时,可通过操另外两个舵进行补偿,不用吹除主压载水,也不用急于浮起。

(4) 当水平方向上相邻的两个舵卡同向舵角或者垂直方向上相邻的两个舵卡反向舵角时,这是一种比较危险的情形,因为若要通过操另外两个舵进行补偿的话,势必使潜艇产生较大的横倾。如图 7-40 所示,若一号舵与四号舵同时卡舵,且一号舵卡舵角为正,四号舵卡舵角为负,如图 7-40(a)所示。这时若要控制潜艇的深度和纵倾,使其不致于大纵倾上浮过快,二号舵必须操一个正舵角,三号舵必须操一个负舵角,如图 7-40(b)所示。但这时又出现了另一个问题:虽然潜艇的纵倾和深度控制住了,但由图 7-40(b)不难看出,在四个舵的同时作用下,将会产生一个较大的横倾力矩,对潜艇而言,这同样是非常危险的,因此在这种情况下,必须辅以其他措施(主排水、调水或吹除主压载水)才可以确保潜艇的安全性。

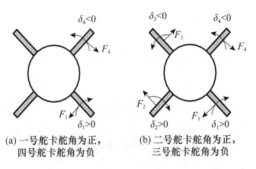

(a) 一号舵卡舵角为正,四号舵卡舵角为负

(b) 二号舵卡舵角为正,三号舵卡舵角为负

图 7-40 X 形舵双舵卡的情形

7.6.5 X形舵等效舵角转换数学模型

在给出X形舵与十字形舵的等效舵角转换数学模型之前,首先对差动舵角加以定义。

当 $\delta_1 \neq \delta_3$、$\delta_2 \neq \delta_4$ 时,称X形舵存在差动舵角,表示如下:

(1) δ_{13d} 表示 δ_1、δ_3 之间的差动舵角,$\delta_{13d} = \delta_3 - \delta_1$;

(2) δ_{24d} 表示 δ_2、δ_4 之间的差动舵角,$\delta_{24d} = \delta_4 - \delta_2$。

差动舵角的正负号可规定为:当潜艇可能出现右横倾时,朝反方向操纵差动舵角,减小或克服横倾力矩,此时的差动舵角规定为正舵角。

由此可知:若 δ_1 为负舵角,δ_3 为正舵角,则有 $\delta_{13d} > 0$,将产生逆时针的减小横倾力矩;若 δ_2 为负舵角,δ_4 为正舵角,则有 $\delta_{24d} > 0$,将产生逆时针的减小横倾力矩。以下给出X形舵与十字形舵等效舵角转换的数学模型:

$$\begin{cases} \delta_s = \dfrac{1}{4}(-\delta_1 + \delta_2 - \delta_3 + \delta_4) \\ \delta_r = \dfrac{1}{4}(\delta_1 + \delta_2 + \delta_3 + \delta_4) \\ \delta_{13d} = \delta_3 - \delta_1 \\ \delta_{23d} = \delta_4 - \delta_2 \end{cases} \quad (7-146)$$

$$\begin{cases} \delta_1 = \delta_r - \delta_s - \dfrac{1}{2}\delta_{13d} \\ \delta_2 = \delta_r - \delta_s + \dfrac{1}{2}\delta_{13d} \\ \delta_3 = \delta_r + \delta_s - \dfrac{1}{2}\delta_{24d} \\ \delta_4 = \delta_r + \delta_s + \dfrac{1}{2}\delta_{24d} \end{cases} \quad (7-147)$$

几点说明:

(1) δ_1、δ_2、δ_3、δ_4 皆规定右舵为正,左舵为负;

(2) $\delta_s > 0$,下潜舵,操纵效果为艏倾下潜;$\delta_s < 0$,上浮舵,操纵效果为艉倾上浮;

(3) $\delta_r > 0$,右舵,操纵效果为使艇右转;$\delta_r < 0$,左舵,操纵效果为使艇左转。

7.7 习题及思考题

1. 从操纵性的角度分析潜艇与水面舰船有哪些不同?
2. 潜艇操纵性能可以用哪些特征量来描述?

3. 潜艇的水下机动是如何通过水平面操纵与垂直面操纵来实现的？
4. 如何理解潜艇运动稳定性的概念？
5. 潜艇操纵时要避免哪些风险问题？
6. X形舵与十字形舵操控方式上有何差别？
7. X形舵的优势和不足有哪些？
8. X形舵卡舵后应采用怎样的操纵措施应对？
9. X形舵如何实现与十字形舵的等效？
10. 作为操作人员如何应对X形舵这种操纵装置带来的挑战？

第 8 章　潜艇耐波性

据统计,海面上 70%的时间里都有大小不同的波浪。舰艇作为海上战斗工具,必须具有在风浪中保持航行和战斗的能力,即耐波性。现代潜艇,仍然要在水面和近水面航行或执行任务,也必须具有适宜的耐波性能。本章将简要介绍潜艇耐波性的一些最基本的概念和理论,使有关人员对潜艇的波浪中的动力效应或特征有所理解,以便管好用好潜艇,保持和充分发挥潜艇的战斗力。

8.1　概述

在潜艇上生活过的人们都能感知,潜艇在有风浪的水面或近水面会出现横摇和纵摇。由于风浪的作用,潜艇在波浪中的摇荡运动要用刚体在空间的 6 个自由度运动来描述,如图 8-1 所示,包括 3 个沿坐标轴 x、y、z 的平移振荡和 3 个绕坐标轴的转动振荡,分别定义为

(1)纵荡——沿 x 轴的平移(进退)振荡;

(2)横荡——沿 y 轴的平移(左右)振荡;

(3)垂荡——沿 z 轴的平移(升沉)振荡;

(4)横摇——绕 x 轴的转动振荡;

(5)纵摇——绕 y 轴的俯仰振荡;

(6)首摇——绕 z 轴的摇首振荡。

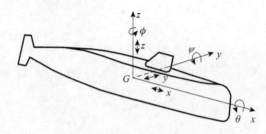

图 8-1　六个自由度摇荡运动定义

为了便于研究,通常把 6 个自由度的摇荡运动分成两组:一组是纵荡、垂荡和纵摇称为纵向运动;另一组是横荡、横摇和首摇,称为横向运动。我们将进一步简化为仅讨论三种主要的摇荡,即横摇、纵摇和垂荡。

潜艇在波浪中究竟那种摇荡会严重一些,这取决于潜艇艇首与海浪相遇的方位,即浪向角 μ,如图 8-2 所示:

$\mu = 0° \sim 15°$ 为顶浪或迎浪;

$\mu = 15° \sim 75°$ 为首斜浪;

$\mu = 75° \sim 105°$ 为横浪;

$\mu = 105° \sim 165°$ 为尾斜浪;

$\mu = 165° \sim 180°$ 为顺浪或随浪。

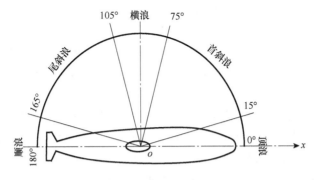

图 8-2 浪向角定义

一般而言,顶浪时垂荡和纵摇比较严重,横浪时则横摇比较严重。

潜艇在波浪中剧烈的摇荡是一种有害运动,主要表现在以下方面:

(1)过大的横摇,将出现危险的横倾,致使蓄电池组的电解液外溢,降低其绝缘,甚至造成报废,影响或丧失这一类潜艇的水下航行能力。

(2)影响装备和技术器材的正常使用,特别当有大量海水涌上上甲板和指挥台(称甲板上浪)时还可能使装备器材遭到破坏,或海水通过开着的舱口进入艇体里面。

(3)失速。一方面因为波浪中航行阻力比静水航行阻力增加,另一方面摇荡使推进器出水,效率降低,从而使航速降低;也常常因为摇荡剧烈,为了减轻危害,艇长被迫下令减速航行;凡此统称为失速。

(4)潜艇在有风浪的近水面航行时,由于摇荡,难以保持潜艇深度;或由于通气管频频被海水淹没,而不能保持通气管航行状态;或由于指挥台围壳经常被抛出水面,而降低了潜艇的隐蔽性。总之,潜艇在有风浪的近水面航行时将使水下操纵潜艇复杂化。

(5)由于船体摇荡运动而使用于船体上的水动力和惯性力,将增加作用于船体上的弯矩,即增大船体的应力。惯性力也将使装备结构和技术器材增大应力,甚至遭受破坏。

(6)严重的摇荡使船员晕船,减低战斗力,等等。

为了减少振荡的有害影响,除了设计和建造人员的努力(例如尽可能减小摇荡振幅和增大摇荡周期)外,潜艇的管理使用人员也要对潜艇的耐波性能有正确的了解,根据不同情况采取适当措施,以减轻摇荡的危害。这是本章学习的目的。

8.2 海浪简介

海浪是驱使潜艇摇荡的外部条件,首先应对它有基本了解。

海面上有时一平如镜,有时水波粼粼,有时水面凸起又凹下,并向远方传去,有时则汹涌澎湃,波浪滔天,其原因多是由风引起的。风吹过海面,把能量传给海水,经过复杂的作用,便形成相应大小的海浪,海浪形成之后,具有相当大的能量,使波形向外传播,即使风停止了,海浪也还会持续相当长的时间。因此海浪大致有三种:

(1)风浪是在风正在作用下的海区出现的波浪,波形极不规则,有如高低不均,长短不一、起伏不定的小丘。其大小取决于当时风的速度(风速),风力作用的时间(风时)和风区的长度(风程)。

(2)涌浪是风停止以后余下的波或风浪传播到风区之外的波。其特点是小波已逐渐消失,剩下的是波长较长、波形较平缓且比较规则的波。

(3)混合浪风区的风浪和由外地传播来的涌浪同时存在的浪。

8.2.1 涌浪、规则波

涌浪比较规则,波长较长,峰谷较平坦,波峰和波谷线长且平行,接近于理论上的微幅平面进行波(下称规则波)。下面我们将引述一些规则波的表达公式,它既可以近似描述涌浪,也是后面讨论不规则波的基础。

1. 规则波的波面方程

以静水平面为零线,波面偏离静水平面的高度称为波面升高,简称波升,用 ζ 表示,它是空间坐标 ξ 和时间坐标 t 的正弦型函数:

$$\zeta(\xi,t) = \frac{h_w}{2}\cos 2\pi\left(\frac{\xi}{\lambda} \pm \frac{t}{\tau}\right) = \xi_a\cos(k\xi \pm \omega t) \qquad (8-1)$$

波面上任一点的切线与静水平面的夹角称为波面倾斜角,简称波倾角,用 α 表示,即

$$\alpha \doteq \frac{\partial \zeta}{\partial \xi} = -k\zeta_a\sin(k\xi \pm \omega t)$$

$$= -\alpha_0\sin(k\xi \pm \omega t) \qquad (8-2)$$

若取定 t,例如 $t=0$,则

$$\zeta(\xi) = \zeta_a\cos k\xi \qquad (8-3)$$

这是 $t=0$ 时刻海面切面的波形,如图 8-3(a)所示。

若定点观察波面的变化(如取 $\xi=0$),则

$$\zeta(t) = \zeta_a \cos\omega t \tag{8-4}$$

相应地有

$$\alpha(t) = \mp\alpha_0 \sin\omega t \tag{8-5}$$

如图 8-3 所示。

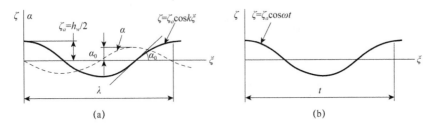

图 8-3 波形曲线

式中(结合图 8-3)波高 h_w、波长 λ、波周期 τ、波幅 ζ_a、波数 k、波浪圆频率 ω 和波倾角幅 α_0 均为规则波的特征参数,其中

$$\left.\begin{array}{l} \zeta_a = \dfrac{1}{2}h_w \\[4pt] k = 2\pi/\lambda \\[4pt] \omega = 2\pi/\tau \\[4pt] \alpha_0 = k\zeta_a = \pi\dfrac{h_w}{\lambda} \\[4pt] c = \lambda/\tau \quad\text{——波形传播的速度} \end{array}\right\} \tag{8-6}$$

在深水条件下尚有如下关系式:

$$\tau = \sqrt{\frac{2\pi}{g}\lambda} \approx 0.8\sqrt{\lambda} \tag{8-7}$$

或

$$\lambda \approx 1.56\tau^2$$

$$k = w^2/g \quad \text{其中 } g \text{ 为重力加速度} \tag{8-8}$$

$$c = \sqrt{\frac{g\lambda}{2\pi}} \approx 1.25\sqrt{\lambda} \tag{8-9}$$

$$h_w = 0.17\lambda^{3/4}\,(\text{m}) \tag{8-10}$$

2. 次波面方程

值得注意的是,海面兴起波浪之后,看到的是波形以相当快的速度 c 传播出去,但水的质点并不流走,而是围绕其原来静止位置以 ω 的角速度作圆周运动,圆

周运动的半径就是波幅。并且水面上的水质点在做圆周运动的同时,也带动水面以下的水质点以相同的 ω 作圆周运动,但圆周的半径随水深而迅速减小(图8-4),称水中质点波动形成的波形为次波面,水深 $|z|$ 处的次波面方程为

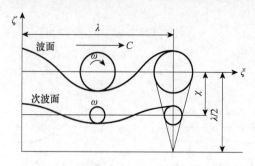

图 8-4 次波面

$$\zeta_{|z|} = \zeta_a e^{-k|z|} \cos(k\xi - \omega t) \quad (8-11)$$

与式(8-1)比较,可知次波面的波幅与表面波的波幅的关系式为

$$\zeta_{|z|} = \zeta_a \cdot e^{-k|z|}$$

若 $|z|$ 很大时,例如 $|z| = \lambda/2$ 时,次波面的波幅就很小了,也就是说 $\lambda/2$ 以下深度的水质点基本不波动了。

正是因为次波面的存在,才使潜艇在近水面(例如潜望深度)时仍有摇荡运动的危害,只有深潜时才不会发生摇荡。

3. 波动压力

由于次波面的存在,波浪中水的压力不能完全按水深来计算,如图(8-4)中水深 $|z|$ 处 D 点水的压力应为

$$P_{|z|} = P_0 + \rho g |z| + \rho g \zeta_a e^{-k|z|} \cos(k\xi - \omega t) \quad (8-12)$$

式中 ρ ——水的密度;
     g ——重力加速度。

后面一项即为兴波之后出现的波动压力,它也是位置 ξ 和时间 t 函数。从本质上讲,正是这种波动压力作用于船体,才产生了波浪扰动力(矩),强迫船作摇荡运动。

4. 规则波的波能

$$E = \frac{1}{2}\rho g \zeta_a^2 \quad (8-13)$$

式中:E 为海面单位面积中的波能,ρ、g 定义同式(8-12)。

8.2.2 风浪、不规则波

大家都知道风一阵一阵吹,强弱和方向都是很不规律的。由风的作用而产生

的风浪,自然也是极不规则的,称为不规则波。它不能像规则波的那样用一些确定的数学式子来描述。但这些看来是极不规则的、随机变化的现象,通过大量的试验仍然可以找出其中一些基本规律(或可称为统计规律),并且已经把它上升为理论(就是数学中的随机过程理论)。下面我们将从试验和理论两方面,对不规则波的统计规律作简单引述。

1. 波高的统计平均值及浪级的划分

把一个测量波高的仪器(浪高仪)置于海面上一定点,就可以记录到这一点的波面升高随时间的变化曲线,如图 8-5 所示。

$\tilde{h}_w$ 为表观波高,相邻波峰与波谷之间的垂直距离。

$\tilde{T}_z$ 为表观跨零周期,曲线相邻两次向上穿越零线的时间间隔。

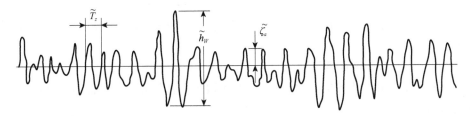

图 8-5 不规则波定点记录曲线

由图可见,表观波高的大小不一,表观周期也极无规律。我们把记录曲线上表观波高都量取下来,并按由小到大的次序加以排列:

$$\tilde{h}_1 \quad \tilde{h}_2 \quad \cdots \quad \tilde{h}_t \quad \cdots \quad \tilde{h}_n$$

若记录的时间足够长(例如 20 分钟左右),所取得的波高子样比较多(例如 $n = 200$),可以做如下三种波高的统计平均值:

(1) 平均波高 $\bar{h}$

$$\bar{h} = \frac{1}{n} \sum_{i=1}^{n} \tilde{h}_t \qquad (8-14)$$

(2) 有义波高 $\bar{h}_{1/3}$,它是取三分之一大表观波高的平均值,即

$$\bar{h}_{1/3} = \frac{1}{n/3} \sum_{i=\frac{2}{3}n+1}^{n} \tilde{h}_t \qquad (8-15)$$

(3) 十分之一大波平均波高 $\bar{h}_{1/10}$,这是取十分之一大表观波高的平均值,即

$$\bar{h}_{1/10} = \frac{1}{n/10} \sum_{i=\frac{9}{10}n+1}^{n} \tilde{h}_t \qquad (8-16)$$

试验表明,同一海区同一时间里,不同点的记录曲线是完全不一样的,但这些统计平均波高是基本一样的。也就是说,可以用这些统计平均值来表示海面不规

则波的强弱程度。特别是其中 $\bar{h}_{1/3}$ 与有经验的航海人员目测的平均波高相近,通常就以它的大小来划分浪级,表 8-1 是我国现行的浪级表。

表 8-1 浪级表

浪级	名称	有义波高 $\bar{h}_{1/3}$/m	浪级	名称	有义波高 $\bar{h}_{1/3}$/m
0	无浪	0	5	大浪	$2.5 \leqslant \bar{h}_{1/3} < 4.0$
1	微浪	<0.1	6	巨浪	$4.0 \leqslant \bar{h}_{1/3} < 6.0$
2	小浪	$0.1 \leqslant \bar{h}_{1/3} < 0.5$	7	狂浪	$6.0 \leqslant \bar{h}_{1/3} < 9.0$
3	轻浪	$0.5 \leqslant \bar{h}_{1/3} < 1.25$	8	狂涛	$9.0 \leqslant \bar{h}_{1/3} < 14.0$
4	中浪	$1.25 \leqslant \bar{h}_{1/3} < 2.5$	9	轻涛	$\bar{h}_{1/3} \geqslant 14.0$

虽然海浪是风引起的,但风级与浪级之间没有严格的对应关系。图 8-6 是统计资料,可供参考。

2. 波谱、方差和波高的计算

理论研究表明,极不规则的海浪,可由无数个不同频度的、小波幅的规则波迭加而成,记为

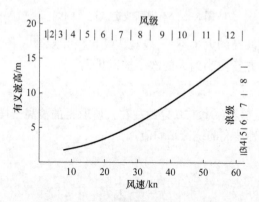

图 8-6 风级、风速与浪级的关系曲线

$$\zeta(t) = \sum_{i=1}^{\infty} \zeta_{ai}\cos(\omega_i t + \varepsilon_i) \qquad (8-17)$$

其中的每一个被加项都是一个规则的随机相位正弦波,称为子波。正由于相位是随机的。但由式(8-13)知,每一个子波在单位海面面积中的波能为

$$E_t = \frac{1}{2}\rho g \zeta_{ai}^2$$

这些子波波能的总和就是不规则波的波能,并且,对于一定的浪级,波能是确定的。

波谱或称波能谱,就是不规则波的波能在各项频度范围的子波中的分布,如图 8-7 所示,图中横坐标是频率 ω,纵坐标是波谱或称波谱密度函数 $S_{\zeta\zeta}(\omega)$,画阴影线部分的面积 $S_{\zeta\zeta}(\omega)\mathrm{d}\omega$ 表示 $\omega \sim \omega + \mathrm{d}\omega$ 范围内子波的波能。于是曲线下面的面积

$$m_0 = \int_0^\infty S_{\zeta\zeta}(\omega)\,\mathrm{d}\omega \tag{8-18}$$

就表示不规则波的总波能。

从概率论上讲,式(8-17)的 $\xi(t)$ 是一个随机过程,相应的图 8-7 是此随机过程的方差谱密度函数,从而式(8-18)的 m_0,称为该过程的方差,它表示波面偏离静水平面的平方平均值。

显然,曲线 $S_{\zeta\zeta}(\omega)$ 下面的面积大,方差 m_0 大,表明海浪偏离静水平面大,即浪级高。由此可知波高的统计平均值与方差 m_0 是相关的。理论表明

平均波高

$$\bar{h} = 2.5\sqrt{m_0} \tag{8-19}$$

有义波高

$$\bar{h}_{1/3} = 4.0\sqrt{m_0} \tag{8-20}$$

十分之一大波平均高

$$\bar{h}_{1/10} = 5.1\sqrt{m_0} \tag{8-21}$$

或者平均波幅

$$\bar{\zeta} = 1.25\sqrt{m_0} \tag{8-22}$$

有义波幅

$$\bar{\zeta}_{1/3} = 2.0\sqrt{m_0} \tag{8-23}$$

十分之一大波平均同

$$\bar{\zeta}_{1/10} = 2.55\sqrt{m_0} \tag{8-24}$$

并且平均周期

$$\overline{\tau_z} = 2\pi\sqrt{\frac{m_0}{m_2}} \tag{8-25}$$

其中

$$m_2 = \int_0^\infty \omega^2 S_{\zeta\zeta}(\omega)\,\mathrm{d}\omega$$

称为谱的二阶矩。此外,若波谱的开关陡而窄,则波能集中在小的子波范围,表明海浪比较规则,称为窄带谱;叵小形状宽而平坦,则表明波能分布在宽的频率范围中,海浪很不规则,称为宽带谱。

可见,一旦有了海浪的波谱,就基本掌握了该海浪的基本特性。波谱可以通过

实测的海浪记录而计算取得,较困难。这里介绍两种半经验半理论的海浪谱计算公式。

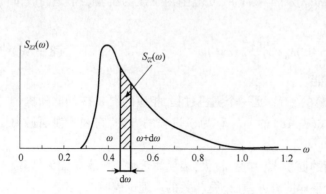

图 8-7　波谱密度函数　　　　图 8-8　ITTC 单参数谱

(1)国际船模池会议(ITTC)推荐的单参数谱(图 8-8)。

$$s_{\zeta\zeta}(\omega) = \frac{A}{\omega^5}\exp\left(-\frac{B}{\omega^4}\right) \quad (\mathrm{m}^2 \cdot \mathrm{s}) \qquad (8-26)$$

式中:$A = 0.78, B = 3.11/\bar{h}_{1/3}$。

(2)我国海区波谱。

$$s_{\zeta\zeta}(\omega) = \frac{0.74}{\omega^5}\exp\left(\frac{-96.2}{U^2\omega^2}\right) \quad (\mathrm{m}^2 \cdot \mathrm{s}) \qquad (8-27)$$

式中:U 为风速,与 $\bar{h}_{1/3}$ 的关系为

$$U = 6.28\sqrt{\bar{h}_{1/3}} \quad (\mathrm{m/s}) \qquad (8-28)$$

8.3　潜艇在水面上的横摇

横摇是潜艇在波浪中的一个重要的有害特征,在设计、建造和使用中都要在可能条件下减少它的危害。

8.3.1　潜艇在静水面上的横摇

令漂浮在静水面上的潜艇在外力作用下横倾一角度 θ_0,然后突然去除外力,任其自由,潜艇便会围绕其纵轴横摇起来,若没有阻尼,能量不耗散,潜艇将一直横摇下去。取横摇过程中某一时刻潜艇的状态如图 8-9 来分析它的受力和运动。

潜艇横倾 θ 角,按静力学原理,将有扶正力矩或恢复力矩作用

$$M_\text{扶}(\theta) = -Dh\theta$$

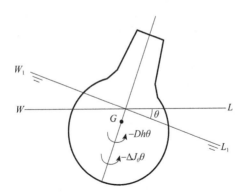

图 8-9 静水无阻横摇受力分析

式中　　D——排水量；

　　　　h——横稳性高。

横摇运动是角加速运动过程，使壳体周围的水获得运动速度，根据作用与反作用原理，水将有反作用于船体的力和力矩，它与角加速度成正比，符号相反，即

$$\Delta M_{惯}(\theta) = -\Delta J_\theta \theta$$

称比例系数 ΔJ_θ 为横摇附加惯性矩。

暂不考虑阻尼，根据牛顿第二定律，惯性力 $J_\theta \theta$ 与外力平衡，得

$$J_\theta \theta = -Dh\theta - \Delta J_\theta \theta$$

移项

$$(J_\theta + \Delta J_\theta)\theta + Dh\theta = 0 \qquad (8-29)$$

或

$$\theta + n_\theta^2 \theta = 0 \qquad (8-30)$$

数学上解式(8-30)，得

$$\theta = \theta_0 \cos n_\theta t \qquad (8-31)$$

式(8-30)表明，静水无阻尼横摇是一简谐振动，横摇幅度就是原来的横倾角 θ_0，频率 n_θ 只与船的装载和稳性有关，与外部条件和初始条件无关，称为潜艇的横摇固有频率，

$$n_\theta = \sqrt{\frac{Dh}{J_\theta + \Delta J_\theta}} \qquad (8-32)$$

相应地有潜艇横摇有周期

$$T_\theta = \frac{2\pi}{n_\theta} = 2\pi \sqrt{\frac{J_\theta + \Delta J_\theta}{Dh}} \qquad (8-33)$$

后面会看到，横摇固有周期对潜艇在波浪中的横摇有重要影响，是潜艇的重要技术指标之一，常需要估算它。可令

$$J_\theta + \Delta J_\theta = \frac{D}{g}r^2$$

式中 $\frac{D}{g}$ ——质量；

r ——惯性半径。

设想船的质量集中在距重心 r 的点上，r 一般与船宽 B 有较固定的关系，取

$$r = CB$$

则代入式(8-33)，得

$$T_\theta = 2\pi\sqrt{\frac{\frac{D}{g}r^2}{Dh}} = 2CB\sqrt{\frac{\pi^2}{gh}} \approx 2\frac{CB}{\sqrt{h}} \qquad (8-34)$$

常规潜艇的 $2C$ 和 T_θ 见表 8-2。

表 8-2 常规潜艇的 $2C$ 和 T_θ

潜艇的状态	$2C$	T_θ/s
水上	0.75	7~12
水下	0.35	8~12

实际上潜艇在静水面上的自由横摇不能维持简谐振动，而是摇幅逐渐减小，以致停止在原平衡位置。这是因为有阻尼，要消耗掉船的能量。一般认为横摇阻尼与角速度成正比例，方向与角速度方向相反：

$$M_{阻}(\dot{\theta}) = -2N_\theta \dot{\theta} \qquad (8-35)$$

式中 $2N_\theta$ ——横摇阻尼力矩系数。

把式(8-35)加入式(8-29)，则潜艇在静水面有阻尼横摇运动微分方程为

$$(J_\theta + \Delta J_\theta)\ddot{\theta} + 2N\dot{\theta} + Dh\theta = 0$$

或

$$\ddot{\theta} + 2\gamma_\theta \dot{\theta} + n_\theta^2 \theta = 0 \qquad (8-36)$$

数学上式(8-36)的解为衰减振荡，即

$$\theta = \theta_a e^{-\gamma_\theta t}\cos(n_0 t - \beta) \qquad (8-37)$$

式中 $2\gamma_\theta = \frac{2N_\theta}{J_\theta + \Delta J_\theta}$ ——横摇衰减系数；

$n_7^2 = n_\theta^2 - \gamma_\theta^2$ ——有阻尼横摇频率。

存在阻尼的最重要影响是使摇幅值随时间 t 按指数规律减少，阻尼越大，在一个横摇周期中消耗能量越多，衰减越快。

由于 γ_θ 一般比 n_θ 小很多，故阻尼对横摇频率影响不大。一般就把在静水面上

实测的横摇周期作为潜艇的横摇固有周期。

8.3.2 潜艇在规则波上的横摇

1. 零速横浪横摇

这里考虑较严重的情况,潜艇无航速漂泊在规则波面上,波浪从船舷的正横方向传过去,即所谓零速横浪横摇。这里的水表面不是静水面,而是波倾角为 α 的波面。因船宽远小于波长,可认为船宽范围内波面是直线。如图 8-10 所示,船相对于静水面横倾 θ 角,相对于波面则横倾 $\theta - \alpha$ 角度。这时船所受的扶正力矩可写成

$$M(\theta) = -Dh(\theta - \alpha) = -Dh\theta + Dh\alpha$$

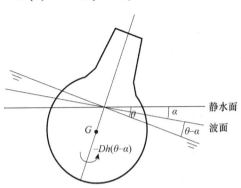

图 8-10 艇相对波面的横倾

再加上惯性力矩和阻尼力矩,按照牛顿第二定律可写出在规则波上的横摇微分方程为

$$(J_\theta + \Delta J_\theta)\ddot\theta + 2N_\theta\dot\theta + Dh\theta = Dh\alpha$$

或

$$\ddot\theta + 2\gamma_\theta\dot\theta + n_\theta^2\theta = n_\theta^2(\chi_\theta\alpha_0)\sin\omega t \qquad (8-38)$$

式中 α 以 $\alpha_0\sin\omega t$ 代入,并且由于我们上面的分析是理想化情况,考虑到实际情况引入一个修正因子 χ_θ。一般可取

$$\chi_\theta = e^{-kd/2} \qquad (8-39)$$

式中　k——波数;

　　　d——潜艇的吃水。相当于取二分之一吃水处的次波面来计算波浪的扰动力矩。

式(8-38)是数学上典型的二阶常系数线性非齐次微分方程,它的稳定解为

$$\theta = \theta_a\sin(\omega t - \varepsilon_{\theta-\alpha}) \qquad (8-40)$$

式中　θ_a——横摇幅值;

　　　$\varepsilon_{\theta-\alpha}$——横摇运动与波倾角的相位差。

它们的表达式分别为

$$\theta_a = \frac{n_\theta^2 \chi_\theta \alpha_0}{\sqrt{(n_\theta^2 - \omega^2)^2 + 4\gamma_\theta^2 \omega^2}} \tag{8-41}$$

$$\varepsilon_{\theta-\alpha} = \arctan \frac{2\gamma_\theta \omega}{n_\theta^2 - \omega^2} \tag{8-42}$$

式(8-41)可改写为

$$\theta_a = \frac{n_\theta^2 \chi_\theta}{\sqrt{(n_\theta^2 - \omega^2)^2 + 4\gamma_\theta^2 \omega^2}} = \frac{\chi_\theta}{\sqrt{(1-\Lambda^2)^2 + (2\mu_\theta)^2 \Lambda^2}} \tag{8-43}$$

式中 $\dfrac{\theta_\alpha}{\alpha_0}$（摇幅/波倾幅）——放大因子；

$\Lambda = \omega/n_\theta$（波频率/固有频率）——调谐因子；

$2\mu_\theta = \dfrac{2\gamma_\theta}{n_\theta}$——无因次横摇衰减系数。

若以 $2\mu_\theta$ 为参变数，则 $\dfrac{\theta_\alpha}{\alpha_0} \sim \Lambda$ 的关系曲线为图 8-11 所示。

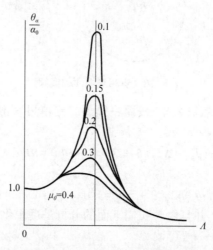

图 8-11 放大因子与调谐因子关系曲线

分析图 8-11 可得到两个重要概念：

(1) 共振时摇幅最严重。

当调谐因子等于 1，即波频率等于船固有频率时，称为共振，其时放大因子有峰值，横摇最严重；从式(8-42)看，则

$$\left(\frac{\theta_\alpha}{\alpha_0}\right)_{共振} = \frac{\chi_\theta}{2\mu_\theta}$$

一般 $2\mu_\theta$ 都比较小，所以 $(\theta_\alpha/\alpha_0)_{共振}$ 比较大。常把 $\Lambda = 0.7 \sim 1.3$ 范围称为共

振区。

应在可能条件下避开共振区,这就希望横摇固有周期大一些,因为大波的周期大,而海面出现大波的机会少,所以发生共振的机会也少。

(2)加大阻尼可显著降低共振峰。

海上一年四季各种浪级的波浪都可能出现,因此共振不能完全避免。这就要采取加大阻尼来降低共振摇幅。

[实例 8-1] 某潜艇排水量 $D=1800(t)$,长 $L=76(m)$,宽 $B=6.5(m)$,吃水 $d=5.3(m)$,横稳性高 $h=0.5(m)$,试估算其在水面上的共振横摇幅。

解:(1)估算潜艇的固有周期。

$$T_\theta = 2CB/\sqrt{h} = 0.75 \times 7.5/\sqrt{0.5} = 7.95(s)$$

(2)计算共振波的波倾幅 α。

共振周期　　$\tau = T_\theta = 7.95$

波长　　　　$\lambda = 1.56\tau^2 = 1.56 \times 7.95^2 = 98.59$

波高　　　　$h_\infty = 0.17\lambda^{3/4} = 0.17 \times 98.59^{3/4} = 5.32(m)$

波倾幅　　　$\alpha_0 = \pi \dfrac{h_\omega}{\lambda} = 3.14159 \times \dfrac{5.32}{98.59} = 9.7(°)$

波数　　　　$k = \dfrac{2\pi}{\lambda} = \dfrac{2\pi}{98.59} = 0.0637$

修正因子　　$\chi_\theta = e^{-kd/2} = e^{-0.0637 \times 5.3/2} = 0.845$

(3)估取 $2\mu_\theta$。

由

$$2\mu_\theta = \dfrac{2\gamma_\theta}{n_\theta} = \dfrac{2N_\theta}{J_\theta + \Delta J_\theta} \bigg/ \sqrt{\dfrac{Dh}{J_\theta + \Delta J_\theta}}$$

$$= \dfrac{2N_\theta}{\sqrt{(J_\theta + \Delta J_\theta)Dh}}$$

可知 $2\mu_\theta$ 受复杂的因素决定,要通过试验才能较准确的确定它,这时初估取其等于 0.4 左右。

(4)共振摇幅。

$$(\theta_\alpha)_{共振} = \dfrac{\chi_\theta \alpha_0}{2\mu_\theta} = \dfrac{0.845 \times 9.7}{0.4} = 20.5(°)$$

2. 航向、航速对潜艇横摇的影响

以上讨论了潜艇的零速横浪横摇。潜艇在海上常有航速,且可取不同浪向角航行。分析表明,航向和航速主要改变了波浪扰动力矩的频率,从而改变了调谐因子的值。

零速横浪时,相邻两波峰通过船上一定点所经历的时间就是该波浪本身的周

期 τ（或频率 ω）。当有航速并改变航向时，船和波有相对速度，此时相邻两波峰通过船上一定点所经历的时间，不是波本身的周期，而是表观周期，或称遭遇周期，记作 τ_e，相应的频率为遭遇频率 ω_e。下面用这种相对速度的观点分析四种典型的情况。

（1）横浪航行，$\mu=90°$，航向垂直于波传播的方向，船和波没有相对速度，遭遇周期与波本身的周期相同，即 $\tau_e=\tau$。

（2）顶浪航行，船与波的相对速度为

$$c_e = c + v$$

式中　c ——速度；

　　　v ——船速。

所以

$$\tau_e = \frac{\lambda}{c_e} = \frac{\lambda}{c+v} \tag{8-44}$$

（3）随浪航行，船和波相对速度为

$$c_e = c - v$$

$$\tau_e = \frac{\lambda}{c-v} \tag{8-45}$$

（4）斜流航行，浪向角为 μ，船和波的相对速度为

$$c_e = c + v\cos\mu$$

$$\tau_e = \frac{\lambda}{c + v\cos\mu} \tag{8-46}$$

这是最一般的情况，相应的遭遇频率

$$\omega_e = \frac{2\pi}{\tau_e} = \omega\left(1 + \frac{\omega v}{g}\cos\mu\right) \tag{8-47}$$

式中　g ——重力加速度。

在前面讨论的波浪扰动力矩的式子中 ω 应改为 ω_e，式(8-43)中的调谐因子改为 $\Lambda_e = \omega_e/n_\theta$。可见改变航向航速可以改变调谐因子的值，如果原来是共振的，则可以避开共振。此外，有了航速，一般使横摇阻尼增大，也是有利的。

8.3.3　潜艇在不规则波上的横摇

前面讨论的潜艇在规则波上的横摇，可以看成船是一个转换系统，转入规则波，经船转换，输出规则的横摇，其中关系是

$$\theta_\alpha = 放大因子 \times 最大波倾角 = \left(\frac{\theta_\alpha}{\alpha_0}\right)\alpha_0$$

潜艇在不规则波上的横摇，也可以看成是转换系统的输入和输出关系，如

图 8-12 所示。

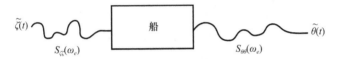

图 8-12　船波系统

这里输入的是不规则波,经过变换之后输出的也应是不规则的横摇。不规则的横摇与不规则波的特性一样,也可以通过测量记录求它的统计平均值,也应该有它的横摇谱密度函数 $S_{\theta\theta}(\omega_e)$。统计理论证明,波谱密度函数与横摇谱密度函数之间有简单而实用的关系

$$S_{\theta\theta}(\omega_e) = \left(\frac{\theta_a}{\zeta_a}\right) S_{\zeta\zeta}(\omega_e) \tag{8-48}$$

式中 $\left(\dfrac{\theta_a}{\zeta_a}\right)^2$ ——响应幅值算子,它可以从求解规则波横摇中得到。因为 $\alpha_0 = k\zeta_a$,所以

$$\left(\frac{\theta_a}{\zeta_a}\right)^2 = k\left(\frac{\theta_a}{k\zeta_a}\right)^2 = k^2\left(\frac{\theta_a}{\alpha_0}\right)^2$$

$$= \frac{\omega^4}{g^2} \cdot \frac{\chi_\theta^2}{(1-\Lambda_e)^2 + 4\mu_\theta^2\Lambda_e^2} \tag{8-49}$$

也有横摇的方差

$$m_{\theta 0} = \int_0^\infty S_{\theta\theta}(\omega_e)\,\mathrm{d}\omega_e \tag{8-50}$$

因此参照式(8-22)~式(8-25),横摇的各统计平均值为

平均横摇幅

$$\bar{\theta} = 1.25\sqrt{m_{\theta 0}} \tag{8-51}$$

有义横摇幅

$$\bar{\theta}_{1/3} = 2.0\sqrt{m_{\theta 0}} \tag{8-52}$$

十分之一大幅平均横摇幅

$$\bar{\theta}_{1/10} = 2.55\sqrt{m_{\theta 0}} \tag{8-53}$$

平均横摇周期

$$\bar{T}_{Z\theta} = 2\pi\sqrt{\frac{m_{\theta 0}}{m_{\theta 2}}} \tag{8-54}$$

$$m_{\theta 2} = \int_0^\infty \omega_e^2 S_{\theta\theta}(\omega_e)\,\mathrm{d}\omega_e$$

如图 8-13 所示为预报某潜艇的有义横摇幅值随浪高的变化曲线。

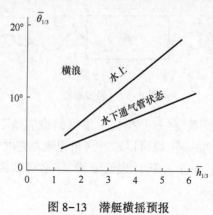

图 8-13　潜艇横摇预报

8.4　潜艇在水面上的垂荡和纵摇

8.4.1　潜艇在静水面上的垂荡和纵摇

用分析潜艇在静水面上横摇的类似方法步骤，容易得到潜艇自由垂荡和自由纵摇的受力并分别写出它们的运动微分方程式：

自由垂荡　　$(D/g + \Delta m)\ddot{Z} + 2N_z\dot{Z} + \rho g S_\omega Z = 0$

自由纵摇　　$(J_\varphi + \Delta J_\varphi)\ddot{\varphi} + 2N_\varphi\dot{\varphi} + DH\varphi = 0$

或

$$\ddot{Z} + 2\gamma_z\dot{Z} + n_z^2 Z = 0 \qquad (8-55)$$

$$\ddot{\varphi} + 2\gamma_\varphi\dot{\varphi} + n_\varphi^2 \varphi = 0 \qquad (8-56)$$

式中　$\dfrac{D}{g}$——潜艇的质量；

J_φ——潜艇的纵向质量惯性矩；

Δm——垂荡的附加质量；

ΔJ_φ——纵摇的附加惯性矩；

$2N_z$——垂荡的阻尼系数；

$2N_\varphi$——纵摇的阻尼系数；

$2\gamma_z = \dfrac{2N_z}{\dfrac{D}{g} + \Delta m}$——垂荡衰减系数；

$$2\gamma_\varphi = \frac{2N_\varphi}{J_\varphi + \Delta J_\varphi} \text{——纵摇衰减系数}。$$

其中纵摇恢复力矩应用静力学的知识,取潜艇纵倾 φ 角后的纵向扶正力矩 $DH\varphi$,H 为纵稳性高。垂荡恢复力,则如图 8-14 所示,潜艇偏离静水平衡位置上升 Z 位移;假定在 Z 范围内艇体是直弦,潜艇失去浮力 $\rho g S_\omega Z$(ρ 为水的密度,S_ω 为水线面面积),即有 $-\rho g S_\omega Z$ 的恢复力令其回向平衡位置。

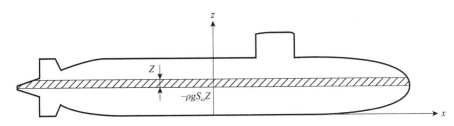

图 8-14 垂荡的恢复力

从而

垂荡固有频率
$$n_z^2 = \frac{\rho g S_\omega}{\dfrac{D}{g} + \Delta m}$$

纵摇固有频率
$$n_\varphi^2 = \frac{DH}{J_\theta + \Delta J_\theta}$$

相应地

垂荡固有周期
$$T_z = \frac{2\pi}{n_z}$$

纵摇固有周期
$$T_\varphi = \frac{2\pi}{n_\varphi}$$

由于恢复力(矩)相对比较大,垂荡和纵摇的固有周期比较小,对常规潜艇

$$T_z \approx T_\varphi \approx T_\theta/2$$

潜艇在规则波中垂荡和纵摇时,若波浪扰动频率等于固有频率,也应有共振现象发生,但垂荡和纵摇的阻尼都较大,因此垂荡和纵摇的共振问题不如横摇突出。

8.4.2 潜艇在波浪中的垂荡和纵摇

潜艇在水上顶浪航行时,常有较严重的垂荡的纵摇,危害也比较大。

潜艇在规则波中的垂荡和纵摇的波浪扰动力(矩),不能像摇那样用简单的式子表示;因为船长和波长是同一量级,不能假定沿船长波面是直线(图 8-15),要通过切片受力,沿船长积分的复杂过程才能求得垂荡的纵摇的扰动力(矩)。

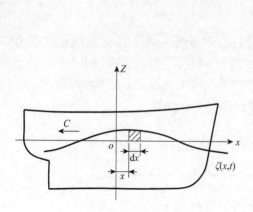
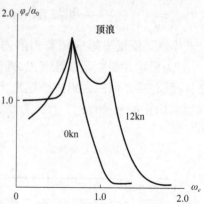

图 8-15　顶浪中船长和波长的关系　　图 8-16　潜艇的纵摇幅频曲线

潜艇在规则波中的垂荡的纵摇和运动微分方程也不能在式(8-54)和式(8-55)的基础上加进波浪的扰动力(矩)而得到,因为垂荡和纵摇互相影响,彼此密不可分,只能同时解它们的耦合运动微分方程组。

所以,潜艇在规则波中垂荡和纵摇要通过复杂的理论计算才能求解。图 8-16 为某潜艇在规则波中顶浪航行的纵摇和放大因子 $\dfrac{\varphi_a}{\alpha_0}$ 随波频 ω_e 的变化曲线。

潜艇在不规则波中垂荡和纵摇与横摇一样,都是极不规则的随机过程,也都有垂荡谱密度函数 $S_{zz}(\omega_e)$ 和纵摇谱密度函数 $S_{\varphi\varphi}(\omega_e)$：

$$S_{zz}(\omega_e) = \left(\frac{Z_a}{\zeta_a}\right)^2 S_{\zeta\zeta}(\omega_e) \tag{8-57}$$

$$S_{\varphi\varphi}(\omega_e) = k^2\left(\frac{\varphi_a}{\zeta_a}\right)^2 S_{\zeta\zeta}(\omega_e) \tag{8-58}$$

以及垂荡方差 m_{z0} 和纵摇方差 m：

$$m_{z0} = \int_0^\infty S_{zz}(\omega_e)\,\mathrm{d}\omega_e \tag{8-59}$$

$$m_0 = \int_0^\infty S_{\varphi\varphi}(\omega_e)\,\mathrm{d}\omega_e \tag{8-60}$$

从而也都有与式(8-50)~式(8-53)类似地计算垂荡和纵摇的平均摇幅、有义摇幅和十分之一大幅平均摇幅的公式。如图 8-17 所示为某潜艇垂荡有义幅值 $\bar{Z}_{1/3}$ 与不规则波有义浪高 $\bar{h}_{1/3}$ 的关系曲线,如图 8-18 所示为其纵摇 $\bar{\varphi}_{1/3}$ ~ $\bar{h}_{1/3}$ 曲线。

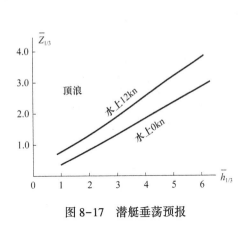

图 8-17　潜艇垂荡预报

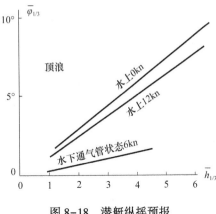

图 8-18　潜艇纵摇预报

8.4.3　垂荡和纵摇相关的动力效应

1. 沿艇长某一点的垂向加速度

潜艇在作垂荡（Z）和纵摇（φ）的耦合运动时，船长上（距重心 x）一点 P 既要随着垂荡而上升 Z，又由于纵摇 φ 角下落 $x\varphi$（φ 小，$\sin\varphi = \varphi$），因此 P 点的垂直位移为

$$Z_x = Z - x\varphi \tag{8-61}$$

从而 P 点有垂向加速度 $\ddot{Z}_x$，当然因为 Z 和 φ 是不规则的随机过程，Z_x 和 $\ddot{Z}_x$ 也是不规则的随机过程，可求得垂向加速度的有义值 $\bar{a}_{1/3}$。

加速度会引起船上的装备和技术器材受附加的惯性力（矩）；有的精密仪表要求放置于较小的加速度位置。所以常要计算沿艇长的垂向加速度的分布，图 8-19 是某潜艇顶浪航行时的这种分布曲线。

2. 螺旋桨出水和甲板上浪

式（8-60）是艇上某一点相对于静水面的绝对位移，若同时考虑这一点所在的剖面处有波面相对于静水面的升高，如图 8-20 所示，则所考查的这一点相对于波面的位移为

$$Z_R = Z - x\varphi - \zeta \tag{8-62}$$

若潜艇在垂荡和纵摇过程中，螺旋桨轴处的相对位移大于其埋水深度，则称螺旋桨出水一次，频繁的螺旋桨出水将造成主机工作不正常和推进效率降低。水滴形潜艇的螺旋桨轴埋水常较浅，波浪中航行易出现螺旋桨出水，有时不得不在尾部压载水舱中注水，造成尾倾以增大螺旋桨的埋水深度。

若上甲板或指挥台处的相对位移大于其干舷高，则甲板或指挥台将被海水淹没，称为上浪。也可以用理论计算其每小时上浪次数。

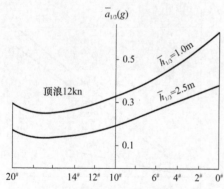
图 8-19 潜艇垂向加速度沿艇长的分布

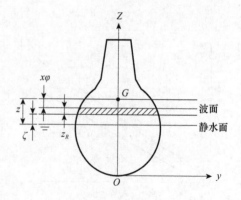
图 8-20 潜艇的垂向相对位移

3. 航行阻力增加

潜艇逆风航行会增加风阻力,顶浪航行时也会增加航行阻力,这是有经验的艇员容易感知的,也可以用理论方法计算。

4. 晕船

晕船会造成艇员不适,严重时将影响战斗力。晕船主要是船上人员随其所在位置的船体作垂向加速度运动引起的。有试验资料表明,人体在不同的摇荡频率或周期中所能承受的加速度有不同的界限,如图 8-21 所示,图中加速度单位为 g(重力加速度)。

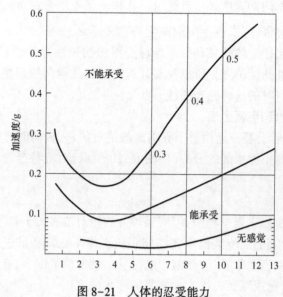
图 8-21 人体的忍受能力

8.5 潜艇的水下动力效应

8.5.1 潜艇的水下摇荡

潜艇在有风浪的海面下潜以后,由于存在次波面,也会出现横摇、纵摇、垂荡等6个自由度的摇荡运动。特别在近水面航行,例如潜望深度或通气管状态航行,摇荡运动是不可忽视的,只有在下潜深度较大时,例如下潜深度为二分之一船长或二分之一波长,才可以不予考虑。

潜艇在水下的横浪横摇的分析与水上横浪横摇类似,但这时的恢复力矩不像水上那样简单(水上为 $Dh\theta$)了。从式(8-12)可知次波面是等压力面,而次波面倾斜于船体,因此船体左右两半所受压力是不对称的,沿船体表面积分的结果就出现了对重心 G 的扰动力矩 $M_{扰}$,可写成

$$M_{扰} = \zeta_a l_0 \cos\omega t \tag{8-63}$$

式中　ζ_a——水表面波波幅;
　　ω——波频率;
　　l_0——积分结果,对一定的船、一定的波浪和一定的下潜深度是一确定的数。

于是可写出潜艇在规则波中水下的横浪横摇运动微分方程式

$$(J_u + \Delta J_u)\ddot{\theta} + 2N_u\dot{\theta} + D_u h_u \theta = \zeta_a l_0 \cos\omega t \tag{8-64}$$

式中　$J_u + \Delta J_u$——水下横摇质量惯性矩;
　　$2N_u$——水下横摇阻尼系数;
　　D_u——水下容积排水量;
　　h_u——水下横稳定中心高。

式(8-63)与式(8-38)形式上一样,用与水上同样的方法步骤可解得摇幅 θ_{au} 或响应幅值算子 $(\theta_{au}/\zeta_a)^2$,也从而可得潜艇在不规则波中水下横摇的统计平均值 $\bar{\theta}_{u1/3}$ 等,图8-13上有某潜艇在水下通气管状态的横摇预报曲线。

潜艇在有波浪的海面水下顶浪航行时,原则上与水上顶浪航行类似,也会发生耦合的垂荡和纵摇运动,也可对其作理论预报计算(参见图8-18)。

潜艇在水下的垂荡和纵摇将增加潜艇定深操纵的困难,或增加自动控制操纵的复杂性。在通气管航行状态下,严重的水下垂荡和纵摇耦合运动将使通气管频繁被浪淹没,理论上可以计算其每小时上浪次数。

8.5.2 向上作用的吸力

1. 潜艇在静水面上航行时的吸力

潜艇在接近静水面下航行时,会受到向上的吸引力。这是由于有文丘里效应,

即自由水表面是一界面,潜艇和自由表面之间有水的加速流动。而流体的动压力比静压力小,艇体上下表面的压差便产生向上的吸力。吸力随着下潜深度的增加呈指数规律衰减。艇体一般都不对称于船舯横剖面,此吸力将产生抬首的力矩。潜艇的下潜深度三倍于艇的直径或更小些,将有向上的吸力和抬首力矩,常须采取一定措施来中和它们。

文丘里效应,在潜艇接近海底时也会发生,自然,这时吸力是向下的。

2. 潜艇在波面下的吸力

潜艇在波面下也经受向上的吸力和力矩,其成因比较复杂,既有波浪引起的,也有上述潜艇的摇荡运动引起的所谓二阶平均力。这种吸力与次波面同规律衰减,可以试验测量,也可以理论估算。图 8-22 是典型的波浪记录和顶浪中龙骨潜深 60ft 时的相应吸力。由图可知,吸力虽然有波动,但可得平均正吸力(向上)。

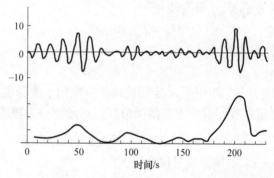

图 8-22 典型的波浪和相应的吸力记录(龙骨深度 60ft)

图 8-23 表明无自动控制的潜艇受吸力影响而上升的记录(斜浪、浪高 18ft,无航速)。

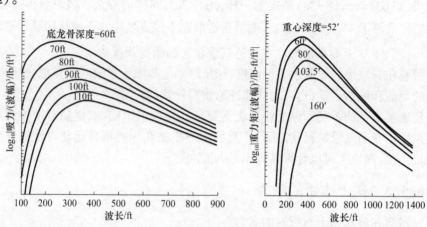

图 8-23 无自动控制的潜艇受吸力影响而上升

下潜深度一定时,吸力(矩)随波长的变化如图 8-24 所示,在某一波长处有峰值。图中也表明吸力随浪向的变化,顶浪时吸力最大。

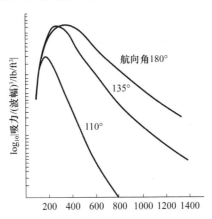

图 8-24 吸力随波长和浪向角的变化曲线(龙骨深度 60ft)

8.6 习题及思考题

1. 国际上和我国所采用的是怎样的海浪谱?
2. 下表中为一组波浪的波高,求这组波浪的 $\overline{H}, H_{1/3}, T_{1/3}$

序号	1	2	3	4	5	6	7	8	9	10	11	12	13	14	15	16	17	18
波高/m	0.54	3.20	1.90	2.20	1.00	1.20	1.40	2.30	1.62	4.08	2.94	4.32	4.80	3.42	3.00	2.00	1.06	0.80
周期/s	5.0	6.3	7.6	7.4	6.8	7.2	6.5	5.4	5.8	5.6	6.4	7.8	8.0	6.2	5.0	5.5	5.4	6.0

3. 某潜艇排水量 $D = 2390$t,长 $L = 76$m,宽 $B = 8.5$m,吃水 $d = 6.1$m,横稳性高 $h = 0.45$m,试估算其在水面上的共振横摇幅。
4. 潜艇在水下的摇荡有怎样的特点?
5. 我国新型潜艇在耐波性方面应重点关注哪些问题?

第 9 章 潜艇隐身性

潜艇作为一种武器出现时,其隐蔽性好的优势就与之相生相伴,对潜艇作战效能的发挥就有着非常重要的作用。随着探潜技术的发展,潜艇不得不提高其隐身性能,以保持其隐蔽性的优势,推动了潜艇隐身性的研究和应用。由于目前探潜技术主要依赖声学手段,而声学的知识基础还是以力学为主,与传统的潜艇原理具有相同的知识基础。另外,潜艇的隐身性能与推进器性能等密切相关,因此将潜艇的隐身性作为与浮性、稳性等同等重要的性能,列为了潜艇原理的重要组成部分。

9.1 概述

潜艇的隐蔽性是潜艇最重要的性能之一,对潜艇的战技性能有着直接、重要的影响。由于海水对电磁波的强烈吸收效应,现有的雷达、红外、激光等借助电磁波进行探测的侦察手段,很难远距离发现隐藏在 100m 以下海洋深度的潜艇。声纳是目前唯一可以有效用于海水内部的远程探测手段。声纳分为被动声纳和主动声纳两种,前者靠接收敌方潜艇的辐射噪声来探测,后者由探测设备主动地发射声波,通过接收从敌方潜艇上反射回来的声波来探测。因此,潜艇隐蔽性最主要的是声隐蔽性或声隐身性。

潜艇的声隐身就是通过系统地应用多种技术来控制潜艇声场,改变潜艇声目标特性,并通过水声对抗来降低对方声纳探测设备的发现概率和距离,降低敌方自导水中兵器的攻击力,同时提高本艇对目标的发现、跟踪和打击力,达到"保存自己、消灭敌人"的目的。因此声隐身技术是提高潜艇生存力和战斗力的有效手段。潜艇声场特性主要包括三个方面:辐射噪声特性、自噪声特性和目标强度特性。潜艇的辐射噪声,主要是指潜艇上各种机械设备振动噪声、推进器噪声、水动力噪声向艇外辐射出去后,经海水传播后被敌方被动声纳等声探测设备接收到的噪声;潜艇的自噪声,主要是在本艇声纳等探测设备附近由于艇体振动、水中湍流等产生的噪声,会降低了本艇声纳的探测效能;目标强度特性,是指敌方声纳等声探测设备发射的主动声波,打到本艇后反射到海水中,被敌方声纳设备接收到的声特征。对敌方被动声纳而言,本艇的辐射噪声越小,敌方被动声纳越不容易探测到;而自噪声的降低则有利于提高本艇声纳的作用距离等探测效能;对敌方主动声纳而言,本艇的目标强度或称反射特性越低,敌方发现的概率也就越小。针对这三个方面,可分别采用各种技术手段来提高潜艇声隐身性能。例如,采用减振器、浮阀等隔振措施控制潜艇上各种机械设备向艇外辐射的噪声,采用大侧斜技术减小螺旋桨的辐射噪声;采用艇体线型优化等措施控制声纳部位自噪声;采用消声瓦技术减小声反射特性等。

随着各种探测技术的发展,除了声学探测手段外,其他非声探测手段也在不断发展,例如,尾流探测、磁场探测、红外特征探测、光学特征探测等。为了应对这些探测手段,潜艇也需要发展非声隐身技术。在此,将潜艇声隐身技术和非声隐身技术,统称为潜艇隐身技术。潜艇隐身技术主要研究如何降低潜艇产生的声、热、磁、尾迹等目标特征,运用各种技术手段,降低被敌方发现和识别的概率,减少以特征信号为引信的制导武器的命中概率,提高潜艇的生命力和作战效能。潜艇隐身技术涵盖设计、建造、测试、使用全过程,涉及潜艇总体、系统、设备、结构、材料、工艺以及力学、声学、电磁学等诸多领域。

9.2 振动与噪声的基本概念

9.2.1 机械振动的基本概念

机械或结构在平衡位置附近的往复运动称为机械振动。

在日常生活中,每时每刻都有振动现象存在,例如心脏的跳动、琴弦的波动、车辆行驶时车厢的振动等。在动力机械中也存在着大量的振动问题,如柴油机工作时,由气缸内气体的压力和运动部件的惯性引起的轴系振动;汽轮发电机转子不平衡或不均匀电网负荷引起的轴系、机壳和基座的振动;燃气轮机叶片受不均燃气作用产生的叶栅振动等。对于潜艇,推进器的叶片因不均匀受力也会引起推力和扭矩的变化,从而引起轴系和艇体的振动等。

有许多振动现象对人类有益或能为人类所利用,如琴弦拨动产生的音乐和碎石机等各种振动机械。但是,对于大多数机械和结构,振动往往是有害的,不仅使机器的精度和其他性能降低,而且使构件中增加了附加动应力,缩短了构件的寿命,甚至酿成灾难性的事故。例如,振动使导航仪等精密仪器无法正常工作,使舰炮等军用武器无法准确命中目标;舰船轴系振动引起推进轴断裂,使舰船丧失动力而无法机动;汽轮发电机组剧烈振动而断轴,引起机毁人亡事故等。

研究机械振动的目的有两个方面:一是掌握机械振动的规律,利用振动为人类造福;二是设法减少振动的危害。

9.2.2 噪声的基本概念

1. 声音和声波

声音是人耳对物体振动的主观感觉。击鼓后鼓膜作自由振动时,邻近空气形成稠密和稀疏部分,并由近及远地传播,人耳接收空气压力的扰动,由听觉神经传至大脑,就听到了声音。所以,人耳感觉到声音有两个条件:一是物体振动的传播,另一个是人的神经系统感觉到耳鼓膜的振动。本书重点讨论物体的振动在其周围弹性媒介中传播(称为声波)的特性。

广义的声波是指弹性媒介中质点机械振动由近及远地传播,弹性媒介包括固体、液体和气体。通常所指的声波是流体媒介中传播的机械振动,主要考虑的介质是空气和水。关于声波的产生、传播、接收、效应及控制构成了声学的研究领域。

引起媒介质点振动的物体称为声源,声源与弹性媒介是产生声波的必要条件。声波是由声源振动引起的,这是声波与振动的联系。声波与振动也有区别,振动量只是时间的函数,而声波的波动量不仅是时间的函数,同时还是空间的函数,声波波动量存在的空间称为声场。

声波在不同的弹性媒介中传播的形式不尽相同。由于空气中只有压缩弹性,不能承受剪力,因此空气中媒介质点的振动方向与声传播方向一致,这种波称为纵波或压缩波。固体媒介既有压缩弹性,又有剪切弹性,因此固体中不仅存在压缩波与切变波,还存在着由于不同方向的弹性组合而成的弯曲波、扭转波等,情况比空气中复杂得多。声传播是弹性媒介能量的传递过程,媒介中各部分质点皆在各自的平衡位置附近移动,而质点的平衡位置并不迁移。

声波的强弱用声压度量,声压是由声波扰动引起的空气绝对压强与平衡状态压强之差,声压的单位是压强的单位 $Pa(1Pa = 1N/m^2)$。声压是一种逾量压强及压强的变化量,可正可负,在空气中稠密部分声压为正,稀疏部分的声压为负。

当振源作简谐振动时,相应的声波为单频声波,在时间域中的周期 T 和频率 f 与振源相同,声源每振动一次,声波在空间前进一个完整的简谐波,它的长度称为波长,用 λ 表示,单位为 m。因此,每秒钟声波传播的距离称为声速 c_0,声速的单位为 m/s。声速等于波长除以周期,即 $c_0 = \lambda/T$,或者等于波长与频率的乘积,即 $c_0 = \lambda f$。在一定的温度下,声速只取决于媒介的弹性模量与密度,与振源无关。20℃时空气中声速为 343m/s,在水中为 1450m/s,在钢中(纵波)为 5000m/s。

2. 噪声

噪声是人们不想要的声音,它与受者的主观要求密切相关,同一种声音在不同的时间或地点,对于不同的人,会产生不同的效应。例如,悦耳的音乐对于夜晚想要入睡的人就是一种噪声。因此,噪声与声波本身的特性没有必然的关系。从物理学的观点来看,噪声是由许多不同频率和强度的声波无规律地组合而成的,它的时域信号杂乱无章,频域信号包含一定的连续宽带频谱,这类声音容易给人以烦恼的感觉,同时,其强度往往超过受者所能承受的限度。

噪声可以从噪声源与噪声传递的媒介去分类,也可以采用其他分类方法。

按声源所属设备的种类分,可以分为柴油机噪声、汽轮机噪声、电动机噪声、通风机噪声、水泵噪声、齿轮噪声等。

从声源形成的机理出发，噪声主要分为两大类：一类是机械结构振动噪声，是机械在运行过程中机械零件部件相互撞击、摩擦以及力的传递，使机械构件（尤其是板壳等厚度较薄的构件）产生剧烈振动而辐射的噪声；另一类是流体流动性噪声，是由流体中存在的非稳定过程、湍流或其他压力脉动、流体与管壁或其他物体相互作用而产生的管内噪声或出入口处的辐射噪声。对于潜艇而言，艇体与海水摩擦等作用产生的流噪声也是其主要的噪声源之一。

按声波传递的媒介分类，噪声可以分为空气噪声和结构噪声。从噪声源经由空气途径传播到接受点得噪声，称为空气噪声；由噪声源通过固体结构传递到接受点附近的构件，再由构件声辐射而到接受处的噪声，称为机构噪声。

潜艇的噪声综合了以上分类方法，主要从噪声产生的源头来分类，后续部分将详细介绍。

9.2.3　噪声的控制方法

从噪声的定义知道，可从声源、路径和受者三个环节控制噪声。声源和噪声传递的路径可能有多个，受者大多数情况下是人，也可能是其他生物或者仪器设备和建筑物等。对于水下作战，受者可以是潜艇、水面舰船、无人航行器等平台上的声纳设备，或者是水下基阵、潜标、浮标等声传感器。通过对这三个环节的分析，采取相应的措施以减少声源对受者的危害，称为噪声控制，这是潜艇隐身技术最核心的部分。

对于噪声的控制，最根本的办法是对噪声源本身的控制。声源的种类不同，其控制方法也不同。对于机械结构噪声源主要是控制机械的振动，包括机械噪声本身的控制和机械振动传播的控制，前者是机械系统的设计问题，后者则是隔振措施的问题。对于潜艇的水动力噪声，则要控制水压力的产生，防止水压力突变和涡流。在这一方面，潜艇上目前广泛采用的隔振器、电力推进、大侧斜螺旋桨、新型流水孔等声隐身措施就是噪声源控制方式。

控制噪声传播的途径是噪声控制的另一个重要环节。通过限制和改变噪声的传播途径，使噪声在传播的过程中衰减，以达到减少传递到受者能量的目的。控制声音在艇内、结构内和管道内等的传播可以利用障壁、吸声材料、刚性结构的断面突变、消声器、隔声罩等使噪声局限在声源附近等方法。目前潜艇上所采用的隔振浮阀、隔声去耦瓦、弹性联轴器等声隐身措施是传播途径控制方式。

以上提到的噪声控制方法中不需要使用额外的能源，称为噪声被动控制。当上述方法不能达到预期目的时，可以利用声的波动性，根据声波干涉原理，由电子线路产生一个与噪声相位相反的声波，通过声波的干涉抵消噪声，达到降低噪声的目的，这是噪声主动控制的方法。对于与声密切相关的振动，也可以采用类似的策略。潜艇上近年发展迅速的主动隔振技术就是一种主动的噪声控制方法。

9.3 探测潜艇的主要手段

目前探测潜艇的主要手段是声波,其他手段包括雷达、红外、电磁场、尾迹等。探测方式包括主动探测和被动探测,探测载体包括卫星、飞机、舰艇、无人装备等。对潜攻击武器主要包括鱼雷、水雷和深水炸弹等,反潜武器制导手段主要是惯导、声、红外、磁、尾流等。

9.3.1 声波

在海水中,电磁波、光波的衰减都非常大,它们的传播距离较短,而声波在海水中的衰减则要小很多。声波可以在水中传播数十至上千海里,是水下探测中应用最多、技术最为成熟的手段。举例说明:波长约 $500\mu m$ 的电磁波的吸收系数在纯水中约为 $100dB/km$,而 $10kHz$ 的声波在海水中的吸收系数约为 $1dB/km$,由此可见声波在海水中的传播能力比电磁波要大十几个量级,如图 9-1 所示。

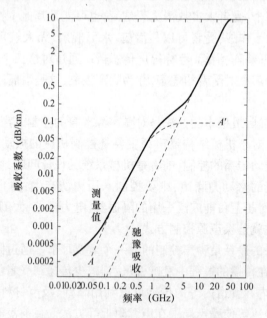

图 9-1 纯水和海水中的声吸收曲线

到目前为止,在水下目标探测、通信、导航等方面,均以声波作为水下惟一有效的辐射能,这对于水下探测潜艇、鱼雷等水下目标将具有非常重要的意义。水声探测和攻击手段主要包括网络化水声探测、各种声纳、声制导和声引信鱼雷、水雷、深水炸弹等。

1. 网络化水声探测

一般使用低频大功率大尺寸基阵进行网络化水声探测,可大范围布放,探测监视距离远,隐蔽性好,局部损坏不会中断整个系统工作。美国从 20 世纪 50 年代就开始建设水声监视系统 SOSUS,到了 20 世纪 80 年代后期,已几乎可以监控整个大西洋和太平洋。随后,美国又开发了固定式分布系统(FDS)、先进可布放系统(ADS)、自主式分布传感器系统(DADS)和拖曳阵传感器监视系统/低频主动式拖曳阵列传感器监视系统(SURTASS/LFA)等。

2. 声纳

声纳是利用声波对水下目标进行探测、定位和通信的电子设备,其工作方式逐步向低频、宽带和大功率方向发展,定位精度、探测距离、智能化识别功能不断提高。

声纳主要包括艏阵、舷侧阵、拖曳阵、吊放声纳及浮标等。

艏阵一般是安装在潜艇艏部或水面舰艇球鼻艏部的声纳阵列,按阵形一般分为球阵、圆柱阵和共形阵。采用主被动工作方式,工作频段覆盖高中低频,具有视野开阔、受主机和螺旋桨影响小的特点。潜艇艏阵声纳具有警戒、定位、识别、跟踪、主动测距、通信等功能,是潜艇声纳系统中功能最完整、最重要的声纳设备。

舷侧阵布放于舰艇两舷侧,充分利用艇体长度,可在低频段(1000Hz 以下)工作,采用主被动工作方式,一般探测距离从十几千米到几十千米。拖曳阵一般装备于舰艇、反潜直升机和监视船上,一般长 1~2km,斜向下深入水中,一般采用被动工作方式,主要工作在低频和甚低频,作用距离最远可达 200km 左右。

吊放声纳主要装备于反潜直升机和某些水面舰船,用吊放电缆将探头或声纳换能器垂入水中进行主动探测或被动监听。声纳浮标主要用于飞机空投,采用主被动工作方式,具有搜索面积大、价格低、使用方便等优点。

目前声纳技术不断向低频段扩展,主动声纳低频端达 1300~2000Hz,被动声纳已达 10Hz,迫使潜艇不断提高低频域辐射噪声控制能力。

3. 声自导鱼雷

声自导普遍应用于各国鱼雷,是最为成熟的鱼雷制导系统,包括主动和被动两种方式。主动自导系统抗干扰性能好,可攻击安静目标,制导精确,但隐蔽性较差,系统复杂。被动自导系统作用距离远,隐蔽性好,系统简单,但不能攻击安静目标,抗干扰性能较差。目前大多数鱼雷均使用主/被动联合声自导系统。

4. 声引信

声引信属于非触发引信,采用主动或被动工作方式。鱼雷、水雷、深弹等战斗部均可采用声引信。主动声引信抗干扰能力强,可靠性高;被动声引信隐蔽性好、体积小、能耗低。

9.3.2 电磁波

以电磁波为主要探测方式的包括雷达、电子侦察、光电侦察等。

1. 雷达

雷达波在水中的传播距离较短,主要用于探测潜望航态以及水面航渡状态的潜艇,或是利用雷达探测因潜艇运动形成的水动力学尾迹、热尾迹、气泡尾迹和电磁扰动等。对海搜索雷达是反潜警戒的重要力量。

2. 电子侦察

电子侦察主要是截获潜艇在通信或导航定位过程中产生的电磁辐射。电子侦察装备包括电子侦察卫星、电子侦察飞机、地面电子侦察站、电子侦察船,以及包括潜艇在内的水下电子侦察装备等。

3. 光电侦察

包括可见光侦察、红外侦察、激光侦察等。

1) 红外

常规潜艇在通气管状态利用柴油机发电时,排放的高温废气和排气管道金属壁面会形成明显的红外辐射信号,可以被红外探测设备发现。潜艇在水下航行时,不管是核动力潜艇还是 AIP 潜艇,都会通过冷却水向艇外排放废热,在潜艇尾部形成温度较高的热尾流,红外探测器能够捕获到热尾流在海面形成的温度异常。图 9-2 为水下航行体热尾流红外辐射示意图。

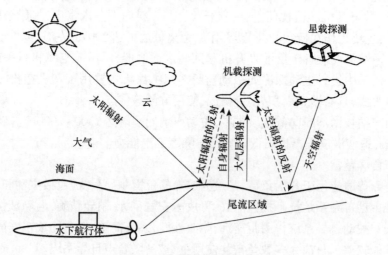

图 9-2 热尾流红外辐射示意图

2) 可见光

在澄清海域,可见光可穿透大约 100m 水深。利用可见光探测潜艇,其探测深度与海水的光学性质、海面粗糙度、观测者角度、太阳天顶角、目标的反射率等环境条件密切相关。

3) 激光

近年来,一些国家开展了激光雷达(LIDAR)探潜研究。激光雷达具有较好的探测精度。蓝绿激光(450~550n mile)在海水中穿透率高,有效探测深度大。美国开发的探潜蓝绿激光系统(工作波长 510n mile),最大有效探测深度可达 200m。

9.3.3 尾迹

潜艇尾迹主要包括水动力尾迹、热尾流尾迹、生物光尾迹等。

1. 水动力尾迹

潜艇潜航时会在水面留下水动力尾迹,其强度取决于潜艇的航速、潜深和外形尺寸等。水动力尾迹又可以分为伯努利水丘、开尔文尾迹、旋涡尾迹、内波尾迹等。一般认为,内波尾迹由航行体对海水密度、温度、盐度分层的扰动形成。潜艇在水下航行时,有可能产生长达数千米的线状内波尾迹。据称美国利用内波曾探测到在 300m 水下航行的苏联潜艇。

2. 热尾流尾迹

潜艇产生热尾流的原因主要有两点:一是由于潜艇排放的冷却水产生热尾流信号;二是潜艇航行时将海中的冷水带到海面形成的"冷尾流"信号。通常这两类信号都被称为热尾流。美国第 3 代"白云"号海洋军事监测侦察卫星搭载无源红外传感器,通过探测热尾流,可实现对水下 45m 目标的侦察和定位。

3. 生物光尾迹

海洋中充满发光生物。潜艇航行时会引起周围海域电磁场的变化,导致发光生物发光强度的变化,同时潜艇航行形成的涡流会刺激发光生物发光,形成可被观察到的生物光尾迹。但是该尾迹信号弱,容易受到干扰。

9.3.4 其他物理特性

探测潜艇中使用的其他物理特性包括电磁场、压力场等。

1. 磁场

潜艇艇体和艇载设备大量采用铁磁材料,在地磁作用下形成艇体磁场,包括固定磁场和感应磁场。通过地磁异常信号检测,可以发现水下航行状态的潜艇。据称俄罗斯研发的搭载于 K-27PL 直升机上的磁传感器可探测 400m 水深的潜艇。

2. 电场

潜艇周围海水中存在电场,按形成原因可分为静电场、轴频电场、感应电场和谐波电场等。轴频电场和静电场信号频率低,传播距离较远,利用电场信号可以探测跟踪潜艇。美国、俄罗斯等国装备有电场引信水雷。

3. 压力场

潜艇航行时产生的水底压力场难以被消除,是识别潜艇的重要物理场之一。

9.4 潜艇主要隐身技术

日益先进的探测制导手段,使得潜艇在海战中被发现、攻击和消灭的概率大大提高,如何有效提高潜艇的隐蔽性成为各军事强国的研究重点。

9.4.1 声隐身

利用声波探测潜艇,一是依靠被动声纳接收潜艇的辐射噪声,二是依靠主动声纳接收潜艇的回波信号。所以潜艇声隐身主要包括两个技术方向:一是降低潜艇辐射噪声,减少被动声纳发现距离;二是降低潜艇的声目标特征,降低主动声纳的发现概率。潜艇声隐身主要技术途径见表9-1。

表9-1 潜艇声隐身主要技术途径

主要技术途径			主要技术措施
降低辐射噪声	降低噪声源的噪声强度	降低机械噪声	采用自然循环压水堆,采用燃料电池等AIP动力系统,采用电力推进,采用永磁推进电动机或高温超导电机,采用自航发射等低噪声发射技术等
		降低螺旋桨噪声	采用七叶大侧斜螺旋桨或泵喷推进,探索磁流体推进等新型推进方式
		降低水动力噪声	优化艇体外形,合理选择附体的数量、形状和位置,尽可能减少艇体表面开孔面积,采用合理的流水孔及其布置方式等,减少流体阻力和产生湍流,同时优化推进组合体,降低螺旋桨转动时产生的紊流噪声
	控制噪声传递过程	消声技术	艇内设备加装隔声罩,艇体敷设去耦瓦、阻尼瓦等消声材料,采用有源消声技术等
		减振技术	按控制方式分隔振、吸振、消振和阻振等
			隔振装置包括单层隔振系统、双层隔振系统、浮筏隔振系统等
降低声目标特征			潜艇外壳表面敷设消声瓦

1. 潜艇的主要噪声源类型

潜艇声隐身性能与潜艇的辐射噪声密切相关,甚至是决定性因素。振动不一定产生噪声,但噪声都是由振动产生的。潜艇主要辐射噪声源包括三类:机械噪声、螺旋桨噪声和水动力噪声。降低辐射噪声主要有两个技术途径:降低噪声源的噪声强度;控制噪声的传递过程。

1)机械噪声

水下结构内部由于主机、辅机运转不平稳和机器零件间不平稳或者摩擦等因素是引起机械结构振动的主要力源。这些机器运转过程中产生的振动通过底座或支架、与之转接的管路等传递至船体,引起船体结构振动进而引起与水相接的湿表面振动而向水中辐射噪声。分析表明,在停泊或者低速航行时,由于机械设备等激起结构振动由湿表面向水中辐射的结构噪声是辐射噪声级的主要部分,而这些机械设备的运转状况和航速无关或关系不大,所以机械噪声源的总声级随航速变化不大,因而对机械噪声进行预报和控制具有重要的军事意义。

2)螺旋桨噪声

主要有旋转噪声和空化噪声(当桨叶表面的水分子压力降低到水的汽化压力以下时,产生汽泡,汽泡上升后破裂)。旋转噪声是螺旋桨在不均匀流场中工作引起干扰力(其频率主要决定于桨轴转速乘桨叶数,常称为叶频)和螺旋桨的机械不平衡引起的干扰力(其频率为桨轴转速,常称为轴频)所产生的噪声。螺旋桨出现空化现象以后,船舶水下噪声主要决定于螺旋桨噪声。出现空化时的航速称为临界航速。空化噪声具有连续谱的特征,空化噪声特性与桨叶片形状、桨叶面积、叶距分布等因素有关。在一定转速下,随着螺旋桨叶片旋转产生的涡旋的频率与桨叶固有频率相近时,产生桨鸣。

螺旋桨运转产生的激振力通过轴承激起船体振动,由船体湿表面向外界辐射噪声。而机械振动和螺旋桨激振力所引起的噪声均需要艇体结构才能向外界辐射噪声,因此艇体结构通道声学特性是振动噪声控制的关键。

在多数情况下,机械噪声和螺旋桨噪声是潜艇的主要辐射噪声,一般来说,中高速时螺旋桨噪声是主要的,若将螺旋桨工作在不均匀尾流场中所造成的激振力通过轴系及船体所辐射的噪声也归入螺旋桨噪声,则不论高速还是低速螺旋桨噪声都是潜艇水下噪声的主要组成部分。

3)水动力噪声

主要是由于高速流动的不规则起伏作用于船体,激起船体的局部振动并向周围媒质(空气、水)辐射的噪声。此外,还有艇体上附着的空气泡撞击声纳导流罩,湍流中变化的压力引起壳板振动所辐射的噪声(声纳导流罩内的噪声一部分就是因此产生的)等等。船舶噪声的传播途径主要有三种:①动力或辅助机械设备直接向空气中辐射噪声,这种噪声称为空气声;②机械的振动能量沿固体结构传播到船体各部位,然后再向外辐射噪声,这种噪声称结构声;③水下噪声是船的壳体振动或螺旋桨的扰动等向水下辐射的噪声。

2. 降低辐射噪声的方法

1)降低噪声源的噪声强度

机械噪声是机械系统激励艇体振动产生的噪声。动力装置、辅助设备和系统是船舶主要机械噪声源。降低机械噪声源强度的主要技术手段包括：采用自然循环压水堆，采用燃料电池等AIP动力系统，采用电力推进，采用永磁推进电动机或高温超导电机，采用自航发射等低噪声发射技术等等。

螺旋桨噪声是桨叶旋转直接辐射的噪声，及其诱导脉动压力通过轴系激励艇体振动产生的噪声。降低螺旋浆噪声的主要技术手段包括：采用七叶大侧斜螺旋桨或泵喷推进，探索磁流体推进等新型推进方式。

水动力噪声是由艇体表面绕流形成的湍流脉动压力激励艇体产生的噪声，与潜艇的线型、壳体附体的数量和布置、开孔的数量和形状等因素有关。控制水动力噪声的途径主要包括优化艇体外形，合理选择附体的数量、形状和位置，尽可能减少艇体表面开孔面积，采用合理的流水孔及其布置方式等，减少流体阻力和产生湍流，同时优化推进组合体，降低螺旋桨转动时产生的紊流噪声。

2）控制噪声传递过程

主要采用消声技术和减振技术。消声技术主要是对艇内设备加装隔声罩，艇体敷设去耦瓦、阻尼瓦等消声材料来降低辐射噪声，采用有源消声技术来减少艇内声源等。减振技术按控制方式分隔振、吸振、消振和阻振等，主要是在激励源和传递途径之间添加阻尼系统来消耗振动能量，减少振动的传递。隔振装置经历了单层隔振系统、双层隔振系统、浮筏隔振系统等阶段。

3. 降低声目标特征

潜艇的声目标强度与潜艇体积、外形及方位关系密切。在潜艇外壳表面敷设消声瓦，吸收损耗主动声纳探测波，可显著降低潜艇的声目标强度。随着潜艇辐射噪声逐步降低，主动声纳逐步向低频端扩展，国外近年发展了兼有主动吸声、主动隔声和主动声辐射控制的多功能主动消声瓦、回波隐身外形等降低潜艇声目标特征的技术。

9.4.2 电磁波隐身

主要包括雷达波隐身、电磁辐射隐身、光电隐身等。

1. 雷达波隐身

雷达隐身主要针对的是潜艇露出水面的部分，主要技术手段包括：对升降装置进行小型化设计和隐身设计，加装导流罩或屏蔽罩。在潜艇围壳表面和水线以上部位涂覆吸涂材料或采用透波材料等。

2. 电磁辐射隐身

探索隐蔽通信方法，减少潜艇因通信或导航定位产生的电磁辐射。

3. 光电隐身

1）红外隐身

在潜艇的围壳和升降装置等表面涂敷红外隐身材料，采用空气冷却、喷淋冷却等技术对排气系统管壁及废气进行冷却,提高动力系统热量利用效率,对潜艇产生的热量进行短时存储,优化热排水系统设计,采用泵喷推进等技术措施,以及根据环境条件进行工况调整、增大下潜深度等战术使用措施来降低潜艇的红外辐射特征。

2) 可见光隐身

以色列"海豚"级潜艇采用与周边海域水色接近的绿色涂料,提高其光学隐身性能。美国"海狼"级潜艇在其潜望镜和通信天线升降装置上采用了迷彩涂料。

3) 激光隐身

采用在潜艇表面涂敷吸收材料,减小激光散射截面等方法。

9.4.3 尾迹隐身

潜艇尾迹主要由潜艇航行时对海水的扰动,以及潜艇排放废热形成的扰动形成。尾迹隐身主要就是要抑制这些扰动。通过对潜艇外形及附体进行水动力学优化设计,采用泵喷推进改善尾部流场等措施可以降低水动力扰动。抑制潜艇内波尾迹很困难,目前的研究基本处于探索阶段。通过分级排放潜艇冷却水,降低排放水与环境海水的温差,可以减少热尾迹。潜艇尾迹特征与潜深、航速及所处海洋的水文条件关系密切。根据水文条件合理改变潜艇潜深、航速,可有效降低潜艇尾迹特征被探测到的概率。

9.4.4 其他物理场隐身

1. 磁场隐身

采用无磁或低磁材料建造潜艇,利用消磁站或消磁船对潜艇消磁,采用艇载主动消磁系统等技术手段。

2. 电场隐身

可通过合理设计防腐系统降低潜艇电场,研制电场防护系统消除已形成的潜艇电场。

3. 水压场隐身

采用在船底加装附体等手段,可以改变船舶水压场,是防御水压水雷的途径之一。

9.5 潜艇隐身技术的发展趋势

探测技术和隐身技术是对立统一体,相互促进,相互追赶。技术领先和创新将在未来战争中起到关键作用。

9.5.1 探测制导技术发展趋势

主要包括提高现有探测制导技术水平、对各种探测制导技术手段进行综合集成,探索新型探测制导技术等。

1. 提高现有探测制导技术水平

目前声纳技术不断向大功率、大基阵、低频方向发展,声纳模块化、标准化、可靠性、维修性、自适应能力和智能化水平显著提高,压电聚合物和光纤等新型水听器材料得到应用,不同声纳间的信息融合能力不断增强。

2. 对各种探测制导技术手段综合集成

随着潜艇声隐身性能的提升,各海军强国均投入力量开展非声探潜方法研究,如尾迹探测、激光探测、磁探测、电场探测、合成孔径雷达探测等。深入发展非声探测技术,实现声探测与非声探测等各种探测手段的综合集成,是探潜技术的发展方向。

3. 探索新型探测制导技术

核辐射探潜、重力梯度探测、生物探潜等新型探潜技术不断涌现,无人装备探潜技术发展迅速。

9.5.2 潜艇隐身技术发展趋势

加强隐身顶层和总体设计,提高潜艇隐身性能评估技术水平,不断发展隐身材料,深入开展隐身技术集成,探索隐身新机理,成为潜艇隐身技术的发展方向。

1. 设计先行

在潜艇总体设计中,应不断强化以隐身性设计引领总体设计的理念,并将这种理念贯穿于潜艇研制的每个环节。深入开展隐身设计技术、评估测试技术、建造工艺技术等研究,实现潜艇的隐身集成定量优化设计和隐身成果的综合集成应用。

提高潜艇的下潜深度和水下连续潜航能力是提高潜艇隐身性能的有效途径,需要突破大潜深材料技术、大潜深结构技术和大潜深系统相关技术;需要提高核动力系统、AIP动力系统和蓄电池性能;需要提高潜艇水下导航精度和校准精度,延长惯导重调周期;需要潜艇具备深水隐蔽通信和武器深水隐蔽发射能力,是一项涉及多领域、多学科的系统工程。

2. 评估准确

为有效控制潜艇特征信号,必须对其进行准确计算评估,提高特征信号测量精度。目前对潜艇特征信号进行评估的手段包括理论计算、经验推导、数值仿真、试验测试等。通过深入研究潜艇目标特征机理,深入开展技术攻关和条件建设,提高潜艇目标特征试验和测试精度,建立和发展潜艇目标特性试验与测试技术体系,可为有效控制舰船目标特征提供坚实基础。

隐身测试技术是隐身技术的重要组成部分，需要不断发展提高综合性多物理场测试技术水平，测试频段不断向低端和高端扩展，形成规范化、标准化、系列化的测试方法，不断满足潜艇隐身综合测试的需求。

3. 发展新型隐身材料

目前的隐身材料适用范围不够广泛，需要研制既具备声波隐身功能，也具备电磁隐身功能等的全能型隐身材料。新型隐身材料包括新型复合阻尼材料、新型磁致伸缩材料、负泊松比材料、功能梯度材料、仿生材料等。

4. 探索新机理

各海军强国都在探索潜艇新型隐身机理，深入研究新概念潜艇、新型安静型动力、动态隐身、主动与半主动控制、声学智能结构和新材料等技术。无人潜航器和无人潜艇的发展将对潜艇隐身技术带来重要影响。

总而言之，潜艇隐身是一项系统工程，需要系统建立隐身定量设计方法、准则、规范，建立配套的隐身评估测试技术、评估测试标准和相关数据库，需要潜艇设计、建造、试验、使用等阶段紧密结合，需要考虑技术可行性与经济承受能力，在众多纷繁的使用需求中寻求兼容与平衡。

9.6　习题及思考题

1. 噪声控制的方法有哪些？结合自身专业思考还有哪些控制措施可以进一步采用。
2. 探测潜艇的主要手段有哪些？各有怎样的特点？
3. 声波为什么是目前最重要的探测潜艇的手段？
4. 潜艇尾迹能作为探测潜艇的手段吗？哪种潜艇尾迹探测是最具实际应用价值的？
5. 潜艇声隐身的主要技术途径有哪些？
6. 潜艇的主要噪声源类型有哪些？各有怎样的特点？
7. 潜艇非声隐身技术有哪些？
8. 浅析潜艇隐身技术发展趋势。
9. 浅析如何利用潜艇的隐身性提高潜艇的水下作战能力。

附 录

附录1 某艇的浮力与初稳度曲线图

参考文献

[1] GJB 4000-2000. 舰船通用规范[S].
[2] 杜召平,陈刚,王达. 国外声纳技术发展综述[J]. 舰船科学技术,2019,41(1):145-151.
[3] 高霄鹏,方斌,刘志华. 舰艇静力学[M]. 北京:国防工业出版社,2015.
[4] 贺小型. 潜艇结构[M]. 北京:国防工业出版社,1991.
[5] 何琳. 潜艇声隐身技术进展[J]. 舰船科学技术,2006,28(2):9-17.
[6] 胡坤,徐亦凡,王树宗. 潜艇X形舵发展概况及其操纵控制特性分析[J]. 中国造船,2007,48(2):130-136.
[7] 胡坤,王树宗. 水下航行体X形正交舵控制参数设计研究[J]. 船海工程,2008,37(3):127-131.
[8] 孟晓宇,肖国林,陈虹. 国外潜艇声隐身技术现状与发展综述[J]. 舰船科学技术,2011,33(11):135-139.
[9] 苏玉民,庞永杰. 潜艇原理[M]. 哈尔滨:哈尔滨工程大学出版社,2005.
[10] 苏强,王桂波,朱鹏飞. 国外潜艇声隐身前沿技术发展综述[J]. 舰船科学技术,2014,36(1):1-9.
[11] 盛振邦,刘应中. 船舶原理[M]. 上海:上海交通大学出版社,2004.
[12] 盛振邦. 船舶原理[M]. 上海:上海交通大学出版社,2017.
[13] 施生达,王京齐,吕帮俊,等. 潜艇操纵性[M]. 北京:国防工业出版社,2021.
[14] 王京齐,李亚楠. 潜艇X形尾操纵面的操纵特性[J]. 船海工程,2006,35(2):1-3.
[15] 王京齐,施生达. 现代潜艇尾操纵面的发展状况[J]. 舰船科学技术,2007,29(1):33-36.
[16] 俞孟萨,吴有生,庞业珍. 国外舰船水动力噪声研究进展概述[J]. 船舶力学,2007,11(1):152-158.
[17] 闫大海,张晗,苗金林. 潜艇隐身技术分析[J]. 舰船科学技术,2020,42(11):128-133.
[18] 赵玫,周海亭,陈光治,等. 机械振动与噪声学[M]. 北京:科学出版社,2004.
[19] XIAO X,LIANG Q F,KE L,et al. Effects of X Rudder Area on the Horizontal Mechanical Properties and Wake Flow Field of Submarines[J]. Journal of physics:conference series,2021(2095):636-646.